TURING 图灵程序设计丛书

R in Action
Data Analysis and Graphics
with R and Tidyverse
Third Edition

R语言实战

〔第3版〕

U0382345

[美] 罗伯特·I. 卡巴科弗（Robert I. Kabacoff） 著

王 韬 译

王小宁 审校

人民邮电出版社
北 京

图书在版编目（CIP）数据

R语言实战 / （美）罗伯特·I.卡巴科弗
(Robert I. Kabacoff) 著；王韬译. -- 3版. -- 北京：
人民邮电出版社，2023.5
　　（图灵程序设计丛书）
　　ISBN 978-7-115-61503-9

　　Ⅰ. ①R… Ⅱ. ①罗… ②王… Ⅲ. ①程序语言—程序
设计 Ⅳ. ①TP312

中国国家版本馆CIP数据核字(2023)第060026号

内 容 提 要

　　本书是一本全面翔实的R指南，介绍了R的强大功能，展示了使用的统计示例，且对于难以用传统方法处理的凌乱、不完整和非正态的数据给出了优雅的处理方法。作者不仅仅探讨统计分析，还阐述了大量探索和展示数据的图形功能。新版做了大量更新和修正，包括 tidyverse 系列包在数据管理和数据分析方面的各种功能、tibble 数据结构、使用 RStudio 进行编程等内容。

　　本书适合数据分析人员及 R 用户学习参考。

　　◆ 著　　　　[美] 罗伯特·I.卡巴科弗（Robert I. Kabacoff）
　　　译　　　　王　韬
　　　责任编辑　赵　轩
　　　责任印制　胡　南
　　◆ 人民邮电出版社出版发行　　北京市丰台区成寿寺路11号
　　　邮编　100164　电子邮件　315@ptpress.com.cn
　　　网址　https://www.ptpress.com.cn
　　　三河市君旺印务有限公司印刷
　　◆ 开本：800×1000　1/16
　　　印张：34.75　　　　　　　　2023年5月第3版
　　　字数：821千字　　　　　　　2025年1月河北第12次印刷
　　　著作权合同登记号　图字：01-2022-2639号

定价：119.80元
读者服务热线：(010)84084456-6009　印装质量热线：(010)81055316
反盗版热线：(010)81055315
广告经营许可证：京东市监广登字 20170147 号

版 权 声 明

对第 2 版的赞誉

"无论是在工业界还是在学术界，对于任何一位使用 R 进行数据分析的人士，这本书都是必读书目。"

—— Cristofer Weber，NeoGrid 公司资深数据科学家

"一本针对常见 R 问题和许多统计学问题的首选参考书。"

—— George Gaines，KYOS Systems 公司首席运营官

"讲解浅显易懂，案例贴合实际，代码清晰简洁。"

—— Samuel D. McQuillin，休斯敦大学教授

"这本书为 R 语言的初学者铺就了平缓的学习之路。"

—— Indrajit Sen Gupta，Mu Sigma 商务咨询公司高级经理

前　言

要是一本书里没有图画和对白，那还有什么意思呢？

——爱丽丝，《爱丽丝梦游仙境》

它太神奇了，满载珍宝，可以让那些聪明敏锐和粗野胆大的人得到充分满足，但它并不适合胆小者。

——Q，"Q Who？"，《星际迷航：下一代》

在开始写这本书时，我花了很多时间搜索适合于本书开头的名言警句。最后，我找到了这两句话。R 是一个非常灵活的平台，是专用于探索、展示和理解数据的语言，因此我引用了《爱丽丝梦游仙境》中的句子来表示当今统计分析的潮流——一个探索、展示和理解的交互式过程。

第二句话反映了大部分人对 R 的看法：难学。但你完全没必要这样想。虽然 R 很强大，应用广泛，不论你是新手还是略有经验的用户，众多的分析和绘图函数（超过 50 000 个）都很容易让你望而却步，但实际上它并非无规律可循。只要有合适的指导，你就可以畅游其中，选择所需的工具，用最优雅、最简洁、最高效的方式来完成工作——那真的很酷！

多年前，我在申请一个统计咨询职位时，第一次遇到了 R。在正式面试前，雇主在发来的材料中问我是否熟悉 R。根据猎头的建议，我立马回答"是的，我很熟悉"，然后开始恶补 R。我在统计和研究方面有丰富的经验，作为 SAS 和 SPSS 程序员也有 25 年的工作经验，而且我对各种编程语言也颇为精通。学习 R 能有多难？但事与愿违。

在学习这门语言的过程中（因为要面试，我要尽可能快），我发现这门语言无论是底层的结构还是各种高级的统计方法，都是由各具体领域的专家为同行专家编写的。阅读在线帮助简直就是一种折磨，那不是教程，都是参考手册。每当我觉得自己已经对 R 的结构和功能有足够把握时，就会发现一些闻所未闻的新东西，它们让我感觉自己很渺小。

为了解决这些问题，我开始从数据科学家的角度学习 R。我开始思考如何才能成功地处理、分析和理解数据，包括：

- ❑ 获取数据（从各种数据源将数据导入程序）；
- ❑ 整理数据（编码缺失值、修复或删除错误数据、将变量转换成更方便使用的格式）；
- ❑ 注释数据（记住每段数据的含义）；
- ❑ 汇总数据（通过描述性统计量了解数据的概况）；

❑ 数据可视化（一图胜千言）；

❑ 数据建模（解释数据间的关系，检验假设）；

❑ 整理结果（创建达到出版品质的表格和图形）。

然后，我试图用 R 来完成这些任务。对我来说，教授别人是最好的学习方式，所以我创建了一个网站，不断地把我学到的东西放在上面。

大概一年后，Marjan Bace（Manning 的出版人）打电话给我，问我能否写一本关于 R 的书。那时我已经写了 50 篇期刊文章、4 份技术手册，以及大量章节的内容，还写了一本关于研究方法的书，所以我想，写一本关于 R 的书能有多难？结果依然是事与愿违。

本书的第 1 版于 2011 年出版，第 2 版于 2015 年出版。两年半前我开始编写第 3 版。我一直在跟进 R 的进展，但是前几年 R 发生了一些变革。大数据的增长、tidyverse 软件的广泛应用、新的预测性分析和机器学习方法的快速发展，以及更多崭新且强大的数据可视化技术的进步促使 R 也发生了变革。我希望第 3 版能尽量体现 R 的这些重要变化。

你现在捧着的这本书是我多年来梦寐以求的成果。我试图提供一份 R 的指南，让你能尽快感受到 R 的强大以及开源的魅力，不再感到沮丧和忧虑。我希望你能喜欢这本书。

另外，虽然当年我成功地申请到了那个职位，但并未入职。不过，学习 R 的经历改变了我的职业方向，这是我未曾想到的。真可谓人生如戏。

关于本书

如果你翻开了本书，那么很有可能是因为要做一些数据收集、汇总、转换、探索、建模、可视化或展示方面的工作。如果确实如此，那么 R 完全能够满足你的需求！R 已经成了统计、预测性分析和数据可视化的全球通用语言。它提供各种用于分析和理解数据的方法，从最基础的到最复杂、最前沿的，无所不包。

R 是一个开源项目，在很多操作系统上都可以免费获得，包括 Windows、macOS 和 Linux。R 还在持续发展中，每天都在纳入新的功能。此外，R 还得到了社区的广泛支持，这个社区中既有数据科学家也有程序员，他们非常乐于为 R 的用户提供帮助或建议。

R 最为人所知的是能够创建漂亮优雅的图形，但实际上它可以处理各种统计问题。R 的基本安装版本就提供了数以百计的数据管理、统计和图形函数等功能。不过，R 很多强大的功能都来自社区成员所开发的数以千计的扩展功能（包）。这种扩展的广度也是有代价的。对于新手来说，经常遇到的两个基本难题就是，R 到底是什么？R 究竟能做什么？甚至是经验丰富的 R 用户也常常惊讶地发现一些他们之前闻所未闻的新功能。

本书是一本 R 指南，将为你呈现该软件的全貌及其强大的功能。本书将介绍基本安装中最重要的函数，以及 70 多个重要的包中的函数。整本书都是围绕实际应用展开的，你将学会理解数据并能够与他人交流你对数据的理解。通读本书，你应该会对 R 的原理和功能有很好的理解，并知道从什么地方学习更多的相关知识。你将能够应用各种技术实现数据的可视化，还能解决有着不同难度的数据分析问题。

第 3 版的不同之处

第 3 版有许多变化，尤其是新增了 tidyverse 系列包在数据管理和数据分析方面的各种功能。以下是本书的一些重要变化。

第 2 章（创建数据集）将介绍用于导入数据的 readr、readxl 和 haven 包。另外，新增的一节将专门介绍 tibble 数据结构。tibble 是对传统数据框的一种全新改进。

第 3 章（基本数据管理）和第 5 章（高级数据管理）将介绍用于数据管理、转换和汇总的 dplyr 和 tidyr 包。

第 4 章（图形初阶）、第 6 章（基本图形）、第 11 章（中级绘图）和第 19 章（高级绘图）是新增内容，将详细介绍 ggplot2 及其扩展包。

第 16 章（聚类分析）将提供改进后的图形绘制方法。其中新增的一节将专门介绍如何计算数据聚类。

第 17 章（分类）新增了一节，将介绍 Shapley 值图和细分图的用法，以便读者更好地理解黑箱模型。

第 18 章（处理缺失数据的高级方法）新增了几节，将介绍用于缺失值插补的 k 近邻方法和随机森林方法。

第 20 章（高级编程）新增的几节将介绍非标准计算和可视化调试。

第 21 章（创建动态报告）新增了 R Markdown 的内容，以及有关参数化报告和常见编码错误的内容。

第 22 章（创建包）被全面重写，以便涵盖使用新工具来简化包的创建步骤的内容。另外，这一章还新增了如何通过 CRAN、GitHub 和软件生成网站来分发和改进包的内容。

根据图形用户界面的最新变化，对附录 A（图形用户界面）进行了更新。

对附录 B（自定义启动环境）进行了修订，增加了新的自定义启动环境的方法，以及对可重复性研究的潜在副作用的更多提醒。

附录 F（处理大型数据集）新增了一些包，用于处理超过内存大小的数据集，还新增了用于解决 TB 级数据问题的分析方法，以及将 R 和云服务进行整合的新包。

第 3 版新增了使用 RStudio 进行编程、调试、编写报告和创建包的内容。最后，第 3 版还对文字进行了大量的更新和修正。

读者对象

每一个要处理数据的人都应该阅读本书，他们不需要任何统计编程或 R 知识背景。R 新手完全能够读懂本书，而对于有经验的 R 老手，本书也提供了足够多的实用内容以满足他们的需求。

没有统计背景，但需要用 R 操作数据、汇总数据、绘制图形的读者会觉得第 1~6 章、第 11 章和第 19 章比较容易理解。第 7 章和第 10 章则适合已学过一学期的统计学课程的读者。第 8 章、第 9 章和第 12~18 章适合已学过一学年的统计学课程的读者。第 20~22 章对 R 进行了更深入的研究，但并不对读者的统计学背景作任何要求。本书尽可能地让每一章都能同时满足数据分析新手和数据分析专家的需求，让所有人都能发现有趣和实用的内容，并从中获益。

本书结构

本书的目的是让读者熟悉 R 平台，重点关注那些能马上用于操作、可视化和理解数据的方法。全书共 22 章，分为 5 部分——"入门""基本方法""中级方法""高级方法""技能扩展"。更多的相关内容将呈现在 7 个附录中。

第 1 章的开头将简要介绍 R，以及它作为数据分析平台的诸多特性。这一章将主要介绍如何获取 R，以及如何用网上的扩展包增强 R 基本安装的功能。这一章的后面部分将介绍用户界面，以及如何运行第一个程序。

第 2 章将讲解向 R 中导入数据的诸多方法。这一章的前半部分将介绍 R 用来存储数据的数据结构，其后半部分将介绍如何从键盘、文本文件、网页、电子表格、统计软件包和数据库向 R 导入数据。

第 3 章将探讨基本的数据管理，包括数据集的排序、合并、取子集，以及变量的转换、重编码和删除。

第 4 章将介绍通过图形语法实现数据的可视化。我们将探讨创建和修改图形的方法，以及如何将它们保存为各种格式。

在第 3 章的基础上，第 5 章将涵盖数据管理中的函数（数学函数、统计函数、字符处理函数）和控制结构（循环、条件执行）的用法，介绍如何编写自己的 R 函数，以及如何用不同的方法对数据进行重构和汇总。

第 6 章将演示创建常见单变量图形的方法，例如条形图、饼图、直方图、核密度图、箱线图、树形图和点图。这些图形对于理解单变量的分布很有用。

第 7 章的开头将演示汇总数据的方法，包括使用描述性统计量和交叉表。接着，这一章将介绍用于分析两变量间关系的基本方法，包括相关分析、t 检验、卡方检验和非参数检验。

第 8 章将介绍针对一个数值型结果变量与一系列数值型预测变量间的关系进行建模的回归方法，并详细讨论拟合模型的方法、适用性评价方法和含义解释的方法。

第 9 章将介绍基于方差及其变体的基本实验设计的分析。此处，我们通常感兴趣的是处理方式的组合或条件对数值型结果变量的影响。这一章还将介绍如何评价分析的适用性，以及如何以可视化方式展示分析结果。

第 10 章将详细介绍功效分析。这一章将首先讨论假设检验，重点讨论在给定置信度的前提下如何确定需要多少样本才能判断处理的效果。这可以帮助我们安排实验和准实验研究来获得有用的结果。

第 11 章扩展了第 6 章的内容，将介绍如何创建表现两个或多个变量间关系的图形。图形包括各种二维和三维散点图、散点图矩阵、折线图、相关图和马赛克图。

第 12 章将介绍一些稳健的数据分析方法，它们能处理比较复杂的情况，比如数据来源于未知或混合分布、数据有小样本问题、有恼人的异常值，或者依据理论分布来设计假设检验的过程过于复杂且在数学上难以处理。这一章介绍的方法包括重抽样和自助法，这两种方法都是计算密集型方法，很容易在 R 中实现。

第 13 章扩展了第 8 章中介绍的回归方法，将分析非正态分布的数据。这一章将首先介绍广义线性模型，然后重点介绍如何预测分类变量（Logistic 回归）和计数变量（泊松回归）。简化数据是多元数据分析的一个难点。

第 14 章将讲解如何将大量的相关变量转换成较少的不相关变量（主成分分析），以及如何发现一系列变量中的潜在结构（因子分析）。这些方法涉及许多步骤，每一步将有详细的介绍。

第 15 章将介绍时间序列数据的生成、处理和建模，包括可视化和分解时序数据，以及运用指数模型和 ARIMA 模型来预测未来值。

第 16 章将讲解如何将观测值按其自然属性聚类。这一章将首先讨论完整的聚类分析的常见步骤，接着介绍层次聚类和划分聚类，同时讨论几种决定最优聚类簇数目的方法。

第 17 章将介绍一些常用的对观测值进行分类的监督机器学习算法，包括决策树、随机森林和支持向量机。同时，这一章将讲解评价模型准确度的方法，以及用于理解结果的新方法。

为了展示数据分析的实用方法，第 18 章将介绍一些现代方法来解决数据值缺失的普遍问题。R 中有很多简捷的方法被用来分析不完整的数据集。这一章将介绍一些好方法，并具体说明在什么情况下应该使用或避免使用哪些方法。

第 19 章将对图形进行探讨，详细介绍自定义坐标轴、配色方案、字体、图例、标注和绘图区域。你将学会如何将多个图形合并到一个图中。最后，你还会学到如何将静态图形转换为基于 Web 的交互式可视化图形。

第 20 章将介绍一些高级编程技巧。在这一章中，你将学到面向对象的编程技巧和调试程序的方法。如果你想更深入地了解 R 的原理，那么这一章一定对你非常有用。它也是看懂第 22 章的先决条件。

第 21 章将介绍几种在 R 中创建富有吸引力的报告的方法。你将学会如何通过 R 代码生成网页、报告、文章，甚至图书。所生成的文档包括原始代码、结果图表和批注。

最后一章——第 22 章——将介绍创建 R 包的步骤。学完这些步骤，你将能够创建更加复杂的项目，并将它们有效地记录下来，分发给他人。另外，这一章将详细讨论分发包和升级包的方法。

最后的附录也很重要。7 个附录（从 A 到 G）扩展了正文内容，纳入了有用的信息，包括 R 中的图形用户界面、自定义和升级 R、导出数据到其他应用、（像 MATLAB 一样）用 R 做矩阵计算，以及处理大型数据集。

在本书的后记中将呈现一些优秀的网站，有助于你进一步学习 R、加入 R 社区、获得帮助，并及时获得 R 这个快速发展的软件的最新信息。

本书还有一个“彩蛋”——第 23 章。这一章仅在出版商的网站上提供，它介绍了 lattice 包，该包是 R 中数据可视化的备选方法。

对数据挖掘者的建议

数据挖掘是一个在大型数据集中发现模式和规律的分析学领域。因为 R 可以提供前沿的数据分析方法，所以许多数据挖掘工程师选择了 R。如果你是一个正在转用 R 的数据挖掘工程师，想尽快了解这门语言，那么我推荐你按照这样的顺序阅读本书：第 1 章、第 2 章（2.2 节和 2.3 节）、第 4 章、第 7 章（7.1 节）、第 8 章（8.1 节、8.2 节和 8.6 节）、第 13 章（13.2 节）、第 16 章、第 17 章以及附录 F。之后，你再根据实际需求阅读其他章节。

关于本书的源代码

为了让本书内容尽可能接近各个领域的实际情况，我从心理学、社会学、医学、生物学、商业和工程等诸多领域选取了一些例子。所有这些例子不需要读者具备相关领域的专业知识。

例子中所使用的数据集是精心挑选的,它们不仅提出了有趣的问题,而且都是小型数据集。这样就能让读者专注于技术,快速地理解所涉及的过程。在学习新方法时,使用的数据集越小越好。有些数据集是 R 基本安装中就有的,有些则可以通过在网上下载包来获得。

排版约定

- ❑ 代码清单使用等宽字体。
- ❑ 在一般的正文中表示代码或之前定义的对象使用等宽字体。
- ❑ 代码清单中的斜体表示占位符。你应该使用当前问题中的文本和值来替换它们。例如,*path_to_my_file* 应该用该文件在你的计算机上的实际路径来替换。
- ❑ R 是一种交互式语言,用提示符(默认是>)表示已经准备好读取用户的下一行输入。本书中的很多代码清单都从交互式会话中截取的。当你看到代码是以>开头时,不要输入这个提示符。
- ❑ 使用代码注释替代行内注释。此外,有些注释会以有序项目符号的形式出现(如❶),它们对应后面的正文中对代码做出的解释。
- ❑ 为了节约版面,让正文更清晰,我们会在交互式会话的输出中加入一些空白,同时也会删除一些与当前讨论问题无关的文字。

我经常听到这样一个说法:如果你问两个统计学家该如何分析一个数据集,你会得到 3 个答案。反过来说,每个答案都能让你更好地理解数据集。对于一个问题,我不会说某种分析方式是最好的,或者是唯一的。你应该用从本书中学到的技术自己动手分析数据,看看都能得到什么。R 是交互式的,最好的学习方法就是自己尝试。

致　　谢

很多人为了让本书更加完美付出了辛勤的劳动，在此请让我对以下这些人表示感谢。

❑ Marjan Bace，Manning 出版人，最初劝说我编写本书的人。

❑ Sebastian Stirling、Jennifer Stout 和 Karen Miller，他们分别是第 1 版、第 2 版和第 3 版的策划编辑，花了大量时间帮助我组织材料、厘清概念、润色文字。

❑ 技术审读人 Mike Shepard，他帮助我厘清了很多容易混淆的地方，并从独立而专业的角度测试了代码。我相信他的认真审查和深思熟虑后的评判。

❑ 评审编辑 Aleks Dragosavljevic，他负责联系审稿人并帮助协调整个审稿过程。

❑ 指导本书出版过程的 Deirdre Hiam、文字编辑 Suzanne G. Fox 和校对者 Katie Tennant。

❑ 所有花费时间审读本书，寻找书写错误并提供宝贵建议的同行审稿人，他们是 Alain Lompo、Alessandro Puzielli、Arav Agarwal、Ashley Paul Eatly、Clemens Baader、Daniel C Daugherty、Daniel Kenney-Jung、Erico Lendzian、James Frohnhofer、Jean-François Morin、Jenice Tom、Jim Frohnhofer、Kay Engelhardt、Kelvin Meeks、Krishna Shrestha、Luis Felipe Medeiro Alves、Mario Giesel、Martin Perry、Nick Drozd、Nicole Koenigstein、Robert Samohyl、Tiklu Ganguly、Tom Jeffries、Ulrich Gauger 和 Vishal Singh。

❑ Manning 早期试读计划（Manning Early Access Program，MEAP）的参与者，他们在本书出版前阅读了本书，并提出了重要的问题，指出了书中的错误，提供了有益的建议。

他们每个人的贡献都让本书的质量更上一层楼。

我还想感谢为 R 成为如此强大的数据分析平台而做出卓越贡献的软件开发人员。这其中有 R 的核心开发者，还有那些开发 R 包和维护各种包的朋友，他们极大地扩展了 R 的功能。附录 E 罗列了本书中涉及的包的作者。其中，我要特别感谢 John Fox、Hadley Wickham、Frank E. Harrell、Deepayan Sarkar 和 William Revelle。我会尽可能准确地呈现他们的贡献，并为本书中所有可能存在的错误或是误导性内容负责。

我本应该在本书的一开始就感谢我的妻子——我的伙伴 Carol Lynn。虽然她对统计学和编程没有太多兴趣，但她反复阅读了每一章的内容，帮助修改了很多地方并提出了大量建议。为了他人而研读多元统计学实在是一件充满爱意的事情。同样重要的是，Carol Lynn 容忍我在深夜和周末编写本书，给予我无限的包容、支持和关怀。真不知道为什么我会如此幸运。

我还要感谢两个人。一位是我的父亲，他对科学的热爱影响了我，让我认识到了数据的价值。我非常想念他。另一位是 Gary K. Burger——我读研究生时的导师。我有段时间觉得自己想成为一名医生，是 Gary 让我对统计学和教育领域感兴趣的。这一切都是他赐予的。

关于作者

　　罗伯特·I. 卡巴科弗（Robert I. Kabacoff）是数据科学家、统计编程专家、R 语言社区专家及 Quick-R 网站运营者。他拥有 30 多年的教学、科研和实践经验，曾在全球多家公司和科研机构任首席数据科学家，目前任教于美国著名文理学院维思大学（Wesleyan University）。

关于封面图片

　　本书的封面图片名为"来自扎达尔的男人"，来自于一本由设计师 Nikola Arsenovic 创作的 19 世纪中期克罗地亚传统服饰图集。

　　当时，人们通过服饰就可以分辨对方在哪里居住，以及他们的职业或地位。Manning Publications 用两个世纪前各地独具特色的文化来向计算机行业的诞生和创新致敬，用古老图册中的图片让读者领略那个时代的风土人情。

目　　录

第四部分 高级方法

Part 1

入　门

　　欢迎阅读本书！R是现今最受欢迎的数据分析和可视化平台之一。R是免费的开源软件，并同时提供 Windows、MacOS 和 Linux 系统的版本。通读本书，我们将获得精通这个功能全面的软件所需的技能，有效地用它分析自己的数据。

　　本书共分五部分。第一部分涵盖了软件安装、软件界面操作、数据导入，以及如何将数据修改成可供进一步分析的格式等基本知识。

　　第 1 章的内容全部都是关于熟悉 R 环境的。这一章首先是 R 的概览，介绍使其成为强大的现代数据分析平台的独有特性。在了解如何获取和安装 R 之后，我们将通过一系列的简单示例熟悉R 的用户界面。接着，我们将学习如何通过可从在线仓库中免费下载的扩展包（用户贡献的包）来增强基本安装的功能。最后，这一章以一个示例结尾，通过这个示例我们可以自测学到的新技术。

　　熟悉了 R 的界面之后，下一个挑战是将数据导入程序。在当今这个信息丰富的世界，数据的来源和格式多种多样。第 2 章将全面介绍向 R 中导入数据的多种方式。这一章的前半部分将介绍R 用以存储数据的各种数据结构，并描述如何手动输入数据。后半部分将讨论从文本文件、网页、电子表格、统计软件和数据库导入数据的方法。

　　数据很少以直接可用的格式出现，因此在开始解决感兴趣的问题之前，我们经常不得不将大量时间花在从不同的数据源组合数据、清理脏数据（误编码的数据、不匹配的数据、含缺失值的数据），以及新变量（组合后的变量、变换后的变量、重编码后的变量）的创建上。第 3 章将讲述 R 中基本的数据管理任务，包括数据集的排序、合并、取子集，以及变量的变换、重编码和删除。

　　许多用户第一次接触 R 都是因为其强大的图形功能。第 4 章将提供 ggplot2 图形包的语法概述。在这一章中，我们将首先创建一个简单的图形，然后逐次添加绘图元素，直到创建一个包含各种要素的数据可视化图形。我们还将学习如何进行基本的图形自定义操作，以及如何将图形保存为各种格式。

第 5 章将在第 3 章的基础上，进一步讲解数据管理中数值处理函数（算术运算、三角运算和统计运算）和字符处理函数（字符串的连接、替换、取子集）的使用。为了阐明许多相关函数的用法，整章将使用一个综合示例进行讲解。接下来是关于控制结构（循环、条件执行）的讨论，我们将学到如何编写自定义 R 函数。编写自定义函数能够让我们将许多程序执行步骤封装在单个函数中进行灵活调用，这大大拓展了 R 的功能。因为数据的重塑和汇总对于为进一步分析而准备数据的阶段通常很有用，所以最后将讨论一些用于重组（重塑）数据和汇总数据的功能强大的方法。

学习完第一部分之后，我们将完全熟悉 R 环境的编程，并可掌握输入或获取数据、清理数据，以及为进一步分析做数据准备所需的技术。另外，我们还会获得创建、自定义和保存多种图形的实战经验。

## 第 1 章

R 介绍

本章重点
- [ ] 安装 R 和 RStudio
- [ ] 熟悉 R
- [ ] 运行 R 程序

近些年来，我们分析数据的方式已经发生了巨大的变化。随着个人计算机和互联网的出现，人们可获取的数据量有了非常可观的增长。商业公司拥有 TB 级的客户交易数据，政府、学术团体以及私立研究机构同样拥有各类研究课题的大量档案资料和调查数据。仅仅是从这些海量数据中收集信息（更不用说发现规律）就已经成为一项产业。同时，如何以容易让人理解和消化的方式呈现这些信息也日益富有挑战性。

数据分析科学（统计学、计量心理学、计量经济学、机器学习）的发展一直与数据的爆炸式增长保持同步。早在个人计算机和互联网出现之前，学术研究人员就已经开发出很多新的统计方法，并将其研究成果以论文的形式发表在专业期刊上。这些方法可能需要很多年才能够被程序员改写并整合到广泛用于数据分析的统计软件中。而现在，几乎每天都会有新的方法涌现。统计学家不断地在人们经常访问的网站上发表新方法或者是改进的方法，并附上相应的实现代码。

个人计算机的出现还对我们分析数据的方式产生了另外一种影响。当年，在数据分析需要在大型机上完成的时候，机时非常宝贵难求。分析师会小心翼翼地设定可能用到的所有参数和选项，再让计算机执行计算。程序输出的结果可能长达几十页甚至几百页。之后，分析师会仔细筛查整个输出结果，有用的留下，没用的丢弃。许多大受欢迎的统计软件正是在这个时期开发出来的。直到现在，统计软件依然在一定程度上沿袭了这种处理方式。

而随着个人计算机将计算变得廉价且便捷，现代数据分析的范式也发生了变化。与过去一次性设置好完整的数据分析过程不同，现在这个过程已经变得高度交互化，每一阶段的输出都可以充当下一阶段的输入。图 1-1 展示了一个典型的数据分析过程。在任何时刻，这个循环都可能在进行数据变换、缺失值插补、变量增加或删除、统计模型拟合，甚至重新执行整个过程。当分析师认为他们已经深入地理解了数据，并且可以回答所有能够回答的相关问题时，这个过程即告结束。

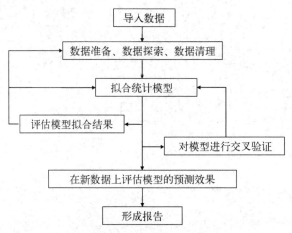

图1-1 典型的数据分析步骤

个人计算机的出现（特别是高分辨率显示器的普及）同样对理解和呈现分析结果产生了重大影响。一图胜千言，人类非常擅长通过视觉获取有用信息。现代数据分析也日益依赖通过呈现图形来揭示含义和表达结果。

数据分析师需要从广泛的数据源（数据库管理系统、文本文件、统计软件、电子表格以及网页）获取数据，将数据片段融合到一起，对数据做清理和标注，用最新的方法进行分析，以有意义且有吸引力的图形化方式展示结果，最后将结果整合成令人感兴趣的报告并向利益相关者和公众发布。在本章中你将看到，R正是一个适合达成以上目标而又功能全面的理想软件。

1.1 为何要使用R

与起源于贝尔实验室的S语言类似，R也是一种为统计计算和绘图而生的语言和环境，它是一套开源的数据分析解决方案，由一个庞大且活跃的全球性研究型社区维护。但是，市面上也有许多其他流行的统计和制图软件，比如Microsoft Excel、SAS、IBM SPSS、Stata以及Minitab。那么为什么要选择R呢？因为R有着非常多的值得推荐的特性，具体如下。

❑ 多数商业统计软件价格不菲，投入成千上万美元都是可能的。而R是免费的。如果你是一位教师或一名学生，好处不言自明。

❑ R是一个功能全面的统计研究平台，提供了各式各样的数据分析技术。几乎任何类型的数据分析工作都可以在R中完成。

❑ R囊括了在其他软件中尚不可用的全新的统计程序。事实上，新方法的更新速度是以周来计算的。如果你是一位SAS用户，想象一下每隔几天就获得一段新的SAS PROC的情景。

❑ R拥有顶尖水准的制图功能。如果我们希望将复杂数据可视化，那么R拥有最全面且最强大的功能集。

❑ R是一个可进行交互式数据分析和探索的强大平台，其核心设计理念就是支持图1-1中所概述的分析方法。举例来说，任意一个分析步骤的结果均可被轻松保存、操作，并作为进一步分析的输入。

❑ 从多个数据源获取并将数据转化为可用的形式，一般可能会有很大的难度。R 却可以轻松地从各种类型的数据源导入数据，包括文本文件、数据库管理系统、统计软件，乃至专门的数据仓库。它同样可以将数据输出并写入到这些系统中。R 也可以直接从网页、社交媒体网站和各种类型的在线数据服务中获取数据。

❑ R 提供了一个无与伦比的平台，可以让人以简单且直接的方式编写新的统计方法。它易于扩展，并为快速实现新方法提供了一种自然流畅的编程语言。

❑ R 的功能可以被集成到其他语言编写的应用程序中，包括 C++、Java、Python、PHP、Pentaho、SAS 和 SPSS。这让你在继续使用熟悉的语言的同时，可以将 R 的功能添加到程序中。

❑ R 可运行于多种平台之上，包括 Windows、UNIX 和 macOS。这意味着它可以运行于你所拥有的任何计算机上。（我曾偶然看到在 iPhone 上安装 R 的教程，这让人赞叹，但也许并不是一个好主意。）

❑ 如果你不想学习一门新的语言也没关系，有各式各样的图形用户界面（Graphical User Interface，GUI）工具通过菜单和对话框提供了与 R 同等的功能。

图 1-2 是展示 R 制图功能的一个示例。这张图展示了在 6 种职业中，男性和女性的工作年限与薪资收入的关系。数据来自于 1985 年美国人口调查报告。从技术角度来看，这是一个散点图的矩阵，而其中的每一个散点图使用了不同的颜色和符号表示不同的性别。数据趋势使用了线性回归趋势线来表示。如果你不熟悉散点图的回归趋势线等术语，不必担心，我们将在后续各章陆续讲述。

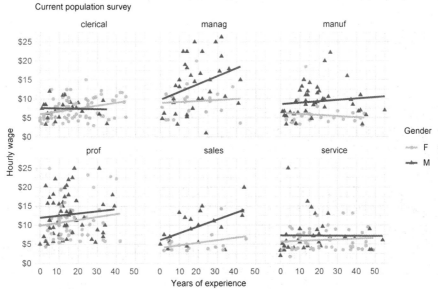

图 1-2   6 种职业中男性和女性的工作年限与薪资收入的关系。我们只要用少量的代码就可以在 R 中创建类似的图形（本图使用 `mosaicData` 包绘制）

从图 1-2 中我们可以发现以下几点。

❑ 工作年限与收入之间的关系会受到性别和职业的影响。

❑ 在服务业中，薪资收入并不随工作年限的增长而增长，男性和女性皆是如此。

❑ 在管理岗位，男性的薪资会随着工作年限的增长而增长，但女性的薪资则没有这种趋势。

那么问题来了，这些不同是真实存在的吗？还是说这些不同只是因为采样偏差造成的？这个话题我们将在第 8 章中进行深入讨论。重点是，R 能够让你以一种简单且直接的方式创建优雅、信息丰富、高度定制化的图形。使用其他统计语言创建类似的图形不仅费时费力，而且可能根本无法做到。

遗憾的是，R 的学习曲线比较陡峭，因为它的功能非常丰富，相关文档和帮助文件可谓是汗牛充栋。另外，许多功能都是由独立贡献者编写的可选模块提供的，这些文档可能比较零散且难以找到。事实上，要掌握 R 的所有功能，很具挑战性。

本书的目标就是让读者快速而轻松地学会使用 R。我们将遍览 R 的许多功能，介绍到的内容足以让你开始着手分析数据，并且本书会在需要你深入了解的地方给出参考材料。下面我们从 R 的安装开始学习。

1.2　R 的获取和安装

R 可以在 CRAN（Comprehensive R Archive Network）上免费下载。Linux、macOS 和 Windows 都有相应的编译好的二进制版本。你可以根据所选平台的安装说明进行安装。稍后，我们将讨论如何通过安装称为"包"（package）的可选模块（同样可从 CRAN 下载）来增强 R 的功能。

1.3　R 的使用

R 是一种区分大小写的解释型语言。你可以在命令提示符（>）后每次输入并执行一条命令，或者一次性执行写在脚本文件中的一组命令。R 中有多种数据类型，包括向量、矩阵、数据框（与数据集类似）以及列表（各种对象的集合）。我们将在第 2 章中讨论这些数据类型。

R 中的多数功能是由程序内置函数、用户自定义函数和对对象的创建与操作来提供的。一个对象可以是任何能被赋值的东西。对于 R 来说，对象可以是任何东西（数据、函数、图形、分析结果，等等）。每一个对象都有一个类属性（通常包含一个或多个相关的文本描述符），类属性可以告诉 R 如何对对象进行打印、绘制、汇总等操作。

一次交互式会话期间的所有数据对象都被保存在内存中。一些基本函数是被默认可以直接使用的，而其他高级函数则包含于按需加载的包中。

R 语句由函数和赋值构成。R 使用 <-，而不是传统的=作为赋值符号。例如，语句

```
x <- rnorm(5)
```

创建了一个名为 x 的向量对象，其中包含 5 个来自标准正态分布的随机值。

注意 R 允许使用=为对象赋值，但是这样写的 R 程序并不多，因为它不是标准语法。一些情况下，用=赋值会出现问题，R 程序员可能会因此取笑你。你还可以反转赋值方向。例如，`rnorm(5) -> x` 与上面的语句等价。重申一下，使用=赋值的做法并不常见，本书不推荐使用。

注释由符号#开头。在#之后出现的任何文本都会被 R 解释器忽略。在 1.3.1 节中会给出一个示例。

1.3.1 新手上路

使用 R 的第一步当然是安装了。安装说明可以在 CRAN 上面找到。安装之后就可以启动了。如果你使用的是 Windows，从开始菜单中启动 R。在 macOS 上，则需要双击应用程序文件夹中的 R 图标。对于 Linux，在终端窗口中的命令提示符下敲入 R 并回车。这些方式都可以启动 R（见图 1-3）。

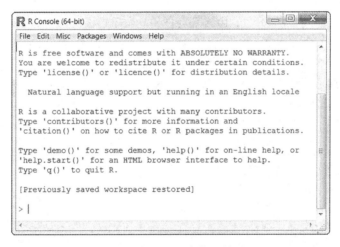

图 1-3　Windows 中的 R 界面

让我们通过一个简单的例子来直观地感受一下这个界面。假设我们正在研究生长发育问题，并收集了 10 名婴儿在出生后一年内的月龄和体重数据（见表 1-1）。我们感兴趣的是体重的分布及体重和月龄的关系。

表 1-1　10 名婴儿的月龄和体重

年龄（月）	体重（kg）	年龄（月）	体重（kg）
01	4.4	09	7.3
03	5.3	03	6.0
05	7.2	09	10.4
02	5.2	12	10.2
11	8.5	03	6.1

代码清单 1-1 展示了分析的过程。可以使用函数 c() 以向量的形式输入月龄和体重数据, 此函数可将其参数组合成一个向量或列表。然后用 mean()、sd() 和 cor() 函数分别获得体重的均值和标准差, 以及月龄和体重的相关度。最后使用 plot() 函数, 从而用图形展示月龄和体重的关系, 这样就可以用可视化的方式检查其中可能存在的趋势。函数 q() 将结束会话并允许你退出 R。

代码清单 1-1   一个 R 会话示例

```
> age <- c(1,3,5,2,11,9,3,9,12,3)
> weight <- c(4.4,5.3,7.2,5.2,8.5,7.3,6.0,10.4,10.2,6.1)
> mean(weight)
[1] 7.06
> sd(weight)
[1] 2.077498
> cor(age,weight)
[1] 0.9075655
> plot(age,weight)
```

从代码清单 1-1 中可以看到, 这 10 名婴儿的平均体重是 7.06kg, 标准差约为 2.08kg, 月龄和体重之间存在较强的线性关系(相关度≈0.91)。这种关系也可以从图 1-4 所示的散点图中看到。不出意料, 随着月龄的增长, 婴儿的体重也趋于增加。

散点图 1-4 的信息量充足, 但过于 "功利", 也不够美观。接下来的几章里, 我们会讲到如何绘制更加美观、精致的图形。

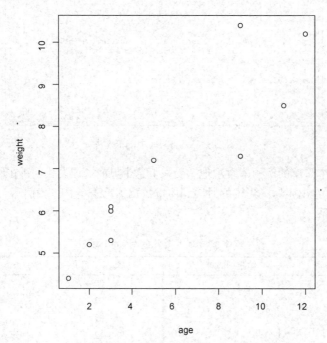

图 1-4   婴儿体重（千克）和月龄（月）的散点图

1.3.2　使用 RStudio

R 的标准界面非常基础，只针对输入代码行使用，功能比命令提示行稍强一些。而在真实的项目中，你需要一个功能更加全面的工具来编辑代码和查看输出结果。这样的工具被称为集成开发环境（Integrated Development Environment，IDE），程序员已经开发了好几款针对 R 的此类工具，包括 Eclipse with StatET、Visual Studio for R 以及 RStudio Desktop。

RStudio Desktop 是迄今为止最受欢迎的一款工具，提供了多窗口、多选项卡的开发环境以导入数据、编写代码、调试错误、可视化输出以及撰写报告。

作为一款开源工具，我们可以免费获取 RStudio，并且可以方便地安装到 Windows、macOS 和 Linux 上。当然，因为 RStudio 只是 R 的开发界面，所以需要在安装 RStudio Desktop 之前安装好 R。

小提示　　可以在菜单栏中选择"Tools > Global Options"（工具 > 全局选项...）来自定义 RStudio 的界面。我建议不要勾选"General"（通用）选项卡中的"Restore.RData into Workspace at Startup"（在启动时恢复.RData 到工作区），并且针对"Save Workspace to RData on Exit"（在退出时保存工作区到.RData）选择"Never"（从不）。这样我们可以确认在每次启动 RStudio 时都会有一个干净的工作区。

现在我们使用 RStudio 重新运行代码清单 1-1 中的代码，如果你用的是 Windows，那么从"开始"菜单中启动 RStudio；在 macOS 中可以双击"应用程序"文件夹中的 RStudio 图标；在 Linux 中，则打开终端窗口并在命令提示符后输入 rstudio。3 个系统会弹出相同的界面（见图 1-5）。

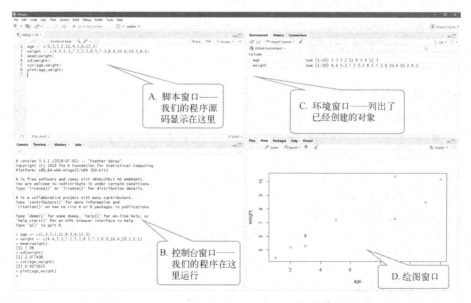

图 1-5　RStudio 界面

1. 脚本窗口

从 "File"（文件）菜单中选择 "New File > R Script"（新建文件 > R 脚本），此时 RStudio 界面的左上角会弹出一个新的脚本窗口（见图 1-5 A）。我们将代码清单 1-1 中的代码输入到这个窗口中。

在我们输入代码时，编辑器会提供语法高亮和代码补全提示（见图 1-6）。例如，输入 plot 后，编辑器会弹出一个小窗口，其中列出了以当前输入开头的所有函数。我们可以使用上下方向键来选择列表中的函数，然后按 Tab 键选中。当光标停留在函数内部（即括号内部）时，按 Tab 键可以查看函数的参数信息，而当光标位于引号内部时，按 Tab 键则可以补全文件路径。

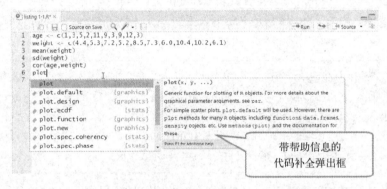

图 1-6 脚本窗口

我们可以选择某段代码，然后点击 "Run"（运行）按钮或按组合键 "Ctrl+Enter" 来运行。按组合键 "Ctrl+Shift+Enter" 则可以执行整个脚本。

要保存脚本，可以按 "Save"（保存）图标，或者在菜单栏中选择 "文件 > 保存"，然后在弹出的对话框中设置文件名和文件路径。脚本文件的扩展名为.R。如果脚本的当前版本没有保存，则脚本文件名称会在窗口选项卡中显示为带星号的红色字体。

2. 控制台窗口

代码在控制台窗口中运行（见图 1.5 B）。这个窗口与我们在基本 R 界面中看到的控制台是一样的。我们可以使用 "Run"（运行）命令将脚本窗口中的代码提交到此窗口中执行，也可以直接在此窗口的命令提示符（>）后输入交互式命令。

如果命令提示符变成了一个加号（+），这表明解释器正在等待我们输入完整的语句。出现这种情况通常是因为我们输入的语句太长，超过了一行的限制，或者在代码中有不匹配的括号。此时按 "Esc" 键可以退回到正常的命令提示符下。

另外，在此窗口中按上下方向键可以遍历之前执行过的命令。我们可以编辑某个命令，然后按 "Enter" 键重新提交这个命令。点击 "扫把" 图标可以清除该窗口中的文本。

3. 环境窗口与历史窗口

我们之前创建的所有对象（例如表 1-1 中的年龄和体重）都会显示在环境窗口中（见图 1-5 C）。

而所有执行过的命令的执行记录都会保存在历史窗口（环境窗口右边的选项卡）中。

4.绘图窗口

由脚本创建的所有图形都会出现在绘图窗口（见图 1-5 D）中。我们可以使用此窗口中的工具栏来遍历已经创建的所有图形。另外，我们也可以打开缩放窗口，以不同的比例来查看图形，或者以不同的格式导出图形，或者删除一个或所有已经创建的图形。

1.3.3　获取帮助

R 提供了大量的帮助功能，学会如何使用这些帮助文档可以在很大程度上助力我们的编程工作。R 的内置帮助系统提供了当前已安装包中所有函数的详细信息、参考文献以及使用示例。我们可以通过执行表 1-2 中列出的函数查看帮助文档。

我们也可以通过 RStudio 界面获取帮助。将光标停留在脚本窗口中的函数名上，然后按 F1 键即可打开帮助窗口。

表 1-2　R 的帮助函数

函　　　数	操　　作
help.start()	输出通用的帮助信息
help("foo") 或 ?foo	输出函数 foo() 的帮助信息
help(package ="foo")	输出 foo 包的帮助信息
help.search("foo") 或 ??foo	在帮助系统中查找名称中带有字段串 foo 的实例（包、类、函数等）的帮助信息
example("foo")	输出函数 foo() 的示例信息（可以省略引号）
data()	列出当前已加载的包中的所有可用的示例数据集
vignette()	列出当前已加载的包中的所有可用的简介信息
vignette("foo")	输出主题 foo 的简介信息

函数 help.start() 会打开一个浏览器窗口，我们可在其中查看入门和高级的帮助手册、常见问题集以及参考材料。我们也可以通过菜单 "Help > R Help"（帮助 > R 帮助）打开此窗口。由函数 vignette() 返回的简介（vignette）文档一般是 pdf 格式或 html 格式的介绍性文章。不过，并非所有的包都提供了简介（vignette）文档。

所有的帮助文件都具有类似的格式（见图 1-7）。函数帮助页的开头是标题和简介，然后是函数的语法和参数。"Details" 区提供了函数的计算细节。"See Also" 区提供了与之相关的函数的链接。帮助页的结尾部分一般是示例代码，演示了函数的典型用法。

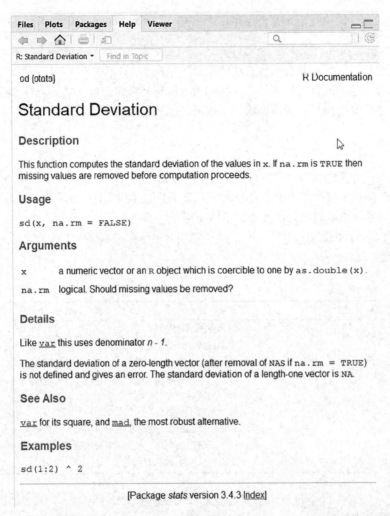

图 1-7　帮助窗口

　　不难发现，R 提供了大量的帮助文档，学会如何使用这些文档，毫无疑问将有助于编程。我经常使用?来查看某些函数的功能（比如选项或返回值）。

1.3.4　工作区

　　工作区（workspace）是当前 R 的工作环境，其中包含了所有用户定义的对象（向量、矩阵、函数、数据框、列表）。当前工作目录（working directory）是 R 用来读取文件以及存储结果的默认目录。我们可以使用函数 getwd() 来查看当前工作目录，或使用函数 setwd() 设定当前工作目录。如果需要读入一个不在当前工作目录下的文件，则需要在调用语句中写明完整的路径。记得使用引号闭合这些目录名和文件名。用于管理 R 工作区的部分标准命令见表 1-3。

表 1-3 用于管理 R 工作区的函数

函 数	功 能
getwd()	显示当前的工作目录
setwd("*mydirectory*")	修改当前的工作目录为 *mydirectory*
ls()	列出当前工作区中的对象
rm(*objectlist*)	移除（删除）一个或多个对象
help(*options*)	显示可用选项的说明
options()	显示或设置当前选项
save.image("*myfile*")	保存工作区到文件 *myfile* 中（默认值为.RData）
save(*objectlist*, file="*myfile*")	保存指定对象到一个文件中
load("*myfile*")	读取一个工作区到当前会话中（默认值为.RData）

要了解这些命令是如何运行的，运行下面代码清单 1-2 中的代码并查看结果。

代码清单 1-2 用于管理 R 工作区的命令用法示例

```
setwd("C:/myprojects/project1")
options()
options(digits=3)
```

首先，当前工作目录被设置为 C:/myprojects/project1，当前的选项设置情况将显示出来，而数字将被格式化，显示为具有小数点后 3 位有效数字的格式。

注意 setwd()命令的路径中使用了正斜杠。R 将反斜杠（\）作为一个转义符。即使你在 Windows 上运行 R，在路径中也要使用正斜杠。还请注意，函数 setwd()不会自动创建一个不存在的目录。如果必要的话，可以使用函数 dir.create()来创建新目录，然后使用 setwd()将工作目录指向这个新目录。

1.3.5 项目

在独立的目录中保存每个 R 项目是一个好主意。RStudio 为此提供了一种简单的机制。选择 "File > New Project..."（文件 > 新建项目...），然后为新项目设置一个新的目录，或者为新项目设置一个已经存在的工作目录。我们项目中的所有程序文件、命令行历史记录、报表输出、绘图以及数据都会保存在所设置的项目目录中。在 RStudio 的右上角有一个"项目"下拉菜单，可以让我们方便地在不同项目间进行切换。

项目中的文件很容易变得越来越多。我建议在项目的主目录下创建几个子文件夹来管理这些文件。我一般会创建一个 data 文件夹来保存原始数据文件，一个 img 文件夹来保存图片文件以及图形输出文件，一个 docs 文件夹来保存项目文档，以及一个 reports 文件夹来保存报表输出。同时，我会把 R 脚本文件与 README 文件直接保存在主目录下。如果这些 R 文件有顺序要求，那么我会对它们进行编号（比如 01_import_data.R、02_clean_data.R 等）。README 文件是一个文本文件，包含了作者、日期、负责人及其联系方式，以及项目用途等信息。在未来 6 个月中，这些信息可以让我知道我做了什么工作以及为什么要做这些工作。

1.4　包

R 提供了大量开箱即用的功能，但它最激动人心的一部分功能是通过可选模块的下载和安装来实现的。目前有 1 万多个称为包（package）的用户贡献模块可从 CRAN 网站下载。这些包提供了横跨各种领域、数量惊人的新功能，包括分析地理数据、处理蛋白质质谱，甚至是心理测验分析的功能。本书中多次使用了这些可选包。

R 中有一组合称为 `tidyverse` 的包值得特别关注。这是一组相对较新的包，针对数据操作与分析提供了简化、一致且直观的方法。`tidyverse` 系列包（包括 `tidyr`、`dplyr`、`lubridate`、`stringr` 以及 `ggplot2`）提供的功能正在改变数据科学家编写 R 代码的方式。我在后面会经常使用这些包。实际上，我编写本书第 3 版的一个主要原因就是想总结一下如何使用这些包进行数据分析与数据可视化。

1.4.1　什么是包

包是 R 函数、数据、预编译代码以一种定义完善的格式组成的集合。计算机上存储包的目录称为库（library）。函数 `.libPaths()` 能够显示库所在的位置，函数 `library()` 则可以显示库中有哪些包。

R 自带了一系列默认包（包括 `base`、`datasets`、`utils`、`grDevices`、`graphics`、`stats` 以及 `methods`），它们提供了种类繁多的默认函数和数据集。其他包可通过下载来进行安装。安装好以后，包必须被载入到会话中才能使用。命令 `search()` 可以告诉我们哪些包已被加载并可使用。

1.4.2　安装包

有许多 R 函数可以用来管理包。第一次安装一个包，使用命令 `install.packages()` 即可。例如，gclus 包中提供了创建增强型散点图的函数。可以使用命令 `install.packages("gclus")` 来下载和安装它。

一个包仅需安装一次。但和其他软件类似，包经常被其作者更新。使用命令 `update.packages()` 可以更新已经安装的包。要查看已安装包的描述，我们可以使用 `installed.packages()` 命令，这将列出已安装的包，以及它们的版本号、依赖关系等信息。

我们也可以使用 RStudio 来安装和更新包。选择 "Packages"（包）选项卡（位于右下角的窗口），然后在此窗口右上角的搜索框中输入包的名称（或者名称的一部分），勾选想要安装的包并点击 "Install"（安装）按钮。我们也可以点击 "Update"（更新）按钮来更新已经安装的包。

1.4.3 包的载入

包的安装是指从某个 CRAN 镜像站点下载它并将其放入库中的过程。要在 R 会话中使用它，还需要使用 library() 命令载入这个包。例如，要使用 gclus 包，执行命令 library(gclus) 即可。

当然，在载入一个包之前必须安装这个包。在一个会话中，包只需载入一次。如果需要，我们可以自定义启动环境以自动载入会频繁使用的那些包。附录 B 介绍了如何自定义启动环境。

1.4.4 包的使用方法

载入一个包之后，我们就可以使用包里的函数和数据集了。包中往往提供了演示性的小型数据集和示例代码，方便我们尝试这些新功能。帮助系统包含了每个函数的一个描述（同时带有示例），每个数据集的信息也被包括其中。命令 help(package="package_name") 可以输出某个包的简短描述以及包中的函数名称和数据集名称的列表。使用函数 help() 可以查看其中任意函数或数据集的更多细节。这些信息也能以 PDF 帮助手册的形式从 CRAN 下载。在 RStudio 中，点击 "Packages"（包）选项卡（位于右下角的窗口），在搜索框中输入包的名称，然后点击包的名称，我们就可以获取包的帮助信息。

R 编程中的常见错误

有一些错误是 R 的初学者和经验丰富的 R 程序员都可能常犯的。如果程序出错了，请检查以下几个方面。

- □ **使用了错误的大小写**。help()、Help() 和 HELP() 是 3 个不同的函数（只有第一个是正确的）。
- □ **忘记使用必要的引号**。install.packages("gclus") 能够正常执行，然而 Install.packages(gclus) 将会报错。
- □ **在函数调用时忘记使用括号**。例如，要使用 help() 而非 help。即使函数不需要参数，仍需加上 ()。
- □ **在 Windows 中，路径名中使用了 **。R 将 \（反斜杠）视为一个转义字符。setwd("c:\mydata") 会报错。正确的写法是 setwd("c:/mydata") 或 setwd("c:\\mydata")。
- □ **使用了一个尚未载入包中的函数**。函数 order.clusters() 包含在包 gclus 中。如果还没有载入这个包就使用它，将会报错。

R 的报错信息可能是含义模糊的，但如果谨慎遵守了以上要点，就应该可以避免许多错误。

1.5   将输出用作输入：结果的复用

R 的一个非常实用的特点是，分析的输出结果可轻松保存，并作为进一步分析的输入使用。我们通过将一个 R 中已经预先安装好的数据集作为示例阐明这一点。如果你无法理解这里涉及的统计学知识，也别担心，我们在这里关注的只是一般原理。

R 内置了很多可以用于实际的数据分析工作的数据集，其中一个数据集是 mtcars，包含了采集自 *Motor Trend* 杂志道路测试的 32 种车型的信息。假设我们想描述一下汽车的油耗与车身重量之间的关系。

首先，我们执行一次简单线性回归，通过车身重量(wt)预测每加仑汽油行驶的英里数(mpg)。可以通过以下语句实现。

```
lm(mpg~wt, data=mtcars)
```

结果将显示在屏幕上，不会保存任何结果数据。

接下来，我们换一种方式，执行回归函数，同时在一个对象中保存结果。

```
lmfit <- lm(mpg~wt, data=mtcars)
```

以上赋值语句创建了一个名为 lmfit 的列表对象，其中包含了分析的大量信息（包括预测值、残差、回归系数等）。虽然屏幕上没有显示任何输出，但分析结果可在稍后被显示和继续使用。

输入 summary(lmfit) 将显示分析结果的统计概要，plot(lmfit) 将生成回归诊断图形，而语句 cook<-cooks.distance(lmfit) 将计算和保存影响度量统计量，plot(cook) 将对其绘图。要在新的车身重量数据上对每加仑汽油行驶的英里数进行预测，不妨使用 predict(lmfit, mynewdata)。

要了解某个函数的返回值，查阅这个函数的 R 帮助文档中的 "Value" 部分即可。本例中应当查阅 help(lm) 或?lm 中的对应部分，这样就可以知道将某个函数的结果赋值给一个对象时，保存下来的结果具体是什么。

1.6   处理大型数据集

程序员经常问我 R 是否可以处理大数据问题。他们往往需要处理来自互联网、气候学、遗传学等研究领域的海量数据。由于 R 在内存中存储对象，程序员往往会受限于可用的内存量。举例来说，在我已经使用了 9 年的 2GB 内存的 Windows 计算机上，我可以轻松地处理含有 1000 万个元素的数据集（100 个变量×100 000 个观测）。在一台 4GB 内存的 iMac 上，我通常可以不费力地处理含有上亿元素的数据。

但是，我们也要考虑两个问题：数据集的大小和要应用的统计方法。R 可以处理 GB 级到 TB 级的数据分析问题，但需要专门的手段。有关大型数据集的管理和分析问题将会在附录 F 中讨论。

1.7　示例实践

我们将以一个结合了以上各种命令的示例结束本章。以下是任务描述。

(1) 打开帮助文档首页，并查阅其中的"Introduction to R"。

(2) 安装 vcd 包（一个用于可视化类别数据的包，我们将在第 11 章中使用）。

(3) 列出此包中可用的函数和数据集。

(4) 载入这个包并阅读数据集 Arthritis 的描述。

(5) 显示数据集 Arthritis 的内容（直接输入一个对象的名称将列出它的内容）。

(6) 运行数据集 Arthritis 自带的示例。如果不理解输出结果，也不要担心。结果基本上显示的是接受治疗的关节炎患者比接受安慰剂的患者在病情上有了更多改善。

所需的代码如代码清单 1-3 所示，图 1-8 显示了结果的示例。如本例所示，我们只需使用少量 R 代码即可完成大量工作。

代码清单 1-3　使用一个新的包

```
help.start()
install.packages("vcd")
help(package="vcd")
library(vcd)
help(Arthritis)
Arthritis
example(Arthritis)
```

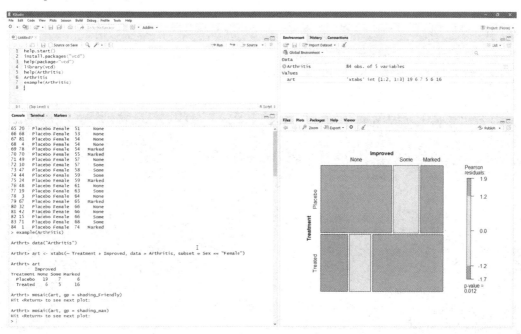

图 1-8　在 RStudio 中执行代码清单 1-3 后的输出

在本章中，我们了解了 R 的一些优点，正是这些优点吸引了学生、研究者、统计学家以及数据分析师等希望理解数据所具意义的人。我们从程序的安装出发，讨论了如何通过下载附加包来增强 R 的功能。探索了 R 的基本界面，并绘制了一些简单的图形。由于 R 的复杂性，我们花了一些时间来了解如何访问大量现成可用的帮助义档。希望你对这个免费软件的强大之处有了一个总体的感觉。

现在，我们已经能够正常运行 R 和 RStudio 了，那么是时候探索我们的数据了。在第 2 章中，我们将了解 R 能够处理的各种数据类型，以及如何从文本文件、其他程序和数据库管理系统中导入数据。

1.8　小结

- ❑ 针对数据分析和数据可视化工作，R 提供了功能全面且高度交互的运行环境。
- ❑ RStudio 是 R 的集成开发环境，它使 R 编程更加便捷，更具效率。
- ❑ 包是可以免费获取的插件式程序模块，极大地扩展了 R 平台的功能。
- ❑ R 提供了强大的帮助系统，学习如何使用帮助系统可以提高我们高效编程的能力。

第 2 章

创建数据集

本章重点
- 探索 R 中的数据结构
- 输入数据
- 导入数据
- 标注数据

按照个人要求的格式来创建含有研究信息的数据集是任何数据分析任务的第一步。在 R 中，这个任务包括以下两步：

- 选择一种数据结构来存储数据；
- 将数据输入或导入这个数据结构中。

本章的 2.1 节和 2.2 节叙述了 R 中用于存储数据的多种结构，其中，2.2 节描述了向量、矩阵、数据框、因子、列表和 tibble 数据框的用法。熟悉这些数据结构（以及访问其中元素的表述方法）将十分有助于了解 R 的工作方式，因此你可能需要耐心"消化"这一节的内容。

本章的 2.3 节涵盖了多种向 R 中导入数据的可行方法。我们可以手动输入数据，也可从外部源导入数据。数据源可为文本文件、电子表格、统计软件包和各类数据库管理系统。举例来说，我在工作中使用的数据往往来自于逗号分隔文本文件或 Excel 电子表格。当然，我偶尔也会使用 SAS 和 SPSS 数据集，或是从 SQL 数据库导入数据。通常，我们只需要使用本节中描述的一两种方法，因此你根据需求有选择地阅读本章即可。

创建数据集后，我们往往需要对它进行标注，也就是为变量和变量代码添加描述性的标签。本章的 2.4 节将讨论数据集的标注问题，并介绍一些处理数据集的实用函数（2.5 节）。下面我们从基本知识讲起。

2.1 理解数据集

数据集通常是由数据构成的一个矩形数组，行表示观测值，列表示变量。表 2-1 提供了一个假想的病例数据集。

表 2-1　病例数据集

PatientID （病人编号）	AdmDate （入院时间）	Age （年龄）	Diabetes （糖尿病类型）	Status （病情）
1	10/15/2018	25	Type 1	Poor
2	11/01/2018	34	Type 2	Improved
3	10/21/2018	28	Type 1	Excellent
4	10/28/2018	52	Type 1	Poor

不同的行业对于数据集的行和列叫法不同。统计学家称它们为观测值（observation）和变量（variable），数据库分析师则称其为记录（record）和字段（field），数据挖掘领域和机器学习学科的研究者则把它们叫作示例（example）和属性（attribute）。本书中，我们通篇使用观测值和变量这两个术语。

我们可以清楚地看到此数据集的结构（本例中是一个矩形数组）以及其中包含的内容和数据类型。在表 2-1 所示的数据集中，PatientID 是行/实例标识符，AdmDate 是日期型变量，Age 是连续型（定量型）变量，Diabetes 是名义变量，Status 是顺序变量。名义变量和顺序变量都是分类变量，但顺序变量中的类别具有自然的顺序性。

R 中有许多用于存储数据的结构，包括标量、向量、数组、数据框和列表。表 2-1 实际上对应着 R 中的一个数据框。多样化的数据结构赋予了 R 极其灵活的数据处理能力。

R 可以处理的数据类型包括数值型、字符型、逻辑型（TRUE/FALSE）、复数型（虚数）和原生型（字节）。在 R 中，PatientID、AdmDate 和 Age 为数值型变量，而 Diabetes 和 Status 则为字符型变量。另外，我们需要分别告诉 R：PatientID 是实例标识符，AdmDate 含有日期数据，Diabetes 和 Status 分别是名义变量和顺序变量。R 将实例标识符称为 rownames（行名），将分类变量（包括名义变量和顺序变量）称为因子（factor）。我们会在 2.2 节中讲解这些内容，并在第 3 章中介绍日期型数据的处理。

2.2　数据结构

R 拥有许多用于存储数据的对象类型，包括标量、向量、矩阵、数组、数据框和列表。它们在存储数据的类型、创建方式、结构复杂度，以及用于定位和访问其中个别元素的标记等方面均有所不同。图 2-1 给出了这些数据结构的一个示意图。

让我们从向量开始，逐个探究每一种数据结构。

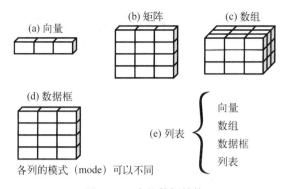

图 2-1　R 中的数据结构

一些定义

R 中有一些术语较为独特，可能会对新用户造成困扰。

在 R 中，**对象**（object）是指可以赋值给变量的任何事物，包括常量、数据结构、函数，甚至图形。对象都拥有某种**模式**（它描述了该对象是如何存储的）和某个类（它告诉像 print 这样的泛型函数如何处理该对象）。

与其他标准统计软件（如 SAS、SPSS 和 Stata）中的数据集类似，**数据框**（data frame）是 R 中用于存储数据的一种结构：列表示变量，行表示观测值。在同一个数据框中可以存储不同类型（如数值型、字符型）的变量。数据框将是我们用来存储数据集的主要数据结构。

因子是名义变量或顺序变量。R 会对其进行特殊地存储和处理。我们将在 2.2.5 节中学习因子的处理方式。

R 中的其他多数术语我们应该比较熟悉了，它们基本都遵循统计学和计算中术语的定义。

2.2.1　向量

向量（vector）是用于存储数值型、字符型或逻辑型数据的一维数组。执行组合功能的函数 c() 可用来创建向量。各类向量如下例所示：

```
a <- c(1, 2, 5, 3, 6, -2, 4)
b <- c("one", "two", "three")
c <- c(TRUE, TRUE, TRUE, FALSE, TRUE, FALSE)
```

这里，a 是数值型向量，b 是字符型向量，而 c 是逻辑型向量。注意，单个向量中的数据必须拥有相同的类型或模式（数值型、字符型或逻辑型）。同一向量中无法混杂不同类型或模式的数据。

注意　标量（scalar）是只含一个元素的向量，例如 f <- 3、g <- "US" 和 h <- TRUE。它们用于保存常量。

通过在方括号中给定元素所处位置的数值，我们可以访问向量中的元素。与 C++、Java 和 Python 等编程语言不同，R 的位置索引从 1 开始，而不是 0。例如，a[c(1,3)]用于访问向量 a 中的第 1 个和第 3 个元素。更多示例如下。

```
> a <- c("k", "j", "h", "a", "c", "m")
> a[3]
[1] "h"
> a[c(1, 3, 5)]
[1] "k" "h" "c"
> a[2:6]
[1]  "j" "h" "a" "c" "m"
```

最后一个语句中使用的冒号用于生成一个数值序列。例如，a <- c(2:6)等价于 a <- c(2, 3, 4, 5, 6)。

2.2.2   矩阵

矩阵（matrix）是一个二维数组，只是每个元素都拥有相同的模式（数值型、字符型或逻辑型）。可通过函数 matrix()创建矩阵。一般使用格式如下。

```
myymatrix <- matrix(vector, nrow=number_of_rows, ncol=number_of_columns,
                    byrow=logical_value, dimnames=list(
                    char_vector_rownames, char_vector_colnames))
```

其中 vector 包含了矩阵的元素，nrow 和 ncol 用以指定行和列的维数，dimnames 包含了可选的、以字符型向量表示的行名和列名。选项 byrow 则表明矩阵应当按行填充（byrow=TRUE）还是按列填充（byrow=FALSE），默认情况下按列填充。代码清单 2-1 中的代码演示了 matrix()函数的用法。

代码清单 2-1   创建矩阵

```
> y <- matrix(1:20, nrow=5, ncol=4)                        ❶
> y
     [,1] [,2] [,3] [,4]
[1,]    1    6   11   16
[2,]    2    7   12   17
[3,]    3    8   13   18
[4,]    4    9   14   19
[5,]    5   10   15   20
> cells    <- c(1,26,24,68)
> rnames   <- c("R1", "R2")
> cnames   <- c("C1", "C2")
> mymatrix <- matrix(cells, nrow=2, ncol=2, byrow=TRUE,
                    dimnames=list(rnames, cnames))          ❷
> mymatrix
   C1 C2
R1  1 26
R2 24 68
> mymatrix <- matrix(cells, nrow=2, ncol=2, byrow=FALSE,
                    dimnames=list(rnames, cnames))          ❸
```

```
> mymatrix
   C1 C2
R1  1 24
R2 26 68
```

❶ 创建一个 5×4 的矩阵

❷ 按行填充的 2×2 矩阵

❸ 按列填充的 2×2 矩阵

我们首先创建了一个 5×4 的矩阵❶，接着创建了一个 2×2 的含列名标签的矩阵，并按行进行填充❷，最后创建了一个 2×2 的矩阵并按列进行了填充❸。

我们可以使用下标和方括号来选择矩阵中的行、列或元素。X[i,] 指矩阵 X 中的第 i 行，X[,j] 指第 j 列，X[i, j] 指第 i 行第 j 个元素。选择多行或多列时，下标 i 和 j 可为数值型向量，如代码清单 2-2 所示。

代码清单 2-2　矩阵下标的使用

```
> x <- matrix(1:10, nrow=2)
> x
     [,1] [,2] [,3] [,4] [,5]
[1,]    1    3    5    7    9
[2,]    2    4    6    8   10
> x[2,]
  [1]  2  4  6  8 10
> x[,2]
[1] 3 4
> x[1,4]
[1] 7
> x[1, c(4,5)]
[1] 7 9
```

首先，我们创建了一个内容为数字 1 到 10 的 2×5 矩阵。默认情况下，矩阵按列填充。然后，我们分别选择了第 2 行和第 2 列的元素。接着，又选择了第 1 行第 4 列的元素。最后选择了位于第 1 行第 4 列、第 5 列的元素。

矩阵都是二维的。和向量类似，矩阵中也仅能包含一种数据类型。当维度超过 2 时，不妨使用数组（参见 2.2.3 节）。当有多种模式的数据时，我们可以使用数据框（参见 2.2.4 节）。

2.2.3　数组

数组（array）与矩阵类似，但是维度可以大于 2。数组可通过函数 array 创建，形式如下。

```
myarray <- array(vector, dimensions, dimnames)
```

其中 *vector* 包含了数组中的数据，*dimensions* 是一个数值型向量，给出了各个维度下标的最大值，而 *dimnames* 是可选的、各维度名称标签的列表。代码清单 2-3 给出了一个创建三维（2×3×4）数值型数组的示例。

代码清单 2-3　创建一个数组

```
> dim1 <- c("A1", "A2")
> dim2 <- c("B1", "B2", "B3")
> dim3 <- c("C1", "C2", "C3", "C4")
> z <- array(1.24, c(2, 3, 4), dimnames=list(dim1, dim2, dim3))
> z
, , C1
   B1 B2 B3
A1  1  3  5
A2  2  4  6

, , C2
   B1 B2 B3
A1  7  9 11
A2  8 10 12

, , C3
   B1 B2 B3
A1 13 15 17
A2 14 16 18

, , C4
   B1 B2 B3
A1 19 21 23
A2 20 22 24
```

如你所见，数组是矩阵的一个自然推广。数组在创建用于进行统计计算的函数时可能很有用。像矩阵一样，数组中的数据也只能拥有一种模式。从数组中选取元素的方式与矩阵相同。在上例中，元素 z[1,2,3] 为 15。

2.2.4　数据框

由于不同的列可以包含不同模式（数值型、字符型等）的数据，数据框的概念较矩阵来说更为一般。它与我们通常在 SAS、SPSS 和 Stata 中看到的数据集类似。数据框将是你在 R 中最常处理的数据结构。

表 2-1 所示的病例数据集包含了数值型和字符型数据。由于数据有多种模式，无法将此数据放入一个矩阵。在这种情况下，使用数据框是最佳选择。

如下所示，数据框可通过函数 data.frame() 创建。

```
mydata <- data.frame(col1, col2, col3,...)
```

其中的列向量 *col1*、*col2*、*col3* 等可为任何类型（如字符型、数值型或逻辑型）的数据。每一列的名称可由函数 names 指定。代码清单 2-4 清晰地展示了相应用法。

代码清单 2-4　创建一个数据框

```
> patientID <- c(1, 2, 3, 4)
> age <- c(25, 34, 28, 52)
> diabetes <- c("Type1", "Type2", "Type1", "Type1")
```

```
> status <- c("Poor", "Improved", "Excellent", "Poor")
> patientdata <- data.frame(patientID, age, diabetes, status)
> patientdata
  patientID age diabetes    status
1         1  25    Type1      Poor
2         2  34    Type2  Improved
3         3  28    Type1 Excellent
4         4  52    Type1      Poor
```

每一列数据的模式必须唯一（如数值型、字符型或逻辑型），不过，我们可以将多个模式的不同列放到一起组成数据框。由于数据框与分析人员通常设想的数据集的形态较为接近，因此我们在讨论数据框时将交替使用术语列和变量。

选取数据框中元素的方式有若干种。我们可以使用前述（如矩阵中的）下标记号，也可直接指定列名。代码清单 2-5 使用代码清单 2-4 创建的数据框 patientdata 演示了这些方式。

代码清单 2-5 选取数据框中的元素

```
> patientdata[1:2]
  patientID age
1         1  25
2         2  34
3         3  28
4         4  52
> patientdata[c("diabetes", "status")]
  diabetes    status
1    Type1      Poor
2    Type2  Improved
3    Type1 Excellent
4    Type1      Poor
 > patientdata$age                    ❶
[1] 25 34 28 52
```

❶ 表示 **patientdata** 数据框中的变量 **age**

第 3 个例子中的符号$是新出现的❶。它被用来选取一个给定数据框中的某个特定变量。例如，如果我们想生成糖尿病类型变量 diabetes 和病情变量 status 的列联表，可以使用下列代码。

```
> table(patientdata$diabetes, patientdata$status)

      Excellent Improved Poor
Type1         1        0    2
Type2         0        1    0
```

在每个变量名前都输入一次 patientdata$可能会让人生厌，所以不妨走一些捷径。比如，可以使用函数 with() 来简化代码。

1. 使用函数 with()

我们以内置的数据框 mtcars 为例。这个数据框中包含 32 种车型的燃油效率数据。以下代码汇总了 mpg（每加仑汽油行驶英里数）变量，还绘制了 mpg 与 disp（发动机排量）和 wt（汽车重量）之间关系的图形。

```
summary(mtcars$mpg)
plot(mtcars$mpg, mtcars$disp)
plot(mtcars$mpg, mtcars$wt)
```

我们可以将以上代码模式简写如下。

```
with(mtcars, {
  summary(mpg)
  plot(mpg, disp)
  plot(mpg, wt)
})
```

花括号{}之间的语句都针对数据框 mtcars 执行。如果仅有一条语句（例如 summary(mpg)），那么花括号{}可以省略。

函数 with() 的局限性在于，赋值仅在此函数的括号内生效。请看以下代码。

```
> with(mtcars, {
  stats <- summary(mpg)
  stats
})
  Min. 1st Qu. Median   Mean 3rd Qu.   Max.
 10.40   15.43  19.20  20.09   22.80  33.90
> stats
Error: object 'stats' not found
```

如果需要创建在 with() 结构以外存在的对象，那么我们使用特殊赋值符（<<-）替代标准赋值符（<-）即可，它可将对象保存到with()之外的全局环境中。以下代码演示了这一技巧。

```
> with(mtcars, {
  nokeepstats <- summary(mpg)
  keepstats <<- summary(mpg)
})
> nokeepstats
Error: object 'nokeepstats' not found
> keepstats
  Min. 1st Qu. Median   Mean 3rd Qu.   Max.
 10.40   15.43  19.20  20.09   22.80  33.90
```

2. 实例标识符

在病例数据集中，patientID 用于区分数据集中不同的观测值。在 R 中，实例标识符（case identifier）可通过函数 data.frame() 中的 rowname 选项指定。例如，语句：

```
patientdata <- data.frame(patientID, age, diabetes,
                          status, row.names=patientID)
```

将 patientID 指定为 R 中标记各类打印输出和图形中实例名称所用的变量。

2.2.5 因子

如你所见，变量可归结为名义变量、顺序变量或连续型变量。**名义变量**（nominal variable）是没有顺序之分的分类变量。Diabetes（Type1、Type2）是名义变量的一例。即使在数据中

Type1 编码为 1 而 Type2 编码为 2，这也并不意味着二者是有序的。**顺序变量**（ordinal variable）表示一种顺序关系，而非数量关系。poor、improved、excellent（表示病情）是顺序型变量的一个上佳示例。我们明白，病情为 poor（较差）的病人的状态不如 improved（病情好转）的病人，但并不知道他们之间相差多少。**连续型变量**（continuous variable）可以呈现为某个范围内的任意值，并同时表示了顺序和数量。Age（年龄）就是一个连续型变量，它能够表示像 14.5 或 22.8 这样的值以及其间的其他任意值。很清楚，15 岁的人比 14 岁的人年长一岁。

分类变量（名义变量）和有序的分类变量（顺序变量）在 R 中称为**因子**（factor）。因子在 R 中非常重要，因为它决定了数据的分析方式以及如何进行视觉呈现。我们将在本书中通篇看到这样的例子。

函数 factor() 以一个整数向量的形式存储类别值，整数的取值范围是[1...*k*]（其中 *k* 是名义变量中唯一值的个数）。同时，一个由字符串（原始值）组成的内部向量将映射到这些整数上。

举例来说，假设有向量：

```
diabetes <- c("Type1", "Type2", "Type1", "Type1")
```

语句 diabetes <- factor(diabetes) 将此向量存储为(1, 2, 1, 1)，并在内部将其关联为 1=Type1 和 2=Type2（具体赋值根据字母顺序而定）。针对向量 diabetes 进行的任何分析都会将其作为名义变量对待，并自动选择适合这一测量尺度[①]的统计方法。

要表示顺序变量，需要为函数 factor() 指定参数 ordered=TRUE。给定向量：

```
status <- c("Poor", "Improved", "Excellent", "Poor")
```

语句 status <- factor(status, ordered=TRUE) 会将向量编码为(3, 2, 1, 3)，并在内部将这些值关联为 1=Excellent、2=Improved 以及 3=Poor。

另外，针对此向量进行的任何分析都会将其作为顺序变量对待，并自动选择合适的统计方法。

对于字符型向量，因子的水平默认依字母顺序创建。这对于因子 status 是有意义的，因为"Excellent""Improved""Poor"的排序方式恰好与逻辑顺序一致。如果"Poor"被编码为"Ailing"，会有问题，因为顺序将为"Ailing""Excellent""Improved"。如果理想中的顺序是"Poor""Improved""Excellent"，则会出现类似的问题。按默认的字母顺序排序的因子很少能够让人满意。

我们可以通过指定 levels 选项来覆盖默认排序。例如：

```
status <- factor(status, order=TRUE,
                 levels=c("Poor", "Improved", "Excellent"))
```

各水平的赋值将为 1=Poor、2=Improved、3=Excellent。请保证指定的水平的赋值与数据中的真实值相匹配，因为任何在数据中出现而未在参数中列举的数据都将被设为缺失值。

数值型变量可以用参数 levels 和 labels 来编码成因子。如果男性被编码成 1，女性被编码成 2，则以下语句：

① 这里的测量尺度是指定类尺度、定序尺度、定距尺度、定比尺度中的定类尺度。——译者注

```
sex <- factor(sex, levels=c(1, 2), labels=c("Male", "Female"))
```

把变量转换成一个无序因子。我们需要注意，标签的顺序必须和水平相一致。在这个例子中，性别将被当成分类变量，标签 "Male" 和 "Female" 将替代 1 和 2 在结果中输出，而且所有不是 1 或 2 的性别变量将被设为缺失值。

代码清单 2-6 演示了普通因子和有序因子的不同是如何影响数据分析的。

代码清单 2-6　因子的使用

```
> patientID <- c(1, 2, 3, 4)                                          ❶
> age <- c(25, 34, 28, 52)
> diabetes <- c("Type1", "Type2", "Type1", "Type1")
> status <- c("Poor", "Improved", "Excellent", "Poor")
> diabetes <- factor(diabetes)
> status <- factor(status, order=TRUE)
> patientdata <- data.frame(patientID, age, diabetes, status)
> str(patientdata)                                                    ❷
'data.frame':  4 obs. of 4 variables:
 $ patientID: num  1 2 3 4
 $ age      : num  25 34 28 52
 $ diabetes : Factor w/ 2 levels "Type1","Type2": 1 2 1 1
 $ status   : Ord.factor w/ 3 levels "Excellent"<"Improved"<..: 3 2 1 3
> summary(patientdata)                                                ❸
   patientID          age          diabetes      status
 Min.   :1.00   Min.   :25.00   Type1:3    Excellent:1
 1st Qu.:1.75   1st Qu.:27.25   Type2:1    Improved :1
 Median :2.50   Median :31.00              Poor     :2
 Mean   :2.50   Mean   :34.75
 3rd Qu.:3.25   3rd Qu.:38.50
 Max.   :4.00   Max.   :52.00
```

❶ 以向量形式输入数据

❷ 显示对象的结构

❸ 显示对象的统计概要

首先，以向量的形式输入数据❶。然后，将 diabetes 和 status 分别指定为一个普通因子和一个有序因子。最后，将数据合并为一个数据框。函数 str(*object*) 可提供 R 中某个对象（本例中为数据框）的信息❷。它清楚地显示 diabetes 是一个因子，而 status 是一个有序因子，并显示此数据框在内部是如何进行编码的。注意，函数 summary() 会区别对待各个变量❸。它显示了连续型变量 age 的最小值、最大值、均值和各四分位数，并显示了分类变量 diabetes 和 status（各水平）的频数值。

2.2.6　列表

列表（list）是 R 的数据类型中最为复杂的一种。一般来说，列表就是一些对象（或成分，component）的有序集合。我们可以使用列表将若干（可能无关的）对象整合到单个对象名下。例如，某个列表中可能包含若干向量、矩阵、数据框，甚至其他列表。可以使用函数 list() 创建列表：

```
mylist <- list(object1, object2, ...)
```

其中的对象可以是目前为止讲到的任何结构。

我们还可以为列表中的对象命名，代码如下所示。

```
mylist <- list(name1=object1, name2=object2, ...)
```

代码清单 2-7 展示了一个例子。

代码清单 2-7 创建一个列表

```
> g <- "My First List"
> h <- c(25, 26, 18, 39)
> j <- matrix(1:10, nrow=5)
> k <- c("one", "two", "three")
> mylist <- list(title=g, ages=h, j, k)          ❶
> mylist                                         ❷
$title
[1] "My First List"

$ages
[1] 25 26 18 39

[[3]]
     [,1] [,2]
[1,]    1    6
[2,]    2    7
[3,]    3    8
[4,]    4    9
[5,]    5   10

[[4]]
[1] "one"   "two"   "three"

> mylist[[2]]                                    ❸
[1] 25 26 18 39
> mylist[["ages"]]
[1] 25 26 18 39
```

❶ 创建列表

❷ 输出整个列表

❸ 输出第 2 个成分

本例创建了一个列表，其中有 4 个成分：一个字符串、一个数值型向量、一个矩阵以及一个字符型向量。我们可以组合任意多的对象，并将它们保存为一个列表。

我们也可以通过在双重方括号中指明代表某个成分的数字或名称来访问列表中的元素。此例中，mylist[[2]] 和 mylist[["ages"]] 均指那个含有 4 个元素的向量。对于命名成分，我们也可以使用 mylist$ages。列表之所以是 R 中的重要数据结构，是出于以下两个原因。首先，列表允许以一种简单的方式组织和重新调用不相干的信息。其次，许多 R 函数的运行结果都是以列表的形式返回的。需要取出其中哪些成分由分析人员决定。我们将在后续各章中找到许多返回列表的函数示例。

2.2.7   tibble 数据框

在继续探讨之前，我们很有必要了解一下 tibble 数据框。这种数据框有一些特殊的操作方式，从而更有实用价值。我们可以使用 tibble 包里的函数 tibble() 或 as_tibble() 来创建 tibble 数据框，可以使用 install.packages("tibble") 来安装 tibble 包。下面，我们将列举 tibble 数据框的一些吸引人的功能。

与标准数据框相比，tibble 数据框的打印格式更加紧凑。另外，变量标签描述了每一列的数据类型。

```
library(tibble)
mtcars <- as_tibble(mtcars)
mtcars

# A tibble: 32 x 11
     mpg   cyl  disp    hp  drat    wt  qsec    vs    am  gear  carb
   * <dbl> <dbl> <dbl>, <dbl> <dbl> <dbl> <dbl> <dbl> <dbl> <dbl> <dbl>
   1  21      6   160   110  3.9   2.62  16.5     0     1     4     4
   2  21      6   160   110  3.9   2.88  17.0     0     1     4     4
   3  22.8    4   108    93  3.85  2.32  18.6     1     1     4     1
   4  21.4    6   258   110  3.08  3.22  19.4     1     0     3     1
   5  18.7    8   360   175  3.15  3.44  17.0     0     0     3     2
   6  18.1    6   225   105  2.76  3.46  20.2     1     0     3     1
   7  14.3    8   360   245  3.21  3.57  15.8     0     0     3     4
   8  24.4    4   147.   62  3.69  3.19  20       1     0     4     2
   9  22.8    4   141.   95  3.92  3.15  22.9     1     0     4     2
  10  19.2    6   168.  123  3.92  3.44  18.3     1     0     4     4
# ... with 22 more rows
```

tibble 数据框不会将字符变量转换为因子。在 R 的旧版本（R 4.0.0 版本以前）中，函数 read.table()、data.frame() 和 as.data.frame() 默认将字符型数据转换为因子。我们需要在这些函数中添加字符串 AsFactors = FALSE 来取消这个默认操作。

tibble 数据框不会更改变量的名称。假设导入的数据集中有一个变量名称为 Last Address，由于 R 的变量名称不能使用空格，因此基本的 R 函数会将此名称改为 Last.Address。tibble 数据框会保留此名称不变，并用反引号（例如`Last Address`）使变量名称在语法上是正确的。

对 tibble 数据框取子集总是返回一个 tibble 数据框。例如，使用 mtcars["mpg"] 对数据框 mtcars 取子集，将返回一个向量，而不是单列的数据框。R 会自动简化结果。如果要获取单列的数据框，则需要添加 drop = FALSE 参数（mtcars[, "mpg", drop = FALSE]）。但是，如果 mtcars 是一个 tibble 数据框，那么 mtcars[, "mpg"] 将返回一个单列的 tibble 数据框。因为这个结果未被简化，所以我们可以轻松地预测取子集的操作结果。

最后，tibble 数据框不支持行名。在 tibble 数据框中可以使用函数 rownames_to_column() 将数据框中的行名转换为变量。

tibble 数据框的重要之处在于，现在许多流行的 R 包，比如 readr、tidyr、dplyr 和 purr 都将数据框保存为 tibblc 数据框。虽然 tibble 数据框是"数据框的全新模式"，但是它可以和普通数据框相互替换使用。任何需要普通数据框的功能都可以使用 tibble 数据框，反之亦然。

提醒程序员注意的一些事项

经验丰富的程序员通常会发现 R 的某些方面不太寻常。以下是在这门语言中我们需要了解的一些特性。

❑ 对象名称中的句点（.）没有特殊意义，但美元符号（\$）有着和其他语言中的句点类似的含义，即指定一个数据框或列表中的某些部分。例如，A\$x 是指数据框 A 中的变量 x。

❑ R 不提供多行注释或块注释功能，必须以#作为多行注释中每一行的开始。出于调试目的，我们也可以把想让解释器忽略的代码放到语句 if(FALSE){...}中。将 FALSE 改为 TRUE 即允许这块代码执行。

❑ 将一个值赋给某个向量、矩阵、数组或列表中一个不存在的元素时，R 将自动扩展这个数据结构以容纳新值。举例来说，请看以下代码：

```
> x <- c(8, 6, 4)
> x[7] <- 10
> x
[1]  8  6  4 NA NA NA 10
```

通过赋值，向量 x 由 3 个元素扩展到了 7 个元素。x <- x[1:3] 会重新将其缩减回 3 个元素。

❑ R 中没有标量。标量以单元素向量的形式出现。

❑ R 中的下标不从 0 开始，而从 1 开始。在上述向量中，x[1] 的值为 8。

❑ 变量无法被声明。它们在首次被赋值时生成。

2.3 数据的输入

现在，我们已经掌握了各种数据结构，可以放一些数据进去了。作为数据分析人员，我们通常会面对来自多种数据源和数据格式的数据，我们的任务是将这些数据导入数据处理工具，分析数据，并汇报分析结果。R 提供了适用范围广泛的数据导入工具。向 R 中导入数据的权威指南请参阅在线的 *R Data Import/Export*（R 数据导入/导出手册）。

如图 2-2 所示，R 可从键盘、文本文件、Microsoft Excel 和 Access、流行的统计软件、多种关系型数据库管理系统、专业数据库、网站和在线服务中导入数据。由于我无从得知你的数据将来自何处，故会在下文论及各种数据源。你按需参阅即可。

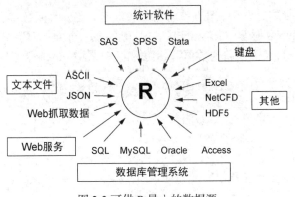

图 2-2 可供 R 导入的数据源

2.3.1　使用键盘输入数据

也许输入数据最简单的方式就是使用键盘了。用键盘输入数据有两种常见的方式：用 R 内置的文本编辑器和直接在代码中嵌入数据。让我们先来看看文本编辑器。

R 中的函数 edit() 会自动调用一个允许手动输入数据的文本编辑器。具体步骤如下：

(1) 创建一个空数据框（或矩阵），其中变量名和变量的模式需与理想中的最终数据集一致；

(2) 针对这个数据对象调用文本编辑器，输入数据，并将结果保存回此数据对象中。

在下例中，我们首先创建一个名为 mydata 的数据框，它含有 3 个变量：age（数值型）、gender（字符型）和 weight（数值型）。然后，我们调用文本编辑器，输入数据，最后保存结果。

```
mydata <- data.frame(age=numeric(0), gender=character(0),
                     weight=numeric(0))
mydata <- edit(mydata)
```

类似于 age=numeric(0) 的赋值语句将创建一个指定模式但不含实际数据的变量。注意，edit() 的结果需要赋值回对象本身。函数 edit() 事实上是在对象的一个副本上进行操作的。如果不将其的返回值赋给一个目标变量，那么所有修改将会全部丢失。

在 Windows 上调用函数 edit() 的结果如图 2-3 所示。如你所见，我已经添加了一些数据。单击列的标题，我们就可以用编辑器修改变量名和变量类型（数值型、字符型）。我们还可以通过单击未使用列的标题来添加新的变量。编辑器关闭后，结果会保存到之前赋值的对象中（本例中为 mydata）。再次调用 mydata <- edit(mydata)，就能够编辑已经输入的数据并添加新的数据。语句 mydata <- edit(mydata) 的一种简捷的等价写法是 fix(mydata)。

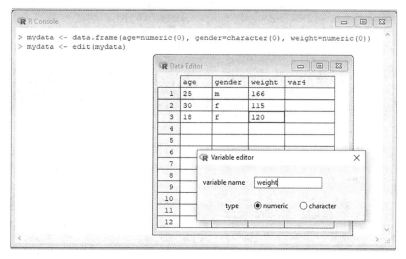

图 2-3 通过 Windows 上内置的文本编辑器输入数据

此外，我们可以直接在程序中嵌入数据集。比如输入下面的代码。

```
mydatatxt <- "
age gender weight
25 m 166
30 f 115
18 f 120
"
mydata <- read.table(header=TRUE, text=mydatatxt)
```

以上代码创建的数据框和之前用函数 `edit()` 所创建的一样。这里我们创建了一个用来存储原始数据的字符型变量，然后使用函数 `read.table()` 处理这个字符串并返回数据框。函数 `read.table()` 将在下一节详细说明。

使用键盘输入数据的方式在我们处理小数据集的时候很有效。对于较大的数据集，我们所期望的也许是接下来要介绍的方式：从现有的文本文件、Excel 电子表格、统计软件包或数据库管理系统中导入数据。

2.3.2 从带分隔符的文本文件导入数据

我们可以使用 `read.table()` 从带分隔符的文本文件中导入数据。此函数可读入一个表格格式的文件并将其保存为一个数据框。表格的每一行分别出现在文件中的每一行。其语法如下：

mydataframe <- read.table(*file, options*)

其中，*file* 是一个带分隔符的 ASCII 文本文件，*options* 是控制如何处理数据的选项。表 2-2 列出了常见的选项。

表 2-2 函数 `read.table()` 的选项

选 项	描 述
header	一个表示文件是否在第一行包含了变量名的逻辑型变量
sep	分开数据值的分隔符。默认是 `sep=""`，这表示了一个或多个空格、制表符、换行或回车。使用 `sep=","`来读取用逗号来分隔行内数据的文件，使用 `sep="\t"`来读取使用使用制表符来分割行内数据的文件
row.names	一个用于指定一个或多个行标记符的可选参数
col.names	如果数据文件的第一行不包括变量名(`header=FASLE`)，你可以用 `col.names` 去指定一个包含变量名的字符向量。如果 `header=FALSE` 以及 `col.names` 选项被省略了，变量会被分别命名为 `V1`、`V2`，以此类推
na.strings	可选的用于表示缺失值的字符向量。比如说，`na.strings=c("-9", "?")`把 -9 和?值在读取数据的时候转换成 NA
colClasses	可选的分配到每一列的类向量。比如说，`colClasses=c("numeric", "numeric", "character", "NULL", "numeric")`把前两列读取为数值型变量，把第三列读取为字符型向量，跳过第四列，把第五列读取为数值型向量。如果数据有多余五列，`colClasses` 的值会被循环。当你在读取大型文本文件的时候，加上 `colClasses` 选项可以可观地提升处理的速度
quote	用于对有特殊字符的字符串划定界限的字符串。默认值是双引号 (`"`) 或单引号 (` ' `)
skip	读取数据前跳过的行的数目。这个选项在跳过头注释的时候比较有用
stringsAsFactors	一个逻辑变量，表示字符型变量是否要转换为因子变量。在 R 4.0.0 之前，其默认值为 TRUE，而在最近的版本中，除非被 `colClasses` 覆盖，否则其默认值为 FALSE。在处理大型文本文件的时候，设置成 `stringsAsFactors=FALSE` 可以提升处理速度
text	一个指定文字进行处理的字符串。如果 `text` 被设置了，`file` 应该被留空。2.3.1 节给出了一个例子

我们以一个名为 studentgrades.csv 的文本文件为例，它包含了学生在数学、科学和社会学习的分数。文件中每一行表示一个学生，第一行包含了变量名，用逗号分隔。每一个单独的行都包含了学生的信息，它们也是用逗号进行分隔的。文件的前几行如下。

```
StudentID,First,Last,Math,Science,Social Studies
011,Bob,Smith,90,80,67
012,Jane,Weary,75,,80
010,Dan,"Thornton, III",65,75,70
040,Mary,"O'Leary",90,95,92
```

这个文件可以用以下语句导入到一个数据框。

```
grades <- read.table("studentgrades.csv", header=TRUE,
    row.names="StudentID", sep=",")
```

结果如下：

```
> grades
   First      Last Math Science Social.Studies
11   Bob     Smith   90      80             67
12  Jane     Weary   75      NA             80
```

```
10    Dan       Thornton, III   65      75          70
40    Mary            O'Leary   90      95          92

> str(grades)

'data.frame':   4 obs. of  5 variables:
 $ First        : chr  "Bob" "Jane" "Dan" "Mary"
 $ Last         : chr  "Smith" "Weary" "Thornton, III" "O'Leary"
 $ Math         : int  90 75 65 90
 $ Science      : int  80 NA 75 95
 $ Social.Studies: int  67 80 70 92
```

如何导入数据有很多有趣的要点。根据 R 的惯例，变量名 Social Studies 被自动地重命名。列 StudentID 现在是行名，不再有标签，也失去了前置的 0。Jane 缺失的科学课成绩被正确地识别为缺失值。我需要将 Dan 的姓用双引号包围住，从而避免 Thornton 和 III 之间的逗号。否则，R 会在那一行读出 7 个值而不是 6 个值。我也要使用双引号将 O'Leary 包围住，否则，R 会把单引号读取为分隔符（而这不是我想要的）。

---

stringsAsFactors 选项

在函数 read.table()、data.frame() 和 as.data.frame() 中，选项 stringsAsFactors 用于控制是否自动将字符型变量转换为因子。在 R 4.0.0 以前的版本中，默认设置为 TRUE。从 R 4.0.0 开始，默认设置为 FALSE。如果你用的是 R 的旧版本，那么在前面的示例中，变量 First 和 Last 的类型是因子，而不是字符型。

有时，我们可能不需要将字符型变量转换为因子。例如，我们不需要将值为回复者评论的字符型变量转换为因子。另外，我们可能需要操作或挖掘变量中的文本，如果将字符型变量转换为因子则很难进行。

我们可以用几种方法取消这个默认的转换操作。添加选项 stringsAsFactors=FALSE 可以对所有的字符变量取消这个转换操作。我们还可以用 colClasses 选项为每一列指定一个类（比如逻辑型、数值型、字符型或因子型）。

我们来重新导入上面的数据，并同时为每个变量指定一个类：

```
grades <- read.table("studentgrades.csv", header=TRUE,
        row.names="StudentID", sep=",",
        colClasses=c("character", "character", "character",
                     "numeric", "numeric", "numeric"))

> grades

    First           Last Math Science Social.Studies
011   Bob          Smith   90      80             67
012  Jane          Weary   75      NA             80
010   Dan  Thornton, III   65      75             70
040  Mary        O'Leary   90      95             92

> str(grades)
```

```
'data.frame':   4 obs. of  5 variables:
 $ First         : chr  "Bob" "Jane" "Dan" "Mary"
 $ Last          : chr  "Smith" "Weary" "Thornton, III" "O'Leary"
 $ Math          : num  90 75 65 90
 $ Science       : num  80 NA 75 95
 $ Social.Studies: num  67 80 70 92
```

这时，行名保留了前缀 0，且 First 和 Last 不再是因子（即使是 R 的旧版本也是如此）。此外，grades 作为实数而不是整数来进行排序。

函数 read.table() 还拥有许多微调数据导入方式的追加选项。更多详情，请参阅 help(read.table)。

用连接来导入数据

本章中的许多示例都是从用户计算机上已经存在的文件中导入数据的。R 也提供了若干种通过连接来访问数据的机制。例如，函数 file()、gzfile()、bzfile()、xzfile()、unz() 和 url() 可以作为文件名参数使用。函数 file() 允许我们访问文件、剪贴板和 C 级别的标准输入。函数 gzfile()、bzfile()、xzfile() 和 unz() 允许我们读取压缩文件。

函数 url() 能够通过一个含有 http://、ftp:// 或 file:// 的完整 URL 访问网络上的文件，还可以为 HTTP 和 FTP 连接指定代理。为了方便，（用双引号包围住的）完整的 URL 也经常直接用来替代文件名使用。更多详情，请参阅 help(file)。

基础 R 还提供了函数 read.csssv() 和 read.delim()。这两个函数是用来导入二维文本文件的，是对函数 read.table() 的简单封装，提供了一些参数的默认值。比如，read.csv() 调用 read.table() 时，默认 header =TRUE、sep=","，而 read.delim() 调用 read.table() 时，默认 header=TRUE、sep="\t"。更多详情，请参阅 read.table() 帮助文件。

相较于上面用来读取二维文本文件的 R 基础函数，readr 包则是一个功能强大的替代方案，其中主要函数为 read_delim()，辅助函数 read_csv() 和 read_tsv() 分别读取逗号分隔文本文件和制表符分隔文件。安装 readr 包后，前面提到的数据可以用如下代码来读取。

```
library(readr)
grades <- read_csv("studentgrades.csv")
```

这个包还可以导入固定宽度文件（在特定列显示数据）、表格文件（用空格分隔列）和 Web 日志文件。

与 R 基础函数相比，readr 包中的函数具有很多优点。首先，这些函数的处理速度快得多。这在读取大量数据文件时是一个巨大的优势。其次，这些函数还可以推测每一列的数据类型（数值型、字符型、日期型和时间型）。

最后，与 R 4.0.0 以前版本的基础函数不同，readr 包的这些函数默认不将字符型数据转化为因子，同时其返回值是 tibble 数据框（具有一些特殊功能的数据框）。更多详情，请参阅 tidyverse 官网。

2.3.3 导入 Excel 数据

读取一个 Excel 文件的最好办法，就是在 Excel 中将其导出为一个逗号分隔文本文件（csv），并使用前文描述的方式将其导入 R 中。此外，我们可以用 readxl 包直接导入 Excel 工作表。请确保在第一次使用之前下载和安装了 readxl 包。

readxl 包可以用来读取 .xls 和 .xlsx 版本的 Excel 文件。函数 read_excel() 可以将工作表一对一地导入到 tibble 数据框中。最简单的形式是 read_excel(*file*, *n*)，其中 *file* 是 Excel 工作簿的所在路径，*n* 则为要导入的工作表序号，工作表的第一行为变量名。比如在 Windows 上，以下代码：

```
library(readxl)
workbook <- "c:/myworkbook.xlsx"
mydataframe <- read_xlsx(workbook, 1)
```

从位于 C 盘根目录的工作簿 **myworkbook.xlsx** 中导入了第一个工作表，并将其保存为一个数据框 mydataframe。

函数 read_excel() 的选项可以用来指定某个单元区域（例如 range = "Mysheet!B2:G14"），或者设置每个列的类（col_types）。更多详情，请参阅 help(read_excel)。

还有其他包——比如 xlsx、XLConnect 和 openxlsx 包——都可以用来处理 Excel 文件；xlsx 和 XLConnect 这两个包需要依赖 Java，而 openxlsx 则不需要。与 readxl 不同，所有这些包不仅可以导入 Excel 文件，而且可以创建和操作 Excel 文件。程序员如果需要开发 R 和 Excel 的接口程序，那么可以使用这些包中的一个或多个。

2.3.4 导入 JSON 数据

现在，越来越多的数据都以 JSON（JavaScript Object Notation）格式提供。R 中有很多用于处理 JSON 数据的包。例如，jsonlite 包可以读取、写入和操作 JSON 文件。我们可以将数据从 JSON 文件直接导入 R 数据框。JSON 格式本身已经超出了本书的范围。感兴趣的读者可以参阅 jsonlite 包的帮助文档。

2.3.5 从网页抓取数据

我们可以通过 Web **数据抓取**（web scraping）的过程，或者使用**应用程序接口**（application programming Interface, API）来获取网络上的数据。Web 数据抓取过程中，用户从互联网上提取嵌入在网页中的信息，而 API 则让我们的程序和 Web 服务或在线数据存储进行交互。

一般地说，在 Web 数据抓取过程中，用户从互联网上提取嵌入在网页中的信息，并将其保存为 R 中的数据结构以做进一步的分析。比如说，一个网页上的文字可以使用函数 readLines() 来下载到一个 R 的字符向量中，然后使用如 grep() 和 gsub() 一类的函数处理它。rvest 包提供的函数可以简化从网页提取数据的过程，这个包参考了 Python 的 Beautiful Soup 库。我们还可以使用 RCurl 包和 XML 包来提取其中想要的信息。更多信息和示例，请参阅 "Examples of

Web Scraping with R"一文。

API指定了软件组件如何互相进行交互。有很多R包使用这个方法来从网上资源中获取数据。这些资源包括生物、医药、地球科学、物理科学、经济学，以及商业、金融、文学、销售、新闻和运动等的数据源。

比如说，如果对社交媒体感兴趣，我们可以用 `twitteR` 包来获取 Twitter 数据，用 `Rfacebook` 包来获取 Facebook 数据，用 `Rflickr` 包来获取 Flicker 数据。其他包可以用来访问如 Google、Amazon、Dropbox、Salesforce 等所提供的广受欢迎的网络服务。可以查看 CRAN Task View 中的子版块 Web Technologies and Services（Web 技术与服务）来获得一个全面的列表，此列表列出了能帮助我们获取网上资源的各种 R 包。

2.3.6 导入 SPSS 数据

IBM SPSS 数据集可以通过 haven 包中的函数 `read.spss()` 导入到 R 中。首先，下载并安装此包：

```
install.packages("haven")
```

然后，使用以下代码导入数据。

```
library(haven)
mydataframe <- read_spss("mydata.sav")
```

导入的数据集是一个 tibble 数据框，其中的变量包含了导入的 SPSS 值标签，这些变量被指定了被标记的类。我们可以用以下代码将这些标记的变量转化为 R 因子。

```
labelled_vars <- names(mydataframe)[sapply(mydataframe, is.labelled)]
for (vars in labelled_vars){
  mydataframe[[vars]] = as_factor(mydataframe[[vars]])
}
```

haven 包还提供了其他函数，用来读取压缩格式(.zsav)或转化格式(.por)的 SPSS 文件。

2.3.7 导入 SAS 数据

我们可以使用 haven 包中的函数 `read_sas()` 导入 SAS 数据集。在安装 haven 包后，我们用 `library(haven)` 语句导入数据。

```
library(haven)
mydataframe <- read_sas("mydata.sas7bdat")
```

用户还可以使用以下代码导入变量格式目录，并应用到数据：

```
mydataframe <- read_sas("mydata.sas7bdat",
                        catalog_file = "mydata.sas7bcat")
```

无论使用哪种方法，其结果都是保存为 tibble 数据框。

我们也可以使用一款名为 Stat/Transfer 的商业软件（将在 2.3.10 节中介绍）。该软件可以很好地将 SAS 数据集（包括任何已知的变量格式）保存为 R 数据框。

2.3.8 导入 Stata 数据

将 Stata 数据导入 R 中非常简单直接，我们还是使用 haven 包。

```
library(haven)
mydataframe <- read_dta("mydata.dta")
```

这里，mydata.dta 是 Stata 数据集，mydataframe 是返回的 R 数据框，被保存为 tibble 数据框。

2.3.9 访问数据库管理系统

R 中有多种面向关系型数据库管理系统（DBMS）的接口，包括 Microsoft SQL Server、Microsoft Access、MySQL、Oracle、Post-greSQL、DB2、Sybase、Teradata 以及 SQLite，其中一些包通过原生的数据库驱动来提供访问功能，另一些则是通过 ODBC 或 JDBC 来实现访问的。使用 R 来访问存储在外部数据库中的数据是一种分析大型数据集的有效手段（参阅附录 F），并且能够发挥 SQL 和 R 各自的优势。

1. ODBC 接口

在 R 中通过 RODBC 包访问一个数据库也许是最流行的方式，这种方式允许 R 连接到任意一种拥有 ODBC 驱动的数据库，这包含了前文所讨论的所有数据库。

第一步是针对自己的系统和数据库类型安装和配置合适的 ODBC 驱动。这些驱动程序并不是 R 的一部分。如果操作系统尚未安装必要的驱动，上网搜索一下应该就可以找到。

针对选择的数据库安装并配置好驱动后，请安装 RODBC 包。我们可以使用命令 install.packages("RODBC") 来安装它。RODBC 包中的主要函数列于表 2-3 中。

表 2-3　RODBC 中的函数

函　　数	描　　述
odbcConnect(dsn,uid="",pwd="")	建立一个到 ODBC 数据库的连接
sqlFetch(channel,sqltable)	读取 ODBC 数据库中的某个表到一个数据框中
sqlQuery(channel,query)	向 ODBC 数据库提交一个查询并返回结果
sqlSave(channel,mydf,tablename=sqtable,append=FALSE)	将数据框写入或更新（append=TRUE）到 ODBC 数据库的某个表中
sqlDrop(channel,sqltable)	删除 ODBC 数据库中的某个表
close(channel)	关闭连接

RODBC 包允许 R 和一个通过 ODBC 连接的 SQL 数据库之间进行双向通信。这就意味着我们不仅可以读取数据库中的数据到 R 中，同时也可以使用 R 修改数据库中的内容。假设我们要将某个数据库中的两个表（Crime 和 Punishment）分别导入 R 中的两个名为 crimedat 和 pundat 的数据框，可以通过如下代码完成这个任务：

```
library(RODBC)
myconn <-odbcConnect("mydsn", uid="Rob", pwd="aardvark")
crimedat <- sqlFetch(myconn, Crime)
```

```
pundat <- sqlQuery(myconn, "select * from Punishment")
close(myconn)
```

这里首先载入了 RODBC 包，并通过一个已注册的数据源名称（mydsn）和用户名（Rob）以及密码（aardvark）打开了一个 ODBC 数据库连接。连接字符串被传递给函数 sqlFetch()，该函数将 Crime 表复制到 R 数据框 crimedat 中。然后，我们对 Punishment 表执行了 SQL 语句 select，并将结果保存到数据框 pundat 中。最后，我们关闭了连接。

函数 sqlQuery() 非常强大，因为其中可以插入任意的有效 SQL 语句。这种灵活性让我们可以方便地选择指定变量、对数据取子集、创建新变量，以及重编码和重命名现有变量。

2. DBI 相关包

DBI（数据库接口）相关包为访问数据库提供了一个通用且一致的客户端接口。构建于这个框架之上的 RJDBC 包提供了通过 JDBC 驱动访问数据库的方案。使用时请确保安装了与操作系统和数据库相匹配的 JDBC 驱动。其他有用的、基于 DBI 的包有 RMySQL、ROracle、RPostgreSQL 和 RSQLite。这些包都为对应的数据库提供了原生的数据库驱动，但可能不是在所有系统上都可用。更多详情，请参阅 CRAN 上的相应文档。

2.3.10　通过 Stat/Transfer 导入数据

在我们结束数据导入的讨论之前，值得提到一款能让上述任务的难度显著降低的商业软件。Stat/Transfer 是一款可以在 34 种数据格式之间作转换的独立应用程序，其中包括 R 中的数据格式（见图 2-4）。

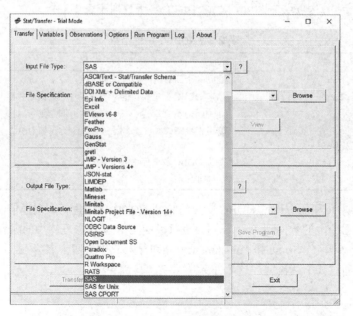

图 2-4　Windows 上 Stat/Transfer 的主对话框

此软件拥有 Windows、macOS 和 Unix 版本，并且支持我们目前讨论过的各种统计软件的最新版本，也支持通过 ODBC 访问的数据库管理系统，比如 Oracle、Sybase、Informix 和 DB/2。

2.4 数据集的标注

为了使结果更易解读，数据分析人员通常会对数据集进行标注。这种标注包括为变量名添加描述性的标签，以及为分类变量中的编码添加值标签。例如，对于变量 age，我们可能想附加一个描述更详细的标签 "Age at hospitalization (in years)"（入院年龄）。对于编码为 1 或 2 的变量 gender，我们可能想将其关联到标签 "male" 和 "female" 上。

2.4.1 变量标签

遗憾的是，R 处理变量标签的能力有限。一种解决方法是将变量标签作为变量名，然后通过位置下标来访问这个变量。以之前的病例数据集为例，其中名为 age 的第二列包含着个体首次入院时的年龄。代码：

```
names(patientdata)[2] <- "Age at hospitalization (in years)"
```

将 age 重命名为"Age at hospitalization (in years)"。很明显，新的变量名太长，不适合重复输入。作为替代，我们可以使用 patientdata[2] 来引用这个变量，而在本应输出 age 的地方输出字符串"Age at hospitalization (in years)"。很显然，这个方法并不理想。如果你能想出更好的命名（例如，admissionAge）可能会更好一点。

2.4.2 值标签

函数 factor() 可为分类变量创建值标签。继续上例，假设有一个名为 gender 的变量，其中 1 表示男性，2 表示女性。我们可以使用代码：

```
patientdata$gender <- factor(patientdata$gender,
                             levels = c(1,2),
                             labels = c("male", "female"))
```

来创建值标签。

这里，levels 代表变量的实际值，而 labels 表示包含了理想值标签的字符型向量。

2.5 处理数据对象的实用函数

现在，我们来简要小结一下处理数据对象的实用函数（见表 2-4）。

表 2-4　处理数据对象的实用函数

函　　数	用　　途
length(*object*)	显示对象中元素/成分的数量
dim(*object*)	显示某个对象的维度
str(*object*)	显示某个对象的结构
class(*object*)	显示某个对象的类或类型
mode(*object*)	显示某个对象的模式
names(*object*)	显示某对象中各成分的名称
c(*object*, *object*,...)	将对象合并入一个向量
cbind(*object*, *object*, ...)	按列合并对象
rbind(*object*, *object*, ...)	按行合并对象
object	输出某个对象
head(*object*)	列出某个对象的开始部分
tail(*object*)	列出某个对象的最后部分
ls()	显示当前的对象列表
rm(*object*, *object*, ...)	删除一个或更多个对象。语句 rm(list = ls())将删除当前工作环境中的几乎所有对象[①]
newobject <- edit(*object*)	编辑对象并另存为 newobject
fix(*object*)	直接编辑对象

　　我们已经讨论了其中的大部分函数。函数 head() 和 tail() 对于快速浏览大型数据集的结构非常有用。例如，head(patientdata)将列出数据框的前 6 行，而 tail(patientdata)将列出最后 6 行。

　　如你所见，R 提供了丰富的函数用以访问外部数据。本书的附录 C 将讨论将 R 的数据导出为其他格式，附录 F 将讨论处理大型数据集（GB 级到 TB 级的数据集）的方法。

　　将数据集读入 R 之后，我们可能需要将其转化为一种更有助于分析的格式。在第 3 章，我们将会探索创建新变量、变换和重编码已有变量、合并数据集和选择观测值的方法。

2.6　小结

❑ R 提供了用于存储数据的各种对象，包括向量、矩阵、数据框和列表。

❑ 我们可以将来自外部源的数据导入 R 数据框，这些外部源包括文本文件、Excel 电子表格、Web API、统计软件包和数据库。

❑ R 提供了大量函数用于描述、修改和合并数据结构。

___

[①] 以句点 . 开头的隐藏对象将不受影响。——译者注

## 第 3 章

基本数据管理

本章重点
- 操作日期值和缺失值
- 熟悉数据类型的转换
- 变量的创建和重编码
- 数据集的排序、合并与取子集
- 变量的选取和舍弃

在第 2 章中，我们讨论了多种将数据导入到 R 中的方法。遗憾的是，将我们的数据表示为矩阵或数据框这样的二维形式仅仅是数据准备的第一步。这里可以演绎 Kirk 船长在《星际迷航》"末日决战的滋味"一集中的台词（这完全验明了我的极客基因）："数据是一件麻烦事——一件非常非常麻烦的事。"在我的工作中，有多达 60% 的数据分析时间都花在了实际分析前的数据准备工作上。我敢大胆地说，多数需要处理现实数据的分析师可能都面临着以某种形式存在的类似问题。让我们先看一个例子。

3.1 一个示例

我当前工作的研究主题之一是男性和女性在领导各自企业方式上的不同。典型的问题如下。
- 处于管理岗位的男性和女性在听从上级领导的程度上是否有所不同？
- 这种情况是否依国家的不同而有所不同，或者说这些由性别导致的不同是否普遍存在？

解答这些问题的一种方法是让多个国家的经理人的上司对其服从程度打分，使用的问题类似于下面所展示的内容。

这位经理人在做出人事决策之前会询问我的意见				
1	2	3	4	5
非常不同意	不同意	既不同意也不反对	同意	非常同意

结果数据可能类似于表 3-1。各行数据代表了某个经理人的上司对他的评分。

表 3-1　领导行为的性别差异

manager （经理人）	date （日期）	country （国家）	gender （性别）	age （年龄）	q1	q2	q3	q4	q5
1	10/24/14	US	M	32	5	4	5	5	5
2	10/28/14	US	F	45	3	5	2	5	5
3	10/01/14	US	F	25	3	5	5	5	2
4	10/12/14	US	M	39	3	3	4		
5	05/01/14	US	F	99	2	2	1	2	1

在这里，每位经理人的上司根据与服从权威相关的 5 项陈述（q1 到 q5）对经理人进行评分。例如，经理人 1 是一位在美国工作的 32 岁男性，上司对他的评价是惯于顺从，而经理人 5 是一位在英国工作的，年龄未知（99 可能代表缺失）的女性，服从程度评分较低。日期一栏记录了进行评分的时间。

一个数据集中可能含有几十个变量和成千上万的观测值，但为了简化示例，我们仅选取了 5 行 10 列的数据。另外，我们已将关于经理人服从行为的问题数量限制为 5。在现实的研究中，我们很可能会使用 10 到 20 个类似的问题来提高结果的可靠性和有效性。可以使用代码清单 3-1 中的代码创建一个包含表 3-1 中数据的数据框。

代码清单 3-1　创建 `leadership` 数据框

```
leadership <- data.frame(
    manager = c(1, 2, 3, 4, 5),
    date    = c("10/24/08", "10/28/08", "10/1/08", "10/12/08", "5/1/09"),
    country = c("US", "US", "UK", "UK", "UK"),
    gender  = c("M", "F", "F", "M", "F"),
    age     = c(32, 45, 25, 39, 99),
    q1      = c(5, 3, 3, 3, 2),
    q2      = c(4, 5, 5, 3, 2),
    q3      = c(5, 2, 5, 4, 1),
    q4      = c(5, 5, 5, NA, 2),
    q5      = c(5, 5, 2, NA, 1)
)
```

为了解决所关心的问题，我们必须首先解决一些数据管理方面的问题。这里列出其中一部分。

❑ 5 个评分（q1 到 q5）需要组合起来，即为每位经理人生成一个平均服从程度得分。

❑ 在问卷调查中，被调查者经常会跳过某些问题。例如，为经理人 4 打分的上司跳过了问题 4 和问题 5。我们需要一种处理不完整数据的方法，同时也需要将 99 岁这样的年龄值重编码为缺失值。

❑ 一个数据集中也许会有数百个变量，但我们可能仅对其中的一些感兴趣。为了简化问题，我们往往希望创建一个只包含那些感兴趣变量的数据集。

❑ 既往研究表明，领导行为可能随经理人的年龄而改变，二者存在函数关系。要检验这种观点，我们希望将当前的年龄值重编码为类别型的年龄组（例如年轻、中年、年长）。

❑ 领导行为可能随时间推移而发生改变。我们可能想重点研究最近全球金融危机期间的服从行为。为了做到这一点，我们希望将研究范围限定在某一个特定时间段收集的数据上（比如，2009 年 1 月 1 日到 2009 年 12 月 31 日）。

我们将在本章中逐个解决这些问题，同时完成如数据集的组合与排序这样的基本数据管理任务。

3.2 创建新变量

在典型的研究项目中，我们可能需要创建新变量或者对现有的变量进行变换。这可以通过以下形式的语句来完成：

```
变量名 <- 表达式
```

以上语句中的"表达式"部分可以包含多种运算符和函数。表 3-2 列出了 R 中的算术运算符。

表 3-2 算术运算符

运　算　符	描　　述
+	加
-	减
*	乘
/	除
^ or **	求幂
x%%y	求余（x mod y）。例如，5%%2 的结果为 1
x%/%y	整数除法。例如，5%/%2 的结果为 2

假设我们有一个名为 leadership 的数据框，我们想创建一个新变量 total_ score，此变量为变量 q1 到 q5 的加和，并创建一个名为 mean_score 的新变量，此变量为 q1 到 q5 的均值。如果使用以下代码：

```
total_score <-  q1 + q2 + q3 + q4 + q5
mean_score <- (q1 + q2 + q3 + q4 + q5)/5
```

我们将得到一个错误，因为 R 并不知道 q1、q2、q3、q4 和 q5 来自于数据框 leadership。如果我们转而使用代码：

```
total_score <-  leadership$q1 + leadership$q2 + leadership$q3 +
                leadership$q4 + leadership$q5
mean_score <- (leadership$q1 + leadership$q2 + leadership$q3 +
                leadership$q4 + leadership$q5)/5
```

语句可成功执行，但是我们只会得到一个数据框（leadership）和两个独立的向量（total_score 和 mean_score）。这也许并不是我们真的想要的，因为从根本上说，我们希望将两个新变量整合到原始的数据框中。代码清单 3-2 提供了两种不同的方式来实现这个目标，具体选择哪一个由我们自己来决定，所得结果都是相同的。

代码清单 3-2　创建新变量

```
leadership$total_score  <-  leadership$q1 + leadership$q2 + leadership$q3 +
                            leadership$q4 + leadership$q5
leadership$mean_score <- (leadership$q1 + leadership$q2 + leadership$q3 +
                          leadership$q4 + leadership$q5)/5

leadership <- transform(leadership,
                total_score  =  q1 + q2 + q3 + q4 + q5,
                mean_score = (q1 + q2 + q3 + q4 + q5)/5)
```

我个人倾向于第 2 种方式，即 transform() 函数的一个示例。这种方式简化了按需创建新变量并将其保存到数据框中的过程。

3.3　变量的重编码

重编码（recoding）涉及根据同一个变量和/或其他变量的现有值创建新值的过程。举例来说，我们可能想：

- 将一个连续型变量修改为一组类别值；
- 将误编码的值替换为正确值；
- 基于一组分数线创建一个表示及格/不及格的变量。

要重编码数据，可以使用 R 中的一个或多个逻辑运算符（见表 3-3）。逻辑运算符表达式可返回 TRUE 或 FALSE。

表 3-3　逻辑运算符

运　算　符	描　　　述	运　算　符	描　　　述
<	小于	!=	不等于
<=	小于或等于	!x	非 x
>	大于	x | y	x 或 y
>=	大于或等于	x & y	x 和 y
==	严格等于	isTRUE(x)	测试 x 是否为 TRUE

不妨假设我们希望将 leadership 数据框中经理人的连续型年龄变量 age 重编码为分类变量 agecat（Young、Middle Aged、Elder）。首先，必须将 99 岁的年龄值重编码为缺失值，使用的代码为：

```
leadership$age[leadership$age  == 99]    <- NA
```

语句 variable[condition] <- expression 将仅在 condition 的值为 TRUE 时执行赋值。在指定好年龄中的缺失值后，我们可以接着使用以下代码创建 agecat 变量：

```
leadership$agecat[leadership$age  > 75]    <- "Elder"
leadership$agecat[leadership$age >= 55 &
                  leadership$age <= 75]    <- "Middle Aged"
leadership$agecat[leadership$age  < 55]    <- "Young"
```

我们在 `leadership$agecat` 中写上了数据框的名称，以确保新变量能够保存到数据框中。
［我将中年人（`Middle Aged`）定义为 55 到 75 岁，这样不会让我感觉自己是个老古董。］请注意，如果我们一开始没有把 99 重编码为 `age` 的缺失值，那么经理人 5 就将在变量 `agecat` 中被错误地赋值为 `Elder`（老年人）。

如下所示，这段代码可以写得更加紧凑。

```
leadership <- within(leadership,{
                agecat <- NA
                agecat[age > 75]          <- "Elder"
                agecat[age >= 55 & age <= 75] <- "Middle Aged"
                agecat[age < 55]          <- "Young" })
```

函数 `within()` 与函数 `with()` 类似（见 2.2.4 节），不同的是它允许我们修改数据框。首先，我们创建了 `agecat` 变量，并将每一行都设为缺失值。接下来，括号中剩下的语句被依次执行。请记住 `agecat` 现在只是一个字符型变量，我们可能更希望像 2.2.5 节讲解的那样把它转换成一个有序因子。

若干 R 包都提供了实用的变量重编码函数，特别是 `car` 包中的 `recode()` 函数，它可以十分简便地重编码数值型、字符型向量或因子。而 `doBy` 包提供了另外一个很受欢迎的函数 `recodevar()`。最后，R 中也自带了 `cut()`，可将一个数值型变量按值域切割为多个区间，并返回一个因子。

3.4 变量的重命名

如果对现有的变量名称不满意，我们可以交互式地或者以编程的方式修改它们。假设我们希望将变量名 `manager` 修改为 `managerID`，并将 `date` 修改为 `testDate`，那么可以使用语句：

```
fix(leadership)
```

来调用一个交互式的编辑器。然后单击变量名，在弹出的对话框中将其重命名（见图 3-1）。

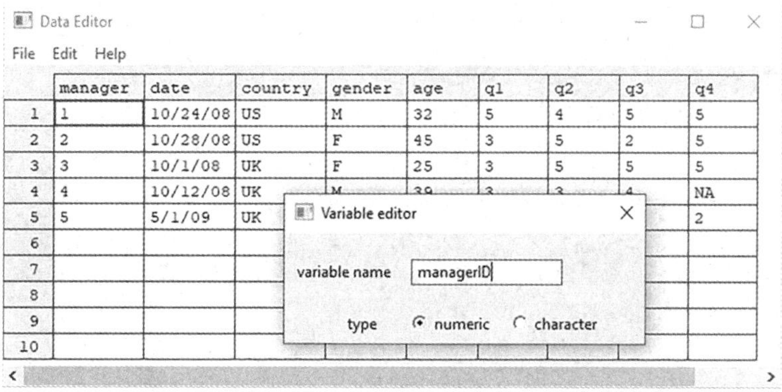

图 3-1 使用 `fix()` 函数交互式地进行变量重命名

若以编程方式，可以通过 names() 函数来重命名变量。例如语句：

```
names(leadership)[2] <- "testDate"
```

将重命名 date 为 testDate。完整代码如下所示。

```
> names(leadership)
 [1] "manager" "date"    "country" "gender"  "age"      "q1"       "q2"
 [8] "q3"      "q4"      "q5"
> names(leadership)[2] <- "testDate"
> leadership
  manager testDate country gender age q1 q2 q3 q4 q5
1       1 10/24/08      US      M  32  5  4  5  5  5
2       2 10/28/08      US      F  45  3  5  2  5  5
3       3  10/1/08      UK      F  25  3  5  5  5  2
4       4 10/12/08      UK      M  39  3  3  4 NA NA
5       5   5/1/09      UK      F  99  2  2  1  2  1
```

以类似的方式，以下语句：

```
names(leadership)[6:10] <- c("item1", "item2", "item3", "item4", "item5")
```

将重命名 q1 到 q5 为 item1 到 item5。

3.5 缺失值

在任何规模的项目中，数据都可能由于未作答问题、设备故障或误编码数据的缘故而不完整。在 R 中，缺失值以符号 NA（Not Available，不可用）表示。与 SAS 等程序不同，R 中字符型和数值型数据使用的缺失值符号是相同的。

R 提供了一些函数，用于识别包含缺失值的观测值。函数 is.na() 允许我们检测缺失值是否存在。假设我们有一个向量：

```
y <- c(1, 2, 3, NA)
```

然后使用函数：

```
is.na(y)
```

将返回 c(FALSE, FALSE, FALSE, TRUE)。

请注意 is.na() 函数是如何作用于一个对象上的。它将返回一个相同大小的对象，如果某个元素是缺失值，相应的位置将被改写为 TRUE，不是缺失值的位置则为 FALSE。代码清单 3-3 将此函数应用到了我们的 leadership 数据框上。

代码清单 3-3   使用 is.na() 函数

```
> is.na(leadership[,6:10])
        q1    q2    q3    q4    q5
[1,] FALSE FALSE FALSE FALSE FALSE
[2,] FALSE FALSE FALSE FALSE FALSE
[3,] FALSE FALSE FALSE FALSE FALSE
[4,] FALSE FALSE FALSE  TRUE  TRUE
[5,] FALSE FALSE FALSE FALSE FALSE
```

这里的 `leadership[,6:10]` 将数据框限定到第 6 列至第 10 列，接下来 `is.na()` 识别出了缺失值。

当我们在处理缺失值的时候，我们要一直记得两件重要的事情。第一，缺失值被认为是不可比较的，即便是与缺失值自身的比较。这意味着无法使用比较运算符来检测缺失值是否存在。例如，逻辑测试 `myvar == NA` 的结果永远不会为 TRUE。作为替代，我们只能使用处理缺失值的函数（比如 `is.na()`）来识别出 R 数据对象中的缺失值。

第二，R 并不把无限的或者不可能出现的数值标记成缺失值。同样，这和 SAS 等类似的其他程序处理此类数值的方式不同。正无穷和负无穷分别用 `Inf` 和 `-Inf` 所标记。因此 5/0 返回 `Inf`。不可能的值（比如 `sin(Inf)`）用 NaN 符号来标记（not a number，不是一个数）。若要识别这些数值，我们需要用到 `is.infinite()` 或 `is.nan()`。

3.5.1 重编码某些值为缺失值

如 3.3 节中演示的那样，我们可以使用赋值语句将某些值重编码为**缺失值**。在 leadership 示例中，缺失的年龄值被编码为 99。在分析这一数据集之前，我们必须让 R 明白本例中的 99 表示缺失值（否则这些观测值的平均年龄将会高得离谱）。我们可以通过重编码这个变量完成这项工作：

```
leadership$age[leadership$age == 99] <- NA
```

任何等于 99 的年龄值都将被修改为 NA。请确保所有的缺失数据已在分析之前被妥善地编码为缺失值，否则分析结果将失去意义。

3.5.2 在分析中排除缺失值

确定了缺失值的位置以后，我们需要在进一步分析数据之前以某种方式删除这些缺失值。原因是，含有缺失值的算术表达式和函数的计算结果也是缺失值。此处举一个例子，请看以下代码：

```
x <- c(1, 2, NA, 3)
y <- x[1] + x[2] + x[3] + x[4]
z <- sum(x)
```

由于 x 中的第 3 个元素是缺失值，所以 y 和 z 也都是 NA（缺失值）。

好在多数的数值函数都拥有一个 `na.rm=TRUE` 选项，可以在计算之前移除缺失值并使用剩余值进行计算：

```
x <- c(1, 2, NA, 3)
y <- sum(x, na.rm=TRUE)
```

这里，y 的值为 6。

在使用函数处理含有缺失值的数据时，请务必查阅它们的帮助文档（比如 `help(sum)`），检查这些函数是如何处理缺失数据的。函数 `sum()` 只是我们将在第 5 章中讨论的众多函数之一，使用这些函数可以灵活而轻松地转换数据。

我们可以通过函数 `na.omit()` 移除所有含有缺失值的观测值。`na.omit()` 可以删除所有含有缺失数据的行。在代码清单 3-4 中，我们将此函数应用到了 leadership 数据框上。

代码清单 3-4 使用 `na.omit()` 删除不完整的观测值

```
> leadership
  manager    date country gender age q1 q2 q3 q4 q5    ❶
1       1 10/24/08      US      M  32  5  4  5  5  5    ❶
2       2 10/28/08      US      F  40  3  5  2  5  5    ❶
3       3 10/01/08      UK      F  25  3  5  5  5  2    ❶
4       4 10/12/08      UK      M  39  3  3  4 NA NA    ❶
5       5 05/01/09      UK      F  NA  2  2  1  2  1    ❶

> newdata <- na.omit(leadership)
> newdata
  manager    date country gender age q1 q2 q3 q4 q5    ❷
1       1 10/24/08      US      M  32  5  4  5  5  5    ❷
2       2 10/28/08      US      F  40  3  5  2  5  5    ❷
3       3 10/01/08      UK      F  25  3  5  5  5  2    ❷
```

❶ 含有缺失数据的数据框

❷ 仅含完整观测值的数据框

在结果被保存到 `newdata` 之前，所有包含缺失数据的行均已从 `leadership` 中删除。

删除所有含有缺失数据的观测值（称为**行删除**，listwise deletion）是处理不完整数据集的若干手段之一。如果只有少数缺失值或者缺失值仅集中于一小部分观测值中，行删除不失为解决缺失值问题的一种优秀方法。但如果缺失值遍布于数据之中，或者一小部分变量中包含大量的缺失数据，行删除可能会剔除相当比例的数据。我们将在第 18 章中探索若干更为复杂精妙的缺失值处理方法。下面，我们将谈谈日期值。

3.6 日期值

日期值通常以字符串的形式输入到 R 中，然后转换为以数值形式存储的日期变量。函数 `as.Date()` 用于执行这种转换。其语法为 `as.Date(x, "input_format")`，其中 x 是字符型数据，`input_format` 则给出了用于读入日期的适当格式（见表 3-4）。

表 3-4 日期格式

符 号	含 义	示 例
%d	数字表示的日期（0~31）	01~31
%a	缩写的星期名	Mon
%A	非缩写星期名	Monday
%m	月份（01~12）	00~12
%b	缩写的月份	Jan
%B	非缩写月份	January
%y	两位数的年份	07
%Y	四位数的年份	2007

日期值的默认输入格式为 *yyyy-mm-dd*。语句：

```
mydates <- as.Date(c("2007-06-22", "2004-02-13"))
```

将字符型数据转换为了默认格式的对应日期。相反，

```
strDates <- c("01/05/1965", "08/16/1975")
dates <- as.Date(strDates, "%m/%d/%Y")
```

则使用 *mm/dd/yyyy* 的格式读取数据。

在 leadership 数据框中，日期是以 *mm/dd/yy* 的格式编码为字符型变量的。因此：

```
myformat <- "%m/%d/%y"
leadership$date <- as.Date(leadership$date, myformat)
```

使用指定格式读取字符型变量，并将其作为一个日期变量替换到数据框中。这种转换一旦完成，我们就可以使用后续各章中讲到的诸多分析方法对这些日期进行分析和绘图。

有两个函数对于处理时间戳数据特别实用。Sys.Date() 可以返回当天的日期，而 date() 则返回当前的日期和时间。我写下这段文字的时间是 2021 年 7 月 20 日下午 6:43，所以执行这些函数的结果是：

```
> Sys.Date()
[1] "2021-07-20"
> date()
[1] "Tue Jul 20 18:43:40 2021"
```

我们可以使用函数 format(x, format="output_format") 来输出指定格式的日期值，并且可以提取日期值中的某些部分：

```
> today <- Sys.Date()
> format(today, format="%B %d %Y")
[1] "July 20 2021"
> format(today, format="%A")
[1] "Tuesday"
```

format() 函数可以接受一个参数（本例中是一个日期）并按某种格式输出结果（本例中使用了表 3-4 中符号的组合）。这里最重要的结果是，距离周末只有两天时间了！

R 的内部在存储日期时，是使用自 1970 年 1 月 1 日以来的天数表示的，更早的日期则表示为负数。这意味着可以在日期值上执行算术运算。例如：

```
> startdate <- as.Date("2020-02-13")
> enddate   <- as.Date("2021-01-22")
> days      <- enddate - startdate
> days
Time difference of 344 days
```

显示了从 2020 年 2 月 13 日到 2021 年 1 月 22 日之间的天数。

最后，也可以使用函数 difftime() 来计算时间间隔，并以星期、天、时、分、秒来表示。假设我出生于 1956 年 10 月 12 日，我现在有多大呢？

```
> today <- Sys.Date()
> dob   <- as.Date("1956-10-12")
```

```
> difftime(today, dob, units="weeks")
Time difference of 3380 weeks
```

很明显，我有 3380 周这么大，谁知道呢？再考考你们：猜猜我生于星期几？

3.6.1 将日期变量转换为字符型变量

我们同样可以将日期变量转换为字符型变量。函数 as.character() 可将日期值转换为字符型：

```
strDates <- as.character(dates)
```

进行转换后，即可使用一系列字符处理函数处理数据（比如取子集、替换、连接等）。我们将在 5.2.4 节中详述字符处理函数。

3.6.2 更进一步

要了解字符型数据转换为日期值的更多细节，请查看 help(as.Date) 和 help(strftime)。要了解更多关于日期和时间格式的知识，请参阅 help(ISOdatetime)。lubridate 包中包含了许多简化日期处理的函数，可以用于识别和解析日期—时间数据，抽取日期—时间成分（例如年份、月份、日期、小时和分钟等），以及对日期—时间值进行算术运算。如果我们需要对日期进行复杂的计算，那么 timeDate 包可能会有帮助。它提供了大量的日期处理函数，可以同时处理多个时区，并且提供了丰富的功能。

3.7 类型转换

在 3.6 节中，我们讨论了将字符型数据转换为日期值以及逆向转换的方法。R 中提供了一系列用来判断某个对象的数据类型和将其转换为另一种数据类型的函数。

R 与其他统计编程语言有着类似的数据类型转换方式。举例来说，向一个数值型向量中添加一个字符串会将此向量中的所有元素转换为字符型。我们可以使用表 3-5 中列出的函数来判断数据的类型或者将其转换为指定类型。

表 3-5 类型转换函数

判　　断	转　　换
is.numeric()	as.numeric()
is.character()	as.character()
is.vector()	as.vector()
is.matrix()	as.matrix()
is.data.frame()	as.data.frame()
is.factor()	as.factor()
is.logical()	as.logical()

名为 `is.datatype()` 这样的函数返回 TRUE 或 FALSE，而 `as.datatype()` 这样的函数则将其参数转换为对应的类型。代码清单 3-5 提供了一个示例。

代码清单 3-5　转换数据类型

```
> a <- c(1,2,3)
> a
[1] 1 2 3
> is.numeric(a)
[1] TRUE
> is.vector(a)
[1] TRUE
> a <- as.character(a)
> a
[1] "1" "2" "3"
> is.numeric(a)
[1] FALSE
> is.vector(a)
[1] TRUE
> is.character(a)
[1] TRUE
```

当和第 5 章中讨论的控制流（如 `if-then`）结合使用时，`is.datatype()` 这样的函数将成为一类强大的工具，即允许根据数据的具体类型以不同的方式处理数据。另外，某些 R 函数需要接受某个特定类型（字符型或数值型，矩阵或数据框）的数据，`as.datatype()` 这类函数可以让我们在分析之前先将数据转换为要求的格式。

3.8　数据排序

有些情况下，查看排序后的数据集可以获得相当多的信息。例如，哪些经理人最具服从意识？在 R 中，可以使用 `order()` 函数对一个数据框进行排序。默认的排序顺序是升序。在排序变量的前边加一个减号即可得到降序的排序结果。以下示例使用 `leadership` 演示了数据框的排序。

语句：

```
newdata <- leadership[order(leadership$age),]
```

创建了一个新的数据集，其中各行依经理人的年龄升序排序。语句：

```
newdata <- leadership[order(leadership$gender, leadership$age),]
```

则将各行依女性到男性、同样性别中按年龄升序排序。

最后，语句：

```
newdata <-leadership[order(leadership$gender, -leadership$age),]
```

将各行依经理人的性别和年龄降序排序。

3.9　数据集的合并

如果数据分散在多个地方，我们就需要在继续下一步之前将其合并。本节将展示向数据框中添加列（变量）和行（观测值）的方法。

3.9.1　在数据框中添加列

要横向合并两个数据框（数据集），请使用 merge() 函数。在多数情况下，两个数据框是通过一个或多个共有变量进行联结的（一种内联结，inner join）。例如：

```
total <- merge(dataframeA, dataframeB, by="ID")
```

将 dataframeA 和 dataframeB 按照 ID 进行了合并。类似地，

```
total <- merge(dataframeA, dataframeB, by=c("ID","Country"))
```

将两个数据框按照 ID 和 Country 进行了合并。类似的横向联结通常用于在数据框中添加变量。

用 cbind() 进行横向合并

如果要直接横向合并两个矩阵或数据框，并且不需要指定一个公共索引，那么可以直接使用 cbind() 函数：

```
total <- cbind(A, B)
```

这个函数将横向合并对象 A 和对象 B。为了让它正常工作，每个对象必须拥有相同的行数，并且以相同顺序排序。

3.9.2　在数据框中添加行

要纵向合并两个数据框（数据集），请使用 rbind() 函数：

```
total <- rbind(dataframeA, dataframeB)
```

两个数据框必须拥有相同的变量，不过它们的顺序不必一定相同。如果 dataframeA 中拥有 dataframeB 中没有的变量，请在合并它们之前做以下某种处理：

❑ 删除 dataframeA 中的多余变量；
❑ 在 dataframeB 中创建追加的变量并将其值设为 NA（缺失值）。
纵向联结通常用于在数据框中添加观测值。

3.10　切分数据集

R 拥有强大的索引特性，可以用于访问对象中的元素。我们也可以利用这些特性对变量或观测值进行选入和排除。以下几节演示了对变量和观测值进行保留或删除的若干方法。

3.10.1 选取变量

从一个大型数据集中选择有限数量的变量来创建一个新的数据集是常有的事。在第 2 章中,数据框中的元素是通过 dataframe[*row indices*, *column indices*]这样的表示法来访问的。我们可以沿用这种方法来选择变量。例如:

```
newdata <- leadership[, c(6:10)]
```

从 leadership 数据框中选择了变量 q1、q2、q3、q4 和 q5,并将它们保存到了数据框 newdata 中。将行下标留空(,)表示默认选择所有行。

语句:

```
vars <- c("q1", "q2", "q3", "q4", "q5")
newdata <-leadership[, vars]
```

实现了等价的变量选择。这里,(引号中的)变量名充当了列的下标,因此选择的列是相同的。

如果只提供了数据框的其中一组下标,则 R 认为我们要取列的子集。在下面的语句中,假设使用了逗号,并提取了相同子集的变量。

```
newdata <- leadership[vars]
```

最后,我们可以写:

```
myvars <- paste("q", 1:5, sep="")
newdata <- leadership[myvars]
```

本例使用 paste()函数创建了与上例中相同的字符型向量。paste()函数将在第 5 章中讲解。

3.10.2 剔除变量

剔除变量的原因有很多。举例来说,如果某个变量中有很多缺失值,我们可能就想在进一步分析之前将其丢弃。下面是一些剔除变量的方法。

我们可以使用语句:

```
myvars <- names(leadership) %in% c("q3", "q4")
newdata <- leadership[!myvars]
```

剔除变量 q3 和 q4。为了理解以上语句的原理,我们需要把它拆解如下。

(1) names(leadership) 生成了一个包含所有变量名的字符型向量:

```
c("managerID","testDate","country","gender","age","q1","q2","q3","q4","q5")
```

(2) names(leadership) %in% c("q3","q4") 返回了一个逻辑型向量,names(leadership)中每个匹配 q3 或 q4 的元素的值为 TRUE,反之为 FALSE:

```
c(FALSE, FALSE, FALSE, FALSE, FALSE, FALSE, FALSE, TRUE, TRUE, FALSE)
```

(3) 运算符非(!)将逻辑值反转:

```
c(TRUE, TRUE, TRUE, TRUE, TRUE, TRUE, TRUE, FALSE, FALSE, TRUE)
```

(4) leadership[c(TRUE, TRUE, TRUE, TRUE, TRUE, TRUE, TRUE, FALSE, FALSE, TRUE)]选择了逻辑值为 TRUE 的列, 于是 q3 和 q4 被剔除了。

在知道 q3 和 q4 是第 8 个和第 9 个变量的情况下, 可以使用语句:

```
newdata <- leadership[c(-8,-9)]
```

将它们剔除。这种方式的工作原理是, 在某一列的下标之前加一个减号 (–) 就会剔除那一列。

相同的变量删除工作也可通过:

```
leadership$q3 <- leadership$q4 <- NULL
```

来完成。这回我们将 q3 和 q4 两列设为了未定义 (NULL)。注意, NULL 与 NA (表示缺失) 是不同的。

丢弃变量是保留变量的逆操作。选择哪一种方式进行变量筛选依赖于两种方式的编码难易程度。如果有许多变量需要丢弃, 那么直接保留需要留下的变量可能更简单, 反之亦然。

3.10.3 选入观测值

选入或剔除观测值 (行) 通常是成功的数据准备和数据分析的一个关键方面。代码清单 3-6 给出了一些例子。

代码清单 3-6 选入观测值

```
newdata <- leadership[1:3,]                          ❶

newdata <- leadership[leadership$gender=="M" &       ❷❸
                      leadership$age > 30,]          ❸
```

❶ 选择第 1 行到第 3 行 (前 3 个观测值)
❸ 选择所有 30 岁以上的男性

在以上每个示例中, 我们只提供了行下标, 并将列下标留空 (故选入了所有列)。我们来拆解❷处代码以便理解它。

(1) 逻辑比较 leadership$gender=="M"生成了向量 c(TRUE, FALSE, FALSE, TRUE, FALSE)。

(2) 逻辑比较 leadership$age > 30 生成了向量 c(TRUE, TRUE, FALSE, TRUE, TRUE)。

(3) 逻辑比较 c(TRUE, FALSE, FALSE, TRUE, FALSE) & c(TRUE, TRUE, FALSE, TRUE, TRUE)生成了向量 c(TRUE, FALSE, FALSE, TRUE, FALSE)。

(4) leadership[c(TRUE, FALSE, FALSE, TRUE, FALSE),]从数据框中选择了第 1 个和第 4 个观测值 (当对应行的索引是 TRUE, 这一行被选入; 当对应行的索引是 FALSE, 这一行被剔除)。这就满足了我们的选取准则 (30 岁以上的男性)。

在本章开始的部分, 我曾经提到, 我们可能希望将研究范围限定在 2009 年 1 月 1 日到 2009 年 12 月 31 日之间收集的观测值上。怎么做呢? 这里有一个办法。

```
leadership$date <- as.Date(leadership$date, "%m/%d/%y")    ❶

startdate <- as.Date("2009-01-01")                         ❷
enddate   <- as.Date("2009-12-31")                         ❸

newdata <- leadership[which(leadership$date >= startdate & ❹
            leadership$date <= enddate),]                  ❹
```

❶ 将读入的字符型日期值转换为 *mm/dd/yy* 形式的日期型变量
❷ 创建开始日期
❸ 创建结束日期
❹ 按照上例的方法选择满足条件的个案

注意，由于 as.Date() 函数的默认格式就是 *yyyy-mm-dd*，所以无须在这里提供这个参数。

3.10.4 subset()函数

前两节中的示例很重要，这些示例辅助描述了逻辑型向量和比较运算符在 R 中的解释方式。理解这些例子的工作原理在总体上将有助于我们对 R 代码的解读。既然我们已经用笨办法完成了任务，现在不妨来看一种简便方法。

使用 subset() 函数大概是选择变量和观测值的最简单的方法了。两个示例如下：

```
newdata <- subset(leadership, age >= 35 | age < 23,    ❶
            select=c(q1, q2, q3, q4))                   ❶

newdata <- subset(leadership, gender=="M" & age > 25,  ❷
            select=gender:q4)                           ❷
```

❶ 选择年龄在 35 岁（含）以上或 23 岁（不含）以下的所有观测值，并保留了变量 q1 到 q4
❷ 选择年龄在 25 岁（不含）以上的男性，并保留了变量 gender 到 q4（变量 gender 和 q4，以及两个变量之间的所有列）

我们在第 2 章中已经看到了用来生成一系列数值的冒号运算符。在取子集函数中，from:to 返回数据框中变量 from 到变量 to 包含的所有变量，同时包括这两个变量。

3.10.5 随机抽样

在数据挖掘和机器学习领域，从更大的数据集中抽样是很常见的做法。举例来说，我们可能希望选择两份随机样本，使用其中一份样本构建预测模型，使用另一份样本验证模型的有效性。sample() 函数能够让我们从数据集中（有放回或无放回地）抽取大小为 n 的一个随机样本。

我们可以使用以下语句从 leadership 数据框中随机抽取一个大小为 3 的样本：

```
mysample <- leadership[sample(1:nrow(leadership), 3, replace=FALSE),]
```

sample() 函数中的第 1 个参数是一个由要从中抽样的元素组成的向量。在这里，这个向量是 1 到数据框中观测值的数量，第 2 个参数是要抽取的元素数量，第 3 个参数表示无放回抽样。

sample()函数会返回随机抽样得到的元素，之后即可用于选择数据框中的行。

R 中拥有齐全的抽样工具，包括抽取和校正调查样本（见 sampling 包）以及分析复杂调查数据（见 survey 包）的工具。其他依赖于抽样的方法，包括重抽样统计方法和自助法，详见第 12 章。

3.11   使用 dplyr 包操作数据框

到目前为止，我们使用基本的 R 函数来操作 R 数据框，而 dplyr 包提供了一系列快捷方式，让我们能够以简便的方式完成相同的数据管理任务。dplyr 包正迅速成为数据管理中最受欢迎的 R 包。

3.11.1   基本的 dplyr 函数

dplyr 包提供一系列函数，这些函数可用于选取变量和观测值、转换变量、重命名变量和对行进行排序等任务。表 3-6 列出了相关的函数。

表 3-6   用于操作数据框的 dplyr 函数

函　　数	用　　途
select()	选择变量/列
filter()	选择观测值/行
mutate()	转换或重编码变量
rename()	重命名变量/列
recode()	重编码变量值
arrange()	按变量值对行进行排序

我们重新看下表 3-1 中创建的数据框。为方便起见，表 3-7 中重新呈现了此数据框。

表 3-7   领导行为的性别差异

经理人	日期	国家	性别	年龄	q1	q2	q3	q4	q5
1	10/24/14	US	M	32	5	4	5	5	5
2	10/28/14	US	F	45	3	5	2	5	5
3	10/01/14	UK	F	25	3	5	5	5	2
4	10/12/14	UK	M	39	3	4			
5	05/01/14	UK	F	99	2	2	1	2	1

这一次我们使用 dplyr 中的函数来操作数据框，如代码清单 3-7 所示。因为 dplyr 不是基本 R 的组成部分，所以请先使用命令(install.packages("dplyr"))安装它。

代码清单 3-7   使用 dplyr 操作数据

```
leadership <- data.frame(
    manager = c(1, 2, 3, 4, 5),
```

```
date     = c("10/24/08", "10/28/08", "10/1/08", "10/12/08", "5/1/09"),
country  = c("US", "US", "UK", "UK", "UK"),
gender   = c("M", "F", "F", "M", "F"),
age      = c(32, 45, 25, 39, 99),
q1       = c(5, 3, 3, 3, 2),
q2       = c(4, 5, 5, 3, 2),
q3       = c(5, 2, 5, 4, 1),
q4       = c(5, 5, 5, NA, 2),
q5       = c(5, 5, 2, NA, 1)
)
```

```
library(dplyr)                                                        ❶

leadership <- mutate(leadership,                                      ❷
                     total_score = q1 + q2 + q3 + q4 + q5,            ❷
                     mean_score = total_score / 5)                    ❷

leadership$gender <- recode(leadership$gender,                        ❸
                     "M" = "male", "F" = "female")                    ❸

leadership <- rename(leadership, ID = "manager", sex = "gender")      ❹

leadership <- arrange(leadership, sex, total_score)                   ❺

leadership_ratings <- select(leadership, ID, mean_score)              ❻

leadership_men_high <- filter(leadership,                             ❼
                     sex == "male" & total_score > 10)                ❼
```

❶ 加载 dplyr 包
❷ 创建两个汇总变量
❸ 将 M 和 F 重编码为 Male 和 Female
❹ 重命名变量 manager 和 gender
❺ 根据性别以及各性别的总分对数据排序
❻ 新建数据框，其中包含了评分所需的变量
❼ 新建数据框，其中包含了总分大于 10 的男性样本

首先，加载 dplyr 包。然后，使用函数 mutate() 创建总分和平均分。格式为：

```
dataframe <- mutate(dataframe,
                    newvar1 = expression,
                    newvar2 = expression, ...).
```

新变量就添加到数据框中了。

下一步，使用函数 recode() 修改变量 gender 的值，格式为：

```
vector <- recode(vector,
                 oldvalue1 = newvalue2,
                 oldvalue2 = newvalue2, ...).
```

未指定新值的向量值保持不变。例如：

```
x <- c("a", "b", "c")
x <- recode(x, "a" = "apple", "b" = "banana")
x
[1] "apple" "banana" "c"
```

对于数值，使用反引号来引用原始值：

```
> y <- c(1, 2, 3)
> y <- recode(y, '1' = 10, '2' = 15)
> y
[1] 10 15 3
```

下一步，使用函数 rename() 更改变量名，格式为：

```
dataframe <- rename(dataframe,
                    newname1 = "oldname1",
                    newname2 = "oldname2", ...).
```

之后，使用函数 arrange() 对数据进行排序。首先，按性别的升序（先女性，后男性）对行进行排序。然后，在每个性别组中分别按 total_score 的升序（从低分到高分）对行进行排序。函数 desc() 用于降序排序。例如：

```
leadership <- arrange(leadership, sex, desc(total_score))
```

这一行代码按性别的升序对数据进行排序，对每个性别中的数据则是进行降序排序（从高分到低分）。

select 语句用来选取或剔除变量。在本例中，选取了变量 ID 和 mean_score。

函数 select() 的格式为：

```
dataframe <- select(dataframe, variablelist1, variablelist2, ...)
```

通常，变量清单为不带引号的变量名。冒号（:）可以用来选择一系列变量。另外，可以使用函数选择包含特定文本字符串的变量。例如语句：

```
leadership_subset <- select(leadership,
                            ID, country:age, starts_with("q"))
```

选择变量 ID、country、sex、age、q1、q2、q3、q4 和 q5。有关可以用于选择变量的函数清单，请参阅 help(select_helpers)。

减号（-）用于剔除变量。语句：

```
leadership_subset <- select(leadership, -sex, -age)
```

包含除 sex 和 age 以外的所有变量。

最后，函数 filter() 用于选择数据框中满足指定的一组条件的观测值或行。在这里，保留了总分大于 10 的男性。格式为：

```
dataframe <- filter(dataframe, expression)
```

如果表达式结果为 TRUE，则保留行。我们可以使用表 3-3 中的任意逻辑运算符，并且可以用圆括号来表明运算符的优先级。例如：

```
extreme_men <- filter(leadership,
                      sex == "male" &
                      (mean_score < 2 | mean_score > 4))
```

创建了包含所有平均分低于 2 或高于 4 的男性经理人的数据框。

3.11.2 使用管道操作符对语句进行串接

dplyr 包允许我们以紧凑的格式来编写代码，即使用由 magrittr 包提供的管道运算符（%>%）。请看以下 3 条语句：

```
high_potentials <- filter(leadership, total_score > 10)
high_potentials <- select(high_potentials, ID, country, mean_score)
high_potentials <- arrange(high_potentials, country, mean_score)
```

这 3 条语句可以使用管道运算符重写为一条语句：

```
high_potentials <- filter(leadership, total_score > 10) %>%
   select(ID, country, mean_score) %>%
   arrange(country, mean_score)
```

运算符 %>%（发音和 THEN 相同）将左边的结果传递给右边的函数的第一个参数。以这种方式重写的语句通常更简单易读。

虽然我们已经讨论了基本的 dplyr 函数，但是 dplyr 包中还包含用于汇总、合并和重组数据的函数。这些函数将在第 5 章中进行讨论。

3.12 使用 SQL 语句操作数据框

到目前为止，我们一直在使用 R 语句和函数操作数据。但是，许多数据分析人员在接触 R 之前就已经精通了结构化查询语言（SQL），要丢弃那么多积累下来的知识实为一件憾事。因此，在我们结束本章之前简述一下 sqldf 包。（如果你对 SQL 不熟，请尽管跳过本节。）

在下载并安装好 sqldf 包以后（install.packages("sqldf")），我们可以使用 sqldf() 函数在数据框上使用 SQL 中的 SELECT 语句。代码清单 3-8 给出了两个示例。

代码清单 3-8 使用 SQL 语句操作数据框

```
> library(sqldf)                                              ❶
> newdf <- sqldf("select * from mtcars where carb=1 order by mpg",  ❶
              row.names=TRUE)                                 ❶
> newdf                                                       ❶
                mpg cyl  disp  hp drat   wt qsec vs am gear carb
Valiant        18.1   6 225.0 105 2.76 3.46 20.2  1  0    3    1
Hornet 4 Drive 21.4   6 258.0 110 3.08 3.21 19.4  1  0    3    1
Toyota Corona  21.5   4 120.1  97 3.70 2.46 20.0  1  0    3    1
Datsun 710     22.8   4 108.0  93 3.85 2.32 18.6  1  1    4    1
Fiat X1-9      27.3   4  79.0  66 4.08 1.94 18.9  1  1    4    1
Fiat 128       32.4   4  78.7  66 4.08 2.20 19.5  1  1    4    1
Toyota Corolla 33.9   4  71.1  65 4.22 1.83 19.9  1  1    4    1
```

```
> sqldf("select avg(mpg) as avg_mpg, avg(disp) as avg_disp, gear      ❷
            from mtcars where cyl in (4, 6) group by gear")           ❷
  avg_mpg avg_disp gear
1    20.3      201    3
2    24.5      123    4
3    25.4      120    5
```

❶ 从数据框 mtcars 中选取所有的变量（列），但只保留化油器（carb）数量为 1 的车型（行），按
照 mpg 的值对车型进行升序排列，并将结果保存为数据框 newdf。参数 row.names=TRUE 将原数
据框中的行名直接迁移到新数据框中

❷ 输出四缸和六缸（cyl）车型每一 gear 水平的 mpg 和 disp 的平均值

经验丰富的 SQL 用户会发现，sqldf 包是 R 中一个实用的数据管理辅助工具。更多详情，
请参阅 GitHub 上的项目主页。

3.13 小结

□ 创建新的变量和重编码现有变量是数据管理中的重要部分。
□ 介绍了用于存储和操作缺失值和日期值的函数。
□ 讲解了将变量从一种类型（如数值型）转化为另一种类型（如字符型）的方法。
□ 讲解了横向合并数据集（添加变量）或者纵向合并数据集（添加观测值）的方法。
□ 讨论了如何基于一组条件保留（或删除）观测值和变量。

第 4 章

图形初阶

4

本章重点
- ☐ ggplot2 包简介
- ☐ 创建简单的双变量图形
- ☐ 使用分组和刻面创建多变量图形
- ☐ 将图形保存为多种格式

我曾经多次向客户展示以数字和文字表示的、精心整理的统计分析结果，得到的只是客户呆滞的眼神，尴尬得房间里只能听到鸟语虫鸣。然而，当我使用图形向相同的用户展示相同的信息时，他们往往会兴致盎然，甚至豁然开朗。我经常通过看图才得以发现了数据中的模式，或是检查出了数据中的异常值——这些模式和异常都是在我进行更为正式的统计分析前彻底遗漏的。

人类非常善于从视觉呈现中洞察关系。一幅精心绘制的图形能够帮助我们在数以千计的零散信息中做出有意义的比较，提炼出使用其他方法时不那么容易发现的模式。这也是统计图形领域的进展能够对数据分析产生重大影响的原因之一。数据分析师需要观察他们的数据，而 R 在该领域表现出众。

由于许多独立的软件开发人员的贡献，这些年来 R 一步一步地得到了发展。现在，在 R 中形成了 4 种不同的图形创建方法——基础图形、lattice、ggplot2 和 grid 图形。我们将在本章和后续章节的大部分内容中讨论 ggplot2，这是当前 R 中最强大和最流行的图形创建方法。

ggplot2 包由 Hadley Wickham（2009a）编写，提供了一种基于 Wilkinson（2005）所述图形语法的图形生成系统，Wickham（2009b）还对该语法进行了扩展。ggplot2 包的目标是提供一个全面、基于语法、连贯一致的图形生成系统，有助于用户创建新颖、有创新性的数据可视化图形。

本章将探讨在使用可视化技术创建 ggplot2 图形来解决下列问题时会用到的主要概念和函数。
- ☐ 雇员过去的工作年限和他们的薪资之间是什么关系？
- ☐ 我们如何简单地总结这种关系？
- ☐ 这种关系对于男性和女性有区别吗？
- ☐ 雇员从事的职业对这种关系有影响吗？

我们将从展示雇员的工作年限和薪资之间关系的一张简单的散点图开始探讨。然后在每一节中，我们将探讨一些新的功能，直到生成一幅可解决上述问题的达到出版品质的图形。在每一个步骤中我们都将获得对问题的更深入的理解。

为了回答这些问题，我们将使用 mosaicData 包中的 CPS85 数据框。这个数据框包含了从 1985 年的"当前人口调查"中随机取样的 534 个雇员样本，其中包括他们的薪资、人口特征和工作年限等信息。在继续探讨之前请先安装 mosaicData 包和 ggplot2 包（install.packages (c("mosaicData", "ggplot2"))）。

4.1　使用 ggplot2 包创建图形

ggplot2 包通过一系列函数在图层中创建图形。我们将从一个简单图形开始，通过每次往里添加一个元素来逐步创建一个复杂的图形。默认情况下，ggplot2 图形显示在带白色参考线的灰色背景上。

4.1.1　函数 ggplot()

我们要学习的第一个函数是 ggplot()。我们需要设置以下参数：

☐ 一个数据框，其中包含要绘制的数据；

☐ 一组映射，是数据框中的变量到图形的可视属性的映射。映射放置在函数 aes()（该函数代表"美化"或"你能看见的东西"）中。

以下代码生成了如图 4-1 所示的图形。

```
library(ggplot2)
library(mosaicData)
ggplot(data = CPS85, mapping = aes(x = exper, y = wage))
```

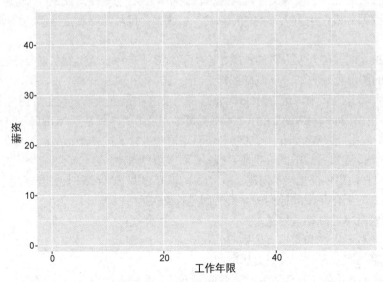

图 4-1　将雇员的工作年限和薪资分别映射到 x 轴和 y 轴

为什么这个图是空白的？这是因为我们已经指定了变量 exper（工作年限）映射到 x 轴，变量 wage（薪资）映射到 y 轴，但是我们还没指定在图形上要放置什么。在本例中，我们希望用点来代表每个参与者。

4.1.2 geom_ 函数

geom_ 函数是在图形上放置的几何对象（点、线、条和阴影区域）。我们使用名称以 geom_ 开头的函数来添加它们。当前可用的 geom_ 函数有 37 个，且数量还在增长。表 4-1 中列出了常用的 geom_ 函数，以及每个 geom_ 函数常用的选项。

表 4-1 geom_ 函数

函　　数	添加的图形	选　　项
geom_bar()	条形图	color, fill, alpha
geom_boxplot()	箱线图	color, fill, alpha, notch, width
geom_density()	核密度图	color, fill, alpha, linetype
geom_histogram()	直方图	color, fill, alpha, linetype, binwidth
geom_hline()	水平线条	color, alpha, linetype, size
geom_jitter()	抖动点	color, size, alpha, shape
geom_line()	线图	colorvalpha, linetype, size
geom_point()	散点图	color, alpha, shape, size
geom_rug()	地毯图	color, side
geom_smooth()	拟合曲线	method, formula, color, fill, linetype, size
geom_text()	文本注解	选项很多，详见该函数的帮助信息
geom_violin()	小提琴图	color, fill, alpha, linetype
geom_vline()	垂线	color, alpha, linetype, size

我们使用函数 geom_point() 来添加点，创建一个散点图。在 ggplot2 图形中，我们使用 +号将函数串联在一起，创建一个最终的图形：

```
library(ggplot2)
library(mosaicData)
ggplot(data = CPS85, mapping = aes(x = exper, y = wage)) +
  geom_point()
```

结果如图 4-2 所示。

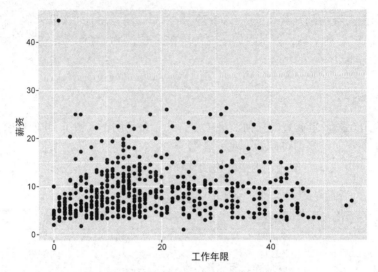

图 4-2   雇员工作年限和薪资的散点图

从图中我们可以看出随着工作年限的增长,薪资也在增加,但是这个关系并不明显。这个图还显示了一个异常值。有一个雇员的薪资远远高于其他人。我们删除这个异常值,重新绘制图形:

```
CPS85 <- CPS85[CPS85$wage < 40, ]
ggplot(data = CPS85, mapping = aes(x = exper, y = wage)) +
  geom_point()
```

图 4-3 展示了新的图形。

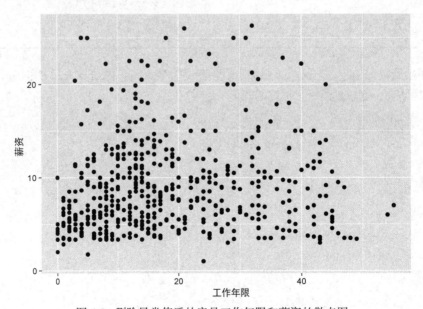

图 4-3   删除异常值后的雇员工作年限和薪资的散点图

geom_函数中可指定很多选项（见表 4-1）。geom_point()的选项包括 color、size、shape 和 alpha。这些选项分别控制点的颜色、大小、形状和透明度。颜色可以通过名称或十六进制代码来指定。形状和线条类型可分别由表示图案或符号的名称或数字指定。点大小由从 0 开始的正实数指定。大的数字生成较大的点。透明度的范围从 0（完全透明）到 1（完全不透明）。添加透明度有助于可视化重叠的点。第 19 章将对每个选项进行更详细的描述。

我们将图 4-3 中的点变大一些，透明度调成半透明，颜色改成蓝色[①]。我们还将使用函数 theme 将灰色背景变成白色（将在 4.1.7 节和第 19 章对主题进行讲解）。以下代码生成了如图 4-4 所示的图形：

```
ggplot(data = CPS85, mapping = aes(x = exper, y = wage)) +
  geom_point(color = "cornflowerblue", alpha = .7, size = 1.5) +
  theme_bw()
```

我认为这张图更有吸引力（至少你有了一张带颜色的输出图），但是它并没有增进我们对图形的理解。如果图中有一条线用于总结工作年限和薪资之间的关系，那么会更有利于我们理解图形。

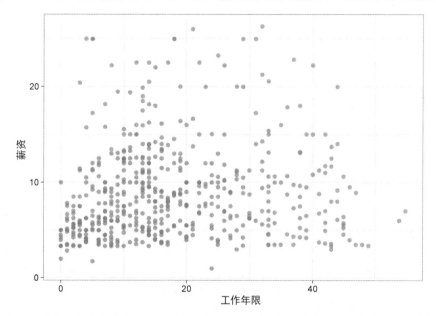

图 4-4　雇员工作年限和薪资的散点图，其删除了异常值、修改了点的颜色、透明度和大小，并应用了 bw 主题（亮底暗字）

我们可以使用函数 geom_smooth()来添加这条线。此函数的选项可以控制线条的类型（线性、二次、非参数）、粗细、颜色，以及是否存在置信区间。第 11 章将对每一项进行探讨。在这里我们使用一个线性回归(method = lm)线条（lm 代表线性模型）：

```
ggplot(data = CPS85, mapping = aes(x = exper, y = wage)) +
  geom_point(color = "cornflowerblue", alpha = .7, size = 1.5) +
  geom_smooth(method = "lm") +
  theme_bw()
```

结果如图 4-5 所示。

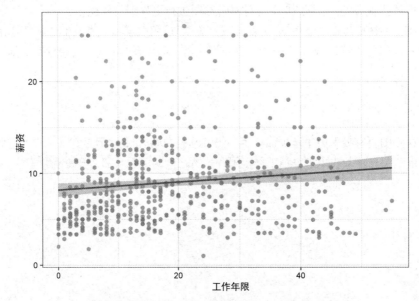

图 4-5　带最佳拟合线的雇员工作年限和薪资的散点图

　　从这个线条可以看出，平均来说，薪资的增长与工作年限的增长呈现中等的相关性。本章仅用了两个 geom_ 函数。在后续章节中，我们将使用其他 geom_ 函数创建多种图形类型，包括条形图、直方图、箱线图、核密度图等图形。

4.1.3　分组

　　在 4.1.2 节中，我们将颜色和透明度等图形特征设置为一个常量值。不过我们还可以将变量值映射到颜色、形状、大小、透明度、线条样式和几何对象的其他视觉特征。这样会使多组观测值在单个图形中叠加（这个过程被称为分组）。

　　接下来，我们在图中添加 sex 变量，并用 color、shape 和 linetype 表示该变量。

```
ggplot(data = CPS85,
       mapping = aes(x = exper, y = wage,
                     color = sex, shape = sex, linetype = sex)) +
  geom_point(alpha = .7, size = 1.5) +
  geom_smooth(method = "lm", se = FALSE, size = 1.5) +
  theme_bw()
```

　　默认情况下，粉红色的圆和粉红色的实线代表第 1 组（女性），蓝绿色的三角形和蓝绿色的虚线代表第 2 组（男性）。图 4-6 展示了新图。

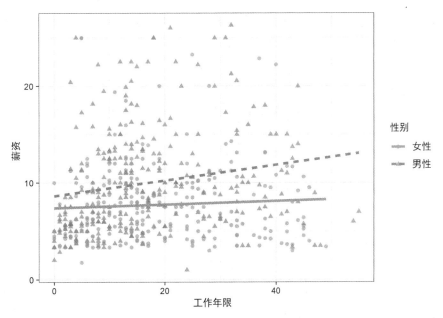

图 4-6 雇员工作年限与薪资的散点图。该图带有按性别填充了的点的颜色，以及男性
和女性各自的最佳拟合线

请注意，将选项 color=sex、shape=sex 和 linetype=sex 放置在函数 aes()中，是因为我们要将变量映射到几何对象上。我们添加了 geom_smooth 选项(se=FALSE)，以便限制置信区间，使图形看上去更简洁，更易于阅读，且选项 size=1.5 会让线条变粗一些。

简化图形
一般来说，我们的目标是在准确传递信息的前提下创建尽可能简洁的图形。对于本章的图形，我可能只将性别映射到颜色上。映射到形状和线条类型会让图形看起来繁杂，没有必要。我在这里添加这些映射只是为了让本书的彩色版（电子书）和黑白版（纸质书）中的图形更加易读。

从图上来看，男性的薪资要高于女性（线条位置更高）。另外，男性的工作年限和薪资之间的关系要比女性的紧密（线条更陡）。

4.1.4 标尺

正如我们所看到的，函数 aes()将变量映射到图形的视觉特征。标尺用于指定每个映射是如何进行的。举例来说，ggplot2 会自动创建带刻度、刻度标签和轴标签的图形坐标轴。它们往往看起来不错，但是有时我们需要在更大程度上控制它们的外观。代表组的颜色是自动选择的，但是根据自己的品味或出版物的要求，我们可能需要选择不同的颜色。

标尺函数（以 scale_ 开始）允许我们修改默认的标尺设置。表 4-2 列出了一些常用的标尺函数。

表 4-2　一些常见的标尺函数

函　　数	描　　述
scale_x_continuous(), scale_y_continuous()	缩放定量变量的 x 和 y 轴。选项包括用于指定刻度标记的 breaks，用于指定刻度标记标签的 labels，以及用于控制显示的值范围的 limits
scale_x_discrete(), scale_y_discrete()	与上述表示分类变量的坐标轴相同
scale_color_manual()	指定代表分类变量层级的颜色。values 选项指定颜色

在下一个图中，我们将更改 x 轴和 y 轴的标尺以及代表男性和女性的颜色。代表工作年限的 x 轴的范围从 0 到 60，每个格子为 10；代表薪资的 y 轴的范围从 0 到 30，每个格子为 5。女性编码为非红色，男性编码为非蓝色。以下代码生成的图形如图 4-7 所示：

```
ggplot(data = CPS85,
       mapping = aes(x = exper, y = wage,
                     color = sex, shape=sex, linetype=sex)) +
  geom_point(alpha = .7, size = 3) +
  geom_smooth(method = "lm", se = FALSE, size = 1.5) +
  scale_x_continuous(breaks = seq(0, 60, 10)) +
  scale_y_continuous(breaks = seq(0, 30, 5)) +
  scale_color_manual(values = c("indianred3", "cornflowerblue")) +
  theme_bw()
```

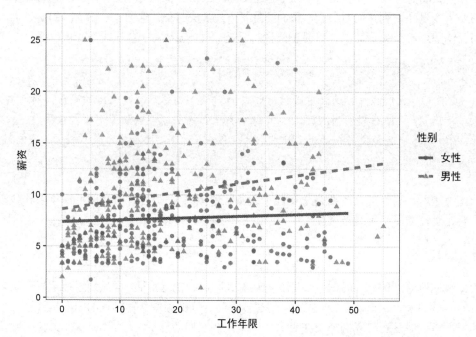

图 4-7　雇员工作年限和薪资的散点图，其带有自定义的 x 轴和 y 轴与自定义的性别的颜色映射

刻度标记由一个向量值定义。这里，函数 seq() 提供了一种便捷方式。例如，seq(0,60,10) 可生成一个数值向量，它从 0 到 60，按 10 递增。

在图 4-7 中，x 轴和 y 轴上的数字更易懂了，颜色也更好看了（个人看法）。但是，我们还要注意薪资的单位是美元。我们可以使用 scales 包更改 y 轴上的标签以表示美元。这个包提供美元、欧元、百分比等标签格式。

我们先安装 scales 包（install.packages("scales")），然后运行下面的代码。

```
ggplot(data = CPS85,
       mapping = aes(x = exper, y = wage,
                                color = sex, shape=sex, linetype=sex)) +
    geom_point(alpha = .7, size = 3) +
    geom_smooth(method = "lm", se = FALSE, size = 1.5) +
    scale_x_continuous(breaks = seq(0, 60, 10)) +
    scale_y_continuous(breaks = seq(0, 30, 5),
                       label = scales::dollar) +
    scale_color_manual(values = c("indianred3", "cornflowerblue")) +
  theme_bw()
```

图 4-8 显示了代码的运行结果。

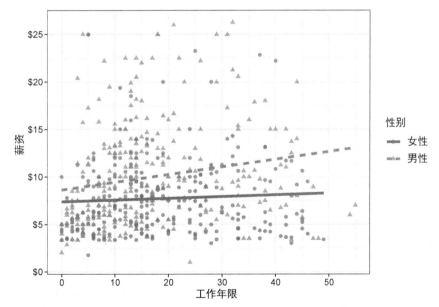

图 4-8　雇员工作年限和薪资的散点图，其带有自定义的 x 轴和 y 轴与自定义的性别的
　　　颜色映射，且薪资的单位为美元

我们完成了关键的一步。下一个问题是，对于每个职业来说，工作年限、薪资和性别之间的关系是否相同。我们将针对每个职业重新绘制图形，来探讨这个问题。

4.1.5 刻面

相对于挤在一张图中重叠展示，如果使用并排的几张图来分别展示每个组的数据，那么变量之间的关系就会清晰得多。刻面为给定的某个变量（或变量组合）的每一个水平分别绘制 张图。我们可以使用函数 facet_wrap() 和 facet_grid() 创建刻面图。表 4-3 给出了相关的语法，其中 *var*、*rowvar* 和 *colvar* 是因子。

表 4-3　ggplot2 的刻面图函数

语　法	结　果
facet_wrap(~var, ncol=n)	将每个 *var* 水平排列成 *n* 列的独立图
facet_wrap(~var, nrow=n)	将每个 *var* 水平排列成 *n* 行的独立图
facet_grid(rowvar~colvar)	*rowvar* 和 *colvar* 组合的独立图，其中 *rowvar* 表示行，*colvar* 表示列
facet_grid(rowvar~.)	每个 *rowvar* 水平的独立图，配置成一个单列
facet_grid(.~colvar)	每个 *colvar* 水平的独立图，配置成一个单行

在本例中，刻面图由变量 sector 的 8 个水平来定义。因为每个刻面图都比独占一个绘图面板的图形小，所以我们将忽略 geom_point() 中的 size=3 和 geom_smooth() 中的 size=1.5。这么做，与前面的图形相比，点和线条的大小都会变小、变细，会使每个刻面图看起来更加好看。以下代码可生成图 4-9。

```
ggplot(data = CPS85,
       mapping = aes(x = exper, y = wage,
                     color = sex, shape = sex, linetype = sex)) +
  geom_point(alpha = .7) +
  geom_smooth(method = "lm", se = FALSE) +
  scale_x_continuous(breaks = seq(0, 60, 10)) +
  scale_y_continuous(breaks = seq(0, 30, 5),
                     label = scales::dollar) +
  scale_color_manual(values = c("indianred3", "cornflowerblue")) +
  facet_wrap(~sector) +
  theme_bw()
```

从图 4-9 中，我们可以看出男性和女性之间的差异与他们所处的职业相关。例如，男性经理的工作年限与薪资之间具有很强的正相关关系，但是对于女性经理来说没有。在某种程度上，销售行业中的男性和女性也是这样。另一方面，不论是男性服务人员还是女性服务人员，他们的工作年限和薪资之间看上去没什么关系。同时，不论是哪个职业，男性的薪资都略高于女性。另外，随着工作年限的增长，女性文员的薪资也会增长，但是男性文员的薪资可能减少（此处所显示的这种趋势并不明显）。现在，我们对工作年限和薪资之间的关系有了更加深入的认识。

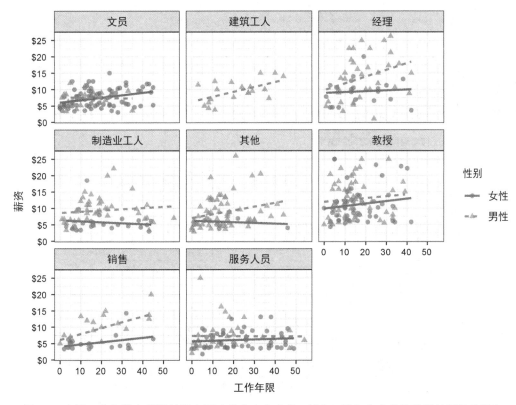

图 4-9　雇员工作年限和薪资的散点图（带有自定义的 x 轴和 y 轴与自定义的性别的颜色映射）
为 8 个职业中的每个职业提供了图形（刻面）

4.1.6　标签

图形应该是易于解读的，而传达信息的标签在实现这一目标的过程中是一个关键元素。函数 labs() 为坐标轴和图例提供了自定义标签。此外，我们还可以添加自定义的标题、副标题和说明文字。在下面的代码中，我们对每一项进行了修改。

```
ggplot(data = CPS85,
       mapping = aes(x = exper, y = wage,
                color = sex, shape=sex, linetype=sex)) +
    geom_point(alpha = .7) +
    geom_smooth(method = "lm", se = FALSE) +
    scale_x_continuous(breaks = seq(0, 60, 10)) +
    scale_y_continuous(breaks = seq(0, 30, 5),
                       label = scales::dollar) +
    scale_color_manual(values = c("indianred3",
                                  "cornflowerblue")) +
    facet_wrap(~sector) +
    labs(title = "Relationship between wages and experience",
```

```
        subtitle = "Current Population Survey",
        x = " Years of Experience",
        y = "Hourly Wage",
        color = "Gender", shape = "Gender", linetype = "Gender") +
    theme_bw()
```

图形结果如图 4-10 所示。

现在，看到此图的人无须猜测标签工作年限和薪资的意思，也无须猜测数据来源。

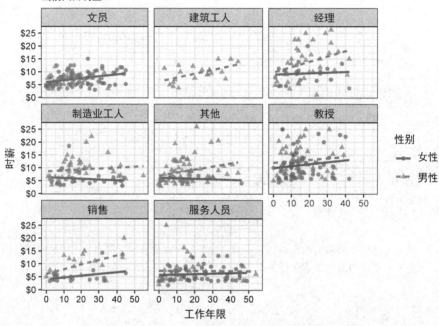

图 4-10 雇员工作年限和薪资的散点图，其包含 8 个职业中每个职业的图形（刻面），
以及自定义的标题和标签

4.1.7 主题

最后，我们可以使用主题来微调图形的外观。主题函数（以 theme_开头）控制背景、颜色、
字体、网格线、图例位置，以及其他与数据无关的图形特征。让我们使用一个更加简洁的主题。
从图 4-4 开始，我们将使用的主题会生成白色背景和浅灰色的参考线。让我们试试不同的主题——
比如一个更加简约的主题。以下代码将生成如图 4-11 所示的图形。

```
ggplot(data = CPS85,
       mapping = aes(x = exper, y = wage,
                     color = sex, shape=sex, linetype=sex)) +
    geom_point(alpha = .7) +
    geom_smooth(method = "lm", se = FALSE) +
```

```
scale_x_continuous(breaks = seq(0, 60, 10)) +
scale_y_continuous(breaks = seq(0, 30, 5),
                   label = scales::dollar) +
scale_color_manual(values = c("indianred3",
                              "cornflowerblue")) +
facet_wrap(~sector) +
labs(title = "Relationship between wages and experience",
    subtitle = "Current Population Survey",
    x = " Years of Experience",
    y = "Hourly Wage",
    color = "Gender", shape = "Gender", linetype = "Gender") +
theme_minimal()
```

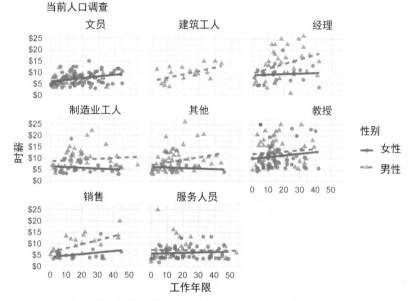

图 4-11　雇员工作年限和薪资的散点图，其包含 8 个职业中每个职业的图形（刻面）、
自定义的标题和标签，以及更简约的主题

　　这是我们的最终图形，可供出版。当然，这些结果都是试验性的，它们基于有限的样本量，并未经过统计检验来评估这些差异是否是由于随机误差造成的。第 8 章将讲解如何对此类型数据进行适当的检验。第 19 章将更加详尽地讲解主题。

4.2　ggplot2 包的详细信息

　　在结束本章的探讨之前，有 3 个重要问题需要考虑：函数 aes() 的位置、将 ggplot2 图形用作 R 对象，以及各种保存图形的方法，以便在报告和网页中使用图形。

4.2.1　放置数据和映射选项

使用 ggplot2 包创建图形总是从函数 ggplot 开始。在前面的例子中，这个函数中放置了 data 和 mapping 选项。在本例中，这两个选项将应用到后面的每一个 geom 函数。

我们也可以将这两个选项直接放进几何对象。如果这样做，它们仅可以应用到指定的几何对象。我们以下面的图形代码为例。

```
ggplot(CPS85, aes(x = exper, y = wage, color = sex)) +
        geom_point(alpha = .7, size = 1.5) +
        geom_smooth(method = "lm", se = FALSE, size = 1)  +
        scale_color_manual(values = c("lightblue", "midnightblue")) +
        theme_bw()
```

图形结果如图 4-12 所示。

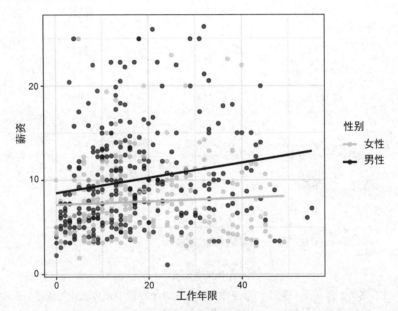

图 4-12　按性别分组的雇员工作年限和薪资的散点图，其中函数 ggplot()放置了
aes(color=sex)，映射应用到 geom_point()和 geom_smooth()，生成
了男性和女性各自的点颜色和最佳拟合线

由于性别到颜色的映射出现在函数 ggplot()中，因此这个映射也会应用到 geom_point 和 geom_smooth。点的颜色表示性别，生成了男性和女性各自带颜色的趋势线。我们将这一代码与下面的代码进行比较。

```
ggplot(CPS85,   aes(x = exper, y = wage)) +
        geom_point(aes(color = sex), alpha = .7, size = 1.5) +
        geom_smooth(method = "lm", se = FALSE, size = 1) +
        scale_color_manual(values = c("lightblue", "midnightblue")) +
        theme_bw()
```

图形结果如图 4-13 所示。

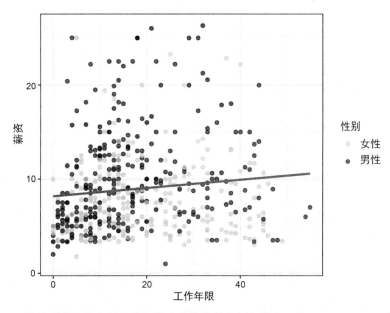

图 4-13 按性别分组的雇员工作年限和薪资的散点图，其中函数 `geom_point()` 放置了 `aes(color=sex)`，映射应用到点的颜色，生成了男性和女性各自的点颜色，以及所有雇员的一条最佳拟合线

由于性别到颜色的映射只出现在函数 `geom_point()` 中，所以它仅在此处使用，且我们仅创建了一条针对所有观测值的趋势线。

本书中绝大多数的示例是在 `ggplot` 函数中放置数据和映射选项的。另外，因为第 1 个选项总是引用数据，第 2 个选项总是引用映射，所以我们将省略短语 `data=` 和 `mapping=`。

4.2.2 将图形作为对象使用

ggplot2 图形可以被保存为被命名的 R 对象（列表型数据）。经过进一步操作，它被打印出来或者保存到磁盘中。我们看看代码清单 4-1 中的代码。

代码清单 4-1 将 ggplot2 图形用作对象

```
data(CPS85 , package = "mosaicData")          ❶
CPS85 <- CPS85[CPS85$wage < 40,]              ❶

myplot <- ggplot(data = CPS85,                ❷
        aes(x = exper, y = wage)) +           ❷
    geom_point()                              ❷

myplot                                        ❸
```

```
myplot2 <- myplot + geom_point(size = 3, color = "blue")    ❹
myplot2                                                      ❹

myplot + geom_smooth(method = "lm") +                       ❺
  labs(title = "Mildly interesting graph")                  ❺
```

❶ 准备数据

❷ 创建一张散点图并保存为 **myplot**

❸ 显示 **myplot**

❹ 修改数据点的大小，使其变大一些，同时设置数据点为蓝色，将其保存为 **myplot2**，并显示该图形

❺ 显示 **myplot** 并配以最佳拟合线及标题

首先，导入数据并删除异常值。然后，创建一个简单的工作年限和薪资的散点图并将其保存为 myplot。接下来，打印这张图。然后，修改这张图的点大小和颜色，将其保存为 myplot2，并打印出来。最后，在原图中增加最佳拟合线和标题，并打印出来。请注意，最后一步的所有修改均未保存。

将图形用作对象的功能可以让我们继续操作并修改这些图形。这可以起到实时保存的作用（还能预防鼠标手）。正如我们将在 4.2.3 节中看到的，用编程的方法保存图形还十分方便。

4.2.3 保存图形

我们可以通过 RStudio GUI 或者代码来保存由 ggplot2 创建的图形。如果使用 RStudio 界面上的菜单保存图形，请转至 Plots（图形）选项卡并选择 Export（导出）（见图 4-14）。

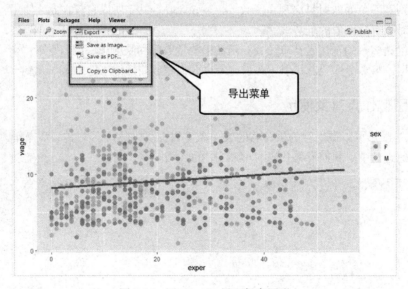

图 4-14   用 RStudio 界面保存图形

我们可以使用函数 ggsave() 保存图形，它可以指定要保存的图形，以及要保存的图形的大小、格式和保存路径。我们以下面的代码为例。

```
ggsave(file="mygraph.png", plot=myplot, width=5, height=4)
```

执行上面的代码后，可在当前工作路径下将 myplot 保存为名为 mygraph.png 的 PNG 格式的图片，其尺寸为 5 英寸×4 英寸。我们可以通过更改文件扩展名将图形保存为不同的格式。表 4-4 列出了最常见的格式。

表 4-4 图片文件的格式

扩 展 名	格 式	扩 展 名	格 式
pdf	便携式文档格式	png	便携式网络图片
jpeg	JPE	svg	可伸缩式向量图
tiff	带标记的图片文件格式	wmf	Windows 元文件

pdf、svg 和 wmf 格式为向量格式——这些格式的文件在调整大小时不会出现图片模糊或者有锯齿的情况。其他格式为位图格式，调整文件大小时图片会出现锯齿。当把小图片变大时要特别注意。用于网页的图片最常用的格式是 png 格式。jpeg 和 tiff 格式通常用于存储照片。

对于在 Microsoft Word 或 PowerPoint 文档中显示的图片，我们通常推荐使用 wmf 格式。MS Office 不支持 pdf 或 svg 文件，wmf 格式的图片可以很好地调整大小。但是，wmf 文件会丢失已经指定的透明度设置。

如果我们忽略 plot= 选项，最近创建的图形会被保存。以下代码将图形的 pdf 文档格式保存到了磁盘：

```
ggplot(data=mtcars, aes(x=mpg)) + geom_histogram()
ggsave(file="mygraph.pdf")
```

更多详情，请参阅 help(ggsave)。

4.2.4 常见错误

在使用 ggplot2 多年之后，我发现有两个经常发生的错误。第 1 个是缺少或者放错右括号。这种情况在函数 aes() 中最常见。请看以下代码：

```
ggplot(CPS85, aes(x = exper, y = wage, color = sex) +
  geom_point()
```

请注意第一行的末尾缺少一个右括号。这种情况我不知出现了多少次了。

第 2 个错误是混淆映射的赋值。以下代码生成如图 4-15 所示的图形：

```
ggplot(CPS85, aes(x = exper, y = wage, color = "blue")) +
  geom_point()
```

函数 aes() 用于将变量映射到图形的视觉特征，而给常量赋值的操作应该是在函数 aes() 之外进行。正确的代码应该是：

```
ggplot(CPS85, aes(x = exper, y = wage) +
  geom_point(color = "blue")
```

按照上面那段错误的代码绘制出来的数据点都是红色（不是蓝色）的，并且有一个奇怪的图例。这是怎么回事？

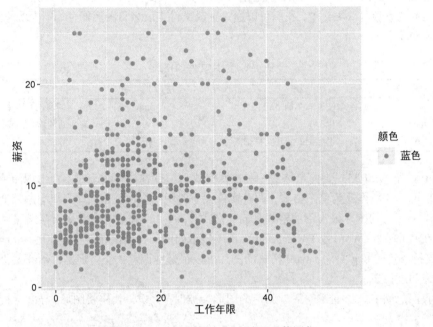

图 4-15　在函数 aes() 中放置赋值语句

4.3　小结

- ❑ ggplot2 包为创建全面的可视化数据提供了语言和语法。
- ❑ 可以用散点图描述两个定量变量之间的关系。
- ❑ 可以在散点图中添加趋势线来总体描述变量之间的关系。
- ❑ 可以使用颜色、形状和大小来表示多组观测值。
- ❑ 在为包含一个以上分组的数据绘制图形时，使用刻面很有用。
- ❑ 可以使用标尺、标签和主题来自定义图形。
- ❑ 图形可以被保存为多种格式。

## 第 5 章

高级数据管理

5

本章重点
- ❏ 数学函数和统计函数
- ❏ 字符处理函数
- ❏ 循环执行与条件执行
- ❏ 自函数
- ❏ 数据重塑与数据汇总

在第 3 章，我们讨论了 R 中基本的数据集处理方法，本章我们将关注一些高级话题。本章分为 3 个基本部分。在第一部分中，我们将快速浏览 R 中的多种数学、统计和字符处理函数。为了让这一部分的内容相互关联，我们先引入一个能够使用这些函数解决的数据处理问题。在讲解这些函数之后，再为这个数据处理问题提供一个可能的解决方案。

接下来，我们将讲解如何自定义函数来完成数据处理和分析任务。首先，我们将探讨控制程序流程的多种方式，包括循环和条件执行语句。然后，我们将研究用户自定义函数的结构，以及在编写完成后如何调用它们。

最后，我们将了解数据的重塑和重构方法，以及数据汇总方法。在汇总数据时，我们可以使用任何内建函数或自定义函数来获取数据的概述，而我们在本章前两部分中学习的内容就会派上用场了。

5.1　一个数据处理难题

要讨论数值和字符处理函数，让我们先来看一个数据处理问题。一组学生参加了数学、科学和英语考试。为了给所有学生确定一个成绩衡量指标，需要将这些科目的成绩组合起来。另外，我们还想将前 20% 的学生评定为 A，接下来 20% 的学生评定为 B，依次类推。最后，我们希望按字母顺序对学生排序。相关数据如表 5-1 所示。

表 5-1 学生成绩数据

学生姓名	数 学	科 学	英 语
John Davis	502	95	25
Angela Williams	600	99	22
Bullwinkle Moose	412	80	18
David Jones	358	82	15
Janice Markhammer	495	75	20
Cheryl Cushing	512	85	28
Reuven Ytzrhak	410	80	15
Greg Knox	625	95	30
Joel England	573	89	27
Mary Rayburn	522	86	18

观察此数据集，我们马上可以发现一些明显的问题。第一，3 科考试的成绩是无法比较的。因为它们的均值和标准差相去甚远，所以对它们求平均值是没有意义的。我们在组合这些考试成绩之前，必须将其变换为可比较的单元。其次，为了评定等级，我们需要一种方法来确定某个学生在前述得分上百分比排名。再次，表示姓名的字段只有一个，这让排序任务复杂化了。为了正确地将其排序，需要将姓和名拆开。

以上每一个任务都可以巧妙地利用 R 中的数值和字符处理函数完成。在讲解完 5.2 节中的各种函数之后，我们将考虑一套可行的解决方案，以解决这项数据处理难题。

5.2 数值处理函数和字符处理函数

本节我们将讨论 R 中基础数据处理函数，它们可分为数值处理（数学、统计、概率）函数和字符处理函数。在阐述每一类函数后，本章将展示如何将函数应用到矩阵和数据框的列（变量）和行（观测值）上（参见 5.2.6 节）。

5.2.1 数学函数

表 5-2 列出了常用的数学函数和简短的示例。

表 5-2 数学函数

函 数	描 述
abs(x)	绝对值 abs(-4)返回值为 4
sqrt(x)	平方根 sqrt(25)返回值为 5，和 25^(0.5)等价
ceiling(x)	不小于 x 的最小整数 ceiling(3.475)返回值为 4
floor(x)	不大于 x 的最大整数 floor(3.475)返回值为 3

（续）

函　　数	描　　述
trunc(x)	向 0 的方向截取的 x 中的整数部分
	trunc(5.99) 返回值为 5
round(x, digits=n)	将 x 舍入为指定位的小数
	round(3.475, digits=2) 返回值为 3.48
signif(x, digits=n)	将 x 舍入为指定的有效数字位数
	signif(3.475, digits=2) 返回值为 3.5
cos(x)、sin(x)、tan(x)	余弦、正弦和正切
	cos(2) 返回值为–0.416
acos(x)、asin(x)、atan(x)	反余弦、反正弦和反正切
	acos(-0.416) 返回值为 2
cosh(x)、sinh(x)、tanh(x)	双曲余弦、双曲正弦和双曲正切
	sinh(2) 返回值为 3.627
acosh(x)、asinh(x)、atanh(x)	反双曲余弦、反双曲正弦和反双曲正切
	asinh(3.627) 返回值为 2
log(x,base=n)	对 x 取以 n 为底的对数
log(x)	为了方便起见：
log10(x)	• log(x) 为自然对数
	• log10(x) 为常用对数
	• log(10) 返回值为 2.3026
	• log10(10) 返回值为 1
exp(x)	指数函数
	exp(2.3026) 返回值为 10

5

　　对数据做变换是这些函数的一个主要用途。例如，我们经常会在进一步分析之前将收入这种存在明显偏倚的变量取对数。数学函数也被用作公式中的一部分，用于绘图函数（例如 x 对 sin(x)）和在输出结果之前对数值做格式化。

　　表 5-2 中的示例将数学函数应用到了标量（单独的数值）上。当这些函数被应用于数值向量、矩阵或数据框时，它们会作用于每一个独立的值。例如，sqrt(c(4, 16, 25)) 的返回值为 c(2, 4, 5)。

5.2.2　统计函数

　　常用的统计函数如表 5-3 所示，其中许多函数都拥有可以影响输出结果的可选参数。举例来说：

```
y <- mean(x)
```

提供了对象 x 中元素的算术平均数，而：

```
z <- mean(x, trim = 0.05, na.rm=TRUE)
```

则提供了截尾平均数，即剔除了最大 5%和最小 5%的数据和所有缺失值后的算术平均数。请使用函数 help()了解以上每个函数和其参数的用法。

表 5-3 统计函数

函　数	描　述
mean(x)	平均数
	mean(c(1,2,3,4))返回值为 2.5
median(x)	中位数
	median(c(1,2,3,4))返回值为 2.5
sd(x)	标准差
	sd(c(1,2,3,4))返回值为 1.29
var(x)	方差
	var(c(1,2,3,4))返回值为 1.67
mad(x)	绝对中位差（median absolute deviation）
	mad(c(1,2,3,4))返回值为 1.48
quantile(x,probs)	求分位数。其中 x 为待求分位数的数值型向量，probs 为一个由[0,1]之间的概率值组成的数值向量
	# 求 x 的 30%和 84%分位点
	y <- quantile(x, c(.3,.84))
range(x)	求值域
	x <- c(1,2,3,4)
	range(x)返回值为 c(1,4)
	diff(range(x))返回值为 3
sum(x)	求和
	sum(c(1,2,3,4))返回值为 10
diff(x, lag=n)	滞后差分，lag 用以指定滞后几项。默认的 lag 值为 1
	x<- c(1, 5, 23, 29)
	diff(x)返回值为 c(4, 18, 6)
min(x)	求最小值
	min(c(1,2,3,4))返回值为 1
max(x)	求最大值
	max(c(1,2,3,4))返回值为 4
scale(x,center=TRUE, scale=TRUE)	为数据对象 x 按列进行中心化(center=TRUE)或标准化(center=TRUE,scale=TRUE)；代码清单 5-6 中给出了一个示例

要了解这些函数在实际编程中的用法，请参考代码清单 5-1。这个示例演示了计算某个数值向量的均值和标准差的两种方法。

代码清单 5-1　均值和标准差的计算

```
> x <- c(1,2,3,4,5,6,7,8)

> mean(x)                          ❶
[1] 4.5                            ❶
> sd(x)                            ❶
[1] 2.449490                       ❶

> n <- length(x)                   ❷
> meanx <- sum(x)/n                ❷
> css <- sum((x - meanx)^2)        ❷
> sdx <- sqrt(css / (n-1))         ❷
> meanx                            ❷
[1] 4.5                            ❷
> sdx                              ❷
[1] 2.449490                       ❷
```

❶ 快捷方式

❷ 冗长（分步）方式

第 2 种方式中修正平方和（css）的计算过程是很有启发性的：

(1) x 等于 c(1, 2, 3, 4, 5, 6, 7, 8)，x 的平均值等于 4.5（length(x) 返回了 x 中元素的数量）；

(2) (x - meanx) 从 x 的每个元素中减去了 4.5，结果为 c(-3.5, -2.5, -1.5, -0.5, 0.5, 1.5, 2.5, 3.5)；

(3) (x - meanx)^2 将 (x - meanx) 的每个元素求平方，结果为 c(12.25, 6.25, 2.25, 0.25, 0.25, 2.25, 6.25, 12.25)；

(4) sum((x - meanx)^2) 对 (x - meanx)^2 的所有元素求和，结果为 42。

R 中公式的写法和类似 MATLAB 的矩阵运算语言有着许多共同之处。（我们将在附录 D 中具体关注解决矩阵代数问题的方法。）

数据的标准化

默认情况下，函数 scale() 对矩阵或数据框的指定列进行均值为 0、标准差为 1 的标准化：

```
newdata <- scale(mydata)
```

要对每一列进行任意均值和标准差的标准化，可以使用如下的代码：

```
newdata <- scale(mydata)*SD + M
```

其中的 M 是想要的均值，SD 为想要的标准差。在非数值型的列上使用函数 scale() 将会报错。要对指定列而不是整个矩阵或数据框进行标准化，我们可以使用这样的代码：

```
newdata <- transform(mydata, myvar = scale(myvar)*10+50)
```

此句将变量 myvar 标准化为均值 50、标准差为 10 的变量。

5.2.3　概率函数

你可能在疑惑为何概率函数没有和统计函数列在一起。（你真的对此有些困惑，对吧？）虽然根据定义，概率函数也属于统计类，但是它们非常独特，应独立设节进行讲解。概率函数通常用来生成特征已知的模拟数据，或者在用户自定义的统计函数中计算概率值。

在 R 中，概率函数形如：

```
[dpqr]<概率分布缩写>()
```

其中第一个字母表示其所指分布的某一方面。

d = 密度函数（density）

p = 分布函数（distribution function）

q = 分位数函数（quantile function）

r = 生成随机数（随机偏差）

表 5-4 列出了常用的概率函数。

表 5-4　概率分布

分布名称	缩　写	分布名称	缩　写
beta 分布	beta	Logistic 分布	logis
二项分布	binom	多项分布	multinom
柯西分布	cauchy	负二项分布	nbinom
（非中心）卡方分布	chisq	正态分布	norm
指数分布	exp	泊松分布	pois
F 分布	f	Wilcoxon 符号秩分布	signrank
Gamma 分布	gamma	t 分布	t
几何分布	geom	均匀分布	unif
超几何分布	hyper	Weibull 分布	weibull
对数正态分布	lnorm	Wilcoxon 秩和分布	wilcox

我们不妨先看看正态分布的有关函数，以了解这些函数的使用方法。如果不指定一个均值和一个标准差，则函数将假定其为标准正态分布（均值为 0，标准差为 1）。密度函数（dnorm）、分布函数（pnorm）、分位数函数（qnorm）和随机数生成函数（rnorm）的使用示例见表 5-5。

表 5-5　正态分布函数

问　题	解　法

在区间[–3, 3]上绘制标准正态曲线	```
	library(ggplot2)
	x <- seq(from = -3, to = 3, by = 0.1)
	y = dnorm(x)
	data <- data.frame(x = x, y=y)
	ggplot(data, aes(x, y)) +
	        geom_line() +
	        labs(x = "Normal Deviate",
	              y = "Density") +
	    scale_x_continuous(
	        breaks = seq(-3, 3, 1))
	``

位于 $z=1.96$ 左侧的标准正态曲线下方面积是多少?	pnorm(1.96)等于 0.975
均值为 500,标准差为 100 的正态分布的 0.9 分位点值为多少?	qnorm(.9, mean=500, sd=100)等于 628.16
生成 50 个均值为 50,标准差为 10 的正态随机数	rnorm(50, mean=50, sd=10)

1. 设定随机数种子

在每次生成伪随机数的时候,函数都会使用一个不同的种子,因此也会产生不同的结果。我们可以通过函数 set.seed() 显式指定这个种子,让结果可以重现(reproducible)。代码清单 5-2 给出了一个示例。这里的函数 runif() 用来生成 0 到 1 区间上服从均匀分布的伪随机数。

代码清单 5-2　生成服从正态分布的伪随机数

```
> runif(5)
[1] 0.8725344 0.3962501 0.6826534 0.3667821 0.9255909
> runif(5)
[1] 0.4273903 0.2641101 0.3550058 0.3233044 0.6584988
> set.seed(1234)
> runif(5)
[1] 0.1137034 0.6222994 0.6092747 0.6233794 0.8609154
> set.seed(1234)
> runif(5)
[1] 0.1137034 0.6222994 0.6092747 0.6233794 0.8609154
```

通过手动设定种子可以重新生成计算结果。这种能力有助于我们创建会在未来取用、可与他人分享的示例。

2. 生成多元正态数据

在模拟研究和蒙特卡洛方法中,我们经常需要获取来自给定均值向量和协方差阵的多元正态分布的数据。MultiRNG 包中的 draw.d.variate.normal() 函数可以让这个问题变得很容易。安装并加载 MultiRNG 包后,其调用格式为:

```
draw.d.variate.normal(n, nvar, mean, sigma)
```

其中 n 是我们想要的样本量，nvar 是变量数，mean 为均值向量，而 sigma 是方差-协方差矩阵（或相关矩阵）。代码清单 5-3 从一个参数如下所示的三元正态分布中抽取了 500 个观测值。

均值向量	230.7	146.7	3.6
协方差矩阵	15360.8	6721.2	-47.1
	6721.2	4700.9	-16.5
	-47.1	-16.5	0.3

代码清单 5-3 生成服从多元正态分布的数据

```
> install.packages("MultiRNG")
> library(MultiRNG)
> options(digits=3)                                                    ❶
> set.seed(1234)

> mean <- c(230.7, 146.7, 3.6)
> sigma <- matrix(c(15360.8, 6721.2, -47.1,
                    6721.2, 4700.9, -16.5,                             ❷
                    -47.1,  -16.5,   0.3), nrow=3, ncol=3)             ❷

> mydata <- draw.d.variate.normal(500, 3, mean, sigma)                ❸
> mydata <- as.data.frame(mydata)                                     ❸
> names(mydata) <- c("y","x1","x2")                                   ❸

> dim(mydata)                                                         ❹
[1] 500 3                                                             ❹
> head(mydata, n=10)                                                  ❹
       y     x1    x2
1   81.1 122.6 3.69
2  265.1 110.4 3.49
3  365.1 235.3 2.67
4  -60.0  14.9 4.72
5  283.9 244.8 3.88
6  293.4 163.9 2.66
7  159.5  51.5 4.03
8  163.0 137.7 3.77
9  160.7 131.0 3.59
10 120.4  97.7 4.11
```

❶ 设置随机数种子
❷ 设置均值向量、协方差矩阵
❸ 生成数据
❹ 查看结果

在代码清单 5-3 中，首先设置了一个随机数种子，这样就可以在之后重现结果。然后，我们设置了想要的均值向量和方差-协方差矩阵，并生成了 500 个伪随机观测值。为了方便，结果从矩阵转换为数据框，并为变量指定了名称。最后，我们确认了拥有 500 个观测值和 3 个变量，并输出了前 10 个观测值。请注意，因为相关矩阵同时也是协方差阵，所以其实可以直接指定相关关系的结构。

我们可以使用 `MultiRNG` 包从其他 10 个多元正态分布中生成随机数据，这些分布包括 t 分布、均匀分布、伯努利分布、超几何分布、beta 分布、多项分布、拉普拉斯分布和 Wishart 分布。

R 中的概率函数可以用来生成模拟数据，这些数据是从服从已知特征的概率分布中抽样而得的。近年来，依赖于模拟数据的统计方法呈指数级增长，在后续各章中会有若干示例。

5.2.4 字符处理函数

数学函数和统计函数是用来处理数值型数据的，而字符处理函数可以从文本型数据中抽取信息，或者为打印输出和生成报告重设文本的格式。举例来说，我们可能希望将某人的姓和名连接在一起，并保证姓和名的首字母大写，抑或想统计可自由回答的调查反馈信息中某些实例（instance）的数量。一些最有用的字符处理函数见表 5-6。

表 5-6 字符处理函数

函 数	描 述
`nchar(x)`	计算 x 中的字符数量 `x <- c("ab", "cde", "fghij")` `length(x)` 返回值为 3（参见表 5-7） `nchar(x[3])` 返回值为 5

`substr(x, start, stop)`	提取或替换一个字符向量中的子串
	`x <- "abcdef"`
	`substr(x, 2, 4)` 返回值为 `"bcd"`
	`substr(x, 2, 4) <- "22222"`（x 将变成 `"a222ef"`）.

`grep(pattern, x, ignore.case=FALSE, fixed=FALSE)`	在 x 中搜索某种模式。若 fixed=FALSE，则 pattern 为一个正则表达式。若 fixed=TRUE，则 pattern 为一个文本字符串。返回值为匹配的下标 `grep("A",c("b","A","ac", "Aw"),fixed=TRUE)` 返回值为 `c(2, 4)`。
`sub(pattern,replacement,x, ignore.case=FALSE, fixed=FALSE)`	在 x 中搜索 pattern，并以文本 replacement 将其替换。若 fixed=FALSE，则 pattern 为一个正则表达式。若 fixed=TRUE，则 pattern 为一个文本字符串。`sub("\\s",".","Hello There")` 返回值为 Hello.There。注意，`"\s"`是一个用来查找空白的正则表达式；使用`"\\s"`而不用`"\s"`的原因是，后者是 R 中的转义字符（参见 1.3.4 节）

`strsplit(x, split, fixed=FALSE)`	在 split 处分割字符向量 x 中的元素。若 fixed=FALSE，则 pattern 为一个正则表达式。若 fixed=TRUE，则 pattern 为一个文本字符串。
	`y <- strsplit("abc", "")` 将返回一个含有 1 个成分、3 个元素的列表，包含的内容为`"a" "b" "c"`
	`unlist(y)[2]`和`sapply(y, "[", 2)`均返回`"b"`

`paste(..., sep="")`	连接字符串，分隔符为 sep `paste("x", 1:3,sep="")` 返回值为 `c("x1", "x2", "x3")`。 `paste("x",1:3,sep="M")` 返回值为 `c("xM1","xM2" "xM3")`。 `paste("Today is", date())` 返回值为 Today is Thu Jul 22 10:36:14 2021
`toupper(x)`	大写转换 `toupper("abc")`返回值为`"ABC"`
`tolower(x)`	小写转换 `tolower("ABC")`返回值为`"abc"`

请注意，函数 grep()、sub() 和 strsplit() 能够搜索某个文本字符串（fixed=TRUE）或某个正则表达式（fixed=FALSE，默认值为 FALSE）。正则表达式为文本模式的匹配提供了一套清晰且简练的语法。例如，正则表达式：

```
'[hc]?at
```

可匹配任意以 0 个或 1 个 h 或 c 开头、后接 at 的字符串。因此，此表达式可以匹配 hat、cat 和 at，但不会匹配 bat。更多详情，请参考维基百科的 regular expression（正则表达式）条目。也可参阅实用教程，包括 Ryans Regular Expression Tutorial（Ryans 正则表达式教程）和 RegexOne 上的互动教程。

5.2.5   其他实用函数

表 5-7 中的函数对于数据管理和处理同样非常实用，只是它们无法清晰地划入某一分类中。

表 5-7   其他实用函数

函　　　数	描　　　述
length(x)	对象 x 的长度
	x <- c(2, 5, 6, 9)
	length(x) 返回值为 4
seq(from, to, by)	生成一个序列
	indices <- seq(1,10,2)
	indices 的值为 c(1, 3, 5, 7, 9)
rep(x, n)	将 x 重复 n 次
	y <- rep(1:3, 2)
	y 的值为 c(1, 2, 3, 1, 2, 3)
cut(x, n)	将连续型变量 x 分割为有着 n 个水平的因子
	使用选项 ordered_result = TRUE 以创建一个有序型因子
cat(..., file = "myfile",	连接 ... 中的对象，并将其输出到屏幕上或文件中（如果声明了一个的话）
append = FALSE)	name <- c("Jane")
	cat("Hello", name, "\n")

表中的最后一个示例演示了在输出时转义字符的使用方法。\n 表示新行，\t 为制表符，\' 为单引号，\b 为退格，等等。（输入?Quotes 以了解更多。）例如，代码：

```
name <- "Bob"
cat( "Hello", name, "\b.\n", "Isn\'t R", "\t", "GREAT?\n")
```

可生成：

```
Hello Bob.
 Isn't R        GREAT?
```

请注意第 2 行缩进了一个空格。当 cat 输出要连接的对象时，它会将每一个对象都用空格分开。这就是在句点之前使用退格转义字符（\b）的原因。不然，生成的结果将是 "Hello Bob."。

在数值、字符串和向量上使用我们最近学习的函数是直观而明确的，但是如何将它们应用到矩阵和数据框上呢？这就是 5.2.6 节的主题。

5.2.6 将函数应用于矩阵和数据框

R 函数的诸多有趣特性之一，就是它们可以应用到一系列的数据对象上，包括标量、向量、矩阵、数组和数据框。代码清单 5-4 提供了一个示例。

代码清单 5-4　将函数应用于数据对象

```
> a <- 5
> sqrt(a)
[1] 2.236068
> b <- c(1.243, 5.654, 2.99)
> round(b)
[1] 1 6 3
> c <- matrix(runif(12), nrow=3)
> c
        [,1]  [,2]  [,3]  [,4]
[1,] 0.4205 0.355 0.699 0.323
[2,] 0.0270 0.601 0.181 0.926
[3,] 0.6682 0.319 0.599 0.215
> log(c)
        [,1]    [,2]    [,3]    [,4]
[1,] -0.866 -1.036 -0.358 -1.130
[2,] -3.614 -0.508 -1.711 -0.077
[3,] -0.403 -1.144 -0.513 -1.538
> mean(c)
[1] 0.444
```

请注意，在代码清单 5-4 中对矩阵 c 求均值的结果为一个标量（0.444）。函数 mean() 求得的是矩阵中全部 12 个元素的均值。但如果希望求的是各行的均值或各列的均值呢？

R 中提供了一个 apply() 函数，可将任意一个函数应用到矩阵、数组、数据框的任何维度上。apply() 函数的使用格式为：

apply(*x*, *MARGIN*, *FUN*, ...)

其中，*x* 为数据对象，*MARGIN* 是维度的下标，*FUN* 是由我们指定的函数，而...则包括了任何想传递给 *FUN* 的参数。在矩阵或数据框中，MARGIN=1 表示行，MARGIN=2 表示列。请看代码清单 5-5 中的示例。

代码清单 5-5　将一个函数应用到矩阵的所有行（列）

```
> mydata <- matrix(rnorm(30), nrow=6)        ❶
> mydata
          [,1]   [,2]    [,3]   [,4]   [,5]
[1,]  0.71298  1.368 -0.8320 -1.234 -0.790
[2,] -0.15096 -1.149 -1.0001 -0.725  0.506
[3,] -1.77770  0.519 -0.6675  0.721 -1.350
[4,] -0.00132 -0.308  0.9117 -1.391  1.558
[5,] -0.00543  0.378 -0.0906 -1.485 -0.350
```

```
[6,] -0.52178 -0.539 -1.7347  2.050  1.569
> apply(mydata, 1, mean)                                    ❷
[1] -0.155 -0.504 -0.511  0.154 -0.310  0.165
> apply(mydata, 2, mean)                                    ❸
[1] -0.2907  0.0449 -0.5688 -0.3442  0.1906
> apply(mydata, 2, mean, trim=0.2)                          ❹
[1] -0.1699  0.0127 -0.6475 -0.6575  0.2312
```

❶ 生成数据

❷ 计算每行的均值

❸ 计算每列的均值

❹ 计算每列的截尾均值

首先，代码生成了一个包含正态随机数的 6×5 矩阵❶。然后，计算了 6 行的均值❷，以及 5 列的均值❸。最后，我们计算了每列的截尾均值（在本例中，截尾均值基于中间 60% 的数据，最高和最低 20% 的值均被忽略）❹。

FUN 可为任意 R 函数，这也包括我们自定义的函数（参见 5.4 节），所以 apply() 是一种很强大的机制。apply() 可把函数应用到数组的某个维度上，而 lapply() 和 sapply() 则可将函数应用到列表（list）上。我们将在 5.2.7 节中看到 sapply()（它是 lapply() 的更好用的版本）的一个示例。

我们已经拥有了解决 5.1 节中数据处理问题所需的所有工具。现在，让我们小试身手。

5.2.7 数据处理难题的一套解决方案

5.1 节中提出的问题是：将学生的各科考试成绩组合为单一的成绩衡量指标，基于相对名次（前 20%、后 20%，等等）给出从 A 到 F 的评分，并根据学生姓氏和名字的首字母对花名册进行排序。代码清单 5-6 给出了一种解决方案。

代码清单 5-6 示例的一种解决方案

```
> options(digits=2)                                         ❶

> Student <- c("John Davis", "Angela Williams", "Bullwinkle Moose",
               "David Jones", "Janice Markhammer", "Cheryl Cushing",
               "Reuven Ytzrhak", "Greg Knox", "Joel England",
               "Mary Rayburn")
> Math <- c(502, 600, 412, 358, 495, 512, 410, 625, 573, 522)
> Science <- c(95, 99, 80, 82, 75, 85, 80, 95, 89, 86)
> English <- c(25, 22, 18, 15, 20, 28, 15, 30, 27, 18)
> roster <- data.frame(Student, Math, Science, English,
                       stringsAsFactors=FALSE)

> z <- scale(roster[,2:4])                                  ❷❹
> score <- apply(z, 1, mean)                                ❸❹
> roster <- cbind(roster, score)                            ❸❹
```

```
> y <- quantile(score, c(.8,.6,.4,.2))            ❺❼
> roster$grade <- NA                               ❻❼
> roster$grade[scorc >= y[1]] <- "A"              ❻❼
> roster$grade[score < y[1] & score >= y[2]] <- "B"  ❻❼
> roster$grade[score < y[2] & score >= y[3]] <- "C"  ❻❼
> roster$grade[score < y[3] & score >= y[4]] <- "D"  ❻❼
> roster$grade[score < y[4]] <- "F"               ❻❼

> name <- strsplit((roster$Student), " ")         ❽❿
> Lastname <- sapply(name, "[", 2)                ❾❿
> Firstname <- sapply(name, "[", 1)               ❾❿
> roster <- cbind(Firstname,Lastname, roster[,-1])  ❾❿

> roster <- roster[order(Lastname,Firstname),]    ⓫⓬

> roster
      Firstname    Lastname   Math  Science  English  score  grade
6       Cheryl     Cushing    512    85        28      0.35    C
1         John     Davis      502    95        25      0.56    B
9         Joel     England    573    89        27      0.70    B
4        David     Jones      358    82        15     -1.16    F
8         Greg     Knox       625    95        30      1.34    A
5       Janice   Markhammer   495    75        20     -0.63    D
3    Bullwinkle    Moose      412    80        18     -0.86    D
10        Mary     Rayburn    522    86        18     -0.18    C
2       Angela     Williams   600    99        22      0.92    A
7       Reuven     Ytzrhak    410    80        15     -1.05    F
```

❶ 步骤 1

❷ 步骤 2

❸ 步骤 3

❹ 计算综合得分

❺ 步骤 4

❻ 步骤 5

❼ 对学生评分

❽ 步骤 6

❾ 步骤 7

❿ 提取姓氏和名字

⓫ 步骤 8

⓬ 根据姓氏和名字排序

以上代码写得比较紧凑，逐步分解如下。

步骤 1 原始的学生花名册已经给出了。options(digits=2)限定了输出小数点后数字的位数，并且让输出更容易阅读：

```
> options(digits=2)
> roster
              Student  Math  Science  English
1          John Davis   502    95        25
```

```
2       Angela Williams   600       99      22
3       Bullwinkle Moose  412       80      18
4           David Jones   358       82      15
5      Janice Markhammer  495       75      20
6       Cheryl Cushing    512       85      28
7       Reuven Ytzrhak    410       80      15
8           Greg Knox     625       95      30
9         Joel England    573       89      27
10       Mary Rayburn     522       86      18
```

步骤 2 由于数学、科学和英语考试的分值不同（均值和标准差相去甚远），在组合之前需要先让它们变得可以比较。一种方法是将变量进行标准化，这样每科考试的成绩就都是用单位标准差来表示，而不是以原始的尺度来表示了。这个过程可以使用 scale() 函数来实现：

```
> z <- scale(roster[,2:4])
> z
         Math  Science English
 [1,]   0.013    1.078   0.587
 [2,]   1.143    1.591   0.037
 [3,]  -1.026   -0.847  -0.697
 [4,]  -1.649   -0.590  -1.247
 [5,]  -0.068   -1.489  -0.330
 [6,]   0.128   -0.205   1.137
 [7,]  -1.049   -0.847  -1.247
 [8,]   1.432    1.078   1.504
 [9,]   0.832    0.308   0.954
[10,]   0.243   -0.077  -0.697
```

步骤 3 然后，可以通过函数 mean() 来计算各行的均值以获得综合得分，并使用函数 cbind() 将其添加到花名册中：

```
> score <- apply(z, 1, mean)
> roster <- cbind(roster, score)
> roster
             Student Math Science English score
1         John Davis  502      95      25  0.56
2     Angela Williams  600      99      22  0.92
3    Bullwinkle Moose  412      80      18 -0.86
4         David Jones  358      82      15 -1.16
5    Janice Markhammer  495      75      20 -0.63
6      Cheryl Cushing  512      85      28  0.35
7      Reuven Ytzrhak  410      80      15 -1.05
8          Greg Knox  625      95      30  1.34
9        Joel England  573      89      27  0.70
10       Mary Rayburn  522      86      18 -0.18
```

步骤 4 函数 quantile() 给出了学生综合得分的百分位数。可以看到，成绩为 A 的分界点为 0.74，B 的分界点为 0.44，等等。

```
> y <- quantile(roster$score, c(.8,.6,.4,.2))
> y
  80%   60%   40%   20%
 0.74  0.44 -0.36 -0.89
```

步骤5 通过使用逻辑运算符，我们可以将学生的百分位数排名重编码为一个新的分类成绩变量。下面在数据框 roster 中创建了变量 grade。

```
> roster$grade <- NA
> roster$grade[score >= y[1]] <- "A"
> roster$grade[score < y[1] & score >= y[2]] <- "B"
> roster$grade[score < y[2] & score >= y[3]] <- "C"
> roster$grade[score < y[3] & score >= y[4]] <- "D"
> roster$grade[score < y[4]] <- "F"
> roster
              Student Math Science English score grade
1          John Davis  502      95      25  0.56     B
2     Angela Williams  600      99      22  0.92     A
3    Bullwinkle Moose  412      80      18 -0.86     D
4         David Jones  358      82      15 -1.16     F
5    Janice Markhammer 495      75      20 -0.63     D
6      Cheryl Cushing  512      85      28  0.35     C
7      Reuven Ytzrhak  410      80      15 -1.05     F
8           Greg Knox  625      95      30  1.34     A
9        Joel England  573      89      27  0.70     B
10       Mary Rayburn  522      86      18 -0.18     C
```

步骤6 使用函数 strsplit() 以空格为界把学生姓名拆分为姓氏和名字。把 strsplit() 应用到一个字符串组成的向量上会返回一个列表：

```
> name <- strsplit((roster$Student), " ")
> name

[[1]]
[1] "John"  "Davis"

[[2]]
[1] "Angela"    "Williams"

[[3]]
[1] "Bullwinkle" "Moose"

[[4]]
[1] "David" "Jones"

[[5]]
[1] "Janice"        "Markhammer"

[[6]]
[1] "Cheryl"  "Cushing"

[[7]]
[1] "Reuven"    "Ytzrhak"

[[8]]
[1] "Greg" "Knox"

[[9]]
```

```
[1] "Joel"    "England"

[[10]]
[1] "Mary"    "Rayburn"
```

步骤 7 我们可以使用函数 sapply() 提取列表中每个成分的第 1 个元素,放入一个储存名字的向量 Firstname,并提取每个成分的第 2 个元素,放入一个储存姓氏的向量 Lastname。"[" 是一个可以提取某个对象的一部分的函数——在这里它是用来提取列表 name 各成分中的第 1 个或第 2 个元素的。我们将使用 cbind() 把它们添加到花名册中。由于已经不再需要 student 变量,可以将其丢弃(在下标中使用−1)。

```
> Firstname <- sapply(name, "[", 1)
> Lastname <- sapply(name, "[", 2)
> roster <- cbind(Firstname, Lastname, roster[,-1])
> roster
   Firstname   Lastname  Math Science English score grade
1       John      Davis   502      95      25  0.56     B
2     Angela   Williams   600      99      22  0.92     A
3  Bullwinkle     Moose   412      80      18 -0.86     D
4      David      Jones   358      82      15 -1.16     F
5     Janice Markhammer   495      75      20 -0.63     D
6     Cheryl    Cushing   512      85      28  0.35     C
7     Reuven    Ytzrhak   410      80      15 -1.05     F
8       Greg       Knox   625      95      30  1.34     A
9       Joel    England   573      89      27  0.70     B
10      Mary    Rayburn   522      86      18 -0.18     C
```

步骤 8 最后,可以使用函数 order() 依姓氏和名字对数据集进行排序:

```
> roster[order(Lastname,Firstname),]
   Firstname   Lastname  Math Science English score grade
6     Cheryl    Cushing   512      85      28  0.35     C
1       John      Davis   502      95      25  0.56     B
9       Joel    England   573      89      27  0.70     B
4      David      Jones   358      82      15 -1.16     F
8       Greg       Knox   625      95      30  1.34     A
5     Janice Markhammer   495      75      20 -0.63     D
3  Bullwinkle     Moose   412      80      18 -0.86     D
10      Mary    Rayburn   522      86      18 -0.18     C
2     Angela   Williams   600      99      22  0.92     A
7     Reuven    Ytzrhak   410      80      15 -1.05     F
```

怎么样? 小事一桩吧!

完成这些任务的方式有许多,只是以上代码体现了相应函数的设计初衷。现在到学习控制结构和自定义函数的时候了。

5.3 控制流

在正常情况下,R 中的语句是从上至下顺序执行的。但是,有时我们可能希望重复执行某些语句,仅在满足特定条件的情况下执行另外的语句。这就是控制流结构发挥作用的地方了。

R 拥有一般现代编程语言中都有的标准控制结构。首先，我们将看到用于循环执行的结构，接下来，学习用于条件执行的结构。

为了理解贯穿本节的语法示例，请牢记以下概念：

❑ 语句（*statement*）是一条单独的 R 语句或一组复合语句（包含在花括号 { } 中的一组 R 语句，使用分号分隔）；

❑ 条件（*cond*）是一条最终被解析为真（TRUE）或假（FALSE）的表达式；

❑ 表达式（*expr*）是一条数值或字符串的求值语句；

❑ 序列（*seq*）是一个数值或字符串序列。

在讨论过控制流的构造后，我们将学习如何自定义函数。

5.3.1　重复和循环

循环结构重复地执行一个或一系列语句，直到某个条件不为真为止。循环结构包括 for 结构和 while 结构。

1. For 结构

for 循环重复地执行一个语句，直到某个变量的值不再包含在序列 seq 中为止。语法为：

```
for (var in seq) statement
```

在下例中：

```
for (i in 1:10)  print("Hello")
```

单词 Hello 被输出了 10 次。

2. While 结构

while 循环重复地执行一个语句，直到条件不为真为止。语法为：

```
while (cond) statement
```

作为第 2 个示例，代码：

```
i <- 10
while (i > 0) {print("Hello"); i <- i - 1}
```

又将单词 Hello 输出了 10 次。请确保括号内 while 的条件语句能够改变，即让它在某个时刻不再为真，否则循环将永不停止！在上例中，语句：

```
i <- i - 1
```

在每步循环中为对象 i 减去 1，这样在 10 次循环过后，它就不再大于 0 了。反之，如果在每步循环都加 1 的话，R 将不停地输出 Hello。这也是 while 循环可能较其他循环结构更危险的原因。

在处理大型数据集中的行和列时，R 中的循环可能比较低效费时。只要可能，最好联用 R 中的内建数值/字符处理函数和 apply 族函数。

5.3.2　条件执行

在条件执行结构中，一条或一组语句仅在满足一个指定条件时执行。条件执行结构包括 `if-else`、`ifelse` 和 `switch`。

1. `If-else` 结构

控制结构 `if-else` 在某个给定条件为真时执行语句，也可以同时在条件为假时执行另外的语句。语法为：

```
if (cond) statement
if (cond) statement1 else statement2
```

在此举两个示例：

```
if (is.character(grade)) grade <- as.factor(grade)
if (!is.factor(grade)) grade <- as.factor(grade) else print("Grade already
  is a factor")
```

在第 1 个示例中，如果 grade 是一个字符向量，它就会被转换为一个因子。在第 2 个示例中，两个语句择其一执行。如果 grade 不是一个因子（注意符号 !），它就会被转换为一个因子。如果它是一个因子，就会输出一段信息。

2. `ifelse` 结构

`ifelse` 结构是 `if-else` 结构比较紧凑的向量化版本，其语法为：

```
ifelse(cond, statement1, statement2)
```

若 cond 为 TRUE，则执行第 1 个语句；若 cond 为 FALSE，则执行第 2 个语句。示例如下：

```
ifelse(score > 0.5, print("Passed"), print("Failed"))
outcome <- ifelse (score > 0.5, "Passed", "Failed")
```

在程序的行为是二元时，或者希望结构的输入和输出均为向量时，请使用 `ifelse`。

3. `switch` 结构

`switch` 根据一个表达式的值选择语句执行。语法为：

```
switch(expr, ...)
```

其中的...表示与 expr 的各种可能输出值绑定的语句。通过观察代码清单 5-7 中的代码，可以轻松地理解 `switch` 的工作原理。

代码清单 5-7　一个 switch 示例

```
> feelings <- c("sad", "afraid")
> for (i in feelings)
    print(
      switch(i,
        happy  = "I am glad you are happy",
        afraid = "There is nothing to fear",
        sad    = "Cheer up",
```

```
    angry  = "Calm down now"
  )
)
```

```
[1] "Cheer up"
[1] "There is nothing to fear"
```

虽然这个示例比较幼稚，但它展示了 switch 的主要功能。我们将在 5.4 节中学习如何使用 switch 自定义函数。

5.4　用户自定义函数

R 的优点之一就是用户可以自行添加函数。事实上，R 中的许多函数都是由已有函数构成的。一个函数的结构看起来大致如此：

```
myfunction <- function(arg1, arg2, ... ){
  statements
  return(object)
}
```

函数中的对象只在函数内部使用。返回对象的数据类型是任意的，从标量到列表皆可。让我们来看一个示例。

假设我们想自定义一个函数，用来计算数据对象的集中趋势和散布情况。此函数应当可以选择性地给出参数统计量（均值和标准差）和非参数统计量（中位数和绝对中位差）。结果应当以一个含名称列表的形式给出。另外，用户应当可以选择是否自动输出结果。除非另外指定，否则此函数的默认行为应当是计算参数统计量并且不输出结果。代码清单 5-8 给出了一种解答。

代码清单 5-8　mystats(): 一个用户自定义的描述性统计量计算函数

```
mystats <- function(x, parametric=TRUE, print=FALSE) {
  if (parametric) {
    center <- mean(x); spread <- sd(x)
  } else {
    center <- median(x); spread <- mad(x)
  }
  if (print & parametric) {
    cat("Mean=", center, "\n", "SD=", spread, "\n")
  } else if (print & !parametric) {
    cat("Median=", center, "\n", "MAD=", spread, "\n")
  }
  result <- list(center=center, spread=spread)
  return(result)
}
```

要查看此函数的实际用法，首先需要生成一些数据（服从正态分布的，大小为 500 的随机样本）：

```
set.seed(1234)
x <- rnorm(500)
```

再执行语句：

```
y <- mystats(x)
```

之后，`y$center` 将包含均值（0.001 84），`y$spread` 将包含标准差（1.03），并且没有输出结果。

如果执行语句：

```
y <- mystats(x, parametric=FALSE, print=TRUE)
```

`y$center` 将包含中位数（−0.0207），`y$spread` 将包含绝对中位差（1.001）。另外，还会输出以下结果：

```
Median= -0.0207
MAD= 1
```

下面我们看一个使用了 switch 结构的用户自定义函数，此函数可以让用户选择输出当天日期的格式。在函数声明中为参数指定的值将作为其默认值。在函数 mydate() 中，如果未指定type，则 long 将为默认的日期格式：

```
mydate <- function(type="long") {
  switch(type,
    long =  format(Sys.time(), "%A %B %d %Y"),
    short = format(Sys.time(), "%m-%d-%y"),
    cat(type, "is not a recognized type\n")
    )
}
```

实际使用中的函数如下：

```
> mydate("long")
[1] "Saturday July 24 2021"
> mydate("short")
[1] "07-24-21"
> mydate()
[1] "Saturday July 24 2021"
> mydate("medium")
medium is not a recognized type
```

请注意，函数 cat() 仅会在输入的日期格式类型不匹配"long"或"short"时执行。使用一个表达式来捕获用户的错误输入的参数值通常来说是一个好主意。

有若干函数可以用来为函数添加错误捕获和纠正功能。我们可以使用函数 warning() 来生成一条错误提示信息，用 message() 来生成一条诊断信息，或用 stop() 停止当前表达式的执行并提示错误。20.6 节将更加详细地讨论错误捕获和调试。

在创建好自己的函数以后，我们可能希望在每个会话中都能直接使用它们。附录 B 描述了如何定制 R 环境，以使 R 启动时自动加载自定义函数。我们将在后续章节中看到更多的用户自定义函数示例。

我们可以使用本节中提供的基本技术完成很多工作。第 20 章更加详细地讲解了控制流和其他编程主题。第 22 章涵盖了如何创建包。如果你想要探索自定义函数的微妙之处，或自定义可以分发给他人使用的专业级代码，我推荐阅读这两章。

自定义函数就讲到这里，我们最后来讨论数据的重塑（reshaping）和汇总（aggregation）。

5.5 数据重塑

数据重塑，即通过修改数据的结构（行和列）来决定数据的组织方式。3 种最常见的重塑操作是转置数据集、将宽表数据集格式转换为长表数据集格式、将长表数据集格式转换为宽表数据集格式。下面将对每一个重塑任务进行详细描述。

5.5.1 转置

转置（反转行和列）也许是重塑数据集的众多方法中最简单的一个了。使用函数 t() 即可对一个矩阵或数据框进行转置。对于后者，数据框会首先被转化为矩阵，行名将成为变量（列）名。

我们使用 R 的基本安装中包含的 mtcars 数据集来演示转置操作。这个数据集的数据来源于 *Motor Trend* 杂志（1974），描述了 34 辆汽车的设计和性能特征，包括气缸数量、排气量、马力、每加仑汽油行驶英里数等。要了解此数据集的更多信息，请参阅 help(mtcars)。

代码清单 5-9 展示了转置操作的一个示例。我们只使用了此数据集的一个子集，以节约空间。

代码清单 5-9　数据集的转置

```
> cars <- mtcars[1:5,1:4]
> cars
                  mpg cyl disp  hp
Mazda RX4        21.0   6  160 110
Mazda RX4 Wag    21.0   6  160 110
Datsun 710       22.8   4  108  93
Hornet 4 Drive   21.4   6  258 110
Hornet Sportabout 18.7  8  360 175
> t(cars)
     Mazda RX4 Mazda RX4 Wag Datsun 710 Hornet 4 Drive Hornet Sportabout
mpg         21            21       22.8           21.4              18.7
cyl          6             6        4.0            6.0               8.0
disp       160           160      108.0          258.0             360.0
hp         110           110       93.0          110.0             175.0
```

函数 t() 始终返回一个矩阵。矩阵中的数据只能有一种类型（数值型、字符型或逻辑型），所以当原来的数据集中的所有变量都是数值型或逻辑型时，转置操作的效果最好。如果数据集中包含任何字符型变量，那么转置的结果为整个数据集被转化为字符值。

5.5.2 将宽表数据集格式转换为长表数据集格式

矩形数据集通常为宽表或长表格式。在宽表格式中，每一行代表唯一的观测值。表 5-8 展示了一个示例。此表包含 3 个国家在 1990 年、2000 年和 2010 年的人均预期寿命估计值。请注意表中每一行代表的是在一个国家中采集的数据。

表 5-8   不同年份和国家的人均预期寿命——宽表格式

ID	Country	LExp1990	LExp2000	LExp2010
FR	France	77.0	79.2	81.8
BE	Belgium	76.1	77.8	80.3
GER	Germany	75.3	78.2	80.5

在长表格式中，每一行代表唯一的测量值。表 5-9 展示了相同数据用长表格式表示的一个示例。

表 5-9   不同年份和国家的人均预期寿命——长表格式

ID	Country	Variable	Life_Exp
FR	France	LExp1990	77.0
BE	Belgium	LExp1990	76.1
GER	Germany	LExp1990	75.3
FR	France	LExp2000	79.2
BE	Belgium	LExp2000	77.8
GER	Germany	LExp2000	78.2
FR	France	LExp2010	81.8
BE	Belgium	LExp2010	80.3
GER	Germany	LExp2010	80.5

不同的数据分析类型要求的数据格式不一样。例如，如果想要识别哪些国家随着时间的推移具有相似的人均预期寿命趋势，我们可以采用聚类分析（第 16 章），而聚类分析要求数据为宽表格式。另一方面，我们可能想要使用多次回归（第 8 章）来预测不同国家和年份的人均预期寿命，在这种情况下，数据则要求是长表格式的。

然而，大多数 R 函数使用宽表格式的数据框，只有一些函数要求数据为长表格式。不过幸运的是，tidyr 包提供了可以将数据框从一种格式轻松转化为另一种格式的函数。在继续操作前，请使用 install.packages("tidyr") 安装此包。

tidyr 包中的函数 gather() 将宽表格式数据框转化为长表格式数据框，语法如下：

```
longdata <- gather(widedata, key, value, variable list)
```

其中，

❑ widedata 是要转化的数据框；

❑ key 指定变量列的名称（本例中为 Variable）；

❑ value 指定值列的名称（本例中为 Life_Exp）；

❑ variable list 指定要堆叠的变量（本例中为 LExp1990、LExp2000、LExp2010）。

代码清单 5-10 展示了一个示例。

代码清单 5-10   将宽表格式的数据框转换为长表格式

```
> library(tidyr)

> data_wide <- data.frame(ID = c("FR", "BE", "GER"),
                          Country = c("France", "Belgium", "Germany"),
                          LExp1990 = c(77.0, 76.1, 75.3),
                          LExp2000 = c(79.2, 77.8, 78.2),
                          LExp2010 = c(81.8, 80.3, 80.5))
> data_wide
   ID   Country LExp1990 LExp2000 LExp2010
1  FR    France     77.0     79.2     81.8
2  BE   Belgium     76.1     77.8     80.3
3 GER   Germany     75.3     78.2     80.5

> data_long <- gather(data_wide, key="Variable", value="Life_Exp",
                      c(LExp1990, LExp2000, LExp2010))
> data_long
   ID   Country Variable Life_Exp
1  FR    France LExp1990     77.0
2  BE   Belgium LExp1990     76.1
3 GER   Germany LExp1990     75.3
4  FR    France LExp2000     79.2
5  BE   Belgium LExp2000     77.8
6 GER   Germany LExp2000     78.2
7  FR    France LExp2010     81.8
8  BE   Belgium LExp2010     80.3
9 GER   Germany LExp2010     80.5
```

tidyr 包中的函数 spread() 将长表格式数据框转换为宽表格式数据框，语法如下：

```
widedata <- spread(longdata, key, value)
```

其中，

- ☐ longdata 是要转换的数据框；
- ☐ key 是包含变量名的列；
- ☐ value 是包含变量值的列。

继续采用这个例子，代码清单 5-11 将长表格式的数据框转换为宽表格式。

代码清单 5-11   将长表格式的数据框转换为宽表格式

```
> data_wide <- spread(data_long, key=Variable, value=Life_Exp)
> data_wide
   ID   Country LExp1990 LExp2000 LExp2010
1  FR    France     77.0     79.2     81.8
2  BE   Belgium     76.1     77.8     80.3
3 GER   Germany     75.3     78.2     80.5
```

5.6 数据汇总

数据汇总，即将观测值组替换为根据这些观测值计算的描述性统计量。数据汇总是进行统计分析的准备工作，或者是对数据进行分组统计以便在表格或图形中呈现的一种方法。

在 R 中使用一个或多个 by 变量和一个预先定义好的函数来折叠（collapse）数据是比较容易的。在基本 R 函数中，通常使用函数 aggregate()，调用格式为：

```
aggregate(x, by, FUN)
```

其中 x 是待折叠的数据对象，by 是一个变量名组成的列表，这些变量将被去掉以形成新的观测值，而 FUN 则是用来计算描述性统计量的标量函数，它将被用来计算新的观测值。

来看一个示例，我们根据汽缸数和挡位数汇总 mtcars 数据，并返回各个数值型变量的均值（见代码清单 5-12）。

代码清单 5-12　使用函数 aggregate()汇总数据

```
> options(digits=3)
> aggdata <-aggregate(mtcars,
                by=list(mtcars$cyl,mtcars$gear),
                FUN=mean, na.rm=TRUE)
> aggdata
  Group.1 Group.2  mpg cyl disp  hp drat   wt qsec  vs   am gear carb
1       4       3 21.5   4  120  97 3.70 2.46 20.0 1.0 0.00    3 1.00
2       6       3 19.8   6  242 108 2.92 3.34 19.8 1.0 0.00    3 1.00
3       8       3 15.1   8  358 194 3.12 4.10 17.1 0.0 0.00    3 3.08
4       4       4 26.9   4  103  76 4.11 2.38 19.6 1.0 0.75    4 1.50
5       6       4 19.8   6  164 116 3.91 3.09 17.7 0.5 0.50    4 4.00
6       4       5 28.2   4  108 102 4.10 1.83 16.8 0.5 1.00    5 2.00
7       6       5 19.7   6  145 175 3.62 2.77 15.5 0.0 1.00    5 6.00
8       8       5 15.4   8  326 300 3.88 3.37 14.6 0.0 1.00    5 6.00
```

在输出结果中，Group.1 表示汽缸数量（4、6 或 8），Group.2 代表挡位数（3、4 或 5）。举例来说，拥有 4 个汽缸和 3 个挡位车型的每加仑汽油行驶英里数（mpg）均值为 21.5。这里我们使用了均值函数，但是实际上 R 中计算描述性统计量的任意函数或者用户自定义的任何函数都可以使用。

上面的代码有两个问题。第一，Group.1 和 Group.2 是非常不明确的变量名；其次，在汇总后的数据框中包含了初始的 cyl 和 gear 变量，而现在这两个列是多余的。

我们可以在列表中为各组声明自定义的名称，例如 by=list(Cylinders=cyl, Gears=gear) 可将 Group.1 和 Group.2 替换为 Cylinders 和 Gears。可以使用括号从输入数据框中删除多余的列（mtcars[-c(2, 10)]）。代码清单 5-13 显示了改进后的代码版本。

代码清单 5-13　改进后的使用 aggregate()汇总数据的代码

```
> aggdata <-aggregate(mtcars[-c(2, 10)],
          by=list(Cylinders=mtcars$cyl, Gears=mtcars$gear),
          FUN=mean, na.rm=TRUE)
> aggdata
  Cylinders Gears  mpg disp  hp drat   wt qsec  vs   am carb
1         4     3 21.5  120  97 3.70 2.46 20.0 1.0 0.00 1.00
2         6     3 19.8  242 108 2.92 3.34 19.8 1.0 0.00 1.00
3         8     3 15.1  358 194 3.12 4.10 17.1 0.0 0.00 3.08
```

```
4        4      4 26.9  103   76 4.11 2.38 19.6 1.0 0.75 1.50
5        6      4 19.8  164  116 3.91 3.09 17.7 0.5 0.50 4.00
6        4      5 28.2  108  102 4.10 1.83 16.8 0.5 1.00 2.00
7        6      5 19.7  145  175 3.62 2.77 15.5 1.0 1.00 6.00
8        8      5 15.4  326  300 3.88 3.37 14.6 0.0 1.00 6.00
```

dplyr 包提供了一种更自然的汇总数据的方法。请看代码清单 5-14。

代码清单 5-14　使用 dplyr 包汇总数据

```
> mtcars %>%
    group_by(cyl, gear) %>%
    summarise_all(list(mean), na.rm=TRUE)

# A tibble: 8 x 11
# Groups:   cyl [3]
    cyl  gear   mpg  disp    hp  drat    wt  qsec    vs    am  carb
  <dbl> <dbl> <dbl> <dbl> <dbl> <dbl> <dbl> <dbl> <dbl> <dbl> <dbl>
1     4     3  21.5  120.   97   3.7   2.46  20.0   1    0     1
2     4     4  26.9  103.   76   4.11  2.38  19.6   1    0.75  1.5
3     4     5  28.2  108.  102   4.1   1.83  16.8   0.5  1     2
4     6     3  19.8  242.  108.  2.92  3.34  19.8   1    0     1
5     6     4  19.8  164.  116.  3.91  3.09  17.7   0.5  0.5   4
6     6     5  19.7  145   175   3.62  2.77  15.5   0    1     6
7     8     3  15.0  358.  194.  3.12  4.10  17.1   0    0     3.08
8     8     5  15.4  326   300.  3.88  3.37  14.6   0    1     6
```

分组变量保留了它们各自的名称，并且在数据中不重复。在第 7 章讨论描述性统计量时，我们将扩展 dplyr 的强大的汇总功能。

既然已经集齐了数据塑形（这里可没有别的意思）所需的工具，我们就要告别第一部分，准备进入激动人心的数据分析世界了。在接下来的几章中，我们将探索多种将数据转换为信息的统计方法和图形方法。

5.7　小结

- 基础 R 包含了几百个对处理数据很有用的数学函数、统计函数和概率函数。这些函数可用于多种数据对象，包括向量、矩阵和数据框。
- 用于循环执行与条件执行的函数有助于我们重复执行某些语句，以及仅在满足特定条件时执行其他语句。
- 我们可以轻松地自定义函数，这极大地增强了程序的功能。
- 在对数据进行进一步分析之前，我们经常要对数据进行重塑和汇总。

Part 2

基本方法

在第一部分中，我们讨论了 R 环境，并讨论了如何从各种数据源中导入数据，进行组合和变换，并将数据加工成适合进一步分析的形式。在导入和清理数据后，下一步通常就是逐一探索每个变量了，我们可以获取每个单变量分布的信息，以便理解样本的特征、识别异常值或有问题的值，以及选择合适的统计方法。接下来是研究变量中的两个变量，这可以揭示变量间的基本关系，为建立更复杂的模型打好基础。

第二部分关注的是用于获取数据基本信息的图形技术和统计方法。第 6 章将描述对单个变量的分布进行可视化的方法。对于分类变量，有条形图、饼图以及比较新潮的树形图。对于数值型变量，有直方图、核密度图、箱线图、点图和不那么著名的小提琴图。每类图形对于理解单个变量的分布都是有益的。

第 7 章将介绍用于概述单变量和双变量关系的统计方法。这一章在开始部分将使用一个完整的数据集作为数据源，对数值型数据进行描述性统计分析，同时，将研究受到关注的子集。接下来，这一章将介绍对类别型数据进行描述性统计分析的有力工具——频数分布表和列联表。最后，这一章将讨论用于理解两个变量之间关系的方法，包括二元相关分析、卡方检验、t 检验和非参数检验。

在学习完这一部分后，我们将能够使用 R 中的基本图形和统计方法来描述数据、探索组间差异，并识别变量间显著的关系。

第 6 章

基本图形

本章重点
❑ 用条形图、箱线图和点图绘制数据
❑ 创建饼图和树形图
❑ 使用直方图和核密度图

我们无论在何时分析数据,第一件要做的事情就是观察。对于每个变量,哪些值是最常见的?值域是大是小? 是否有特殊的观测值? R 提供了丰富的数据可视化函数。本章,我们将关注那些可以帮助理解分类变量或连续型单变量的图形。我们将要讨论的话题包括:
❑ 将变量的分布进行可视化展示;
❑ 在两个或两个以上组之间比较变量的分布。
在这两个话题中, 变量可以是连续型 (例如, 以每加仑汽油行驶英里数表示的里程数), 也可以是类别型 (例如, 以无改善、一定程度的改善或明显改善表示的治疗结果)。在后续各章中, 我们将进一步学习可以展示变量间更加复杂关系的图形。
在接下来的几节中, 我们将学习条形图、饼图、树形图、直方图、核密度图、箱线图、小提琴图和点图的用法。有些图形可能我们已经很熟悉了, 而有些图形 (如树形图或小提琴图) 则可能比较陌生。我们的目标同往常一样, 都是更好地理解数据, 并把得到的知识与他人沟通。我们先来看看条形图。

6.1 条形图

条形图通过垂直的或水平的条形展示了分类变量的分布 (频数)。通过使用 ggplot2 包, 我们可使用以下代码创建条形图:

```
ggplot(data, aes(x=catvar) + geom_bar()
```

其中 data 为数据框, catvar 是一个分类变量。

在接下来的示例中，我们将针对一项类风湿性关节炎新疗法研究的结果绘制图形。数据已包含在随 vcd 包分发的 Arthritis 数据框中。由于 vcd 包并没有包括在 R 的默认安装中，请确保在第一次使用之前先安装它（install.packages("vcd")）。

注意，我们并不需要使用 vcd 包来创建条形图。我们安装的原因是为了使用 Arthritis 数据集。

6.1.1 简单的条形图

在关节炎新疗法研究中，变量 Improved 记录了对每位接受了安慰剂或药物治疗的病人的治疗结果：

```
> data(Arthritis, package="vcd")
> table(Arthritis$Improved)

  None   Some Marked
    42     14     28
```

我们可以看到，28 位病人有了明显改善，14 位有部分改善，而 42 位没有改善。我们将在第 7 章更充分地讨论使用 table() 函数提取变量按值计数的方法。

我们可以根据这些数量绘制垂直条形图或水平条形图。代码见代码清单 6-1，绘图结果如图 6-1 所示。

代码清单 6-1 简单的条形图

```
library(ggplot2)
ggplot(Arthritis, aes(x=Improved)) + geom_bar() +      ❶
  labs(title="Simple Bar chart",                       ❶
       x="Improvement",                                ❶
       y="Frequency")                                  ❶

ggplot(Arthritis, aes(x=Improved)) + geom_bar() +      ❷
  labs(title="Horizontal Bar chart",                   ❷
       x="Improvement",                                ❷
       y="Frequency") +                                ❷
  coord_flip()                                         ❷
```

❶ 简单的条形图

❷ 水平条形图

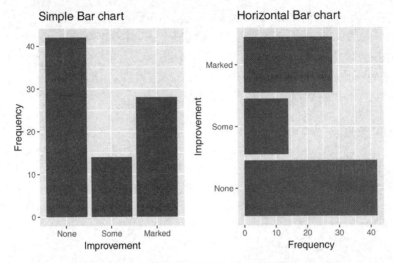

图 6-1　简单的条形图和水平条形图

如果标签很长怎么办？在 6.1.4 节，我们将了解微调标签的方法，这样标签就不会重叠了。

6.1.2　堆积、分组和填充条形图

关节炎新疗法研究中的核心问题是："使用安慰剂和药物治疗这两种方式对病情的改善有何差异？"可以使用函数 table() 来生成变量的交叉表：

```
> table(Arthritis$Improved, Arthritis$Treatment)

         Treatment
Improved Placebo Treated
   None       29      13
   Some        7       7
   Marked      7      21
```

虽然这个表格很有用，但是使用条形图更易于理解结果。两个分类变量之间的关系可使用堆积条形图、分组条形图和填充条形图进行绘制。代码清单 6-2 提供了相应的代码，绘图结果如图 6-2 所示。

代码清单 6-2　堆积、分组和填充条形图

```
library(ggplot2)
ggplot(Arthritis, aes(x=Treatment, fill=Improved)) +      ❶
  geom_bar(position = "stack") +                           ❶
  labs(title="Stacked Bar chart",                          ❶
       x="Treatment",                                      ❶
       y="Frequency")                                      ❶

ggplot(Arthritis, aes(x=Treatment, fill=Improved)) +      ❷
  geom_bar(position = "dodge") +                           ❷
  labs(title="Grouped Bar chart",                          ❷
```

```
        x="Treatment",                              ❷
        y="Frequency")                              ❷

ggplot(Arthritis, aes(x=Treatment, fill=Improved)) +    ❸
  geom_bar(position = "fill") +                     ❸
  labs(title="Filled Bar chart",                    ❸
        x="Treatment",                              ❸
        y="Proportion")                             ❸
```

❶ 堆积条形图

❷ 分组条形图

❸ 填充条形图

堆积条形图中，每一段代表在给定的治疗方式（`Placebo`、`Treated`）和改善情况（`None`、`Some`、`Marked`）组合下的病例的频数或百分比。在堆积条形图中，对于每个治疗方式单独堆积图块。分组条形图将每个治疗方式中代表改善情况的图块并排放在一起。填充条形图是调整比例后的堆积条形图，因此每个条的高度都为 1，段的高度代表百分比。

在比较一个分类变量的各水平在另一个分类变量各水平中的占比时，填充条形图非常有用。例如，图 6-2 中的填充条形图清晰地显示了接受药物治疗后病情得到显著改善的患者比例大于接受安慰剂治疗的患者。

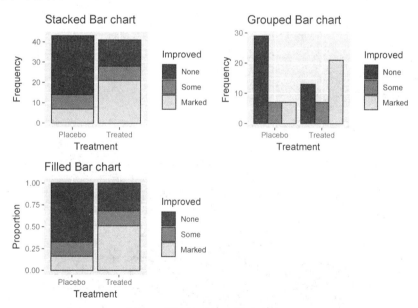

图 6-2　堆积、分组和填充条形图

6.1.3　均值条形图

条形图并不一定要基于计数数据或频数数据。我们可以通过使用合适的统计量汇总数据并将结果传递给 ggplot2，来创建表示均值、中位数、百分比、标准差等的条形图。

在下面的图形中，我们将绘制 1970 年美国各地区的平均文盲率。R 自带的数据集 state.x77 具有各个州的文盲率，数据集 state.region 具有每个州所属的地区名。代码清单 6-3 提供了创建图 6-3 所示图形所需的代码。

代码清单 6-3　排序后表示均值的条形图

```
> states <- data.frame(state.region, state.x77)
> library(dplyr)
> plotdata <- states %>%
     group_by(state.region) %>%                                ❶
     summarize(mean = mean(Illiteracy))                        ❶
  plotdata                                                     ❶

# A tibble: 4 x 2
  state.region   mean
  <fct>          <dbl>
1 Northeast       1
2 South           1.74
3 North Central   0.7
4 West            1.02

> ggplot(plotdata, aes(x=reorder(state.region, mean), y=mean)) +  ❷
     geom_bar(stat="identity") +                                  ❷
     labs(x="Region",                                             ❷
         y="",                                                    ❷
         title = "Mean Illiteracy Rate")                          ❷
```

❶ 生成各地区的均值

❷ 使用排序条形图表示均值

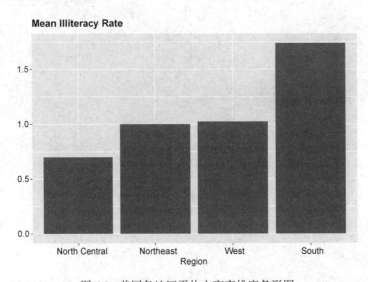

图 6-3　美国各地区平均文盲率排序条形图

代码清单 6-3 首先计算了每个地区的平均文盲率❶。然后，按升序排序均值，并绘制为条形图❷。通常，函数 geom_bar() 计算并绘制单元格计数，但是添加 stat="identity" 选项可强制此函数绘制所提供的数（本例中为均值）。使用函数 reorder() 对条形图按平均文盲率进行升序排列。

在绘制如均值等描述性统计量时，提供这些统计量的离散程度是一个很好的做法。衡量离散程度的一个指标是统计量的标准差——在假设重复样本中对统计量离散度的数学期望的估计。图 6-4 添加了表示均值标准差的误差线。

代码清单 6-4　带误差线的均值条形图

```
> plotdata <- states %>%                                            ❶
    group_by(state.region) %>%                                      ❶
    summarize(n=n(),                                                ❶
            mean = mean(Illiteracy),                                ❶
            se = sd(Illiteracy)/sqrt(n))                            ❶

> plotdata

# A tibble: 4 x 4
  state.region       n  mean     se
  <fct>          <int> <dbl>  <dbl>
1 Northeast          9     1 0.0928
2 South             16  1.74  0.138
3 North Central     12   0.7 0.0408
4 West              13  1.02  0.169

> ggplot(plotdata, aes(x=reorder(state.region, mean), y=mean)) +   ❷
    geom_bar(stat="identity", fill="skyblue") +
    geom_errorbar(aes(ymin=mean-se, ymax=mean+se), width=0.2) +     ❸
    labs(x="Region",
        y="",
        title = "Mean Illiteracy Rate",
        subtitle = "with standard error bars")
```

❶ 分地区计算均值与标准差

❷ 绘制均值的排序条形图

❸ 添加误差线

代码清单 6-4 首先计算了每个地区的均值和标准差❶。然后按文盲率的升序绘制条形图。条形的颜色从默认的深灰色逐渐变浅（天蓝色），以便突出显示在下一步中添加的误差线❷。最后，绘制了误差线❸。函数 geom_errorbar() 中的选项 width 控制误差线的水平宽度，这只是为了在视觉上更好看，并没有任何统计学上的意义。除了显示平均文盲率，我们还可以看到中北部地区的均值是最可靠的（离散程度最小），西部地区的均值最不可靠（离散程度最大）。

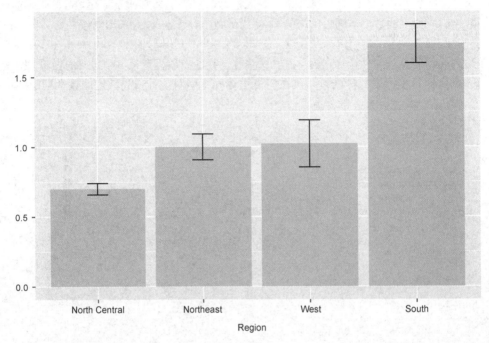

图 6-4　美国各地区平均文盲率排序条形图。每个条形添加了均值的标准差

6.1.4　条形图的微调

有若干种方式可以微调条形图的外观。最常用的是自定义条形的颜色和标签。我们将逐个探讨每种方式。

1. 条形图的颜色

可以自定义条形区域和边框的颜色。在函数 geom_bar() 中，选项 fill="color" 指定了区域的颜色，而 color="color" 指定了边框的颜色。

fill 和 color 的用法对比
通常情况下，ggplot2 使用 *fill* 指定具有区域的几何对象（比如条形、扇形区、方格区）的颜色，使用 color 指定没有区域的几何对象（比如线、点和边框）的颜色。

例如代码：

```
data(Arthritis, package="vcd")
ggplot(Arthritis, aes(x=Improved)) +
```

```
geom_bar(fill="gold", color="black") +
labs(title="Treatment Outcome")
```

生成如图 6-5 所示的图形。

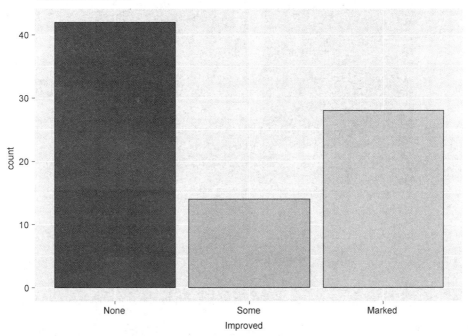

图 6-5 自定义填充颜色和边框颜色的条形图

在前面的示例中，代码指定的是单一的颜色。颜色也可以映射到分类变量的层级。例如，以下代码：

```
ggplot(Arthritis, aes(x=Treatment, fill=Improved)) +
  geom_bar(position = "stack", color="black") +
  scale_fill_manual(values=c("red", "grey", "gold")) +
  labs(title="Stacked Bar chart",
       x="Treatment",
       y="Frequency")
```

生成如图 6-6 所示的图形。

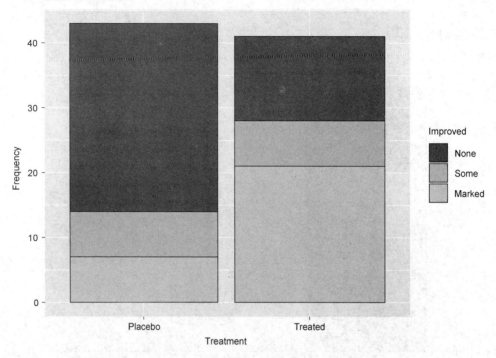

图 6-6   映射到治疗效果的自定义区域颜色的堆积条形图

本例中，条形区域颜色映射到变量 Improved 的层级。函数 scale_ fill_manual()指定治疗效果 None 为红色，Some 为灰色，Marked 为金色。第 19 章将讨论选择颜色的其他方法。

2. 条形图的标签

当数据条很多或者标签较长时，条形图的标签可能会重叠而影响阅读。请看下面的例子。ggplot2 包里的数据集 mpg 描述了 1999 和 2008 年 38 种流行车型的燃油经济性数据。每种车型都有一些配置（变速器类型、汽缸数量等）。比如，我们想要知道数据集中每种车型的数量，那么代码：

```
ggplot(mpg, aes(x=model)) +
    geom_bar() +
    labs(title="Car models in the mpg dataset",
        y="Frequency", x="")
```

生成如图 6-7 所示的图形。

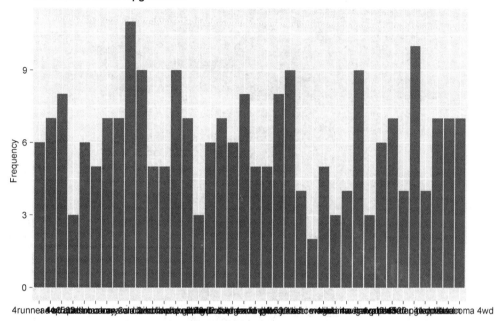

图 6-7 标签重叠的条形图

即使戴上眼镜（或者来一杯葡萄酒①），我也读不了这些标签。两种简单的微调方法可以改善标签的可读性。首先，我们可以将数据绘制成水平条形图（见图 6-8）：

```
ggplot(mpg, aes(x=model)) +
    geom_bar() +
    labs(title="Car models in the mpg dataset",
        y="Frequency", x="") +
    coord_flip()
```

其次，我们可以使标签文本倾斜并使用较小的字体（见图 6-9）：

```
ggplot(mpg, aes(x=model)) +
    geom_bar() +
    labs(title="Model names in the mpg dataset",
        y="Frequency", x="") +
    theme(axis.text.x = element_text(angle = 45, hjust = 1, size=8))
```

① glass(es) 既有眼镜的意思，又有酒杯的意思。——译者注

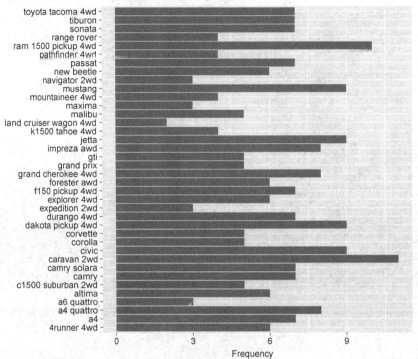

图 6-8   避免了标签重叠的水平条形图

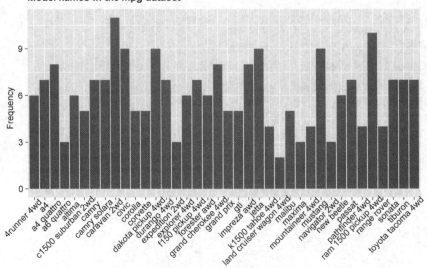

图 6-9   标签倾斜、字体更小的条形图

第 19 章将详细讨论函数 theme()。除了条形图，饼图也是一种用于展示分类变量分布的流行工具。我们将在 6.2 节中讨论它。

6.2　饼图

饼图在商业世界中无所不在，然而多数统计学家，包括相应 R 文档的编写者都对它持否定态度。相对于饼图，他们更推荐使用条形图或点图，因为相对于面积，人们对长度的判断更精确。也许由于这个原因，R 中饼图的选项与其他统计软件相比十分有限。

尽管如此，有时饼图还是很有用的。特别是，它们能体现局部和整体之间的关系。例如，饼图可以用来显示大学终身教师中女性的比例。

我们可以使用基础 R 中的函数 pie() 创建饼图，但是正如我之前所说，这个函数功能有限，绘制的图形没有吸引力。为了解决这个问题，我创建了一个名为 ggpie 的包，可以让你通过 ggplot2 创建各种各样的饼图（请不要通过电子邮件获取）。可以使用以下代码从我的 GitHub 库中安装：

```
if(!require(remotes)) install.packages("remotes")
remotes::install_github("rkabacoff/ggpie")
```

基本的语法为：

```
ggpie(data, x, by, offset, percent, legend, title)
```

其中，

- data 是一个数据框；
- x 是要绘制的分类变量；
- by 是一个可选的第 2 个分类变量。设置之后会生成此变量的各个水平的饼图；
- offset 是扇形标签到饼图中心的距离。值为 0.5 时标签位于扇形的中心，值大于 1.0 时标签在扇形外面；
- percent 是逻辑型变量。如果为 FALSE，则不会输出百分比；
- legend 是逻辑型变量。如果为 FALSE，则省略图例，每个扇形都带标签；
- title 是标题选项。

其他选项用来自定义饼图的外观。我们来创建一个显示 mpg 数据框中车型分布的饼图：

```
library(ggplot2)
library(ggpie)
ggpie(mpg, class)
```

绘图结果如图 6-10 所示。从图上我们可以看到 26% 的车型是 SUV，只有 2% 的车型是两座汽车。

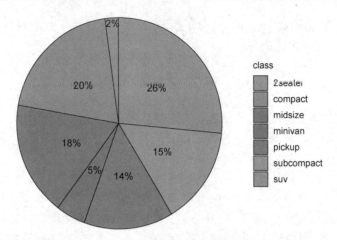

图 6-10　显示 mpg 数据框中每种车型所占比例的饼图

在下一个版本（图 6-11）中，图例被删除了，且每个扇形都带上了标签。另外，标签被放置在饼图区域之外，且添加了标题：

```
ggpie(mpg, class, legend=FALSE, offset=1.3,
       title="Automobiles by Car Class")
```

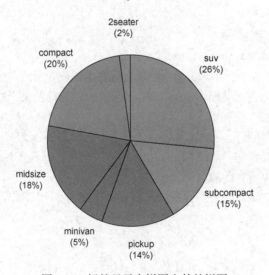

图 6-11　标签显示在饼图之外的饼图

最后一个示例（图 6-12）展示了车型的年分布情况图。

```
ggpie(mpg, class, year,
     legend=FALSE, offset=1.3, title="Car Class by Year")
```

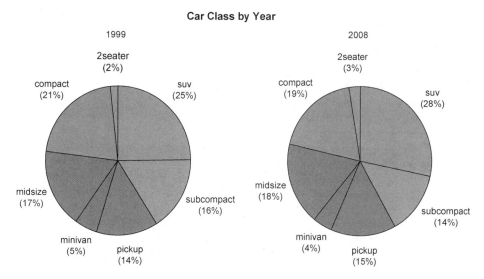

图 6-12　显示车型年分布情况的饼图

从 1999 年和 2008 年的图形可以看出，各车型的分布情况基本保持稳定。ggpie 包还可以创建更复杂、更加个性化的饼图。详细内容请参阅 GitHub 上的 ggpie 文档。

6.3　树形图

可以替换饼图的就是树形图（tree map），这种图形使用与变量水平成比例的矩形来显示分类变量的分布。我们可以使用 treemapify 包创建树形图。在使用前请先安装它（install.packages ("treemapify")）。

我们先来创建一个展示 mpg 数据框中的汽车厂商分布情况的树形图。代码清单 6-5 显示了所需的代码，图 6-13 显示了绘图结果。

代码清单 6-5　简单的树形图

```
library(ggplot2)
library(dplyr)
library(treemapify)

plotdata <- mpg %>% count(manufacturer)          ❶

ggplot(plotdata,                                 ❷
       aes(fill = manufacturer,                  ❷
           area = n,                             ❷
           label = manufacturer)) +              ❷
geom_treemap() +                                 ❷
geom_treemap_text() +                            ❷
theme(legend.position = "none")                  ❷
```

❶ 对数据进行描述性统计

❷ 创建树形图

首先，我们计算 manufacturer 变量的每个水平的频数❶。得到的数据传递到 ggplot2 以创建图形❷。在函数 aes() 中，fill 是分类变量，area 是每个水平的数量，label 是选项变量，用于添加单元的标签。函数 geom_treemap() 创建了树形图，函数 geom_treemap_text() 向每个单元添加标签。函数 theme() 用来删去图例，图例是多余的，因为每个单元格都有标签。

Simple Tree Map

volkswagen	nissan	land rover	lincoln
		pontiac	mercury
toyota	subaru	honda	jeep
	audi	hyundai	
dodge	ford	chevrolet	

图 6-13   显示 mpg 数据框中的汽车厂商分布的树形图。矩形大小与每个汽车厂商的汽车数量成比例。

正如我们看到的，树形图可以用来可视化具有许多水平的分类变量（这和饼图不一样）。在下一个示例中，我们添加了第 2 个变量——drivetrain，绘制了各汽车厂商生产的前轮驱动、后轮驱动和四轮驱动汽车的数量情况。代码清单 6-6 提供了所需的代码，图 6-14 显示了绘制出的图形。

代码清单 6-6   分组树形图

```
library(ggplot2)
library(dplyr)
library(treemapify)
plotdata <- mpg %>%                                         ❶
  count(manufacturer, drv)                                  ❶
  plotdata$drv <- factor(plotdata$drv,                      ❷
                     levels=c("4", "f", "r"),               ❷
                     labels=c("4-wheel", "front-wheel", "rear"))  ❷

ggplot(plotdata,                                            ❸
       aes(fill = manufacturer,                             ❸
           area = n,                                        ❸
           label = manufacturer,                            ❸
           subgroup=drv)) +                                 ❸
  geom_treemap() +                                          ❸
  geom_treemap_subgroup_border() +                          ❸
```

```
geom_treemap_subgroup_text(                              ❸
  place = "middle",                                     ❸
  colour = "black",                                     ❸
  alpha = 0.5,                                          ❸
  grow = FALSE) +                                       ❸
geom_treemap_text(colour = "white",                     ❸
                  place = "centre",                     ❸
                  grow=FALSE) +                         ❸
theme(legend.position = "none")                         ❸
```

❶ 计算单元格计数

❷ 调整 `drivetrain` 的标签

❸ 创建树形图

首先，计算每个 manufacturer-drivetrain 组合的频数❶。接下来，调整变量 `drivetrain` 的标签❷。新的数据框传递给 ggplot2 生成树形图❸。函数 `aes()` 中的 `subgroup` 选项用于创建每个 `drivetrain` 的各自的分组图。`geom_treemap_border()` 和 `geom_treemap_subgroup_text()` 分别为分组图添加边框和标签。每个函数中的选项控制各个分组图的外观。分组文本被居中放置，被指定透明度(`alpha=0.5`)。文本字体大小保持不变，而不是增大并填充区域(`grow=FALSE`)。这张树形图的单元格文本的颜色为白色字体，位于每个单元格中心，不会增大并填充区域。

从图 6-14 中可以清楚地看到，Hyundai（hyundai，现代）汽车有前驱车，但是没有后驱车和四驱车。后驱车的厂商主要是 Ford（ford，福特）和 Chevrolet（chevrolet，雪佛兰）。许多四驱车是 Dodge（dodge，道奇）制造的。

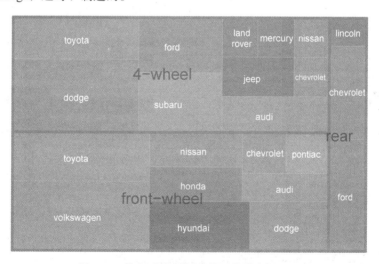

图 6-14　按驱动类型划分的厂商分布树形图

至此，我们已经讨论了饼图和树形图，接下来我们看看直方图。与条形图、饼图和树形图不同，直方图描述连续型变量的分布。

6.4　直方图

直方图通过在 x 轴上将值域分割为一定数量的数据桶，在 y 轴上显示相应值的频数，展示了连续型变量的分布。可以使用如下函数创建直方图.

```
ggplot(data, aes(x = contvar)) + geom_histogram()
```

其中 data 是一个数据框，contvar 是一个连续型变量。使用 ggplot 包中的 mpg 数据框，我们可以分析 2008 年 117 个汽车配置的每加仑汽油行驶英里数的分布情况。代码清单 6-7 的代码使用了 4 种方法绘制直方图，绘图结果见图 6-15。

代码清单 6-7　直方图

```
library(ggplot2)
library(scales)

data(mpg)
cars2008 <- mpg[mpg$year == 2008, ]

ggplot(cars2008, aes(x=cty)) +                                      ❶
    geom_histogram() +                                             ❶
    labs(title="Default histogram")                               ❶

ggplot(cars2008, aes(x=cty)) +                                      ❷
    geom_histogram(bins=20, color="white", fill="steelblue") +     ❷
    labs(title="Colored histogram with 20 bins",                  ❷
        x="City Miles Per Gallon",                                ❷
        y="Frequency")

ggplot(cars2008, aes(x=cty, y=..density..)) +                       ❸
    geom_histogram(bins=20, color="white", fill="steelblue") +     ❸
    scale_y_continuous(labels=scales::percent) +                  ❸
   labs(title="Histogram with percentages",                       ❸
        y= "Percent".                                             ❸
        x="City Miles Per Gallon")                                ❸

ggplot(cars2008, aes(x=cty, y=..density..)) +                       ❹
    geom_histogram(bins=20, color="white", fill="steelblue") +     ❹
    scale_y_continuous(labels=scales::percent) +                  ❹
    geom_density(color="red", size=1) +                           ❹
    labs(title="Histogram with density curve",                    ❹
        y="Percent" ,                                             ❹
        x="City Miles Per Gallon")                                ❹
```

❶ 简单的直方图
❷ 带有 20 个数据桶的彩色直方图
❸ 带有百分比的直方图
❹ 带有核密度曲线的直方图

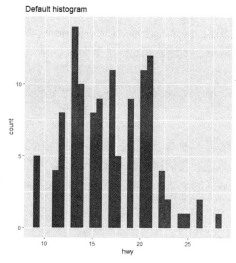
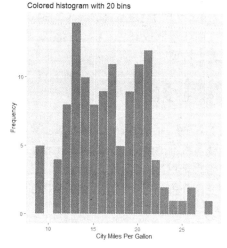
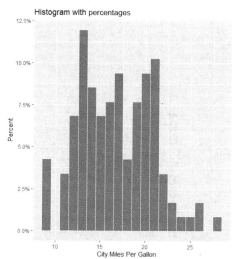
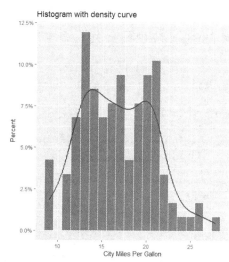

图 6-15　直方图输出示例

　　第 1 幅直方图❶展示了未指定任何选项时的默认图形。在这幅图中共创建了 30 个数据桶。在第 2 幅直方图中❷，我们创建了 20 个数据桶，指定填充色为钢蓝色，边框为白色。此外，添加了信息量更为丰富的标签。数据桶的数量会在很大程度上影响直方图的外观。尝试调整 bins 选项的值直到找到一个可以较好地反映分布情况的值，这是一个不错的做法。这 20 个数据桶的分布似乎有两个峰值——一个在 13mpg 左右，另一个在 20.5mpg 左右。

　　第 3 幅直方图❸将数据绘制为百分比而不是频数。这可以通过将内置变量 ..density.. 指定给 y 轴来实现。使用 scales 包将 y 轴格式设为百分比。在运行此部分代码前请确保安装 scales 包（install.packages("scales")）。

　　第 4 幅直方图❹与前 1 幅图类似，只是添加了一条核密度曲线。核密度曲线是核密度估计值，我们将在 6.5 节中对其进行讲解。这个曲线更平滑地描述了得分的分布。使用函数 geom_density() 将核密度曲线绘制成红色，曲线的宽度略大于默认的线条宽度。此核密度曲线也显示的是双峰分布（两个峰值）。

6.5　核密度图

　　在 6.4 节中，我们看到了直方图上叠加的核密度图。用术语来说，核密度估计是用于估计随机变量概率密度函数的一种非参数方法。从本质上来说，我们试图画一个平滑的直方图，直方图曲线下面的面积为 1。虽然其数学细节已经超出了本书的范畴，但核密度图不失为一种用来观察连续型变量分布的有效方法。核密度图的格式如下：

```
ggplot(data, aes(x = contvar)) + geom_density()
```

其中 data 是一个数据框，contvar 是一个连续型变量。让我们再次绘制 2008 年汽车的每加仑汽油行驶英里数分布图。代码清单 6-8 给出了 3 个核密度图示例，图 6-16 展示了绘图结果。

代码清单 6-8　核密度图

```
library(ggplot2)
data(mpg)
cars2008 <- mpg[mpg$year == 2008, ]

ggplot(cars2008, aes(x=cty)) +                      ❶
    geom_density() +                                ❶
    labs(title="Default kernel density plot")       ❶

ggplot(cars2008, aes(x=cty)) +                      ❷
    geom_density(fill="red") +                      ❷
    labs(title="Filled kernel density plot",        ❷
        x="City Miles Per Gallon)                   ❷

> bw.nrd0(cars2008$cty)                             ❸
1.408                                               ❸

ggplot(cars2008, aes(x=cty)) +                      ❹
    geom_density(fill="red", bw=.5) +               ❹
    labs(title="Kernel density plot with bw=0.5",   ❹
        x="City Miles Per Gallon")                  ❹
```

❶ 缺省的核密度图

❷ 填充核密度图

❸ 打印默认带宽

❹ 小带宽核密度图

　　首先，绘制默认的核密度图❶。在第 2 个例子中，曲线下面的区域被填充为红色。曲线的平滑度由带宽参数控制，该参数的值使用要绘制的数据进行计算❷。代码 bw.nrd0(cars2008$cty)

显示这个值为 1.408❸。当带宽参数较大时，曲线会更平滑，且展示的细节更少。当带宽参数较小时，曲线会更粗糙。第 3 个例了使用的是较小的带宽(bw=.5)，这样我们可以观察到更多细节❹。同调整直方图的 bins 参数一样，我们可以尝试不同的带宽值来观察哪个值可以最有效地可视化数据。

核密度图可用于比较组间差异。可能是由于普遍缺乏方便好用的软件，这种方法完全没有被充分利用。幸运的是，ggplot2 包很好地填补了这一缺口。

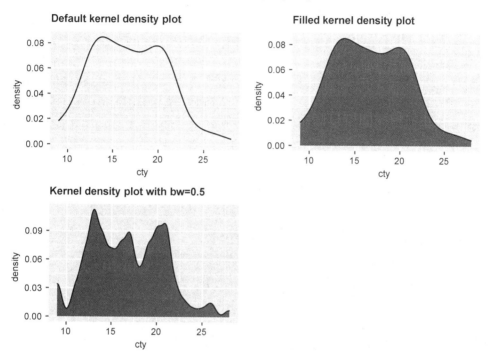

图 6-16 核密度图

在本例中，我们将比较 2008 年四缸车、六缸车和八缸车的每加仑汽油行驶英里数估计值。五缸车很少，所以我们在分析中删除了五缸车的数据。代码清单 6-9 显示了所需的代码，图 6-17 和图 6-18 展示了绘图结果。

代码清单 6-9　核密度图的比较

```
data(mpg, package="ggplot2")                                        ❶
cars2008 <- mpg[mpg$year == 2008 & mpg$cyl != 5,]                   ❶
cars2008$Cylinders <- factor(cars2008$cyl)                          ❶

ggplot(cars2008, aes(x=cty, color=Cylinders, linetype=Cylinders)) + ❷
  geom_density(size=1)  +                                          ❷
  labs(title="Fuel Efficiecy by Number of Cylinders",              ❷
      x = "City Miles per Gallon")                                 ❷
```

```
ggplot(cars2008, aes(x=cty, fill=Cylinders)) +                              ❸
  geom_density(alpha=.4) +                                                  ❸
  labs(title="Fuel Efficiecy by Number of Cylinders",                      ❸
      x = "City Miles per Gallon")
```

❶ 准备数据

❷ 绘制核密度曲线

❸ 绘制填充核密度曲线

首先，载入数据的新副本，保留 2008 年四缸、六缸和八缸的汽车数据❶。汽缸数（cyl）保存为类别型因子（Cylinders）。ggplot2 希望分组变量是类别型的（cyl 存储为连续型变量），因此，进行相应的转换是有必要的。

我们对变量 Cylinders 的每个水平绘制核密度曲线❷。颜色（红、绿、蓝）和线条类型（实线、点线、虚线）都映射到汽缸数。最后，生成和前一幅相同的图形，它的曲线为填充曲线❸。因为填充的曲线是重叠的，所以添加了透明度（alpha=0.4），这样我们才能看见每条曲线。

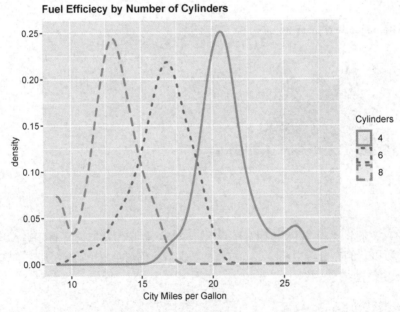

图 6-17　不同汽缸数量的每加仑汽油行驶英里数的核密度曲线图

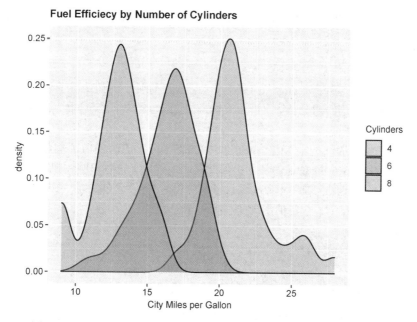

图 6-18　不同汽缸数量的每加仑汽油行驶英里数的核密度填充曲线图

在灰阶模式下输出图形

　　ggplot2 包默认的图形配色在灰阶模式下可能很难区分。把图 6-18 打印到纸质书上的时候就会遇到这个问题。需要输出灰阶图时，我们可以在代码中使用函数 scale_fill_grey() 以及函数 scale_color_grey()，这种配色方案能很好地适配黑白打印的情况；我们还可以使用 sp 包里的函数 bpy.colors() 来设置绘图颜色，这个函数所使用的蓝粉黄配色方案在彩色打印机和黑色打印机上都有很好的输出效果。当然了，首先我们得喜欢这种配色方案。

　　重叠核密度图不失为一种在某个结果变量上跨组比较观测值的强大方法。从上面的图中我们可以看到不同组的分布形状，以及不同组之间的重叠程度。（这个例子的寓意是我的下一辆车将是四缸的或电动的。）

　　箱线图同样是一种可视化分布和组间差异的有效图形方法（且更常用）。我们将在 6.6 节中进行讨论。

6.6　箱线图

　　箱线图（又称盒须图）通过绘制连续型变量的 5 个统计量，即最小值、下四分位数（第 25 百分位数）、中位数（第 50 百分位数）、上四分位数（第 75 百分位数）以及最大值，描述了连续型变量的分布。箱线图能够显示出可能为离群点（范围±1.5*IQR 以外的值，IQR 表示四分位距，即上四分位数与下四分位数的差值）的观测值。举个例子，以下代码将生成如图 6-19 所示的图形：

```
ggplot(mtcars, aes(x="", y=mpg)) +
  geom_boxplot() +
  labs(y = "Miles Per Gallon", x="", title="Box Plot")
```

为了解释各个组成部分，我在图 6-19 中手动添加了标注。默认情况下，两条须的延伸极限不会超过盒子两端 1.5 倍的四分位距（inter-quartile range, IQR）的范围。此范围以外的值用点来表示。

举例来说，在我们的汽车样本中，mpg 的中位数是 17，50% 的值都落在了 14 和 19 之间，最小值为 9，最大值为 35。我是如何从图中如此精确地读出了这些值呢？执行 boxplot.stats (mtcars$mpg) 即可输出用于构建图形的统计量（换句话说，我作弊了）。图中有 4 个离群点（大于上限 26）。在正态分布中，这些值出现的概率小于 1%。

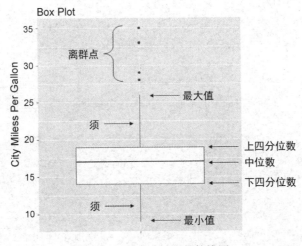

图 6-19　含手动标注的箱线图

6.6.1　使用并列箱线图进行跨组比较

箱线图是比较根据分类变量各水平分组的定量变量分布的有效方法。让我们再次比较四缸、六缸和八缸汽车每加仑汽油行驶英里数，但是这次我们将使用 1999 年和 2008 年的数据。因为五缸车很少，所以删除五缸车的数据。我们还要将 year 和 cyl 从连续型数值变量转化为分类（分组）因子：

```
library(ggplot2)
cars <- mpg[mpg$cyl != 5, ]
cars$Cylinders <- factor(cars$cyl)
cars$Year <- factor(cars$year)
```

代码:

```
ggplot(cars, aes(x=Cylinders, y=cty)) +
  geom_boxplot() +
  labs(x="Number of Cylinders",
       y="Miles Per Gallon",
       title="Car Mileage Data")
```

生成如图 6-20 所示的图形。我们可以看到不同组间每加仑汽油行驶英里数的区别非常明显。同时，我们也发现，随着汽缸数量的增加，燃油效率在降低。在四缸车车组中还有 4 个离群点（英里数异常高的汽车）。

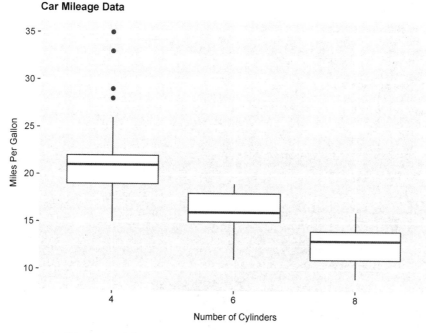

图 6-20　不同汽缸数量车型每加仑汽油行驶英里数的箱线图

箱线图非常灵活，通过添加 notch=TRUE，可以得到含凹槽的箱线图。若两个箱的凹槽互不重叠，则表明它们的中位数有显著差异（Chambers et al.，1983，p. 62）。以下代码将为不同汽缸数量车型每加仑汽油行驶英里数的示例创建一幅含凹槽的箱线图：

```
ggplot(cars, aes(x=Cylinders, y=cty)) +
  geom_boxplot(notch=TRUE,
               fill="steelblue",
               varwidth=TRUE) +
  labs(x="Number of Cylinders",
       y="Miles Per Gallon",
       title="Car Mileage Data")
```

选项 fill 以深色填充了箱线图。在标准箱线图中，箱子宽度没有任何意义。添加 varwidth=TRUE

后，绘制的箱线图的宽度与每个组的观测值数量的平方根成比例。

从图 6-21 中可以看到，四缸、六缸、八缸车型的油耗中位数是不同的。随着汽缸数量的增加，每加仑汽油行驶英里数明显降低。此外，八缸车型的样本量比四缸或者六缸车型少（虽然差异并不明显）。

最后，我们可以为多个分组因子绘制箱线图。以下代码提供了不同年份不同汽缸数量车型每加仑汽油行驶英里数的箱线图（如图 6-21 所示）。代码中添加了函数 `scale_fill_manual()` 用于自定义填充颜色：

```
ggplot(cars, aes(x=Cylinders, y=cty, fill=Year)) +
  geom_boxplot() +
  labs(x="Number of Cylinders",
       y="Miles Per Gallon",
       title="City Mileage by # Cylinders and Year") +
  scale_fill_manual(values=c("gold", "green"))
```

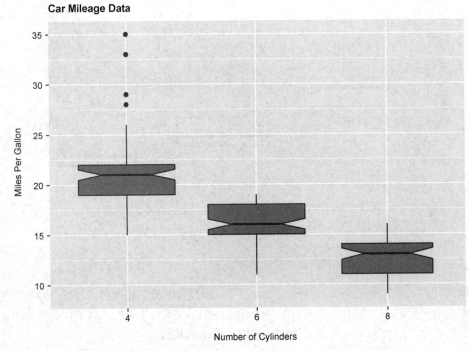

图 6-21 不同汽缸数量车型每加仑汽油行驶英里数的含凹槽箱线图

如图 6-22 所示，我们可以再次清楚地看到每加仑汽油行驶英里数的中位数随着汽缸数量的增加而减少。另外，对于每个组，2008 年较 1999 年的每加仑汽油行驶英里数有所增加。

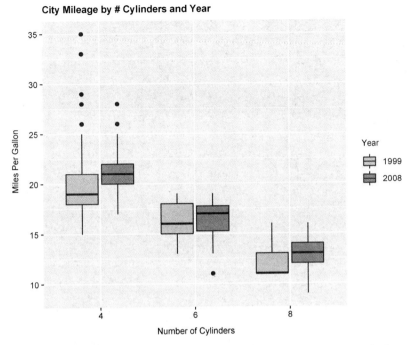

图 6-22　不同年份和不同汽缸数量车型的每加仑汽油行驶英里数箱线图

6.6.2　小提琴图

在结束箱线图的讨论之前，有必要研究一种称为小提琴图（violin plot）的箱线图变种。小提琴图是箱线图与核密度图的结合。我们可以使用函数 geom_violin() 绘制它。在代码清单 6-10 中，我们将在箱线图中添加小提琴图，绘图结果如图 6-23 所示。

代码清单 6-10　小提琴图

```
library(ggplot2)
cars <- mpg[mpg$cyl != 5, ]
cars$Cylinders <- factor(cars$cyl)

ggplot(cars, aes(x=Cylinders, y=cty)) +
  geom_boxplot(width=0.2,
               fill="green") +
  geom_violin(fill="gold",
              alpha=0.3) +
  labs(x="Number of Cylinders",
       y="City Miles Per Gallon",
       title="Violin Plots of Miles Per Gallon")
```

箱线图的宽度设为 0.2，以便它们能放在小提琴图的里面。小提琴图的透明度设为 0.3，这样我们仍可以看见箱线图。

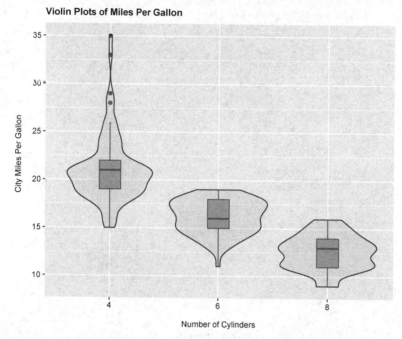

图 6-23   不同汽缸数量车型每加仑汽油行驶英里数的小提琴图

小提琴图基本上是核密度图以镜像方式在箱线图上的叠加。在图中，中间线是中位数，黑色盒子的范围是下四分位点到上四分位点，细黑线表示须。点表示离群值。外部形状即为核密度图。从图上可知八缸车的分布可能是双峰型的，这是单独使用箱线图时看不出来的。小提琴图还没有真正地流行起来。同样，这可能也是普遍缺乏方便好用的软件导致的。时间会证明一切。

最后，我们来看看点图的用法。与之前看到的图形不同，点图绘制变量中的所有值。

6.7   点图

点图提供了一种在简单水平刻度上绘制大量标签值的方法。我们可以使用函数 dotchart() 创建点图，格式为：

```
ggplot(data, aes(x=contvar, y=catvar)) + geom_point()
```

其中 data 是一个数据框，contvar 是一个连续型变量，catvar 是一个分类变量。以下示例使用的是 mpg 数据集中 2008 年各车型的每加仑汽油高速公路行驶英里数。每加仑汽油高速公路行驶英里数取每种车型的平均值。代码如下所示。

```
library(ggplot2)
library(dplyr)
plotdata <- mpg %>%
  filter(year == "2008") %>%
  group_by(model) %>%
  summarize(meanHwy=mean(hwy))
```

```
> plotdata

# A tibble: 38 x 2
   model              meanHwy
   <chr>                <dbl>
 1 4runner 4wd           18.5
 2 a4                    29.3
 3 a4 quattro            26.2
 4 a6 quattro            24
 5 altima                29
 6 c1500 suburban 2wd    18
 7 camry                 30
 8 camry solara          29.7
 9 caravan 2wd           22.2
10 civic                 33.8
# ... with 28 more rows
```

```
ggplot(plotdata, aes(x=meanHwy, y=model)) +
  geom_point() +
  labs(x="Miles Per Gallon",
       y="",
       title="Gas Mileage for Car Models")
```

绘制的图形如图 6-24 所示。

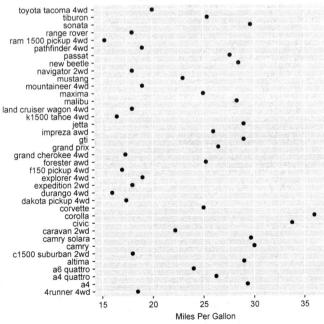

图 6-24　每种车型的每加仑汽油行驶英里数的点图

在这个图上我们可以看到同一水平轴上每种车型的每加仑汽油行驶英里数。在对点图进行排序后，点图变得非常有用。以下代码按每加仑汽油行驶英里数从低到高对车型进行排序：

```
ggplot(plotdata, aes(x=meanHwy, y=reorder(model, meanHwy))) +
  geom_point() +
  labs(x="Miles Per Gallon",
       y="",
       title="Gas Mileage for Car Models")
```

绘图结果如图 6-25 所示。如果要按降序进行绘制，就使用 reorder(model, -meanHwy)。

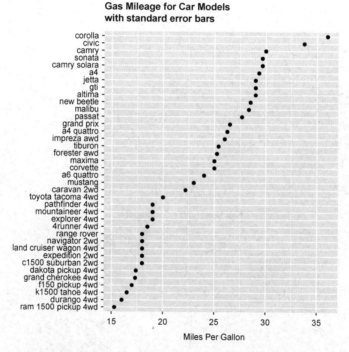

图 6-25   每种车型的每加仑汽油行驶英里数的排序点图

我们可以从本例的点图中获得有意义的信息，因为每个点都有标签，每个点的值都有其内在含义，并且这些点的排列方式有利于对比分析。但是随着数据点的增多，点图的实用性会随之下降。

6.8   小结

- 条形图（其次是饼图和树形图）可以用来深入了解一个分类变量的分布。
- 堆积条形图、分组条形图和填充条形图有助于我们理解不同分类输出的组间差异。
- 直方图、箱线图、小提琴图和点图可以帮助我们可视化连续型变量的分布。
- 重叠核密度图和并列箱线图可以帮助我们可视化连续型变量的组间差异。

基本统计分析

本章重点
- 描述性统计分析
- 频数表和列联表
- 相关系数和协方差
- t 检验
- 非参数统计

在前几章中，我们首先学习了如何将数据导入 R 中，以及如何使用一系列函数整理数据并将其转换为可用的格式。然后，我们详细讨论了数据可视化的基本方法。

在数据被整理成合适的形式后，我们也开始使用可视化的方式来学习数据，而下一步通常就是使用数值描述每个变量的分布，并两两探索所选择变量之间的关系，其目的是回答如下问题。

- 汽车每加仑汽油行驶英里数在近些年的变化趋势是怎样的？具体来说，在对厂商和车型的调查中，每加仑汽油行驶英里数的分布是什么样的（均值、标准差、中位数、值域等）？
- 在进行新药实验后，用药组和安慰剂组的治疗结果（无改善、一定程度的改善、显著的改善）相比如何？受试者的性别是否对结果有影响？
- 收入和预期寿命的相关性如何？该相关性是否明显不为零？
- 美国的某些地区是否更有可能因为你犯罪而将你监禁？不同地区的差别是否在统计上显著？

本章，我们将讨论用于生成基本的描述性统计量和推断统计量的 R 函数。首先，我们着眼于定量变量的位置和尺度的衡量方式。然后，我们将学习生成分类变量的频数表和列联表的方法（以及连带的卡方检验）。接下来，我们将考察连续型变量和顺序变量相关系数的多种形式。最后，我们将转而通过参数检验（t 检验）和非参数检验（Mann-Whitney U 检验、Kruskal-Wallis 检验）方法研究组间差异。虽然我们关注的是数值结果，但也将通篇提及用于可视化这些结果的图形方法。

本章中涵盖的统计方法通常会在本科第一年的统计课程中讲授。如果你对这些方法不熟悉，有两本优秀的参考文献可供参考：McCall（2000）和 Kirk（2008）。

7.1　描述性统计分析

本节中，我们将关注连续型变量的中心趋势、变化性和分布形状的分析方法。为了便于说明，我们将使用第 1 章中 *Motor Trend* 杂志的 mtcars 数据集中的一些变量。我们的关注重点是每加仑汽油行驶英里数（mpg）、马力（hp）和车重（wt）。

```
> myvars <- c("mpg", "hp", "wt")
> head(mtcars[myvars])
                   mpg   hp   wt
Mazda RX4          21.0  110  2.62
Mazda RX4 Wag      21.0  110  2.88
Datsun 710         22.8   93  2.32
Hornet 4 Drive     21.4  110  3.21
Hornet Sportabout  18.7  175  3.44
Valiant            18.1  105  3.46
```

我们首先查看所有 32 种车型的描述性统计量，然后按变速箱类型（am）和发动机汽缸配置（vs）分组考察描述性统计量。变速箱类型是一个以 0 表示自动挡（0=automatic）、1 表示手动挡（1=manual）来编码的变量。汽缸配置的编码为 0=V-shape、1=straight。

7.1.1　方法云集

在描述性统计量的计算方面，R 中的选择多得数不过来。我们先使用基础安装中包含的函数，然后查看那些用户贡献包中的扩展函数。

在基础安装程序中，我们可以使用 summary() 函数来获取描述性统计量。代码清单 7-1 展示了一个示例。

代码清单 7-1　通过 summary() 计算描述性统计量

```
> myvars <- c("mpg", "hp", "wt")
> summary(mtcars[myvars])
      mpg             hp              wt
 Min.   :10.4   Min.   : 52.0   Min.   :1.51
 1st Qu.:15.4   1st Qu.: 96.5   1st Qu.:2.58
 Median :19.2   Median :123.0   Median :3.33
 Mean   :20.1   Mean   :146.7   Mean   :3.22
 3rd Qu.:22.8   3rd Qu.:180.0   3rd Qu.:3.61
 Max.   :33.9   Max.   :335.0   Max.   :5.42
```

summary() 函数提供了用来描述数值型变量的最小值、最大值、四分位数和均值，以及用来描述因子向量和逻辑型向量的频数统计。我们可以使用第 5 章中的 apply() 函数或 sapply() 函数计算所选择的任意描述性统计量。apply() 函数用于矩阵，而 sapply() 函数用于数据框。对于 sapply() 函数，其使用格式为：

sapply(*x*, *FUN*, *options*)

其中，*x* 是数据框，*FUN* 为一个任意的函数。如果指定了 *options*，这些选项的值将被传递给 *FUN*。我们可以在这里插入的典型函数有 mean()、sd()、var()、min()、max()、median()、length()、 range()和 quantile()。函数 fivenum()可返回图基五数总括（Tukey's five-number summary，即最小值、下四分位数、中位数、上四分位数和最大值）。

奇怪的是，基础安装居然没有提供偏度和峰度的计算函数，不过我们可以自行添加。代码清单 7-2 中的示例计算了若干描述性统计量，其中包括偏度和峰度。

代码清单 7-2　通过 sapply()计算描述性统计量

```
> mystats <- function(x, na.omit=FALSE){
                if (na.omit)
                    x <- x[!is.na(x)]
                m <- mean(x)
                n <- length(x)
                s <- sd(x)
                skew <- sum((x-m)^3/s^3)/n
                kurt <- sum((x-m)^4/s^4)/n - 3
                return(c(n=n, mean=m, stdev=s,
                    skew=skew, kurtosis=kurt))
            }

> myvars <- c("mpg", "hp", "wt")
> sapply(mtcars[myvars], mystats)
                mpg      hp       wt
n            32.000  32.000  32.0000
mean         20.091 146.688   3.2172
stdev         6.027  68.563   0.9785
skew          0.611   0.726   0.4231
kurtosis     -0.373  -0.136  -0.0227
```

对于样本中的车型，每加仑汽油行驶英里数的平均值为 20.1，标准差为 6.0。分布呈现右偏（偏度+0.61），并且较正态分布稍平（峰度-0.37）。如果你针对数据绘制图形，这些特征会显而易见。请注意，如果我们希望忽略缺失值，那么应当使用 sapply(mtcars[myvars], mystats, na.omit=TRUE)。

7.1.2　更多方法

若干用户贡献的包都提供了计算描述性统计量的函数，其中包括 Hmisc、pastecs、psych、skimr 和 summytools。限于篇幅，我们只演示前 3 个包的用法，不过我们可以使用以上任意一个包来生成统计汇总信息。因为这些包并未包括在基础安装中，所以需要在首次使用之前进行安装（参阅 1.4 节）。

Hmisc 包中的 describe()函数可返回变量和观测值的数量、缺失值和唯一值的数目、均值、分位数，以及 5 个最大的值和 5 个最小的值。代码清单 7-3 提供了一个示例。

代码清单 7-3　通过 Hmisc 包中的 describe()函数计算描述性统计量

```
> library(Hmisc)
> myvars <- c("mpg", "hp", "wt")
> describe(mtcars[myvars])
```

```
 3  Variables      32  Observations
---------------------------------------------------------------------
mpg
n missing  unique  Mean    .05    .10    .25    .50    .75    .90    .95
32      0     25   20.09  12.00  14.34  15.43  19.20  22.80  30.09  31.30

lowest : 10.4 13.3 14.3 14.7 15.0, highest: 26.0 27.3 30.4 32.4 33.9
---------------------------------------------------------------------
hp
n missing  unique   Mean    .05    .10    .2    .50    .75    .90    .95
32      0     22   146.7  63.65  66.00  96.50 123.00 180.00 243.50 253.55

lowest :  52  62  65  66  91, highest: 215 230 245 264 335
---------------------------------------------------------------------
wt
n missing  unique   Mean    .05    .10    .25    .50    .75    .90    .95
32      0     29    3.217  1.736  1.956  2.581  3.325  3.610  4.048  5.293

lowest : 1.513 1.615 1.835 1.935 2.140, highest: 3.845 4.070 5.250 5.345 5.424
---------------------------------------------------------------------
```

pastecs 包中有一个名为 stat.desc() 的函数，它可以计算种类繁多的描述性统计量。使用格式为：

```
stat.desc(x, basic=TRUE, desc=TRUE, norm=FALSE, p=0.95)
```

其中的 x 是一个数据框或时间序列。若 basic=TRUE（默认值），则计算其中所有值、空值、缺失值的数量，以及最小值、最大值、值域，还有总和。若 desc=TRUE（同样也是默认值），则计算中位数、均值、均值的标准误、平均数置信度为 95% 的置信区间、方差、标准差以及变异系数。最后，若 norm=TRUE（不是默认的），则返回正态分布统计量，包括偏度和峰度（以及它们的统计显著程度）和 Shapiro-Wilk 正态检验结果。这里使用了 p 值来计算平均数的置信区间（默认置信度为 0.95）。代码清单 7-4 提供了一个示例。

代码清单 7-4　通过 pastecs 包中的 stat.desc() 函数计算描述性统计量

```
> library(pastecs)
> myvars <- c("mpg", "hp", "wt")
> stat.desc(mtcars[myvars])
                  mpg       hp      wt
nbr.val         32.00   32.000  32.000
nbr.null         0.00    0.000   0.000
nbr.na           0.00    0.000   0.000
min             10.40   52.000   1.513
max             33.90  335.000   5.424
range           23.50  283.000   3.911
sum            642.90 4694.000 102.952
median          19.20  123.000   3.325
mean            20.09  146.688   3.217
SE.mean          1.07   12.120   0.173
CI.mean.0.95     2.17   24.720   0.353
```

```
var           36.32 4700.867   0.957
std.dev        6.03   68.563   0.978
coef.var       0.30    0.467   0.304
```

似乎这还不够，psych 包也有一个名为 describe() 的函数，它可以计算观测值中非缺失值的数量、平均数、标准差、中位数、截尾均值、绝对中位差、最小值、最大值、值域、偏度、峰度和均值的标准误。代码清单 7-5 中提供了一个示例。

代码清单 7-5　通过 psych 包中的 describe() 函数计算描述性统计量

```
> library(psych)
Attaching package: 'psych'
        The following object(s) are masked from package:Hmisc :
        describe
> myvars <- c("mpg", "hp", "wt")
> describe(mtcars[myvars])
     var  n   mean    sd median trimmed   mad   min    max
mpg    1 32  20.09  6.03  19.20   19.70  5.41 10.40  33.90
hp     2 32 146.69 68.56 123.00  141.19 77.10 52.00 335.00
wt     3 32   3.22  0.98   3.33    3.15  0.77  1.51   5.42
     range skew kurtosis    se
mpg  23.50 0.61    -0.37  1.07
hp  283.00 0.73    -0.14 12.12
wt    3.91 0.42    -0.02  0.17
```

我早就说过，方法多得简直数不过来！

> **注意**　在前面的示例中，psych 包和 Hmisc 包均提供了名为 describe() 的函数。R 如何知道该使用哪个呢？简言之，如代码清单 7-5 所示，最后载入的包优先。在这里，psych 在 Hmisc 之后被载入，然后显示了一条信息，提示 Hmisc 包中的 describe() 函数被 psych 包中的同名函数所屏蔽（masked）。输入 describe() 后，R 在搜索这个函数时将首先找到 psych 包中的函数并执行它。如果我们还是想使用 Hmisc 包中的版本，可以输入 Hmisc::describe(mt)。这个函数仍然在那里，我们只是需要给予 R 更多信息来找到它。

我们已经了解了如何为整体的数据计算描述性统计量，现在让我们看看如何获取数据中各分组的统计量。

7.1.3　分组计算描述性统计量

在比较多组个体或观测值时，关注的焦点经常是各组的描述性统计量，而不是样本整体的描述性统计量。我们可以使用基础 R 函数 by() 计算分组统计量，格式如下：

```
by(data, INDICES, FUN)
```

其中的 data 是一个数据框或矩阵，INDICES 是一个因子或因子组成的列表，定义了分组，FUN 可以是任意一个函数，用来操作数据框中的所有列。代码清单 7-6 提供了一个示例。

代码清单 7-6   使用 by() 分组计算描述性统计量

```
> dstats <- function(x)sapply(x, mystats)
> myvars <- c("mpg", "hp", "wt")
> by(mtcars[myvars], mtcars$am, dstats)

mtcars$am: 0
             mpg        hp        wt
n         19.000    19.0000    19.000
mean      17.147   160.2632     3.769
stdev      3.834    53.9082     0.777
skew       0.014    -0.0142     0.976
kurtosis  -0.803    -1.2097     0.142
---------------------------------------
mtcars$am: 1
             mpg        hp        wt
n         13.0000    13.000    13.000
mean      24.3923   126.846     2.411
stdev      6.1665    84.062     0.617
skew       0.0526     1.360     0.210
kurtosis  -1.4554     0.563    -1.174
```

这里，dstats() 调用了代码清单 7-2 中的 mystats() 函数，将其应用于数据框的每一列中。将它传递给 by() 函数就可以得到 am 中每一水平的汇总统计量。

接下来的示例（代码清单 7-7）根据两个分组变量（am 和 vs）生成了汇总统计量，并使用自定义标签输出了各组的结果。另外，在计算统计量的时候忽略了缺失值。

代码清单 7-7   由多个变量定义的分组的描述性统计量

```
> dstats <- function(x)sapply(x, mystats, na.omit=TRUE)
> myvars <- c("mpg", "hp", "wt")
> by(mtcars[myvars],
      list(Transmission=mtcars$am,
           Engine=mtcars$vs),
      FUN=dstats)

Transmission: 0
Engine: 0
               mpg           hp          wt
n         12.0000000   12.0000000   12.0000000
mean      15.0500000  194.1666667    4.1040833
stdev      2.7743959   33.3598379    0.7683069
skew      -0.2843325    0.2785849    0.8542070
kurtosis  -0.9635443   -1.4385375   -1.1433587
----------------------------------------------------
Transmission: 1
Engine: 0
               mpg           hp          wt
n          5.0000000    6.0000000    6.00000000
mean      19.5000000  180.8333333    2.85750000
stdev      4.4294469   98.8158219    0.48672117
skew       0.3135121    0.4842372    0.01270294
kurtosis  -1.7595065   -1.7270981   -1.40961807
```

```
------------------------------------------------------------
Transmission: 0
Engine: 1
                  mpg          hp          wt
n          7.0000000   7.0000000   7.0000000
mean      20.7428571 102.1428571   3.1942857
stdev      2.4710707  20.9318622   0.3477598
skew       0.1014749  -0.7248459  -1.1532766
kurtosis  -1.7480372  -0.7805708  -0.1170979
------------------------------------------------------------
Transmission: 1
Engine: 1
                  mpg          hp          wt
n          7.0000000   7.0000000   7.0000000
mean      28.3714286  80.5714286   2.0282857
stdev      4.7577005  24.1444068   0.4400840
skew      -0.3474537   0.2609545   0.4009511
kurtosis  -1.7290639  -1.9077611  -1.3677833
```

虽然前面的示例使用的是 `mystats()`函数，但我们也可以使用 `Hmisc` 和 `psych` 包中的 `describe()`函数或者 `pastecs` 包中的 `stat.desc()`函数。事实上，`by()`函数提供了通用的处理机制，可以针对分组逐一进行任意的分析操作。

7.1.4 使用 `dplyr` 进行交互式汇总数据

到目前为止，我们所讨论的函数集中在为整个数据框计算综合的描述性统计量。但是，在交互式、探索性数据分析中，我们的目标是回答具有针对性的问题。在这种情况下，我们希望获取特定观测值的特定的统计量。

3.11 节介绍的 `dplyr` 包为我们提供了快速并灵活地达成此目标的工具。函数 `summarize()` 和 `summarize_all()`可以用来计算任何指定的统计量，函数 `group_by()`可以用来指定要计算这些统计量的分组。

在此举个示例，我们使用 `carData` 包中的 `Salaries` 数据框来询问并回答一系列问题。这个数据集包含美国一所大学在 2008 年至 2009 年之间 397 名教授 9 个月的薪水（以美元为单位）数据。这些数据是一项正在进行的，旨在监测男性教师和女性教师的薪水差异项目的一部分。

在继续操作之前，请确保已安装 `carData` 包和 `dplyr` 包（`install.packages(c("carData", "dplyr"))`），然后载入包：

```
library(dplyr)
library(carData)
```

现在，我们准备对数据提出问题了。

397 名教授的薪水中位数和薪水范围是多少？

```
> Salaries %>%
    summarize(med = median(salary),
              min = min(salary),
```

```
        max = max(salary))
     med    min    max
1 107300  57800 231545
```

将 Salaries 数据集传递给函数 summarize()，此函数计算薪水的中位数、最小值和最大值，并返回一个单行 tibble 数据框。9 个月薪水的中位数是 107 300 美元，至少有一人的薪水大于 230 000 美元。很明显，我得要求加薪。

不同性别和级别的教授数量、薪水的中位数和薪水范围是多少？

```
> Salaries %>%
    group_by(rank, sex) %>%
    summarize(n = length(salary),
              med = median(salary),
              min = min(salary),
              max = max(salary))

  rank      sex        n     med    min     max
  <fct>     <fct>   <int>   <dbl>  <int>   <int>
1 AsstProf  Female    11   77000  63100   97032
2 AsstProf  Male      56   80182  63900   95079
3 AssocProf Female    10   90556. 62884  109650
4 AssocProf Male      54   95626. 70000  126431
5 Prof      Female    18  120258. 90450  161101
6 Prof      Male     248  123996  57800  231545
```

在 by_group() 语句中指定分类变量后，函数 summarize() 为分类变量的每个水平组合生成一行统计量。在所有的教授级别中，女性薪水的中位数都低于男性。另外，这所大学有大量的男性正教授。

不同性别和级别的教授的平均任职年限和获得博士学位后的平均任职年限是多少？

```
> Salaries %>%
    group_by(rank, sex) %>%
    select(yrs.service, yrs.since.phd) %>%
    summarize_all(mean)

  rank      sex     yrs.service yrs.since.phd
  <fct>     <fct>       <dbl>        <dbl>
1 AsstProf  Female      2.55         5.64
2 AsstProf  Male        2.34         5
3 AssocProf Female     11.5         15.5
4 AssocProf Male       12.0         15.4
5 Prof      Female     17.1         23.7
6 Prof      Male       23.2         28.6
```

函数 summarize_all() 为每个非分组变量（yrs.service 和 yrs.since.phd）的计算汇总统计量。如果我们希望为每个变量计算多个统计量，则可以提供一个清单。例如，summarize_all (list (mean=mean, std=sd)) 将计算每个变量的均值和标准差。在助理教授和副教授职位，男女教授的平均任职年限相近；但是，女性正教授的任职年限少于男性。

使用 dplyr 包的一个优点是结果以 tibble（数据框）的形式返回，便于我们进一步分析这些汇总结果、绘制图形、重新设置汇总结果的格式并打印出来。dplyr 包还提供了汇总数据的简易机制。

一般来说，数据分析人员对于输出哪些描述性统计量以及如何设置它们的格式有着自己的偏好。这可能就是有那么多统计函数的原因吧。选择一个最适合自己的统计函数，或者自己创造一个。

7.1.5 结果的可视化

分布特征的数值刻画的确很重要，但是这并不能代替数据的视觉呈现。对于定量变量，我们有直方图（6.4 节）、核密度图（6.5 节）、箱线图（6.6 节）和点图（6.7 节），它们都可以让我们洞悉那些依赖于观察一小部分描述性统计量时忽略的细节。

目前我们讨论的函数都是为定量变量提供汇总数据的。7.2 节中的函数则可以用来考察分类变量的分布。

7.2 频数表和列联表

在本节中，我们将着眼于分类变量的频数表和列联表，以及相应的独立性检验、相关性的度量、图形化展示结果的方法。我们除了使用基础安装中的函数，还将连带使用 vcd 包和 gmodels 包中的函数。在下面的示例中，假设 A、B 和 C 代表分类变量。

本节中的数据来自 vcd 包中的 Arthritis 数据集。这份数据来自 Kock & Edward（1988），表示了一项风湿性关节炎新疗法的双盲临床实验的结果。前几个观测值是这样的：

```
> library(vcd)
> head(Arthritis)
    ID Treatment  Sex Age Improved
1   57   Treated Male  27     Some
2   46   Treated Male  29     None
3   77   Treated Male  30     None
4   17   Treated Male  32   Marked
5   36   Treated Male  46   Marked
6   23   Treated Male  58   Marked
```

治疗方式（安慰剂治疗、用药治疗）、性别（男性、女性）和改善情况（无改善、一定程度的改善、显著改善）均为分类因子。在 7.2.1 节中，我们将使用此数据集创建频数表和列联表（交叉的分类）。

7.2.1 生成频数表

R 中提供了用于创建频数表和列联表的若干种方法，其中最重要的函数已列于表 7-1 中。

表 7-1　用于创建和处理列联表的函数

函　数	描　述
table(var1, var2, ..., varN)	使用 N 个分类变量（因子）创建一个 N 维列联表
xtabs(formula, data)	根据一个公式和一个矩阵或数据框创建一个 N 维列联表
prop.table(table, margins)	依 margins 定义的边际列表将表中条目表示为分数形式
margin.table(table, margins)	依 margins 定义的边际列表计算表中条目的和
addmargins(table, margins)	将概述边 margins（默认是求和结果）放入表中
ftable(table)	创建一个紧凑的"平铺"式列联表

接下来，我们将逐个使用以上函数来探索分类变量。我们首先考察简单的频数表，接下来是二维列联表，最后是多维列联表。第一步是使用函数 table() 或 xtabs() 创建一张表，然后使用其他函数处理它。

1. 一维列联表

我们可以使用 table() 函数生成简单的频数统计表。示例如下：

```
> mytable <- with(Arthritis, table(Improved))
> mytable
Improved
  None  Some  Marked
   42    14     28
```

可以用 prop.table() 将这些频数转化为比例值：

```
> prop.table(mytable)
Improved
  None   Some  Marked
 0.500  0.167  0.333
```

或使用 prop.table()*100 转化为百分比：

```
> prop.table(mytable)*100
Improved
  None  Some  Marked
  50.0  16.7  33.3
```

这里可以看到，有 50% 的研究参与者获得了一定程度或者显著的改善（16.7+33.3）。

2. 二维列联表

对于二维列联表，table() 函数的使用格式为：

```
mytable <- table(A, B)
```

其中，A 是行变量，B 是列变量。除此之外，xtabs() 函数还可使用公式风格的输入创建列联表，格式为：

```
mytable <- xtabs(~ A + B, data=mydata)
```

其中，mydata 是一个矩阵或数据框。总的来说，要进行交叉分类的变量应出现在公式的右侧（即~符号的右方），以+作为分隔符。若某个变量写在公式的左侧，则其为一个频数向量（在数据已经被表格化时很有用)。

对于 Arthritis 数据集，我们有：

```
> mytable <- xtabs(~ Treatment + Improved, data=Arthritis)
> mytable
         Improved
Treatment None Some Marked
  Placebo   29    7      7
  Treated   13    7     21
```

我们可以使用函数 margin.table() 和 prop.table() 分别生成边际频数和比例。行和与行比例可以这样计算：

```
> margin.table(mytable, 1)
Treatment
Placebo Treated
    43      41
> prop.table(mytable, 1)
          Improved
Treatment   None   Some  Marked
  Placebo  0.674  0.163   0.163
  Treated  0.317  0.171   0.512
```

下标 1 指代 table() 语句中的第 1 个变量——行变量。每一行的比例之和为 1。观察表格可以发现，与接受安慰剂治疗的个体中有显著改善的 16% 相比，接受用药治疗的个体中的 51% 的个体病情有了显著的改善。

列和与列比例可以这样计算：

```
> margin.table(mytable, 2)
Improved
  None   Some  Marked
    42     14      28
> prop.table(mytable, 2)
          Improved
Treatment   None   Some  Marked
  Placebo  0.690  0.500   0.250
  Treated  0.310  0.500   0.750
```

这里的下标 2 指代 table() 语句中的第 2 个变量——列变量。每一列的比例加起来为 1。

各单元格所占比例可用如下语句获取：

```
> prop.table(mytable)
          Improved
Treatment   None    Some   Marked
  Placebo  0.3452  0.0833   0.0833
  Treated  0.1548  0.0833   0.2500
```

所有单元格的比例加起来为 1。

我们可以使用 addmargins() 函数为这些表格添加边际和。例如，以下代码添加了各行的和与各列的和：

```
> addmargins(mytable)
          Improved
Treatment  None  Some  Marked   Sum
  Placebo   29     7      7      43
  Treated   13     7     21      41
  Sum       42    14     28      84
> addmargins(prop.table(mytable))
          Improved
Treatment  None    Some    Marked   Sum
  Placebo  0.3452  0.0833  0.0833  0.5119
  Treated  0.1548  0.0833  0.2500  0.4881
  Sum      0.5000  0.1667  0.3333  1.0000
```

在使用 addmargins() 时，默认行为是为表中所有的变量创建边际和。作为对照：

```
> addmargins(prop.table(mytable, 1), 2)
          Improved
Treatment  None   Some   Marked   Sum
  Placebo  0.674  0.163  0.163   1.000
  Treated  0.317  0.171  0.512   1.000
```

仅添加了各行的和。类似地，

```
> addmargins(prop.table(mytable, 2), 1)
          Improved
Treatment  None   Some   Marked
  Placebo  0.690  0.500  0.250
  Treated  0.310  0.500  0.750
  Sum      1.000  1.000  1.000
```

添加了各列的和。在表中可以看到，有显著改善患者中的 25% 是接受安慰剂治疗的。

注意　table() 函数默认忽略缺失值（NA）。要在频数统计中将 NA 视为一个有效的类别，请设定参数 useNA="ifany"。

创建二维列联表的第 3 种方法是使用 gmodels 包中的 CrossTable() 函数。CrossTable() 函数仿照 SAS 中 PROC FREQ 或 SPSS 中 CROSSTABS 的形式生成二维列联表。示例参见代码清单 7-8。

代码清单 7-8   使用 CrossTable() 生成二维列联表

```
> library(gmodels)
> CrossTable(Arthritis$Treatment, Arthritis$Improved)


  Cell Contents
|-------------------------|
|                       N |
| Chi-square contribution |
|           N / Row Total |
|           N / Col Total |
|         N / Table Total |
|-------------------------|
```

```
Total Observations in Table:  84

                    | Arthritis$Improved
Arthritis$Treatment |     None |     Some |   Marked | Row Total |
--------------------|----------|----------|----------|-----------|
            Placebo |       29 |        7 |        7 |        43 |
                    |    2.616 |    0.004 |    3.752 |           |
                    |    0.674 |    0.163 |    0.163 |     0.512 |
                    |    0.690 |    0.500 |    0.250 |           |
                    |    0.345 |    0.083 |    0.083 |           |
--------------------|----------|----------|----------|-----------|
            Treated |       13 |        7 |       21 |        41 |
                    |    2.744 |    0.004 |    3.935 |           |
                    |    0.317 |    0.171 |    0.512 |     0.488 |
                    |    0.310 |    0.500 |    0.750 |           |
                    |    0.155 |    0.083 |    0.250 |           |
--------------------|----------|----------|----------|-----------|
       Column Total |       42 |       14 |       28 |        84 |
                    |    0.500 |    0.167 |    0.333 |           |
--------------------|----------|----------|----------|-----------|
```

CrossTable()函数有很多选项，可以做许多事情：计算（行、列、单元格）的百分比；指定小数位数；进行卡方、Fisher 和 McNemar 独立性检验；计算期望和（Pearson、标准化、调整的标准化）残差；将缺失值作为一种有效值；进行行和列标题的标注；生成 SAS 或 SPSS 风格的输出。更多详情，请参阅 help(CrossTable)。

如果有两个以上的分类变量，那么就是在处理多维列联表。我们将在下面考虑这种情况。

3. 多维列联表

table()和 xtabs()都可以基于 3 个或更多的分类变量生成多维列联表。函数 margin.table()、prop.table()和 addmargins()可以自然地推广到高于二维的情况。另外，ftable()函数可以以一种紧凑且吸引人的方式输出多维列联表。代码清单 7-9 提供了一个示例。

代码清单 7-9　三维列联表

```
> mytable <- xtabs(~ Treatment+Sex+Improved, data=Arthritis)    ❶
> mytable
, , Improved = None

          Sex
Treatment Female Male
  Placebo     19   10
  Treated      6    7

, , Improved = Some

          Sex
Treatment Female Male
  Placebo      7    0
  Treated      5    2
```

```
, , Improved = Marked

          Sex
Treatment Female  Male
  Placebo      6     1
  Treated     16     5

> ftable(mytable)
                Sex Female Male
Treatment Improved
Placebo   None            19   10
          Some             7    0
          Marked           6    1
Treated   None             6    7
          Some             5    2
          Marked          16    5

> margin.table(mytable, 1)                              ❷

Treatment
Placebo Treated
     43      41
> margin.table(mytable, 2)
Sex
Female    Male
    59      25
> margin.table(mytable, 3)
Improved
  None    Some Marked
    42      14     28
> margin.table(mytable, c(1, 3))                        ❸
          Improved
Treatment None Some Marked
  Placebo   29    7      7
  Treated   13    7     21
 > ftable(prop.table(mytable, c(1, 2)))                 ❹
                Improved  None   Some Marked
Treatment Sex
Placebo   Female          0.594 0.219  0.188
          Male            0.909 0.000  0.091
Treated   Female          0.222 0.185  0.593
          Male            0.500 0.143  0.357

> ftable(addmargins(prop.table(mytable, c(1, 2)), 3))
                Improved  None   Some Marked    Sum
Treatment Sex
Placebo   Female          0.594 0.219  0.188  1.000
          Male            0.909 0.000  0.091  1.000
Treated   Female          0.222 0.185  0.593  1.000
          Male            0.500 0.143  0.357  1.000
```

❶ 各单元格的频数

❷ 边际频数

❸ 治疗方式（Treatment）× 改善情况（Improved）的边际频数

❹ 治疗方式（Treatment）× 性别（Sex）的各类改善情况比例

第❶部分代码生成了三维分组各单元格的频数。这段代码同时演示了如何使用 ftable() 函数输出更为紧凑和吸引人的表格。

第❷部分代码为治疗方式（Treatment）、性别（Sex）和改善情况（Improved）生成了边际频数。由于使用公式~Treatment+Sex+Improve 创建了这个表，所以 Treatment 需要通过下标 1 来引用，Sex 通过下标 2 来引用，Improved 通过下标 3 来引用。

第❸部分代码为治疗方式（Treatment）× 改善情况（Improved）分组的边际频数，由不同性别（Sex）的单元加和而成。每个 Treatment × Sex 组合中改善情况为 None、Some 和 Marked 患者的比例由❹给出。在这里可以看到治疗组的男性中有 36% 有了显著改善，女性为 59%。一般来说，比例将被添加到不在 prop.table() 调用中的下标上（本例中是第 3 个下标，或称 Improved）。在最后一个例子中可以看到这一点，我们在那里为第 3 个下标添加了边际和。

如果想得到百分比而不是比例，可以将结果表格乘以 100。例如语句：

```
ftable(addmargins(prop.table(mytable, c(1, 2)), 3)) * 100
```

将生成下表：

```
                  Sex Female   Male    Sum
Treatment Improved
Placebo   None          65.5   34.5  100.0
          Some         100.0    0.0  100.0
          Marked        85.7   14.3  100.0
Treated   None          46.2   53.8  100.0
          Some          71.4   28.6  100.0
          Marked        76.2   23.8  100.0
```

列联表可以告诉我们组成表格的各种变量组合的频数或比例，不过我们可能还会对列联表中的变量是否相关或独立感兴趣。7.2.2 节将会讲解独立性检验。

7.2.2 独立性检验

R 提供了多种检验分类变量独立性的方法。本节中描述的 3 种检验分别为卡方独立性检验、Fisher 精确检验和 Cochran-Mantel-Haenszel 检验。

1. 卡方独立性检验

我们可以使用 chisq.test() 函数对二维表的行变量和列变量进行卡方独立性检验。示例参见代码清单 7-10。

代码清单 7-10　卡方独立性检验

```
> library(vcd)
> mytable <- xtabs(~Treatment+Improved, data=Arthritis)
> chisq.test(mytable)
        Pearson's Chi-squared test
```

```
data:  mytable
 X-squared = 13.1, df = 2, p-value = 0.001463                    ❶

> mytable <- xtabs(~Improved+Sex, data=Arthritis)
> chisq.test(mytable)
        Pearson's Chi-squared test
data:  mytable
 X-squared = 4.84, df = 2, p-value = 0.0889                      ❷

Warning message:
In chisq.test(mytable) : Chi-squared approximation may be incorrect
```

❶ 治疗方式（Teatment）和改善情况（Improved）不相互独立

❷ 性别（Sex）和改善情况（Improved）独立

在结果❶中，患者接受的治疗和改善情况看上去存在着某种关系（$p<0.01$），而患者性别和改善情况之间却不存在关系（$p>0.05$）❷。这里的 p 值表示从总体中抽取的样本行变量与列变量是相互独立的概率。因为❶的概率值很小，所以我们拒绝了治疗类型和治疗结果相互独立的原假设。由于❷的概率不够小，因此没有足够的理由说明治疗结果和性别之间是不独立的。代码清单 7-10 中产生警告信息的原因是，表中的 6 个单元格之一（男性－一定程度上的改善）有一个小于 5 的期望值，这可能会使卡方近似无效。

2. Fisher 精确检验

可以使用 fisher.test() 函数进行 Fisher 精确检验。Fisher 精确检验的原假设是：边界固定的列联表中行和列是相互独立的，其调用格式为 fisher.test(*mytable*)，其中 *mytable* 是一个二维列联表。示例如下：

```
> mytable <- xtabs(~Treatment+Improved, data=Arthritis)
> fisher.test(mytable)
        Fisher's Exact Test for Count Data
data: mytable
p-value = 0.001393
alternative hypothesis: two.sided
```

与许多统计软件不同的是，这里的 fisher.test() 函数可以在任意行列数大于等于 2 的二维列联表上使用，而不仅仅用于 2×2 的列联表。

3. Cochran-Mantel-Haenszel 检验

mantelhaen.test() 函数可用来进行 Cochran-Mantel-Haenszel 卡方检验，其原假设是，两个名义变量在第 3 个变量的每一层中都是条件独立的。下列代码可以检验治疗方式和改善情况在性别的每一水平下是否独立。此检验假设不存在三阶交互作用（治疗方式 × 改善情况 × 性别）。

```
> mytable <- xtabs(~Treatment+Improved+Sex, data=Arthritis)
> mantelhaen.test(mytable)
        Cochran-Mantel-Haenszel test
data:  mytable
Cochran-Mantel-Haenszel M^2 = 14.6, df = 2, p-value = 0.0006647
```

结果表明，患者接受的治疗与得到的改善在性别的每一水平下并不独立（从性别来看，接受用药治疗的患者较接受安慰剂治疗的患者有了更多的改善）。

7.2.3 相关性度量

上一节中的显著性检验评估了是否存在充分的证据以拒绝变量间相互独立的原假设。如果可以拒绝原假设，那么我们的兴趣就会自然而然地转向用以衡量相关性强弱的相关性度量。vcd 包中的 assocstats() 函数可以用来计算二维列联表的 phi 系数、列联系数和 Cramer's V 系数。代码清单 7-11 提供了一个示例。

代码清单 7-11 二维列联表的相关性度量

```
> library(vcd)
> mytable <- xtabs(~Treatment+Improved, data=Arthritis)
> assocstats(mytable)
                    X^2 df  P(> X^2)
Likelihood Ratio 13.530  2 0.0011536
Pearson          13.055  2 0.0014626

Phi-Coefficient    : 0.394
Contingency Coeff.: 0.367
Cramer's V         : 0.394
```

总体来说，较大的值意味着较强的相关性。vcd 包也提供了一个 kappa() 函数，可以计算混淆矩阵的 Cohen's kappa 值以及加权的 kappa 值。（举例来说，混淆矩阵可以表示两位评判者对一系列对象进行分类所得结果的一致程度。）

7.2.4 结果的可视化

R 中拥有的以可视化方式探索分类变量间关系的方法要远远超出其他多数统计软件。通常，我们会使用条形图进行一维频数的可视化（参见 6.1 节）。vcd 包中拥有优秀的、用于可视化多维数据集中分类变量间关系的函数，可以绘制相关图（参见 11.3 节）和马赛克图（参见 11.4 节）。最后，ca 包中的对应分析函数允许使用多种几何表示（Nenadic & Greenacre，2007）可视地探索列联表中行和列之间的关系。

对列联表的讨论暂时到此为止，我们将在第 11 章和第 19 章中探讨更多高级话题。下面我们来看看各种类型的相关系数。

7.3 相关分析

相关系数可以用来描述定量变量之间的关系。相关系数的符号（+ 或 -）表明关系的方向（正相关或负相关），其值的大小表示关系的强弱程度（完全不相关时为 0，完全相关时为 1）。

本节中，我们将关注多种相关系数和相关性的显著性检验。我们将使用 R 基础安装中的 state.x77 数据集，这个数据集提供了美国 50 个州在 1977 年的人口、收入、文盲率、预期寿命、谋杀率和高中毕业率数据。数据集中还收录了气温和土地面积数据，但为了节约篇幅，我们没有使用。我们可以使用 help(state.x77) 了解数据集的更多信息。除了基础安装以外，我们还将使用 psych 和 ggm 包。

7.3.1 相关的类型

R 可以计算多种相关系数，包括 Pearson 相关系数、Spearman 相关系数、Kendall 相关系数、偏相关系数、多分格（polychoric）相关系数和多系列（polyserial）相关系数。下面，让我们依次理解这些相关系数。

1. Pearson、Spearman 和 Kendall 相关系数

Pearson 积差相关系数衡量了两个定量变量之间的线性相关程度。Spearman 等级相关系数则衡量分级定序变量之间的相关程度。Kendall's Tau 相关系数也是一种非参数的等级相关度量。

cor() 函数可以计算这 3 种相关系数，而 cov() 函数可用来计算协方差。两个函数的参数有很多，其中与相关系数的计算有关的格式可以简化为：

cor(x, use= , method=)

这些参数详述于表 7-2 中。

表 7-2　cor 和 cov 的参数

参　　数	描　　述
x	矩阵或数据框
use	指定缺失数据的处理方式。可选值为 all.obs（假设不存在缺失数据——遇到缺失数据时将报错）、everything（遇到缺失数据时，相关系数的计算结果将被设为 missing）、complete.obs（行删除）以及 pairwise.complete.obs（成对删除）
method	指定相关系数的类型。可选值为 Pearson、Spearman 或 Kendall

默认参数为 use="everything" 和 method="pearson"。我们可以在代码清单 7-12 中看到一个示例。

代码清单 7-12　协方差和相关系数

```
> states<- state.x77[,1:6]
> cov(states)
           Population Income Illiteracy Life Exp  Murder  HS Grad
Population   19931684 571230    292.868 -407.842 5663.52 -3551.51
Income         571230 377573   -163.702  280.663 -521.89  3076.77
Illiteracy        293   -164      0.372   -0.482    1.58    -3.24
Life Exp         -408    281     -0.482    1.802   -3.87     6.31
Murder           5664   -522      1.582   -3.869   13.63   -14.55
HS Grad         -3552   3077     -3.235    6.313  -14.55    65.24

> cor(states)
           Population Income Illiteracy Life Exp Murder HS Grad
Population     1.0000  0.208      0.108   -0.068  0.344 -0.0985
```

```
Income        0.2082  1.000      -0.437    0.340 -0.230  0.6199
Illiteracy    0.1076 -0.437       1.000   -0.588  0.703 -0.6572
Life Exp     -0.0681  0.340      -0.588    1.000 -0.781  0.5822
Murder        0.3436 -0.230       0.703   -0.781  1.000 -0.4880
HS Grad      -0.0985  0.620      -0.657    0.582 -0.488  1.0000
> cor(states, method="spearman")
            Population Income Illiteracy Life Exp Murder HS Grad
Population       1.000  0.125      0.313   -0.104  0.346  -0.383
Income           0.125  1.000     -0.315    0.324 -0.217   0.510
Illiteracy       0.313 -0.315      1.000   -0.555  0.672  -0.655
Life Exp        -0.104  0.324     -0.555    1.000 -0.780   0.524
Murder           0.346 -0.217      0.672   -0.780  1.000  -0.437
HS Grad         -0.383  0.510     -0.655    0.524 -0.437   1.000
```

第 1 个调用语句计算了方差和协方差，第 2 个调用语句则计算了 Pearson 积差相关系数，而第 3 个调用语句计算了 Spearman 等级相关系数。举例来说，我们可以看到收入和高中毕业率之间存在很强的正相关，而文盲率和预期寿命之间存在很强的负相关。

请注意，在默认情况下得到的结果是一个方阵（所有变量之间两两计算相关）。我们同样可以计算非方形的相关矩阵。观察以下示例：

```
> x <- states[,c("Population", "Income", "Illiteracy", "HS Grad")]
> y <- states[,c("Life Exp", "Murder")]
> cor(x,y)
           Life Exp Murder
Population   -0.068  0.344
Income        0.340 -0.230
Illiteracy   -0.588  0.703
HS Grad       0.582 -0.488
```

当我们对某一组变量与另外一组变量之间的关系感兴趣时，cor() 函数的这种用法是非常实用的。注意，上述结果并未指明相关系数是否显著不为 0，即根据样本数据是否有足够的证据得出总体相关系数不为 0 的结论。由于这个原因，我们需要对相关系数进行显著性检验（将在 7.3.2 节中阐述）。

2. 偏相关

偏相关分析是指在对其他一个或多个定量变量的影响进行控制的条件下，分析两个定量变量之间的相互关系。我们可以使用 ggm 包中的 pcor() 函数计算偏相关系数。ggm 包没有被默认安装，在第一次使用之前需要先进行安装。函数调用格式为：

pcor(*u*, *S*)

其中 *u* 是一个数值向量，前两个数值表示要计算相关系数的变量下标，其余的数值为条件变量（即要排除影响的变量）的下标。*S* 为变量的协方差阵。这个示例有助于阐明用法：

```
> library(ggm)
> colnames(states)
[1] "Population" "Income" "Illiteracy" "Life Exp" "Murder" "HS Grad"
> pcor(c(1,5,2,3,6), cov(states))
[1] 0.346
```

本例中，在控制了收入、文盲率和高中毕业率（分别为变量 2、变量 3 和变量 6）的影响后，人口（变量 1）和谋杀率（变量 5）之间的相关系数为 0.346。偏相关系数常用于社会科学的研究中。

3. 其他类型的相关

polycor 包中的 hetcor() 函数可以计算一种混合的相关矩阵，其中包括数值型变量之间的 Pearson 积差相关系数、数值型变量和顺序变量之间的多系列相关系数、顺序变量之间的多分格相关系数以及二分变量之间的四分相关系数。多系列、多分格和四分相关系数都假设顺序变量或二分变量由潜在的正态分布导出。请参考此包所附文档以了解更多详情。

7.3.2   相关性的显著性检验

在计算好相关系数以后，如何对它们进行统计显著性检验呢？常用的原假设为变量间不相关（总体的相关系数为 0）。我们可以使用 cor.test() 函数对单个的 Pearson、Spearman 和 Kendall 相关系数进行检验。简化后的使用格式为：

```
cor.test(x, y, alternative = , method = )
```

其中，x 和 y 为要检验相关性的变量，alternative 则用来指定进行双侧检验或单侧检验（取值为"two.side"、"less"或"greater"），而 method 用以指定要计算的相关类型（"pearson"、"kendall"或"spearman"）。当研究的假设为总体的相关系数小于 0 时，请使用 alternative="less"。在研究的假设为总体的相关系数大于 0 时，应使用 alternative="greater"。在默认情况下，假设为 alternative="two.side"（总体的相关系数不等于 0）。参考代码清单 7-13 中的示例。

代码清单 7-13   检验某种相关系数的显著性

```
> cor.test(states[,3], states[,5])

        Pearson's product-moment correlation

data:  states[, 3] and states[, 5]
t = 6.85, df = 48, p-value = 1.258e-08
alternative hypothesis: true correlation is not equal to 0
95 percent confidence interval:
 0.528 0.821
sample estimates:
  cor
0.703
```

这段代码检验了预期寿命和谋杀率的 Pearson 相关系数为 0 的原假设。假设总体的相关度为 0，则预计在一千万次中只会有少于一次的机会见到 0.703 这样大的样本相关度（即 $p=1.258e-08$）。因为这种情况几乎不可能发生，所以我们可以拒绝原假设，从而支持了要研究的猜想，即预期寿命和谋杀率之间的总体相关度不为 0。

遗憾的是，`cor.test()` 每次只能检验一种相关关系。但幸运的是，psych 包中提供的 `corr.test()` 函数可以一次做更多事情。`corr.test()` 函数可以使用 Pearson、Spearman 或 Kendall 方法计算样本的相关系数矩阵和显著性水平。代码清单 7-14 中提供了一个示例。

代码清单 7-14 通过 `corr.test()` 计算相关矩阵并进行显著性检验

```
> library(psych)
> corr.test(states, use="complete")

Call:corr.test(x = states, use = "complete")
Correlation matrix
           Population Income Illiteracy Life Exp Murder HS Grad
Population       1.00   0.21       0.11    -0.07   0.34   -0.10
Income           0.21   1.00      -0.44     0.34  -0.23    0.62
Illiteracy       0.11  -0.44       1.00    -0.59   0.70   -0.66
Life Exp        -0.07   0.34      -0.59     1.00  -0.78    0.58
Murder           0.34  -0.23       0.70    -0.78   1.00   -0.49
HS Grad         -0.10   0.62      -0.66     0.58  -0.49    1.00

Sample Size
[1] 50

Probability value
           Population Income Illiteracy Life Exp Murder HS Grad
Population       0.00   0.15       0.46     0.64   0.01     0.5
Income           0.15   0.00       0.00     0.02   0.11     0.0
Illiteracy       0.46   0.00       0.00     0.00   0.00     0.0
Life Exp         0.64   0.02       0.00     0.00   0.00     0.0
Murder           0.01   0.11       0.00     0.00   0.00     0.0
HS Grad          0.50   0.00       0.00     0.00   0.00     0.0
```

参数 `use=` 的取值可为 "pairwise" 或 "complete"（分别表示对缺失值执行成对删除或行删除）。参数 `method=` 的取值可为 "pearson"（默认值）、"spearman" 或 "kendall"。这里可以看到，文盲率和预期寿命的相关系数（-0.59）显著不为 0（$p=0.00$），表明随着文盲率的上升，预期寿命趋于下降。但是，人口和高中毕业率的相关系数（-0.10）并不显著地不为 0（$p=0.5$）。

其他显著性检验

在 7.3.1 节中，我们关注了偏相关系数。在多元正态性的假设下，ggm 包中的 `pcor.test()` 函数可以用来检验在控制一个或多个额外变量时两个变量之间的条件独立性。使用格式为：

`pcor.test(r, q, n)`

其中的 r 是由 `pcor()` 函数计算得到的偏相关系数，q 为要控制的变量数，n 为样本量。

在结束这个话题之前应当指出的是，psych 包中的 `r.test()` 函数提供了多种实用的显著性检验方法。此函数可用来检验：

❏ 某个相关系数的显著性；
❏ 两个独立相关系数的差异是否显著；
❏ 两个基于一个共享变量得到的非独立相关系数的差异是否显著；

❑ 两个基于完全不同的变量得到的非独立相关系数的差异是否显著。

参阅 help(r.test) 以了解详情。

7.3.3　相关关系的可视化

以相关系数表示的二元关系可以通过散点图和散点图矩阵进行可视化，而相关图（correlogram）则为以一种有意义的方式比较大量的相关系数提供了一种独特而强大的方法。这些图形将在第 11 章中详述。

7.4　t 检验

在研究中最常见的行为就是对两个组进行比较。接受某种新药治疗的患者是否较使用某种现有药物的患者表现出了更大程度的改善？某种制造工艺是否较另外一种工艺制造出的不合格品更少？两种教学方法中哪一种更有效？如果你的结果变量是类别型的，那么可以直接使用 7.3 节中阐述的方法。这里我们将关注结果变量为连续型的组间比较，并假设其呈正态分布。

为了阐明方法，我们将使用 MASS 包中的 UScrime 数据集。它包含了 1960 年美国 47 个州的刑罚制度对犯罪率影响的信息。我们感兴趣的结果变量为 Prob（监禁的概率）、U1（14~24 岁年龄段城市男性失业率）和 U2（35~39 岁年龄段城市男性失业率）。分类变量 So（指明该州是否位于南方的指示变量）将作为分组变量使用。数据的尺度已被原始作者重新调整。

7.4.1　独立样本的 t 检验

如果一个人在美国的南方犯罪，他是否更有可能被判监禁？我们比较的对象是南方和非南方各州，因变量为监禁的概率。一个针对两组的独立样本 t 检验可以用于检验两个总体的均值相等的假设。这里假设两组数据是独立的，并且是从正态总体中抽得。检验的调用格式为：

```
t.test(y ~ x, data)
```

其中，y 是一个数值型变量，x 是一个二分变量。调用格式或为：

```
t.test(y1, y2)
```

其中，y1 和 y2 为数值型向量（各组的结果变量）。可选参数 data 的取值为一个包含了这些变量的矩阵或数据框。与其他多数统计软件不同的是，这里的 t 检验默认假定方差不相等，并使用 Welsh 的修正自由度。我们可以添加一个参数 var.equal=TRUE 以假定方差相等，并使用合并方差估计。默认的备择假设是双侧的（均值不相等，但大小的方向不确定）。我们可以添加一个参数 alternative="less" 或 alternative="greater" 来进行有方向的检验。

在下列代码中，我们使用了一个假设方差不相等的双侧检验，比较了南方（group 1）和非南方（group 0）各州的监禁概率：

```
> library(MASS)
> t.test(Prob ~ So, data=UScrime)
```

```
        Welch Two Sample t-test

data:  Prob by So
t = -3.8954, df = 24.925, p-value = 0.0006506
alternative hypothesis: true difference in means is not equal to 0
95 percent confidence interval:
 -0.03852569 -0.01187439
sample estimates:
mean in group 0 mean in group 1
    0.03851265     0.06371269
```

我们可以拒绝南方各州和非南方各州拥有相同监禁概率的假设（$p<0.001$）。

注意　由于结果变量是一个比例值，我们可以在执行t检验之前尝试对其进行正态化变换。在本例中，所有对结果变量合适的变换 [$Y/(1-Y)$、$\log_e(Y/1-Y)$、$\arcsin(Y)$、$\arcsin(\sqrt{Y})$] 都会将检验引向相同的结论。第 8 章将详细讲解数据变换。

7.4.2　非独立样本的 t 检验

再举个例子，我们可能会问：较年轻（14~24 岁）男性的失业率是否比年长（35~39 岁）男性的失业率更高？在这种情况下，这两组数据并不独立。我们不能说亚拉巴马州的年轻男性和年长男性的失业率之间没有关系。当两组的观测值相关时，我们获得的是一个非独立组设计（dependent groups design）。前–后测设计（pre-post design）或重复测量设计（repeated measures design）同样会产生非独立的组。

非独立样本的 t 检验假定组间的差异呈正态分布。对于本例，检验的调用格式为：

```
t.test(y1, y2, paired=TRUE)
```

其中，*y1* 和 *y2* 为两个非独立组的数值向量。结果如下：

```
> library(MASS)
> sapply(UScrime[c("U1","U2")], function(x)(c(mean=mean(x),sd=sd(x))))
        U1    U2
mean  95.5 33.98
sd    18.0  8.45

> with(UScrime, t.test(U1, U2, paired=TRUE))

        Paired t-test

data:  U1 and U2
t = 32.4066, df = 46, p-value < 2.2e-16
alternative hypothesis: true difference in means is not equal to 0
95 percent confidence interval:
 57.67003 65.30870
sample estimates:
mean of the differences
              61.48936
```

差异的均值（约 61.5）足够大，可以保证拒绝年长男性和年轻男性的平均失业率相同的假设。年轻男性的失业率更高。事实上，若总体均值相等，获取一个差异如此大的样本的概率小于 0.000 000 000 000 000 22，即 2.2e–16。

7.4.3 多于两组的情况

如果想在多于两个的组之间进行比较，应该怎么做？如果能够假设数据是从正态总体中独立抽样而得的，那么我们可以使用方差分析（ANOVA）。ANOVA 是一套覆盖了许多实验设计和准实验设计的综合方法。就这一点来说，它的内容值得单列一章。你可以随时离开本节转而阅读第 9 章。

7.5 组间差异的非参数检验

如果数据无法满足 t 检验或 ANOVA 的参数假设，可以转而使用非参数方法。举例来说，如果结果变量在本质上就严重偏倚或呈现有序关系，那么我们可能会希望使用本节中的方法。

7.5.1 两组的比较

若两组数据独立，可以使用 Wilcoxon 秩和检验（更广为人知的名字是 Mann-Whitney U 检验）来评估观测值是否是从相同的概率分布中抽得的，即在一个总体中获得更高得分的概率是否比另一个总体要大。调用格式为：

```
wilcox.test(y ~ x, data)
```

其中的 y 是数值型变量，而 x 是一个二分变量。调用格式或为：

```
wilcox.test(y1, y2)
```

其中的 $y1$ 和 $y2$ 为各组的结果变量。可选参数 data 的取值为一个包含了这些变量的矩阵或数据框。默认进行一个双侧检验。我们可以添加参数 exact 来进行精确检验，指定 alternative="less"或 alternative="greater"进行有方向的检验。

如果我们使用 Mann-Whitney U 检验回答 7.4 节中关于监禁率的问题，将得到这些结果：

```
> with(UScrime, by(Prob, So, median))

So: 0
[1] 0.0382
--------------------
So: 1
[1] 0.0556

> wilcox.test(Prob ~ So, data=UScrime)

        Wilcoxon rank sum test

data:   Prob by So
```

```
W = 81, p-value = 8.488e-05
alternative hypothesis: true location shift is not equal to 0
```

我们可以再次拒绝南方各州和非南方各州监禁率相同的假设（$p<0.001$）。

Wilcoxon 符号秩检验是非独立样本 t 检验的一种非参数替代方法。它适用于两组成对数据和无法保证正态分布假设的情境。调用格式与 Mann-Whitney U 检验完全相同，不过还可以添加参数 paired=TRUE。让我们用它解答 7.4 节中的失业率问题：

```
> sapply(UScrime[c("U1","U2")], median)
U1 U2
92 34

> with(UScrime, wilcox.test(U1, U2, paired=TRUE))

        Wilcoxon signed rank test with continuity correction

data:  U1 and U2
V = 1128, p-value = 2.464e-09
alternative hypothesis: true location shift is not equal to 0
```

我们再次得到了与配对 t 检验相同的结论。

在本例中，含参的 t 检验和与其作用相同的非参数检验得到了相同的结论。当 t 检验的假设合理时，参数检验的功效更强（更容易发现存在的差异）。而非参数检验在假设非常不合理时（如对于等级有序数据）更适用。

7.5.2　多于两组的比较

在要比较的组数多于两个时，必须转而寻求其他方法。可以看看 7.3 节中的 state.x77 数据集，它包含了美国各州的人口、收入、文盲率、预期寿命、谋杀率和高中毕业率数据。如果我们想比较美国 4 个地区（东北部、南部、中北部和西部）的文盲率，应该怎么做呢？这称为**单向设计**（one-way design），我们可以使用参数或非参数的方法来解决这个问题。

如果无法满足 ANOVA 设计的假设，那么可以使用非参数方法来评估组间的差异。如果各组独立，则 Kruskal-Wallis 检验将是一种实用的方法。如果各组不独立（如重复测量设计或随机区组设计），那么 Friedman 检验会更合适。

Kruskal-Wallis 检验的调用格式为：

```
kruskal.test(y ~ A, data)
```

其中的 y 是一个数值型结果变量，A 是一个拥有两个或更多水平的分组变量（grouping variable）。（若有两个水平，则它与 Mann-Whitney U 检验等价。）而 Friedman 检验的调用格式为：

```
friedman.test(y ~ A | B, data)
```

其中的 y 是数值型结果变量，A 是一个分组变量，而 B 是一个用以认定匹配观测值的区组变量（blocking variable）。在以上两例中，data 皆为可选参数，它指定了包含这些变量的矩阵或数据框。

让我们利用 Kruskal-Wallis 检验回答文盲率的问题。首先，我们必须将地区的名称添加到数据集中。这些信息包含在随 R 基础安装分发的 state.region 数据集中。

```
states <- data.frame(state.region, state.x77)
```

现在就可以进行检验了：

```
> kruskal.test(Illiteracy ~ state.region, data=states)
        Kruskal-Wallis rank sum test
data:  states$Illiteracy by states$state.region
Kruskal-Wallis chi-squared = 22.7, df = 3, p-value = 4.726e-05
```

显著性检验的结果意味着美国 4 个地区的文盲率各不相同（$p<0.001$）。

虽然我们可以拒绝不存在差异的原假设，但这个检验并没有告诉我们哪些地区与其他地区相比有显著的不同。要回答这个问题，我们可以使用 Wilcoxon 检验每次比较两组数据。一种更为优雅的方法是在控制犯第一类错误的概率（发现一个事实上并不存在的差异的概率）的前提下，执行可以同步进行的多组比较，这样可以直接完成所有组之间的成对比较。我写的函数 wmc() 可以实现这一目的，它每次用 Wilcoxon 检验比较两组数据，并通过 p.adj() 函数调整概率值。

说实话，我将本章标题中**基本**的定义拓展了不止一点点，但因为在这里讲非常合适，所以希望各位能够容忍我的做法。大家可以在我的网站上下载到一个包含 wmc() 函数的文本文件。代码清单 7-15 通过这个函数比较了美国 4 个区域的文盲率。

代码清单 7-15　非参数多组比较

```
> source("http://mp.ituring.com.cn/files/RiA3/rfiles/wmc.R")    ❶
> states <- data.frame(state.region, state.x77)
> wmc(Illiteracy ~ state.region, data=states, method="holm")

Descriptive Statistics                                          ❷

          West North Central Northeast South
n        13.00        12.00       9.0 16.00
median    0.60         0.70       1.1  1.75
mad       0.15         0.15       0.3  0.59

Multiple Comparisons (Wilcoxon Rank Sum Tests)                  ❸
Probability Adjustment = holm

        Group.1       Group.2  W       p
1          West North Central 88 8.7e-01
2          West     Northeast 46 8.7e-01
3          West         South 39 1.8e-02    *
4 North Central     Northeast 20 5.4e-02    .
5 North Central         South  2 8.1e-05  ***
6     Northeast         South 18 1.2e-02    *
---
Signif. codes:  0 '***' 0.001 '**' 0.01 '*' 0.05 '.' 0.1 ' ' 1
```

❶ 获取函数

❷ 基本统计量

❸ 成组比较

source() 函数下载并执行了定义 wmc() 函数的 R 脚本❶。函数的形式是 wmc(y ~ A, data, method)，其中 y 是数值输出变量，A 是分组变量，data 是包含这些变量的数据框，method 指定限制 I 类误差的方法。代码清单 7-15 使用的是基于 Holm（1979）提出的调整方法，它可以很大程度地控制总体 I 类误差率（在一组成对比较中犯一次或多次 I 类错误的概率）。参阅 help(p.adjust) 以查看其他可供选择的方法。

wmc() 函数首先给出了样本量、样本中位数、每组的绝对中位差❷，其中，西部地区（West）的文盲率最低，南部地区（South）文盲率最高。然后，函数生成了 6 组统计比较（西部与中北部（North Central）、西部与东北部（Northeast）、西部与南部、中北部与东北部、中北部与南部、东北部与南部）❸。可以从双侧 p 值（p）看到，南部与其他 3 个区域有明显差别，但当显著性水平 $p < 0.05$ 时，其他 3 个区域间并没有统计显著的差别。

7.6　组间差异的可视化

在 7.4 节和 7.5 节中，我们关注了进行组间比较的统计方法。使用视觉直观地检查组间差异，同样是全面的数据分析策略中的一个重要组成部分。它允许我们评估差异的量级，甄别出任何会影响结果的分布特征（如偏倚、双峰或离群点）并衡量检验假设的合理程度。R 中提供了许多比较组间数据的图形方法，其中包括 6.6 节中讲解的箱线图（简单箱线图、含凹槽的箱线图、小提琴图），6.5 节中叠加的核密度图，以及将在第 9 章中讨论的在 ANOVA 框架中可视化结果的图形方法。

7.7　小结

- □ 描述性统计量可以用数值方法描述一个定量变量的分布。R 中的许多包为数据框提供了描述性统计量。至于选择哪个包则主要和个人偏好有关了。
- □ 频数表和列联表可以对分类变量的分布进行汇总统计。
- □ t 检验和 Mann-Whitney U 检验可用于定量地比较两组之间的差异性。
- □ 卡方检验可用于评估两个分类变量之间的相关性。相关系数用于评估两个定量变量之间的相关性。
- □ 数值汇总和统计检验通常应该辅以数据可视化。否则，我们可能会忽略数据中的重要特征。

7

Part 3

中级方法

第二部分探讨了作图和统计的基本方法,而第三部分将进一步介绍相关的中级方法。我们将从描述两个变量之间的关系,转换到第 8 章中使用回归模型对数值型结果变量和一系列数值型与(或)类别型自变量之间的关系进行建模。建模通常都是一个复杂、多步骤、且需要反复试错的过程。第 8 章将逐步讲解如何拟合线性模型,评价模型适用性,并解释模型的业务含义。

第 9 章将介绍基于方差分析及其变体对基本实验和准实验设计的分析。在这一章中,我们感兴趣的是处理方式的组合,或条件对数值型结果变量的影响。这一章介绍 R 函数在方差分析、协方差分析、重复测量方差分析、双因素方差分析和多元方差分析中的用法,同时还讨论模型适用性的评价方法以及结果可视化方法。

在实验和准实验设计中,判断样本量对检测处理效果是否足够(功效分析)非常重要,否则,为何要做这些研究呢? 第 10 章将详细介绍功效分析。在讨论假设检验后,这一章重点将放在如何使用 R 函数判断:在给定置信度的前提下,需要多少样本才能判断处理效果。这个结论可以帮助我们规划实验研究和准实验研究以获得有用的结果。

第 11 章扩展了第 6 章的内容,将介绍如何绘制图形来可视化两个或多个变量间关系,包括各种 2D 和 3D 的散点图、散点图矩阵、气泡图、折线图,以及实用但相对鲜为人知的相关图和马赛克图。

第 8 章和第 9 章中所探讨的线性模型要求因变量不仅是连续型的,而且还必须来自正态分布的随机抽样。但很多情况并不满足正态分布假设,第 12 章便为此介绍一些稳健的数据分析方法,它们能处理比较复杂的情况,比如数据来源于未知或混合分布、小样本问题、恼人的异常值,或者依据理论分布设计假设检验时会很复杂且数学上非常难处理的情况。这一章介绍的方法包括重抽样和自助法,这些涉及大量计算资源的方法很容易在 R 中实现,允许我们针对那些不符合传统参数假设的数据修正假设检验。

阅读完第三部分,我们将不仅可以运用这些工具分析常见的实际数据分析问题,而且还可以绘制非常漂亮的图形!

回　归

从许多方面来看，回归分析都是统计学的核心。它其实是一个广义的概念，通指那些用一个或多个自变量（也称预测变量或解释变量）来预测因变量（也称响应变量、效标变量或结果变量）的方法。通常，回归分析可以用来挑选与因变量相关的自变量，可以描述两者的关系，也可以生成一个方程，通过自变量来预测因变量。

例如，一位运动生理学家可通过回归分析获得一个方程，预测一个人在跑步机上锻炼时预期消耗的卡路里数。因变量即消耗的卡路里数（可通过耗氧量计算获得），自变量则可能包括锻炼的时长（分）、处于目标心率的时间占比、平均速度（英里/小时）、年龄（岁）、性别和身体质量指数（BMI）。

从理论的角度来看，回归分析可以帮助解答以下疑问。

- ❏ 锻炼时长与消耗的卡路里数是什么关系？是线性的还是非线性的？比如，卡路里消耗到某个点后，锻炼时长对卡路里的消耗影响会降低吗？
- ❏ 耗费的精力（处于目标心率的时间占比，平均速度）将被如何计算在内？
- ❏ 这些关系对年轻人和老人、男性和女性、肥胖和苗条的人同样适用吗？

从实际的角度来看，回归分析则可以帮助解答以下疑问。

- ❏ 一名 30 岁的男性，BMI 为 28.7，如果以每小时 4 英里的平均速度行走 45 分钟，并且 80% 的时间都在目标心率内，那么他会消耗多少卡路里？
- ❏ 为了准确预测一个人行走时消耗的卡路里数，你需要收集的变量最少是多少个？
- ❏ 预测的准确度可以达到多少？

由于回归分析在现代统计学中非常重要，本章将对其进行一些深度讲解。首先，我们将看一看如何拟合和解释回归模型，其次，回顾一系列识别模型潜在问题的方法，并学习如何解决它们。然后，我们将探究变量选择问题。对于所有可用的自变量，如何确定哪些变量包含在最终的模型中？再次，我们将讨论一般性问题。模型在现实世界中的表现到底如何？最后，我们看看相对重要性问题。模型所有的自变量中，哪个最重要，哪个第二重要，哪个最无关紧要？

正如你所看到的，我们会涵盖许多方面的内容。有效的回归分析本就是一个多次试错的、整体的、多步骤的过程，而不仅仅是一点技巧。为此，本书并不将回归分析分散到多个章中进行讲解，而是用单独的一章来讨论。因此，本章将成为本书最长、最复杂的一章。只要坚持到最后，我保证你一定可以掌握所有的工具，自如地处理许多研究性问题。

8.1　回归的多面性

回归是一个令人困惑的词，因为它有许多特定的变体（见表 8-1）。对于回归模型的拟合，R 提供的强大而丰富的功能和选项也同样令人困惑。例如，2005 年 Vito Ricci 创建的列表表明，R 中做回归分析的函数已超过了 205 个。

表 8-1　回归分析的各种变体

回归类型	用　途
简单线性	用一个连续型自变量预测一个连续型因变量
多项式	用一个连续型自变量预测一个连续型因变量，模型的关系是 n 阶多项式
多元线性	用两个或多个自变量预测一个连续型因变量
多层	用拥有层级结构的数据预测一个因变量（例如学校中教室里的学生）。也被称为分层模型、嵌套模型或混合模型
多变量	用一个或多个自变量预测多个因变量
Logistic	用一个或多个自变量预测一个分类因变量
泊松	用一个或多个自变量预测一个代表频数的因变量
Cox 比例风险	用一个或多个自变量预测一个事件（死亡、失败或旧病复发）发生的时间
时间序列	对误差项相关的时间序列数据建模
非线性	用一个或多个自变量预测一个连续型因变量，不过模型是非线性的
非参数	用一个或多个自变量预测一个连续型因变量，模型的形式源自数据形式，不事先设定
稳健	用一个或多个自变量预测一个连续型因变量，能抵御强影响点的干扰

在本章中，我们的重点是普通最小二乘（OLS）回归法，包括简单线性回归、多项式回归和多元线性回归。第 13 章将介绍其他回归模型，包括 Logistic 回归和泊松回归。

8.1.1　OLS 回归的适用场景

OLS 回归是通过自变量的加权和来预测连续型因变量，其中权重是通过数据估计而得的参数。现在让我们一起看一个改编自 Fwa（2006）的具体示例（此处没有任何含沙射影之意）。

一名工程师想找出跟桥梁老化程度有关的最重要的因素，比如使用年限、交通流量、桥梁设计、建造材料和建造方法、建造质量以及天气情况，并确定它们之间的数学关系。他从一个有代表性的桥梁样本中收集了这些变量的相关数据，然后使用 OLS 回归对数据进行建模。

这种方法需要多次试错。他拟合了一系列模型，检验它们是否符合相应的统计假设，探索了所有异常的发现，最终从许多可能的模型中选择了"最佳"的模型。如果成功，那么结果将会帮助他完成以下任务。

- ❑ 在众多变量中判断哪些对预测桥梁老化程度是有用的，得到它们的相对重要性，从而关注重要的变量。
- ❑ 根据回归所得的方程预测新桥梁的老化情况（自变量的值已知，但是桥梁老化程度未知），找出那些可能会有麻烦的桥梁。
- ❑ 利用对异常桥梁的分析，获得一些出乎意料的信息。比如如果发现某些桥梁的老化速度比预测的更快或更慢，那么研究这些"离群点"可能会有重大的发现，能够帮助理解桥梁老化的机制。

可能桥梁的例子并不能引起我们的兴趣，而且我是从事临床心理学和统计工作的，对土木工程也一无所知，但是这其中蕴含的一般性思想适用于物理、生物和社会科学的许多问题。以下问题都可以通过 OLS 回归法进行处理。

- ❑ 铺路表面的面积与表面盐度有什么关系？
- ❑ 一个用户哪些方面的经历会导致他沉溺于大型多人在线角色扮演游戏？
- ❑ 教育环境中的哪些因素最能影响学生成绩？
- ❑ 血压与盐摄入量和年龄的关系是什么样的？对于男性和女性存在相同的规律吗？
- ❑ 运动场馆和职业运动对大都市的发展有何影响？
- ❑ 哪些因素可以解释各州的啤酒价格差异？（这个问题终于引起了你的注意！）

我们主要的困难有 3 个：发现有趣的问题，设计一个有用的、可以测量的因变量，以及收集合适的数据。

8.1.2　基础回顾

下面的几节，我将介绍如何用 R 函数拟合 OLS 回归模型、评价拟合优度、检验假设条件以及选择模型。此处假定读者已经在本科统计课程的第二学期接触了 OLS，不过我还是会尽量少用数学符号，关注实际运用而不是理论细节。

8.2　OLS 回归

在本章大部分内容中，我们都是利用 OLS 回归法通过一系列的自变量来预测因变量（也可以说是在自变量上"回归"因变量——其名也因此而来）。在 OLS 回归拟合模型的方程中，n 为观测值的数目，k 为自变量的数目。（虽然我极力避免讨论公式，但这里探讨公式是简化问题的需要。）

$$\hat{Y}_i = \hat{\beta}_0 + \hat{\beta}_0 X_{1i} + \cdots + \hat{\beta}_j X_{ji} + \cdots + \hat{\beta}_k X_{ki}, \quad i = 1 \cdots n$$

方程中相应部分的解释如下：

- $\hat{Y}_i$ 第 i 次观测值对应的因变量的预测值（具体来讲，它是在已知预测变量值的条件下，对 Y 分布估计的均值）
- X_{ji} 第 i 次观测值对应的第 j 个预测变量值
- $\hat{\beta}_0$ 截距项（当所有的预测变量都为 0 时，Y 的预测值）
- $\hat{\beta}_j$ 预测变量 j 的回归系数（斜率表示 X_j 改变一个单位所引起的 Y 的改变量）

我们的目标是通过减少因变量的真实值与预测值的差值来获得模型参数（截距项和斜率）。具体而言，即让残差平方和最小。

$$\sum_{i=1}^{n}(Y_i-\hat{Y}_i)^2 = \sum_{i=1}^{n}(Y_i-\hat{\beta}_0-\hat{\beta}_1 X_{1i}-\cdots-\hat{\beta}_j X_{ji}-\cdots-\hat{\beta}_k X_{ki})^2 = \sum_{i=1}^{n}\varepsilon_i^2$$

为了能够恰当地解释 OLS 回归模型的系数，数据必须满足以下统计假设。

- **正态性** 对于固定的自变量值，因变量值成正态分布。
- **独立性** Y_i 值之间相互独立。
- **线性** 因变量与自变量之间为线性相关。
- **同方差性** 因变量的方差不随自变量的取值不同而变化。也可称作不变方差，但是，称其为同方差性感觉上更有学问。

如果违背了以上假设，我们的统计显著性检验结果和所得的置信区间就很可能不精确了。注意，OLS 回归还假定自变量是固定的且测量无误差，但在实践中通常都放松了对这个假设的要求。

8.2.1 用函数 `lm()` 拟合回归模型

在 R 中，拟合线性模型最基本的函数就是 `lm()`，格式为：

```
myfit <- lm(formula, data)
```

其中，*formula* 指要拟合的模型公式，*data* 是一个数据框，包含了用于拟合模型的数据。结果对象（本例中是 `myfit`）存储在一个列表中，包含了所拟合模型的大量信息。拟合公式（`formula`）形式如下：

```
Y ~ X1 + X2 + ... + Xk
```

~左边为因变量，右边为各个自变量，自变量之间用符号+分隔。表 8-2 中的符号可以用不同方式修改这一表达式。

表 8-2 R 表达式中常用的符号

符　　号	用　　途
~	分隔符号，左边为因变量，右边为自变量。例如，要通过 x、z 和 w 预测 y，代码为 y ~ x + z + w
+	分隔自变量
:	表示自变量的交互项。例如，要通过 x、z 及 x 与 z 的交互项预测 y，代码为 y ~ x + z + x:z
*	表示所有可能的交互项的简洁方式。代码 y ~ x * z * w 可展开为 y ~ x + z + w + x:z + x:w + z:w + x:z:w

（续）

符　号	用　途
^	表示交互项达到某个次数。代码 y ~ (x + z + w)^2 可展开为 y ~ x + z + w + x:z + x:w + z:w
.	表示数据框内除因变量外的所有变量的占位符。例如，若一个数据框包含变量 x、y、z 和 w，代码 y ~ . 可展开为 y ~ x + z + w
-	减号，表示从方程中移除某个变量。例如，y ~ (x + z + w)^2 - x:w 可展开为 y ~ x + z + w + x:z + z:w
-1	删除截距项。例如，表达式 y ~ x - 1 拟合 y 在 x 上的回归，并强制直线通过原点
I()	从算术的角度来解释括号中的元素。例如，y ~ x + (z + w)^2 将展开为 y ~ x + z + w + z:w。而代码 y ~ x + I((z + w)^2) 将展开为 y ~ x + h，h 是一个由 z 和 w 的平方和创建的新变量
function	可以在表达式中用的数学函数。例如，log(y) ~ x + z + w 表示通过 x、z 和 w 来预测 log(y)

除了 lm()，表 8-3 还列出了其他一些对做简单或多元回归分析有用的函数。拟合模型后，将这些函数应用于 lm() 返回的对象，可以得到更多额外的模型信息。

表 8-3　对拟合线性模型非常有用的其他函数

函　数	动　作
summary()	展示拟合模型的详细结果
coefficients()	列出拟合模型的模型参数（截距项和斜率）
confint()	提供模型参数的置信区间（默认 95%）
fitted()	列出拟合模型的预测值
residuals()	列出拟合模型的残差值
anova()	生成一个拟合模型的方差分析表，或者比较两个或更多拟合模型的方差分析表
vcov()	列出模型参数的协方差矩阵
AIC()	输出赤池信息量准则
plot()	生成评价拟合模型的诊断图
predict()	用拟合模型对新的数据集预测因变量值

当回归模型包含一个因变量和一个自变量时，我们称为简单线性回归。当只有一个自变量，但同时包含变量的幂（比如，X、$X2$、$X3$）时，我们称为多项式回归。当有不止一个自变量时，则称为多元线性回归。我们首先从一个简单的线性回归例子开始，然后逐步展示多项式回归和多元线性回归，最后还会介绍一个包含交互项的多元线性回归的例子。

8.2.2　简单线性回归

让我们通过一个回归示例来熟悉表 8-3 中的函数。基础安装中的数据集 women 提供了 15 个年龄在 30~39 岁间女性的身高和体重信息。我们想通过身高来预测体重，通过获得一个方程，我们可以分辨出那些过重或过轻的个体。代码清单 8-1 提供了分析过程，图 8-1 展示了结果图形。

代码清单 8-1 简单线性回归

```
> fit <- lm(weight ~ height, data=women)
> summary(fit)

Call:
lm(formula=weight ~ height, data=women)

Residuals:
   Min    1Q Median    3Q    Max
-1.733 -1.133 -0.383  0.742  3.117

Coefficients:
            Estimate Std. Error t value Pr(>|t|)
(Intercept) -87.5167     5.9369   -14.7  1.7e-09 ***
height        3.4500     0.0911    37.9  1.1e-14 ***
---
Signif. codes:  0 '***' 0.001 '**' 0.01 '*' 0.05 '.' 0.1 ' ' 1

Residual standard error: 1.53 on 13 degrees of freedom
Multiple R-squared: 0.991,    Adjusted R-squared: 0.99
F-statistic: 1.43e+03 on 1 and 13 DF,  p-value: 1.09e-14

> women$weight

 [1] 115 117 120 123 126 129 132 135 139 142 146 150 154 159 164

> fitted(fit)

     1      2      3      4      5      6      7      8      9
112.58 116.03 119.48 122.93 126.38 129.83 133.28 136.73 140.18
    10     11     12     13     14     15
143.63 147.08 150.53 153.98 157.43 160.88

> residuals(fit)

    1     2     3     4     5     6     7     8     9    10    11
 2.42  0.97  0.52  0.07 -0.38 -0.83 -1.28 -1.73 -1.18 -1.63 -1.08
   12    13    14    15
-0.53  0.02  1.57  3.12

> plot(women$height,women$weight,
       xlab="Height (in inches)",
       ylab="Weight (in pounds)")
> abline(fit)
```

8

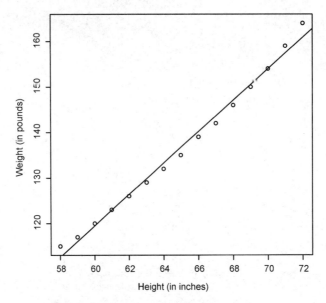

图 8-1 用身高预测体重的散点图以及回归线

从输出结果，我们可以得到预测方程：

$$\widehat{\text{Weight}} = -87.52 + 3.45 \times \text{Height}$$

因为身高不可能为 0，所以没必要给截距项一个物理解释，它仅仅是一个常量调整项。在 `Pr(>|t|)` 栏，可以看到回归系数（3.45）显著不为 0（$p<0.001$），表明身高每增高 1 英寸，体重将预计增加 3.45 磅。R 平方项（0.991）表明模型可以解释体重 99.1%的方差来源，它也是实际和预测值之间相关系数的平方（$R^2 = r^2_{\hat{Y}Y}$）。残差标准误（1.53 lbs）则可认为是模型用身高预测体重的平均误差。F 统计量检验所有的自变量预测因变量是否都在某个概率水平之上。由于简单线性回归只有一个自变量，此处 F 检验等同于身高回归系数的 t 检验。

出于展示的需要，我们已经输出了真实值、预测值和残差值。显然，最大的残差值在身高矮和身高高的地方出现，这也可以从图 8-1 看出来。

图形表明我们可以用含一个弯曲的曲线来提高预测的精度。比如，模型 $\hat{Y} = \hat{\beta}_0 + \hat{\beta}_1 X + \hat{\beta}_2 X^2$ 就能更好地拟合数据。多项式回归允许我们用一个自变量预测一个因变量，它们关系的形式即 n 次多项式。

8.2.3 多项式回归

图 8-1 表明，我们可以通过添加一个二次项（即 X^2）来提高回归的预测精度。如下代码可以拟合含二次项的方程：

```
fit2 <- lm(weight ~ height + I(height^2), data=women)
```

I(height^2)表示向预测方程添加一个身高的平方项。I 函数将括号的内容看作 R 的一个常规表达式。因为^（参见表 8-2）符号在表达式中有特殊的含义，会调用并不需要的东西，所以此处必须要用这个函数。

代码清单 8-2 展示了拟合含二次项方程的结果。

代码清单 8-2　多项式回归

```
> fit2 <- lm(weight ~ height + I(height^2), data=women)
> summary(fit2)

Call:
lm(formula=weight ~ height + I(height^2), data=women)

Residuals:
    Min      1Q   Median      3Q      Max
-0.5094  -0.2961  -0.0094  0.2862  0.5971

Coefficients:
              Estimate Std. Error t value Pr(>|t|)
(Intercept)  261.87818   25.19677   10.39  2.4e-07 ***
height        -7.34832    0.77769   -9.45  6.6e-07 ***
I(height^2)    0.08306    0.00598   13.89  9.3e-09 ***
---
Signif. codes:  0 '***' 0.001 '**' 0.01 '*' 0.05 '.' 0.1 ' ' 1

Residual standard error: 0.384 on 12 degrees of freedom
Multiple R-squared: 0.999,     Adjusted R-squared: 0.999
F-statistic: 1.14e+04 on 2 and 12 DF,  p-value: <2e-16

> plot(women$height,women$weight,
       xlab="Height (in inches)",
       ylab="Weight (in lbs)")
> lines(women$height,fitted(fit2))
```

新的预测方程为：

$$\widehat{\text{Weight}} = 261.88 - 7.35 \times \text{Height} + 0.083 \times \text{Height}^2$$

在 $p<0.001$ 水平下，回归系数都非常显著。模型的方差解释率已经增加到了 99.9%。二次项的显著性（$t=13.89$，$p<0.001$）表明包含二次项提高了模型的拟合度。从图 8-2 也可以看出曲线确实拟合得较好。

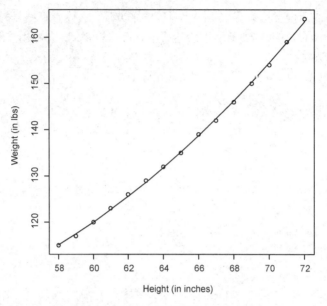

图 8-2　用身高预测体重的二次回归

线性模型与非线性模型

　　多项式方程仍可认为是线性回归模型，因为方程仍是预测变量的加权和形式（本例中是身高和身高的平方）。即使这样的模型：

$$\hat{Y}_i = \hat{\beta}_0 + \hat{\beta}_1 \log_e X_1 + \hat{\beta}_2 \times \sin X_2$$

仍可认为是线性模型（参数项是线性的），能用这样的表达式进行拟合：

$$Y \sim \log(X_1) + \sin(X_2)$$

　　相反，下面的例子才能算是真正的非线性模型：

$$\hat{Y}_i = \hat{\beta}_0 + \hat{\beta}_1 e^{x/\hat{\beta}_2}$$

这种非线性模型可用 nls() 函数进行拟合。

　　一般来说，n 次多项式生成一个带有 $n-1$ 个弯曲的曲线。拟合三次多项式，可用：

```
fit3 <- lm(weight ~ height + I(height^2) +I(height^3), data=women)
```

虽然更高次的多项式也可用，但我发现使用比三次更高的项几乎没有必要。

8.2.4 多元线性回归

当自变量不止一个时，简单线性回归就变成了多元线性回归，分析也稍微复杂些。从技术上来说，多项式回归可以算是多元线性回归的特例：二次回归有两个自变量（X 和 X^2），三次回归有 3 个自变量（X、X^2 和 X^3）。现在，让我们看一个更一般的例子。

以 R 自带的 state.x77 数据集为例，我们想探究一个州的犯罪率和其他因素的关系，包括人口、文盲率、收入和结霜天数（温度在冰点以下的平均天数）。

因为 lm() 函数需要一个数据框（state.x77 数据集是矩阵），为了以后处理方便，我们需要做如下转化：

```
states <- as.data.frame(state.x77[,c("Murder", "Population",
                        "Illiteracy", "Income", "Frost")])
```

这行代码创建了一个名为 states 的数据框，包含了我们感兴趣的变量。本章的余下部分，我们都将使用这个新的数据框。

多元回归分析中，第一步最好检查一下自变量间的相关性。cor() 函数提供了二变量之间的相关系数，car 包中 scatterplotMatrix() 函数则会生成散点图矩阵（见代码清单 8-3 和图 8-3）。

代码清单 8-3 检测二变量关系

```
> states <- as.data.frame(state.x77[,c("Murder", "Population",
                        "Illiteracy", "Income", "Frost")])

> cor(states)
           Murder Population Illiteracy Income Frost
Murder       1.00       0.34       0.70  -0.23 -0.54
Population   0.34       1.00       0.11   0.21 -0.33
Illiteracy   0.70       0.11       1.00  -0.44 -0.67
Income      -0.23       0.21      -0.44   1.00  0.23
Frost       -0.54      -0.33      -0.67   0.23  1.00

> library(car)
> scatterplotMatrix(states, smooth=FALSE, main="Scatter Plot Matrix")
```

scatterplotMatrix() 函数默认在非对角线区域绘制变量间的散点图，并添加平滑和线性拟合曲线。对角线区域绘制每个变量的核密度图和轴须图。如果参数 smooth=FALSE，则不显示平滑曲线。

从图中可以看到，谋杀率是双峰的曲线，每个自变量都在一定程度上出现了偏斜。谋杀率随着人口和文盲率的增加而增加，随着收入和结霜天数的增加而下降。同时，越冷的州文盲率越低，人口越少，收入越高。

Scatter Plot Matrix

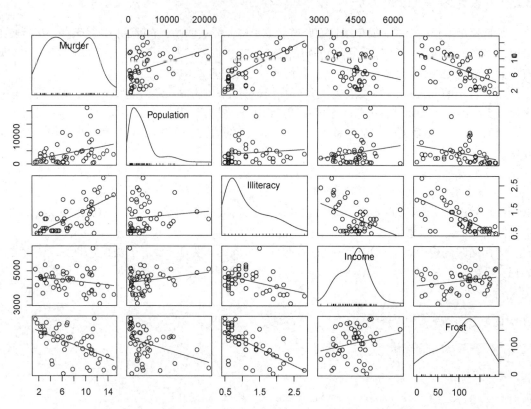

图 8-3　州数据中因变量与自变量的散点图矩阵，其中包含平滑和线性拟合曲线，以及相应的边际分布（核密度图和轴须图）

现在使用 `lm()` 函数拟合多元线性回归模型（见代码清单 8-4）。

代码清单 8-4　多元线性回归

```
> states <- as.data.frame(state.x77[,c("Murder", "Population",
                          "Illiteracy", "Income", "Frost")])

> fit <- lm(Murder ~ Population + Illiteracy + Income + Frost,
            data=states)
> summary(fit)

Call:
lm(formula=Murder ~ Population + Illiteracy + Income + Frost,
    data=states)

Residuals:
   Min     1Q  Median     3Q     Max
-4.7960 -1.6495 -0.0811  1.4815  7.6210
```

```
Coefficients:
            Estimate Std. Error t value Pr(>|t|)
(Intercept) 1.23e+00   3.87e+00    0.32    0.751
Population  2.24e-04   9.05e-05    2.47    0.017 *
Illiteracy  4.14e+00   8.74e-01    4.74  2.2e-05 ***
Income      6.44e-05   6.84e-04    0.09    0.925
Frost       5.81e-04   1.01e-02    0.06    0.954
---
Signif. codes:  0 '***' 0.001 '**' 0.01 '*' 0.05 '.v 0.1 'v' 1

Residual standard error: 2.5 on 45 degrees of freedom
Multiple R-squared: 0.567,     Adjusted R-squared: 0.528
F-statistic: 14.7 on 4 and 45 DF,  p-value: 9.13e-08
```

当自变量不止一个时，回归系数的含义为：一个自变量增加一个单位，其他自变量保持不变时，因变量将要增加的数量。例如本例中，文盲率的回归系数为 4.14，表示控制人口、收入和结霜天数不变时，文盲率每上升 1%，谋杀率将会上升 4.14%，它的系数在 $p<0.001$ 的水平下显著不为 0。相反，结霜天数的系数没有显著不为 0（$p=0.954$），表明当控制其他变量不变时，结霜天数与谋杀率不呈线性相关。总体来看，所有的自变量解释了各州谋杀率 57% 的方差。

以上分析中，我们没有考虑自变量的交互项。在接下来的一节中，我们将考虑一个包含交互项的例子。

8.2.5 带交互项的多元线性回归

许多很有趣的研究都会涉及自变量的交互项。以 mtcars 数据框中的汽车数据为例，若你对汽车重量和发动机功率感兴趣，可以把它们当作自变量，并包含交互项来拟合回归模型，参见代码清单 8-5。

代码清单 8-5　有显著交互项的多元线性回归

```
> fit <- lm(mpg ~ hp + wt + hp:wt, data=mtcars)
> summary(fit)

Call:
lm(formula=mpg ~ hp + wt + hp:wt, data=mtcars)

Residuals:
   Min    1Q Median    3Q    Max
-3.063 -1.649 -0.736  1.421  4.551

Coefficients:
            Estimate Std. Error t value Pr(>|t|)
(Intercept) 49.80842    3.60516   13.82  5.0e-14 ***
hp          -0.12010    0.02470   -4.86  4.0e-05 ***
wt          -8.21662    1.26971   -6.47  5.2e-07 ***
hp:wt        0.02785    0.00742    3.75  0.00081 ***
---
Signif. codes:  0 '***' 0.001 '**' 0.01 '*' 0.05 '.' 0.1 ' ' 1
```

```
Residual standard error: 2.1 on 28 degrees of freedom
Multiple R-squared: 0.885,      Adjusted R-squared: 0.872
F-statistic: 71.7 on 3 and 28 DF,  p-value: 2.98e-13
```

我们可以看到 `Pr(>|t|)` 栏中，发动机功率与汽车重量的交互项是显著的，这意味着什么呢？若两个自变量的交互项显著，说明因变量与其中一个自变量的关系依赖于另外一个自变量的水平。因此此例说明，每加仑汽油行驶英里数与汽车发动机功率的关系依汽车重量不同而不同。

预测 `mpg` 的模型为 $\widehat{mpg}$ =49.81–0.12 × hp–8.22 × wt + 0.03 × hp × wt。为更好地理解交互项，可以赋给 `wt` 不同的值，并简化方程。例如，可以试试 `wt` 的均值（3.2），少于均值一个标准差和多于均值一个标准差的值（分别是 2.2 和 4.2）。若 `wt=2.2`，则方程可以化简为 $\widehat{mpg}$ =49.81–0.12 × hp–8.22 × (2.2) + 0.03 × hp × (2.2) =31.41–0.06 × hp；若 `wt=3.2`，则变成了 $\widehat{mpg}$ =23.37–0.03 × hp；若 `wt=4.2`，则方程为 $\widehat{mpg}$ =15.33–0.003 × hp。我们将发现，随着汽车重量的增加（2.2、3.2、4.2），hp 每增加一个单位引起的 mpg 预期改变却在减少（0.06、0.03、0.003）。

通过 `effects` 包中的 `effect()` 函数，我们可以用图形展示交互项的结果。格式为：

```
plot(effect(term, mod,, xlevels), multiline=TRUE)
```

term 即模型要绘制的项，*mod* 为通过 `lm()` 拟合的模型，*xlevels* 是一个列表，指定变量要设定的常量值，`multiline=TRUE` 选项表示添加相应直线。`lines` 选项指定每条线的线条类型（其中 1 为实线，2 为虚线，3 为点线）。对于上例，即：

```
library(effects)
plot(effect("hp:wt", fit,, list(wt=c(2.2,3.2,4.2))),
     lines=c(1,2,3), multiline=TRUE)
```

结果展示在图 8-4 中。

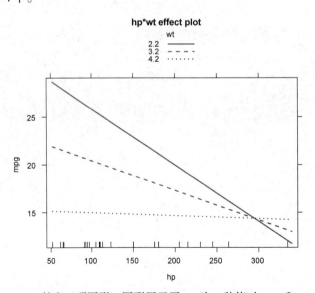

图 8-4　hp*wt 的交互项图形。图形展示了 wt 为 3 种值时 mpg 和 hp 的关系

从图中可以很清晰地看出，随着汽车重量的增加，发动机功率与每加仑汽油行驶英里数的关系减弱了。当 wt=4.2 时，直线几乎是水平的，表明随着 hp 的增加，mpg 不会发生改变。

然而，拟合模型只不过是分析的第一步，一旦拟合了回归模型，在信心十足地进行推断之前，必须对方法中暗含的统计假设进行检验。这正是 8.3 节的主题。

8.3   回归模型的诊断

在 8.2 节中，我们用 lm() 函数来拟合 OLS 回归模型，通过 summary() 函数获取模型参数和相关统计量。但是，没有任何输出告诉我们模型是否合适，我们对模型参数推断的信心依赖于它在多大程度上满足 OLS 回归模型统计假设。虽然在代码清单 8-4 中 summary() 函数对模型有了整体的描述，但是它没有提供关于模型在多大程度上满足统计假设的任何信息。

为什么这很重要？因为数据的无规律性或者错误设定了自变量与因变量的关系，这将致使我们的模型产生巨大的偏差。一方面，我们可能得出某个自变量与因变量无关的结论，但事实上它们是相关的；另一方面，情况可能恰好相反。当我们的模型应用到真实世界中时，预测效果可能很差，误差显著。

现在让我们通过 confint() 函数的输出来看看 8.2.4 节中 states 多元回归的问题。

```
> states <- as.data.frame(state.x77[,c("Murder", "Population",
                          "Illiteracy", "Income", "Frost")])
> fit <- lm(Murder ~ Population + Illiteracy + Income + Frost, data=states)
> confint(fit)
                  2.5 %      97.5 %
(Intercept) -6.55e+00  9.021318
Population   4.14e-05  0.000406
Illiteracy   2.38e+00  5.903874
Income      -1.31e-03  0.001441
Frost       -1.97e-02  0.020830
```

结果表明，文盲率改变 1%，谋杀率就在 95%的置信区间[2.38, 5.90]中变化。另外，因为结霜天数的置信区间包含 0，所以可以得出结论：当其他变量不变时，温度的改变与谋杀率无关。不过，我们对这些结果的信心都只建立在我们的数据满足统计假设的前提之上。

回归诊断技术向我们提供了评估回归模型适用性的必要工具，它能帮助发现并纠正问题。我们首先探讨 R 基础包中函数的标准方法，然后再看看 car 包中改进了的新方法。

8.3.1   标准方法

R 基础安装中提供了大量检验回归分析中统计假设的方法。最常见的方法就是对 lm() 函数返回的对象使用 plot() 函数，生成评估模型拟合情况的 4 幅图形。下面是简单线性回归的例子：

```
fit <- lm(weight ~ height, data=women)
par(mfrow=c(2,2))
plot(fit)
par(mfrow=c(1,1))
```

生成的图形见图 8-5。par(mfrow=c(2,2))将 plot()函数绘制的 4 幅图形组合在一个大的 2×2的图中。第 2 个 par()函数又恢复为显示单个图形。

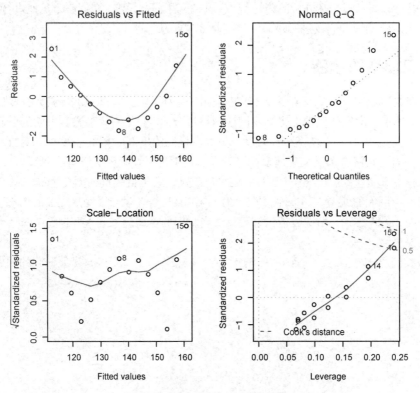

图 8-5　体重对身高回归的诊断图

为理解这些图形，我们来回顾一下 OLS 回归的统计假设。

☐ **正态性**（Normality）。当自变量值固定时，因变量成正态分布，则残差值也应该是一个均值为 0 的正态分布。"正态 Q-Q 图"（Normal Q-Q，右上）是在正态分布对应的值下，标准化残差的概率图。若满足正态假设，那么图上的点应该落在呈 45 度角的直线上；若不是如此，那么就违反了正态性的假设。

☐ **独立性**（Independence）。我们无法从这些图中分辨出因变量值是否相互独立，只能从数据的收集方式来验证。上面的例子中，没有任何先验的理由去相信一位女性的体重会影响另外一位女性的体重。假若我们发现数据是从一个家庭抽样得来的，那么可能必须要调整模型独立性的假设。

☐ **线性**（Linearity）。若因变量与自变量线性相关，那么残差值与预测（拟合）值就没有任何系统关联。换句话说，除了白噪声，模型应该包含数据中所有的系统方差。在"残差图—拟合图"（Residuals vs Fitted，左上）中可以清楚地看到一个曲线关系，这暗示着我们可能需要对回归模型加上一个二次项。

□ **同方差性**（Homoscedasticity）。若满足同方差性假设，那么在"位置-尺度关系图"（Scale-Location，左下）中，水平线周围的点应该随机分布。该图似乎满足此假设。

最后一幅"残差-杠杆关系图"（Residuals vs Leverage，右下）提供了我们可能关注的单个观测点的信息。从图形可以识别出离群点、高杠杆值点和强影响点。下面来详细介绍。

□ 一个观测点是**离群点**，表明拟合回归模型对其预测效果不佳（产生了巨大的或正或负的残差）。

□ 一个观测点有很高的**杠杆值**，表明它是一个异常的自变量值的组合。也就是说，在自变量空间中，它是一个离群点。因变量值不参与计算一个观测点的杠杆值。

□ 一个观测点是**强影响点**（influential observation），表明它对模型参数的估计产生的影响过大，非常不成比例。强影响点可以通过 Cook 距离即 Cook'sD 统计量来识别。

不过老实说，我觉得残差—杠杆关系图的可读性差且不够实用。在接下来的章节中，我们将会看到对这一信息更好的呈现方法。

虽然这些标准的诊断图形很有用，但是 R 中还有更好的工具可用，相比 plot(fit)方法，我更推荐它们。

8.3.2 改进的方法

car 包提供了大量函数，大大增强了拟合和评估回归模型的能力（见表 8-4）。

表 8-4 （car 包中的）回归诊断实用函数

函 数	用 途
qqPlot()	分位数比较图
durbinWatsonTest()	对误差自相关性做 Durbin-Watson 检验
crPlots()	成分与残差图
ncvTest()	对非恒定的误差方差做得分检验
spreadLevelPlot()	分散水平图
outlierTest()	Bonferroni 离群点检验
avPlots()	添加的变量图形
influencePlot()	回归影响图
vif()	方差膨胀因子

我们把这些函数应用到之前的多元回归例子中，并逐个探讨。

1. 正态性

与基础包中的 plot()函数相比，qqPlot()函数提供了更为精确的正态假设检验方法，它绘制出了在 $n-p-1$ 个自由度的 t 分布下的**学生化残差**（studentized residual，也称学生化删除残差或折叠化残差）图形，其中 n 是样本量，p 是回归参数的数目（包括截距项）。代码如下：

```
library(car)
states <- as.data.frame(state.x77[,c("Murder", "Population",
```

```
                    "Illiteracy", "Income", "Frost")])
fit <- lm(Murder ~ Population + Illiteracy + Income + Frost, data=states)
qqPlot(fit, labels=row.names(states), id=list(method="identify"),
        simulate=TRUE, main="Q-Q Plot")
```

qqPlot()函数生成的概率图见图 8-6。id=list(method="identity")选项能够交互式绘图——待图形绘制后，用鼠标单击图形内的点，将会标注函数中 labels 选项的设定值。按"Esc"键，或者单击图形右上角的 Finish 按钮，都将关闭这种交互模式。此处，我已经识别出了 Nevada 异常点。当 simulate=TRUE 时，95%的置信区间将会用参数自助法（自助法请参见第 12 章）生成。

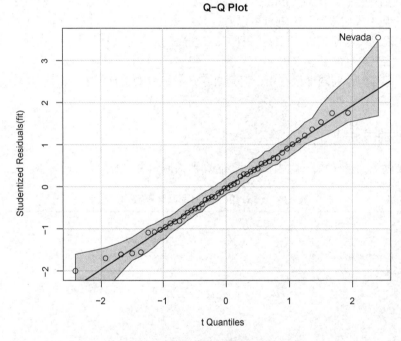

图 8-6 学生化残差的 Q-Q 图

除了 Nevada，所有的点都离直线很近，并都落在置信区间内，这表明正态性假设符合得很好。但是，我们也必须关注 Nevada，它有一个很大的正残差值（真实值 - 预测值），表明模型低估了该州的谋杀率。代码具体如下：

```
> states["Nevada",]

       Murder Population Illiteracy Income Frost
Nevada   11.5        590        0.5   5149   188

> fitted(fit)["Nevada"]

  Nevada
3.878958
```

```
> residuals(fit)["Nevada"]

   Nevada
7.621042

> rstudent(fit)["Nevada"]

   Nevada
3.542929
```

可以看到，Nevada 的谋杀率是 11.5%，而模型预测的谋杀率约为 3.9%。你应该会提出这样的问题："为什么 Nevada 的谋杀率会比根据人口、收入、文盲率和结霜天数预测所得的谋杀率高呢？"

2. 误差的独立性

之前章节提过，判断因变量值（或残差）是否相互独立，最好的方法是依据收集数据方式的先验知识。例如，时间序列数据通常呈现自相关性——相隔时间越近的观测值相关性大于相隔越远的观测值。car 包提供了一个可做 Durbin-Watson 检验的函数，能够检测误差的序列相关性。在多元回归中，使用下面的代码可以做 Durbin-Watson 检验：

```
> durbinWatsonTest(fit)
 lag Autocorrelation D-W Statistic p-value
  1           -0.201          2.32   0.282
Alternative hypothesis: rho != 0
```

p 值不显著（$p=0.282$）说明没有自相关性，误差项之间独立。滞后项（lag=1）表明数据集中每个数据都是与其后一个数据进行比较的。该检验适用于时间独立的数据，对于非聚集型的数据并不适用。注意，durbinWatsonTest() 函数使用自助法（参见第 12 章）来导出 p 值。如果添加了选项 simulate=TRUE，则每次运行测试时获得的结果都将略有不同。

3. 线性

通过**成分残差图**（component plus residual plot）也称偏残差图（partial residual plot），我们可以看看因变量与自变量之间是否呈非线性关系，也可以看看是否有不同于已设定线性模型的系统偏差，图形可用 car 包中的 crPlots() 函数绘制。

创建变量 k 的成分残差图，需要绘制点

$$\varepsilon_i + \hat{\beta}_k \times X_{ik} \text{ vs. } X_{ik}$$

其中残差项 ε_i 是基于完全模型的（包含所有自变量），$i=1\cdots n$。每幅图都会绘出由 $\varepsilon_i + \hat{\beta}_k \times X_{ik}$ vs. X_{ik} 得出的直线。每幅图都有平滑拟合非参数曲线（loess）（第 11 章将介绍此曲线）。生成这些图形的代码如下：

```
> library(car)
> crPlots(fit)
```

结果如图 8-7 所示。若图形存在非线性，则说明我们可能对自变量的函数形式建模不够充分，那么就需要添加一些曲线成分，比如多项式项，或对一个或多个变量进行变换（如用 log(X) 代替 x），或用其他回归变体形式而不是线性回归。本章稍后会介绍变量变换。

从图 8-7 中可以看出，成分残差图证实了我们的线性假设，线性模型形式对该数据集看似是合适的。

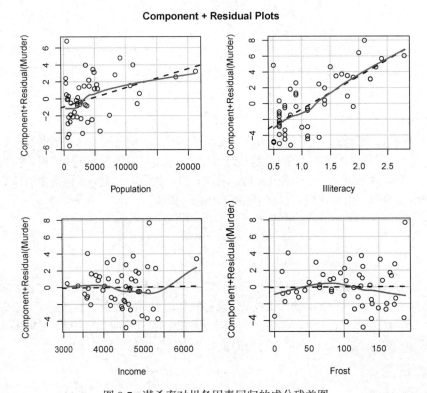

图 8-7　谋杀率对州各因素回归的成分残差图

4. 同方差性

car 包还提供了两个有用的函数，可以判断误差方差是否恒定不变。ncvTest() 函数生成一个计分检验，零假设为误差方差不变，备择假设为误差方差随着拟合值水平的变化而变化。若检验显著，则说明存在异方差性（误差方差不恒定）。

spreadLevelPlot() 函数创建一个添加了最佳拟合曲线的散点图，展示标准化残差绝对值与拟合值的关系。函数应用如代码清单 8-6 所示。

代码清单 8-6　检验同方差性

```
> library(car)
> ncvTest(fit)
```

```
Non-constant Variance Score Test
Variance formula: ~ fitted.values
Chisquare=1.7    Df=1    p-0.19

> spreadLevelPlot(fit)

Suggested power transformation: 1.2
```

可以看到，计分检验不显著（$p=0.19$），说明满足同方差性假设。我们还可以通过分布水平图（图8-8）看到这一点，其中的点在水平的最佳拟合曲线周围呈水平随机分布。若违反了该假设，我们将会看到一个非水平的曲线。代码清单8-6建议幂次变换（suggested power transformation）的含义是，经过 p 次幂（Y^p）变换，非恒定的误差方差将会平稳。例如，若图形显示出了非水平趋势，建议幂次转换为0.5，在回归方程中用 $\sqrt{Y}$ 代替 Y，可能会使模型满足同方差性。若建议幂次为0，则使用对数变换。对于当前例子，异方差性很不明显，因此建议幂次接近1（不需要进行变换）。

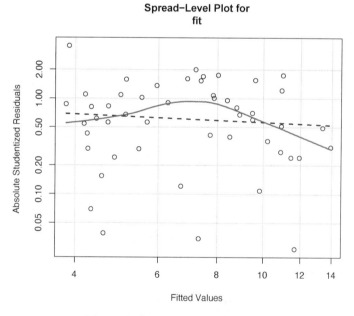

图 8-8   评估同方差性的分布水平图

8.3.3   多重共线性

在即将结束回归诊断这一节前，让我们来看一个比较重要的问题，它与统计假设没有直接关联，但是对于解释多元回归的结果非常重要。假设我们正在进行一项握力研究，自变量包括 DOB（Date Of Birth，出生日期）和年龄。我们用握力对 DOB 和年龄进行回归，F 检验显著，$p<0.001$。但是当我们观察 DOB 和年龄的回归系数时，发现它们都不显著（也就是说无法证明它们与握力

相关）。到底是怎么回事呢？

原因是 DOB 与年龄在四舍五入后相关性极大。回归系数测量的是当其他自变量不变时，某个自变量对因变量的影响。那么此处就相当于假定年龄不变，然后测量握力与年龄的关系，这种问题就称作**多重共线性**（multicollinearity）。它会导致模型参数的置信区间过大，使单个系数解释起来很困难。

多重共线性可用统计量 VIF（variance inflation factor，方差膨胀因子）进行检测。对于任何一个自变量，VIF 的平方根表示变量回归参数的置信区间能膨胀为与模型无关的自变量的程度（因此而得名）。car 包中的 vif() 函数提供 VIF 值。一般原则下，vif > 10 就表明存在多重共线性问题。代码参见代码清单 8-7，结果表明自变量不存在多重共线性问题。

代码清单 8-7   检测多重共线性

```
> library(car)
> vif(fit)

Population Illiteracy      Income        Frost
      1.2        2.2         1.3          2.1

> vif(fit) > 10 # problem?

Population Illiteracy      Income        Frost
    FALSE      FALSE       FALSE        FALSE
```

8.4   异常观测值

一个全面的回归分析要覆盖对异常观测值的分析，包括离群点、高杠杆值点和强影响点。这些数据点需要更深入的研究，因为它们在一定程度上与其他观测点不同，可能对结果产生较大的负面影响。下面我们依次学习这些异常值。

8.4.1   离群点

离群点是指那些模型预测效果不佳的观测点。它们通常有很大的、或正或负的残差（$Y_i - \hat{Y}_i$）。正的残差说明模型对因变量的预测值过小，负的残差则说明模型对因变量的预测值过大。

我们已经学习过一种识别离群点的方法：图 8-6 的 Q-Q 图落在置信区间带外的点即可被认为是离群点。另外一个粗糙的判断准则：标准化残差值大于 2 或者小于-2 的点可能是离群点，需要我们特别关注。

car 包也提供了一种离群点的统计检验方法。outlierTest() 函数可以求得最大标准化残差绝对值 Bonferroni 调整后的 p 值：

```
> library(car)
> outlierTest(fit)
       rstudent unadjusted p-value Bonferroni p
Nevada     3.5             0.00095        0.048
```

此处，我们可以看到 Nevada 被判定为离群点（p=0.048）。注意，该函数只是根据单个最大（或正或负）残差值的显著性来判断是否有离群点。若不显著，则说明数据集中没有离群点；若显著，则必须删除该离群点，然后再检验是否还有其他离群点存在。

8.4.2 高杠杆值点

高杠杆值观测点，即与其他自变量有关的离群点。换句话说，它们是由许多异常的自变量值组合起来的，与因变量值没有关系。

高杠杆值的观测点可通过**帽子统计量**（hat statistic）判断。对于一个给定的数据集，帽子均值为 p/n，其中 p 是模型估计的参数数目（包含截距项），n 是样本量。一般来说，若观测点的帽子值大于帽子均值的 2 或 3 倍，就可以判定为高杠杆值点。下面的代码绘制出了帽子值的分布：

```
hat.plot <- function(fit) {
        p <- length(coefficients(fit))
        n <- length(fitted(fit))
        plot(hatvalues(fit), main="Index Plot of Hat Values")
        abline(h=c(2,3)*p/n, col="red", lty=2)
        identify(1:n, hatvalues(fit), names(hatvalues(fit)))
    }
hat.plot(fit)
```

结果见图 8-9。

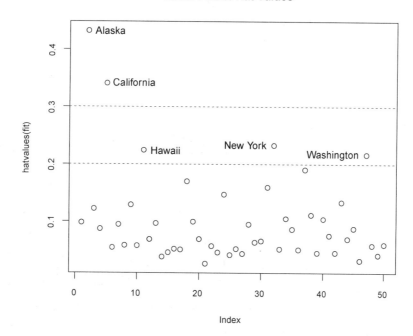

图 8-9 用帽子值来判定高杠杆值点

水平线标注的即帽子均值 2 倍和 3 倍的位置。定位函数（locator function）能以交互模式绘图：单击感兴趣的点，然后进行标注，停止交互时，用户可按"Esc"键退出，或单击图形右上角的 Finish 按钮。

此图中，可以看到 Alaska 和 California 非常异常，查看它们的自变量值，并与其他 48 个州进行比较发现：Alaska 的收入比其他州高得多，但其人口少、温度低；California 的人口比其他州多得多，但其收入和温度也很高。

高杠杆值点可能是强影响点，也可能不是，这要看它们是否是离群点。

8.4.3　强影响点

强影响点，即对模型参数估计值的影响有些比例失衡的点。例如，若移除模型的一个观测点时模型会发生巨大的改变，那么我们就需要检测一下数据中是否存在强影响点了。

有两种方法可以检测强影响点：Cook 距离，或称 D 统计量，以及变量添加图（added variable plot）。一般来说，Cook's D 值大于 $4/(n-k-1)$，则表明它是强影响点，其中 n 为样本量，k 是自变量数目。可通过如下代码绘制 Cook's D 图（图 8-10）：

```
cutoff <- 4/(nrow(states)-length(fit$coefficients)-2)
plot(fit, which=4, cook.levels=cutoff)
abline(h=cutoff, lty=2, col="red")
```

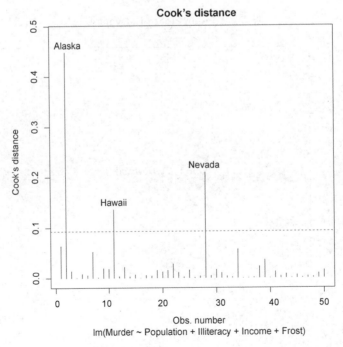

图 8-10　识别强影响点的 Cook's D 图

通过图形可以判断 Alaska、Hawaii 和 Nevada 是强影响点。若删除这些点，将会导致回归模型截距项和斜率发生显著变化。注意，虽然该图对搜寻强影响点很有用，但我逐渐发现以 1 为分割点比 4/(n–k–1)更具一般性。若设定 D=1 为判别标准，则数据集中没有任何点看起来像是强影响点。

Cook's D 图有助于识别强影响点，但是并不提供关于这些点如何影响模型的信息。变量添加图弥补了这个缺陷。对于一个因变量和 k 个自变量，我们可以如下图创建 k 个变量添加图。

所谓变量添加图，即对于每个自变量 X_k，绘制 X_k 在其他 k–1 个自变量上回归的残差值相对于因变量在其他 k–1 个自变量上回归的残差值的关系图。car 包中的 avPlots()函数可提供变量添加图：

```
library(car)
avPlots(fit, ask=FALSE, id=list(method="identify"))
```

结果如图 8-11 所示。图形一次生成一个，用户可以通过单击点来判断强影响点。按下"Esc"键，或单击图形右上角的 Finish 按钮，便可移动到下一个图形。我已在左下图中识别出 Alaska 为强影响点。

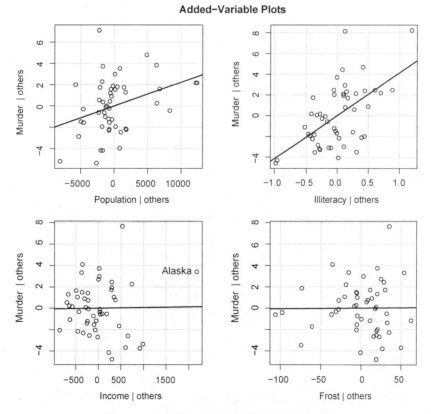

图 8-11　评估强影响点影响效果的变量添加图

　　图中的直线表示相应自变量的实际回归系数。我们可以想象删除某些强影响点后直线的改变，以此来估计它的影响效果。例如，来看左下角的图（"Murder | others" vs. "Income | others"），若删除点 Alaska，直线将往负向移动。事实上，删除 Alaska，Income 的回归系数将会从 0.000 06 变为 0.000 85。

　　当然，利用 car 包中的 influencePlot() 函数，我们还可以将离群点、杠杆值和强影响点的信息整合到一幅图形中：

```
library(car)
influencePlot(fit, id="noteworthy→TRUE", main="Influence Plot",
              sub="Circle size is proportional to Cook's distance")
```

　　图 8-12 反映出需要特别注意的几个观测点。Nevada 和 Rhode Island 是离群点，California 和 Hawaii 有高杠杆值，Nevada 和 Alaska 为强影响点。

　　如果将 id=TRUE 替换为 id=list(method="identify")，则我们通过单击鼠标来交互式识别观测点（按 "Esc" 键或者单击 Finish 按钮退出）。

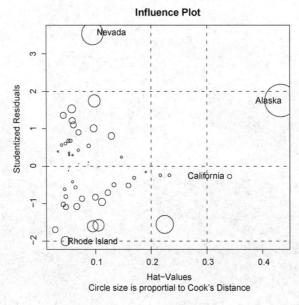

图 8-12　影响图。纵坐标超过+2 或小于−2 的州可被认为是离群点，水平轴超过 0.2 或 0.3 的州有高杠杆值（自变量值的异常组合）。圆圈大小与影响成比例，圆圈很大的点可能是对模型参数的估计造成的不成比例影响的强影响点

8.5　改进措施

　　我们已经花费了不少篇幅来学习回归诊断，你可能会问："如果发现了问题，那么能做些什么呢？"有 4 种方法可以处理违背回归假设的问题：

- 删除观测点；
- 变量变换；
- 添加或删除变量；
- 使用其他回归方法。

下面让我们依次学习。

8.5.1 删除观测点

删除离群点通常可以提高数据集对于正态假设的拟合度，而强影响点会干扰结果，通常也会被删除。删除最大的离群点或者强影响点后，模型需要重新拟合。若离群点或强影响点仍然存在，重复以上过程直至获得比较满意的拟合。

我对删除观测点持谨慎态度。若是因为数据记录错误，或是没有遵守规程，或是受试者误解了指导说明，这种情况下的点可以判断为离群点，删除它们是十分合理的。

不过在其他情况下，所收集数据中的异常点可能是最有趣的东西。探究为何该观测点不同于其他点，有助于我们更深刻地理解研究的主题，或者发现其他我们可能没有想过的问题。我们一些最伟大的进步正是源自意外地发现了那些不符合我们先验认知的东西（抱歉，我说得夸张了）。

8.5.2 变量变换

当模型不符合正态性、线性或者同方差性假设时，一个或多个变量的变换通常可以改善或调整模型效果。变换多用 Y^λ 替代 Y，λ 的常见值和解释见表 8-5。若 Y 出现较大的偏斜，那么进行 log 变换是很有用的。

表 8-5 常见的变换

λ	−2	−1	−0.5	0	0.5	1	2
变换	$1/Y^2$	$1/Y$	$1/\sqrt{Y}$	$\log(Y)$	$\sqrt{Y}$	无	Y^2

当模型违反正态假设时，通常可以对因变量尝试某种变换。car 包中的 powerTransform() 函数通过 λ 的最大似然估计来正态化变量 X^λ。由此产生的转换称为 Box-Cox 变换。在代码清单 8-8 中，此变换用于数据集 states。

代码清单 8-8　Box-Cox 正态变换

```
> library(car)
> summary(powerTransform(states$Murder))
bcPower Transformation to Normality

             Est.Power Std.Err. Wald Lower Bound Wald Upper Bound
states$Murder     0.6     0.26             0.088              1.1

Likelihood ratio tests about transformation parameters
                     LRT df  pval
LR test, lambda=(0)  5.7  1 0.017
LR test, lambda=(1)  2.1  1 0.145
```

　　结果表明，我们可以用 Murder$^{0.6}$ 来正态化变量 Murder。由于 0.6 很接近 0.5，我们可以尝试用平方根变换来提高模型正态性的符合程度。但在本例中，$\lambda=1$ 的假设也无法拒绝（$p=0.145$），因此没有强有力的证据表明本例需要变量变换，这与图 8-9 的 Q-Q 图结果一致。

如何解释对数变换

　　对数变换经常用于减轻偏态分布的程度。例如，变量 income 常常是右偏态分布的，大多数观测点位于曲线的低末端，只有少数观测点具有很高的收入。对因变量进行对数变换之后，我们如何解释回归系数呢？

　　我们通常将 X 的回归系数解释为 X 每变化一个单位，Y 的预期变化。例如模型 $Y=3+0.6X$，我们可以预测 X 增加一个单位，Y 增加 0.6。类似地，X 改变 10 个单位，Y 的变化为 0.6(10) 或者 6 点。

　　但是，如果模型为 $\log_e(Y)=3+0.6X$，那么 X 变化一个单位将使 Y 的预期值乘以 $e^{0.6} \approx 1.82$。因此，可以预测 X 增加一个单位，Y 将增加 82%。X 增加 10 个单位，Y 的预期值将乘以 $e^{0.6(10)} \approx 403$。也就是说，X 增加 10 个单位，Y 将增加 402 倍。

　　当违反了线性假设时，对自变量进行变换常常会比较有用。car 包中的 boxTidwell() 函数通过获得自变量幂数的最大似然估计来改善线性关系。下面的例子用州的人口和文盲率来预测谋杀率，对模型进行了 Box-Tidwell 变换：

```
> library(car)
> boxTidwell(Murder~Population+Illiteracy,data=states)

            MLE of lambda Score Statistic (z) Pr(>|z|)
Population        0.86939             -0.3228   0.7468
Illiteracy        1.35812              0.6194   0.5357
```

　　结果显示，使用变换 Population$^{0.87}$ 和 Illiteracy$^{1.36}$ 能够大大改善线性关系。但是对 Population（$p \approx 0.75$）和 Illiteracy（$p \approx 0.54$）的计分检验又表明变量并不需要变换。这些结果与图 8-7 的成分残差图是一致的。

　　最后，因变量变换还能改善异方差性（误差方差非恒定）。在代码清单 8-8 中，我们可以看到 car 包中 spreadLevelPlot() 函数提供的幂次变换提高了同方差性，不过，states 例子满足了同方差性假设，不需要进行变量变换。

谨慎对待变量变换

　　统计学中流传着一个很老的笑话：如果你不能证明 A，那就证明 B，假装它就是 A。（对于统计学家来说，这很滑稽好笑。）此处引申的意思是，如果你变换了变量，你的解释必须基于变换后的变量，而不是初始变量。如果变换有意义，比如收入的对数变换、距离的逆变换，解释起来就会容易得多。但是若变换没有意义，你就应该避免这样做。

8.5.3 增删变量

改变模型的变量将会影响模型的拟合度。有时，添加一个重要变量可以解决我们已经讨论过的许多问题，删除一个冗余变量也能达到同样的效果。

删除变量在处理多重共线性时是一种非常重要的方法。如果我们仅仅是做预测，那么多重共线性并不构成问题，但是如果还要对每个自变量进行解释，那么就必须解决这个问题。最常见的方法就是删除某个存在多重共线性的变量（某个变量 vif >10）。另外一个可用的方法便是岭回归——多元回归的变体——专门用来处理多重共线性问题。

8.5.4 尝试其他方法

正如刚才提到的，处理多重共线性的一种方法是拟合一种不同类型的模型（本例中是岭回归）。其实，如果存在离群点和/或强影响点，可以使用稳健回归模型替代 OLS 回归。如果违背了正态性假设，可以使用非参数回归模型。如果存在显著的非线性，可以尝试非线性回归模型。如果违背了误差独立性假设，还能用那些专门研究误差结构的模型，比如时间序列模型或者多层次回归模型。最后，我们还能转向广泛应用的广义线性模型，它能适用于许多 OLS 回归假设不成立的情况。

在第 13 章中，我们将会介绍其中一些方法。至于什么时候需要提高 OLS 回归拟合度，什么时候需要换一种方法，这些判断是很复杂的，需要依靠你对学科知识的理解，判断出哪个模型能够提供最佳结果。

既然提到最佳结果，现在我们就先讨论一下回归模型中的自变量选择问题。

8.6 选择"最佳"的回归模型

当尝试获取一个回归方程时，我们实际上就面对着从众多可能的模型中做选择的问题。是不是所有的变量都要包括？还是去掉那个对预测贡献不显著的变量？是否需要添加多项式项和/或交互项来提高拟合度？最终回归模型的选择总是会涉及预测精度（模型尽可能地拟合数据）与模型简洁度（一个简单且能复用的模型）的调和问题。如果有两个几乎具备相同预测精度的模型，你肯定喜欢简单的那个。本节讨论的问题就是如何在候选模型中进行筛选。注意，"最佳"是打了引号的，因为没有评价的唯一标准，最终的决定需要调查者的评判。

8.6.1 模型比较

用基础安装中的 `anova()` 函数可以比较两个嵌套模型的拟合优度。所谓嵌套模型，即它的回归方程的项完全包含在另一个模型中。在 `states` 的多元回归模型中，我们发现 `Income` 和 `Frost` 的回归系数不显著，此时我们可以检验不含这两个变量的模型与包含这两项的模型的预测效果是否一样好（见代码清单 8-9）。

代码清单 8-9　用 anova() 函数比较嵌套模型

```
> states <- as.data.frame(state.x77[,c("Murder", "Population",
                            "Illiteracy", "Income", "Frost")])
> fit1 <- lm(Murder ~ Population + Illiteracy + Income + Frost,
        data=states)
> fit2 <- lm(Murder ~ Population + Illiteracy, data=states)
> anova(fit2, fit1)

Analysis of Variance Table

Model 1: Murder ~ Population + Illiteracy
Model 2: Murder ~ Population + Illiteracy + Income + Frost
  Res.Df     RSS Df    Sum of Sq      F Pr(>F)
1     47 289.246
2     45 289.167  2      0.079 0.0061      0.994
```

此处，模型 1 嵌套在模型 2 中。anova() 函数同时还对是否应该在 Population 和 Illiteracy 之外还要添加 Income 和 Frost 到线性模型中进行了检验。由于检验不显著（p=0.994），我们可以得出结论：不需要将这两个变量添加到线性模型中，可以将它们从模型中删除。

AIC（Akaike Information Criterion，赤池信息量准则）也可以用来比较模型，它考虑了模型的统计拟合度以及用来拟合的参数数目。AIC 值较小的模型要优先选择，它说明模型用较少的参数获得了足够的拟合度。该准则可用 AIC() 函数实现（见代码清单 8-10）。

代码清单 8-10　用 AIC() 来比较模型

```
> fit1 <- lm(Murder ~ Population + Illiteracy + Income + Frost,
        data=states)
> fit2 <- lm(Murder ~ Population + Illiteracy, data=states)
> AIC(fit1,fit2)

     df      AIC
fit1  6 241.6429
fit2  4 237.6565
```

此处，AIC 值表明没有 Income 和 Frost 的模型更佳。注意，ANOVA 需要嵌套模型，而 AIC 方法不需要。

比较两模型相对来说更为直接，但如果有 4 个、10 个或者 100 个可能的模型该怎么办呢？这便是 8.6.2 节的主题。

8.6.2　变量选择

从大量候选变量中选择最终的自变量有以下两种流行的方法：逐步回归法（stepwise method）和全子集回归（all-subsets regression）。

1. 逐步回归

逐步回归中，模型会一次添加或者删除一个变量，直到达到某个判停准则为止。例如，向前逐步回归（forward stepwise regression）每次添加一个自变量到模型中，直到添加变量不会使模型有所改进为止。**向后逐步回归**（backward stepwise regression）从模型包含所有自变量开始，一次删除一个变量，直到会降低模型质量为止。而**向前向后逐步回归**（stepwise stepwise regression，通常称作**逐步回归**，以避免听起来太冗长），结合了向前逐步回归和向后逐步回归的方法：变量每次进入一个，但是每一步中，变量都会被重新评估，对模型没有贡献的变量将会被删除；自变量可能会被添加、删除好几次，直到获得最优模型为止。

逐步回归法的实现依据增删变量的准则不同而不同。R 基础包中的 `step()` 函数可以实现逐步回归模型（向前、向后和向前向后），依据的是 AIC 准则。代码清单 8-11 中，我们用向后逐步回归来处理多元回归问题。

代码清单 8-11 向后逐步回归

```
> states <- as.data.frame(state.x77[,c("Murder", "Population",
                        "Illiteracy", "Income", "Frost")])

> fit <- lm(Murder ~ Population + Illiteracy + Income + Frost,
         data=states)
> step(fit, direction="backward")

Start:  AIC=97.75
Murder ~ Population + Illiteracy + Income + Frost

             Df Sum of Sq    RSS     AIC
- Frost       1     0.021 289.19  95.753
- Income      1     0.057 289.22  95.759
<none>                    289.17  97.749
- Population  1    39.238 328.41 102.111
- Illiteracy  1   144.264 433.43 115.986

Step:  AIC=95.75
Murder ~ Population + Illiteracy + Income

             Df Sum of Sq    RSS     AIC
- Income      1     0.057 289.25  93.763
<none>                    289.19  95.753
- Population  1    43.658 332.85 100.783
- Illiteracy  1   236.196 525.38 123.605

Step:  AIC=93.76
Murder ~ Population + Illiteracy

             Df Sum of Sq    RSS     AIC
<none>                    289.25  93.763
- Population  1    48.517 337.76  99.516
- Illiteracy  1   299.646 588.89 127.311

Call:
lm(formula = Murder ~ Population + Illiteracy, data = states)

Coefficients:
(Intercept)   Population   Illiteracy
  1.6515497    0.0002242    4.0807366
```

开始时模型包含 4 个（全部）自变量，然后每一步中，AIC 列提供了删除一个行中变量后模型的 AIC 值，<none>中的 AIC 值表示没有变量被删除时模型的 AIC。第 1 步，Frost 被删除，AIC 从 97.75 降低到 95.75；第 2 步，Income 被删除，AIC 继续下降，成为 93.76。然后再删除变量将会增加 ATC，因此终止选择过程。

逐步回归法其实存在争议，虽然它可能会找到一个好的模型，但是不能保证模型就是最佳模型，因为不是每一个可能的模型都被评估了。为解决这个问题，便有了**全子集回归法**。

2. 全子集回归

顾名思义，全子集回归是指所有可能的模型都会被检验。分析员可以选择展示所有可能的结果，也可以展示 n 个不同子集大小（一个、两个或多个自变量）的最佳模型。例如，若 nbest=2，那么先展示两个最佳的单自变量模型，然后展示两个最佳的双自变量模型，以此类推，直到包含所有的自变量。

全子集回归可用 leaps 包中的 regsubsets()函数实现。我们可以通过 R 平方、调整 R 平方或 Mallows Cp 统计量等准则来选择最佳模型。

正如我们所看到的，R 平方的含义是自变量解释因变量的程度；调整 R 平方与之类似，但考虑了模型的参数数目。R 平方总会随着自变量数目的增加而增加。当与样本量相比，自变量数目很大时，容易导致过拟合。R 平方很可能会丢失数据的偶然变异信息，而调整 R 平方则提供了更为真实的总体 R 平方估计。

在代码清单 8-12 中，我们对 states 数据集进行了全子集回归。leaps 包在一单个图形中展示结果，但是我发现许多人对此图感到困惑。以下代码用表格的形式展示了部分结果，我相信这些结果更易于理解。

代码清单 8-12　全子集回归

```
library(leaps)
states <- as.data.frame(state.x77[,c("Murder", "Population",
                        "Illiteracy", "Income", "Frost")])

leaps <-regsubsets(Murder ~ Population + Illiteracy + Income +
                Frost, data=states, nbest=4)

subsTable <- function(obj, scale){
  x <- summary(leaps)
  m <- cbind(round(x[[scale]],3), x$which[,-1])
  colnames(m)[1] <- scale
  m[order(m[,1]), ]
}

subsTable(leaps, scale="adjr2)

  adjr2 Population Illiteracy Income Frost
1 0.033          0          0      1     0
1 0.100          1          0      0     0
1 0.276          0          0      0     1
```

2 0.292	1	0	0	1
3 0.309	1	0	1	1
3 0.476	0	1	1	1
2 0.480	0	1	1	0
2 0.481	0	1	0	1
1 0.484	0	1	0	0
4 0.528	1	1	1	1
3 0.539	1	1	1	0
3 0.539	1	1	0	1
2 0.548	1	1	0	0

表中的每一行代表一个模型。第 1 列是模型中自变量的数目，第 2 列是描述每个模型拟合度的度量值（本例中为调整 R 平方），每一行按该度量值进行排序。（注意：可以用其他比例替代 adjr2，有关其他比例的选项请参阅 `?regsubsets`）。行中的 1 和 0 表示模型添加或删除了哪些变量。

例如，只有一个自变量 Income 的模型的调整 R 平方为 0.033，具有自变量 Population、Illiteracy 和 Income 的模型的调整 R 平方为 0.539。相比之下，只有自变量 Population 和 Illiteracy 的模型的调整 R 平方为 0.548。从本例中可以看到自变量更少的模型实际拥有更大的调整 R 平方（对非调整 R 平方不适用）。此表格表明具有两个自变量的模型是最佳模型。

大部分情况中，全子集回归要优于逐步回归，因为它考虑了更多模型。但是，当有大量自变量时，全子集回归会很慢。一般来说，变量自动选择应该被看作是模型选择的一种辅助方法，而不是直接方法。拟合效果佳而没有意义的模型对我们毫无帮助，对学科背景知识的理解才能最终指引我们获得理想的模型。

8.7 深层次分析

让我们来结束本章对于回归模型的讨论。下面将介绍评估模型泛化能力和自变量相对重要性的方法。

8.7.1 交叉验证

在 8.6 节中，我们学习了为回归方程选择变量的方法。若我们最初的目标只是描述性分析，那么只需要做回归模型的选择和解释。但当目标是预测时，我们肯定会问："这个方程在真实世界中表现如何呢？"提这样的问题也是无可厚非的。

从定义来看，回归方法本就是用来从一堆数据中获取最优模型参数的。对于 OLS 回归，通过使得预测误差（残差）平方和最小和对因变量的解释度（R 平方）最大，可获得模型参数。因为方程只是最优化已给出的数据，所以在新数据集上表现并不一定好。

在本章开始，我们讨论了一个例子，运动生理学家想通过个体锻炼的时长和强度、年龄、性别与 BMI 来预测消耗的卡路里数。如果用 OLS 回归方程来拟合该数据，那么我们获得的仅仅是对一个特定的观测值集合最大化 R 平方的模型参数。但是，研究员想用该方程预测一般个体消耗的卡路里数，而不是原始研究中的卡路里数。我们知道该方程对于新观测值表现并不一定好，但是预测的损失会是多少呢？我们可能并不知道。通过**交叉验证法**，我们便可以评估回归方程的泛化能力。

所谓交叉验证，是指将一定比例的数据挑选出来作为训练样本，另外的样本作保留样本，先在训练样本上获取回归方程，然后在保留样本上做预测。由于保留样本不涉及模型参数的选择，该样本可获得比新数据更为精确的估计。

在 k 重交叉验证中，样本被分为 k 个子样本，轮流将 $k-1$ 个子样本组合作为训练集，另外 1 个子样本作为保留集。这样会获得 k 个预测方程，记录 k 个保留样本的预测表现结果，然后求其平均值。（当 n 是观测值总数目，且 k 等于 n 时，该方法又称作**刀切法**，jackknifing。）

bootstrap 包中的 crossval() 函数可以实现 k 重交叉验证。在代码清单 8-13 中，shrinkage() 函数对模型的 R 平方统计量做了 k 重交叉验证。

代码清单 8-13　R 平方的 k 重交叉验证函数

```
shrinkage <- function(fit, k=10, seed=1){
  require(bootstrap)

  theta.fit <- function(x,y){lsfit(x,y)}
  theta.predict <- function(fit,x){cbind(1,x)%*%fit$coef}

  x <- fit$model[,2:ncol(fit$model)]
  y <- fit$model[,1]

  set.seed(seed)
  results <- crossval(x, y, theta.fit, theta.predict, ngroup=k)
  r2    <- cor(y, fit$fitted.values)^2
  r2cv <- cor(y, results$cv.fit)^2
  cat("Original R-square =", r2, "\n")
  cat(k, "Fold Cross-Validated R-square =", r2cv, "\n")
}
```

代码清单 8-13 中定义了 shrinkage() 函数，创建了一个包含自变量和预测值的矩阵，可获得初始 R 平方和残差标准误，以及交叉验证的 R 平方和残差标准误。（第 12 章将更详细地讨论自助法。）

对 states 数据集中的所有自变量进行回归，然后再用 shrinkage() 函数做 10 重交叉验证：

```
> states <- as.data.frame(state.x77[,c("Murder", "Population",
        "Illiteracy", "Income", "Frost")])
> fit <- lm(Murder ~ Population + Income + Illiteracy + Frost, data=states)
> shrinkage(fit)

Original R-square = 0.567
10 Fold Cross-Validated R-square = 0.356
```

可以看到，基于初始样本的 R 平方（0.567）过于乐观了。对新数据更好的方差解释率估计是交叉验证后的 R 平方（0.356）。（注意，观测值被随机分配到 k 个群组中，因此用随机数种子可让结果可重现。）

通过选择有更好泛化能力的模型，还可以用交叉验证来挑选变量。例如，含两个自变量

（Population 和 Illiteracy）的模型，比全变量模型 R 平方减少得更少：

```
> fit2 <- lm(Murder ~ Population + Illiteracy,data=states)
> shrinkage(fit2)

Original R-square = 0.567
10 Fold Cross-Validated R-square = 0.515
```

这使得双自变量模型显得更有吸引力。

其他情况类似，基于大训练样本的回归模型和更接近于感兴趣分布的回归模型，其交叉验证效果更好。R 平方减少得越少，预测则越精确。

8.7.2 相对重要性

本章到目前为止我们一直都有一个疑问："哪些变量对预测有用呢？"但我们内心真正感兴趣的其实是："哪些变量对预测最为重要？"潜台词就是想根据相对重要性对自变量进行排序。我们有实际的理由提出这个问题。例如，假设我们能对成功的团队组织所需的领导特质依据相对重要性进行排序，那么就可以帮助管理者关注他们最需要改进的行为。

若自变量不相关，过程就相对简单得多，我们可以根据自变量与因变量的相关系数来进行排序。但大部分情况中，自变量之间有一定相关性，这就使得评估变得复杂很多。

统计学家构造出了很多种方法用于评估自变量的相对重要性，其中最简单的是比较自变量的标准回归系数，即在控制其他自变量为常量的情况下，计算某个自变量发生一个标准差的变化时，因变量的期望变化量（以标准差为单位）。

在进行回归分析前，可用 scale() 函数将数据标准化为均值为 0、标准差为 1 的数据集，这样用 R 回归即可获得标准回归系数。（注意，scale() 函数返回的是一个矩阵，而 lm() 函数要求一个数据框，我们需要用一个中间步骤来转换一下。）代码和多元回归的结果如下：

```
> states <- as.data.frame(state.x77[,c("Murder", "Population",
                          "Illiteracy", "Income", "Frost")])
> zstates <- as.data.frame(scale(states))
> zfit <- lm(Murder~Population + Income + Illiteracy + Frost, data=zstates)
> coef(zfit)

(Intercept)  Population     Income   Illiteracy       Frost
 -9.406e-17  2.705e-01   1.072e-02   6.840e-01   8.185e-03
```

此处可以看到，当人口、收入和结霜天数不变时，文盲率每增加一个标准差将会使谋杀率增加 0.68 个标准差。根据标准回归系数，我们可认为 Illiteracy 是最重要的自变量，而 Frost 是最不重要的。

还有许多其他方法可定量分析相对重要性。比如，可以将相对重要性看作每个自变量（本身或与其他自变量组合）对 R 平方的贡献。

相对权重（relative weight）是一种比较有前景的新方法，它是对所有可能子模型添加一个自变量引起的 R 平方平均增加量的一个近似值。代码清单 8-14 提供了一个生成相对权重的函数。

代码清单 8-14   用于计算自变量的相对权重的 relweights() 函数

```
relweights <- function(fit,...){
  R <- cor(fit$model)
  nvar <- ncol(R)
  rxx <- R[2:nvar, 2:nvar]
  rxy <- R[2:nvar, 1]
  svd <- eigen(rxx)
  evec <- svd$vectors
  ev <- svd$values
  delta <- diag(sqrt(ev))
  lambda <- evec %*% delta %*% t(evec)
  lambdasq <- lambda ^ 2
  beta <- solve(lambda) %*% rxy
  rsquare <- colSums(beta ^ 2)
  rawwgt <- lambdasq %*% beta ^ 2
  import <- (rawwgt / rsquare) * 100
  import <- as.data.frame(import)
  row.names(import) <- names(fit$model[2:nvar])
  names(import) <- "Weights"
  import <- import[order(import),1, drop=FALSE]
  dotchart(import$Weights, labels=row.names(import),
      xlab="% of R-Square", pch=19,
      main="Relative Importance of Predictor Variables",
      sub=paste("Total R-Square=", round(rsquare, digits=3)),
      ...)
return(import)
}
```

注意 代码清单 8-14 中的代码改编自 Johnson 博士提供的 SPSS 程序。

在代码清单 8-15 中，将函数 relweights() 应用到 states 数据集，根据人口、文盲率、收入和结霜天数预测谋杀率。

代码清单 8-15   relweights() 函数的应用

```
> states <- as.data.frame(state.x77[,c("Murder", "Population",
        "Illiteracy", "Income", "Frost")])
> fit <- lm(Murder ~ Population + Illiteracy + Income + Frost, data=states)
> relweights(fit, col="blue")

            Weights
Income        5.49
Population   14.72
Frost        20.79
Illiteracy   59.00
```

通过图 8-13 可以看到各个自变量对模型方差的解释程度（R-square=0.567），Illiteracy 解释了 59% 的 R 平方，Frost 解释了 20.79%，等等。根据相对权重法，Illiteracy 有最大的相对重要性，余下依次是 Frost、Population 和 Income。

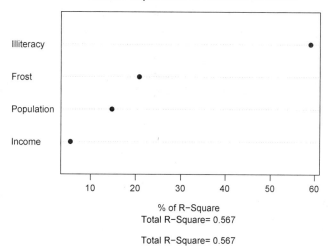

图 8-13 states 多元回归中各变量相对权重的点图。较大的权重表明这些自变量相对而言更加重要。例如，Illiteracy 占总解释方差的 59%（0.567），Income 占 5.49%。因此在这个模型中 Illiteracy 比 Income 相对更重要

　　相对重要性的测量（特别是相对权重法）有广泛的应用，它比标准回归系数更为直观，我期待将来有更多的人使用它。

8.8 小结

- 回归分析是一种需要多次试错和迭代的分析方法，包括对模型的拟合、评估模型对统计假设的符合程度、修改数据和模型并重新拟合，从而得到最终的结果。
- 回归诊断用于评估数据对统计假设的符合程度，选择修改模型或数据的方法，从而更加符合这些假设。
- 选择包含在最终回归模型中的变量的方法有很多种，包括显著性检验、拟合统计和自动化解决方案，比如逐步回归和全子集回归。
- 交叉验证用于评估预测模型对新样本数据的可能预测效果。
- 相对权重法可用于解决关于变量重要性的棘手问题：识别哪些变量对于预测结果是最重要的。

8

方差分析

9

本章重点
- R 中基本的实验设计建模
- 拟合并解释方差分析模型
- 检验模型假设

第 8 章中,我们已经看到通过连续型自变量来预测连续型因变量的回归模型。这并不意味着我们不能将离散型因子变量作为自变量进行建模。当我们将因子变量作为自变量时,我们关注的重点通常会从预测转向组别差异的分析,这种分析法称作**方差分析**(analysis of variance, ANOVA)。ANOVA 在各种实验和准实验设计的分析中都有广泛的应用。本章将介绍用于常见实验设计分析的 R 函数。

首先,我们将回顾实验设计中的术语,随后讨论 R 拟合 ANOVA 模型的方法,然后再通过示例对常见的实验设计分析进行阐释。在这些示例中,我们将看到许多有趣的实验,比如治疗焦虑症,降低胆固醇水平,帮助怀孕小鼠生下胖宝宝,确保豚鼠的牙齿长长,促进植物呼吸,学习如何摆放货架等。

对于这些例子,除了 R 中的基础包,我们还需加载 `car`、`rrcov`、`multcomp`、`effects`、`MASS`、`dplyr`、`ggplot2` 和 `mvoutlier` 包。在运行后面的代码示例时,请确保已安装以上这些包。

9.1 术语速成

实验设计和方差分析都有自己相应的语言。在讨论实验设计分析前,我们先快速回顾一些重要的术语,并通过学习一系列复杂度逐步增加的实验设计,引入模型最核心的思想。

以焦虑症治疗为例,现有两种疗法:认知行为疗法(CBT)和眼动脱敏再加工法(EMDR)。我们招募 10 位焦虑症患者作为受试者,随机分配一半的人接受为期 5 周的 CBT,另外一半接受为期 5 周的 EMDR。设计方案如图 9-1 所示。在治疗结束时,要求每位患者填写状态-特质焦虑量表(STAI),即一份自我评测焦虑度的报告。

(A) 单因素组间方差分析

疗法	
CBT	EMDR
s1	s6
s2	s7
s3	s8
s4	s9
s5	s10

(B) 单因素组内方差分析

患者	时间	
	5 周	6 个月
s1		
s2		
s3		
s4		
s5		
s6		
s7		
s8		
s9		
s10		

		患者	时间	
			5 周	6 个月
疗法	CBT	s1		
		s2		
		s3		
		s4		
		s5		
	EMDR	s6		
		s7		
		s8		
		s9		
		s10		

(C) 含组间和组内因子的双因素方差分析

图 9-1　3 种方差分析设计方案

在这个实验设计中，疗法是两水平（CBT、EMDR）的组间因子。之所以称其为组间因子，是因为每位患者都仅被分配到一个组别中，没有患者同时接受 CBT 和 EMDR。图中字母 s 代表受试者（患者）。STAI 是因变量，疗法是自变量。由于在每种疗法下观测值的数量相等，因此这种设计也称为**均衡设计**（balanced design）；若观测值的数量不同，则称作**非均衡设计**（unbalanced design）。

因为仅有一个分类变量，图 9-1A 的统计设计又被称为**单因素方差分析**（one-way ANOVA）。为了更具体一些，它被称为单因素组间方差分析。方差分析主要通过 F 检验来进行效果评测，若疗法的 F 检验显著，则说明 5 周后两种治疗方案的 STAI 得分均值不同。

假设我们只对 CBT 疗法随时间而变化的效果感兴趣，则需将 10 位患者都放在 CBT 组中，然后在治疗 5 周和 6 个月后分别评估疗效，设计方案如图 9-1B 所示。

此时，时间（time）是两水平（5 周、6 个月）的组内因子。因为每位患者在所有水平下都进行了测量，所以这种统计设计被称为**单因素组内方差分析**（one-way within-groups ANOVA）；又由于每个受试者都不止一次被测量，它也被称作**重复测量方差分析**（repeated measures ANOVA）。当时间的 F 检验显著时，说明患者的 STAI 得分均值在 5 周和 6 个月间发生了改变。

现假设我们对疗法差异和治疗效果随时间的改变都感兴趣，则将两个设计结合起来即可：随机分配 5 位患者到 CBT，另外 5 位到 EMDR，在 5 周和 6 个月后分别评估他们的 STAI 结果，如图 9-1C 所示。

疗法（therapy）和时间（time）都作为因子时，我们既可分析疗法的影响（时间跨度上的平均）和时间的影响（疗法类型跨度上的平均），又可分析疗法和时间的交互影响。前两个被称作主效应，交互部分被称作交互效应。

当设计包含两个甚至更多的因子时，便是**因素方差分析设计**（factorial ANOVA design），比如两因子时被称作双因素方差分析，三因子时被称作三因素方差分析，以此类推。若因子设计既包括组内因子又包括组间因子，被称作**混合模型方差分析**（mixed-model ANOVA）。当前的例子就是典型的双因素混合模型方差分析。

本例中，我们将做 3 次 F 检验：疗法因素一次，时间因素一次，两者交互因素一次。若疗法结果显著，说明 CBT 和 EMDR 对焦虑症的治疗效果不同；若时间结果显著，说明焦虑度从 5 周到 6 个月发生了变化；若两者交互效应显著，说明两种疗法随着时间变化对焦虑症的治疗效果不同（焦虑度从 5 周到 6 个月的改变程度在两种疗法间是不同的）。

现在，我们对上面的实验设计稍微做些扩展。众所周知，抑郁症对病症治疗有影响，而且抑郁症和焦虑症常常同时出现。即使受试者被随机分配到不同的疗法中，但在研究开始时，两组疗法中的患者抑郁水平就可能不同。任何治疗后的差异都有可能是最初的抑郁水平不同导致的，而不是实验的操作问题导致的。抑郁症也可以解释因变量的组间差异，因此它常被称为**混淆因素**（confounding factor）。由于我们对抑郁症不感兴趣，它也被称作**干扰变量**（nuisance variable）。

假设在招募患者时我们使用抑郁症的自我评测报告，比如贝克忧郁量表（BDI），记录了他们的抑郁水平，那么我们可以在评测疗法类型的影响前，对任何抑郁水平的组间差异进行统计性调整。本例中，BDI 为协变量，该设计为**协方差分析**（analysis of covariance，ANCOVA）。

以上设计只记录了单个因变量情况（STAI）。为增强研究的有效性，我们可以对焦虑症进行其他的测量（比如家庭评分、医师评分，以及焦虑症对日常行为的影响评价）。当因变量不止一个时，设计被称作**多元方差分析**（MANOVA），若协变量也存在，那么就被称作**多元协方差分析**（MANCOVA）。

学习进行到现在，我们已经掌握了基本的方差分析术语。此时，应该可以让朋友们大开眼界，并和他们讨论如何使用 R 拟合 ANOVA/ANCOVA/MANOVA 模型了。

9.2   ANOVA 模型拟合

虽然方差分析和回归方法都是独立发展而来的，但是从函数形式上看，它们都是广义线性模型的特例。用第 8 章讨论回归时用到的 lm() 函数也能分析 ANOVA 模型。不过，在本章中，我们基本都使用 aov() 函数。两个函数的结果是等同的，但 ANOVA 的使用者更熟悉 aov() 函数展示结果的格式。为保证完整性，在本章最后我们将提供一个使用 lm() 的例子。

9.2.1　`aov()`函数

`aov()`函数的语法为 `aov(formula, data=dataframe)`，表 9-1 列举了表达式中可以使用的特殊符号。表 9-1 中的 `y` 是因变量，字母 A、B、C 代表因子。

表 9-1　R 表达式中的特殊符号

符　　号	用　　法
~	分隔符号，左边为因变量，右边为自变量。例如，用 A、B 和 C 预测 y，代码为 `y ~ A + B + C`
:	表示变量的交互项。例如，用 A、B 和 A 与 B 的交互项来预测 y，代码为 `y ~ A + B + A:B`
*	表示所有可能交互项。代码 `y ~ A * B * C` 可展开为 `y ~ A + B + C + A:B + A:C + B:C + A:B:C`
^	表示交互项达到某个次数。代码 `y ~ (A + B + C)^2` 可展开为 `y ~ A + B + C + A:B + A:C + B:C`
.	表示包含除因变量外的所有变量。例如，若一个数据框包含变量 y、A、B 和 C，代码 `y ~ .` 可展开为 `y ~ A + B + C`

表 9-2 列举了一些常见的实验设计表达式。在表 9-2 中，小写字母表示连续型变量，大写字母表示分组因子，`Subject` 是对受试者进行唯一标识的标识变量。

表 9-2　常见实验设计的表达式

设　　计	表　　达　　式
单因素 ANOVA	`y ~ A`
含单个协变量的单因素 ANCOVA	`y ~ x + A`
双因素 ANOVA	`y ~ A * B`
含两个协变量的双因素 ANCOVA	`y ~ x1 + x2 + A * B`
随机化区组	`y ~ B + A（B 为分组因子）`
单因素组内 ANOVA	`y ~ A + Error(Subject/A)`
含单个组内因子（W）和单个组间因子（B）的重复测量 ANOVA	`y ~ B * W + Error(Subject/W)`

下面，我们将深入探讨几个实验设计的例子。

9.2.2　表达式中各项的顺序

表达式中效应的顺序在两种情况下会造成影响：(1)因子不止一个，并且是非平衡设计；(2)存在协变量。出现任意一种情况时，方程右边的变量都与其他每个变量相关。此时，我们无法清晰地划分它们对因变量的影响。例如，对于双因素方差分析，若不同处理方式中的观测值数量不同，那么模型 `y ~ A*B` 与模型 `y ~ B*A` 的结果不同。

R 默认使用类型 I（序贯型）方法计算 ANOVA 效应（参考下文"顺序很重要"）。第一个模型可以这样写：y ~ A + B + A:B。R 中的 ANOVA 表的结果将评价：

❑ A 对 y 的影响；

❑ 控制 A 时，B 对 y 的影响；

❑ 控制 A 和 B 的主效应时，A 与 B 的交互效应。

顺序很重要

当自变量与其他自变量或者协变量相关时，没有明确的方法可以评价自变量对因变量的贡献。例如，含因子 A、B 和因变量 y 的双因素不平衡因子设计，有 3 种效应：A 本身的主效应，B 本身的主效应，以及两者的交互效应。假设我们正使用表达式 Y ~ A + B + A:B 对数据进行建模，有 3 种类型的方法可以分解方程右边各效应对 y 所解释的方差。

类型 I（序贯型）

效应根据表达式中各效应出现的顺序做调整。A 不做调整，B 根据 A 调整，A:B 交互项根据 A 和 B 调整。

类型 II（分层型）

效应根据同水平或低水平的效应做调整。A 根据 B 调整，B 根据 A 调整，A:B 交互项同时根据 A 和 B 调整。

类型 III（边界型）

每个效应根据模型其他各效应做相应调整。A 根据 B 和 A:B 做调整，B 根据 A 和 A:B 做调整，A:B 交互项根据 A 和 B 调整。

R 默认调用类型 I 方法，其他软件（比如 SAS 和 SPSS）默认调用类型 III 方法。

样本量越不平衡，效应项的顺序对结果的影响越大。一般来说，越基础性的效应越需要放在表达式前面。具体来讲，首先是协变量，然后是主效应，接着是双因素的交互项，再接着是三因素的交互项，以此类推。对于主效应，越基础性的变量越应放在表达式前面，因此性别要放在处理方式之前。有一个基本的准则：若实验设计不是正交的，即因子和/或协变量相关，一定要谨慎设置效应的顺序。

在讲解具体的例子前，请注意 car 包中的 Anova() 函数（不要与标准 anova() 函数混淆）提供了使用类型 II 或类型 III 方法的选项，而 aov() 函数使用的是类型 I 方法。若想使结果与其他软件（如 SAS 和 SPSS）提供的结果保持一致，可以使用 Anova() 函数，相关细节可参阅 help(Anova, package="car")。

9.3　单因素方差分析

单因素方差分析中，我们感兴趣的是比较分类因子定义的两个或多个组别中的因变量均值。以 multcomp 包中的 cholesterol 数据集为例，50 位患者均接受降低胆固醇药物治疗（trt）

5 种疗法中的一种疗法，其中 3 种治疗条件使用的药物相同，分别是 20mg 一天 1 次（1time）、10mg 一天两次（2times）和 5mg 一天 4 次（4times）。剩下的两种方式（drugD 和 drugE）代表候选药物。哪种药物疗法对胆固醇的下降量（因变量）贡献最大呢？分析过程见代码清单 9-1。

代码清单 9-1　单因素方差分析

```
> library(dplyr)
> data(cholesterol, package="multcomp")
> plotdata <- cholesterol %>%                                    ❶
    group_by(trt) %>%                                            ❶
    summarize(n = n(),                                           ❶
              mean = mean(response),                             ❶
              sd = sd(response),                                 ❶
              ci = qt(0.975, df = n - 1) * sd / sqrt(n))         ❶
> plotdata

  trt       n   mean    sd    ci
  <fct>  <int> <dbl> <dbl> <dbl>
1 1time    10  5.78  2.88  2.06
2 2times   10  9.22  3.48  2.49
3 4times   10 12.4   2.92  2.09
4 drugD    10 15.4   3.45  2.47
5 drugE    10 20.9   3.35  2.39

> fit <- aov(response ~ trt, data=cholesterol)                   ❷

> summary(fit)

            Df Sum Sq  Mean Sq   F value      Pr(>F)
trt          4   1351      338      32.4     9.8e-13   ***
Residuals   45    469       10
---
Signif. codes:  0 '***' 0.001 '**' 0.01 '*' 0.05 '.' 0.1 ' ' 1

> library(ggplot2)                                               ❸
> ggplot(plotdata,                                               ❸
    aes(x = trt, y = mean, group = 1)) +                         ❸
  geom_point(size = 3, color="red") +                            ❸
  geom_line(linetype="dashed", color="darkgrey") +               ❸
  geom_errorbar(aes(ymin = mean - ci,                            ❸
                    ymax = mean + ci),                           ❸
                    width = .1) +                                ❸
  theme_bw() +                                                   ❸
  labs(x="Treatment",                                            ❸
       y="Response",                                             ❸
       title="Mean Plot with 95% Confidence Interval")          ❸
```

❶ 各组样本量、各组均值、各组标准差和 95% 置信区间

❷ 检验组间差异（ANOVA）

❸ 绘制各组均值及其置信区间的图形

从输出结果可以看到，每 10 位患者接受其中一种药物疗法❶。均值显示 drugE 降低胆固醇最多，而 1time 降低胆固醇最少❷，各组的标准差相对恒定，在 2.88 到 3.48 间浮动。我们假设这项研究中的每个治疗组都是来自可以接受治疗的大规模潜在患者群中的一组样本。针对每种疗法，样本均值 +/-oi 所得到的区间在 95% 的置信度上包含总体均值。ANOVA 对治疗方式（trt）的 F 检验非常显著（$p<0.0001$），说明 5 种疗法的效果不同❷。

ggplot2 函数可以用来绘制带有置信区间的组均值图形❸。如图 9-2 所示，图形展示了带有 95% 的置信区间的各疗法均值，我们可以清楚地看到它们之间的差异。

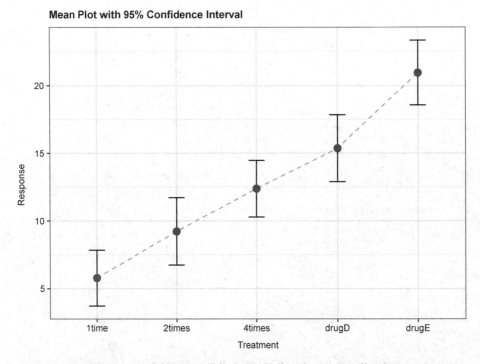

图 9-2 5 种降低胆固醇药物疗法的均值，含 95% 的置信区间

图 9-2 中，我们一并输出了置信区间，显示了对总体均值估计的确定（或不确定）的程度。

9.3.1 多重比较

虽然 ANOVA 对各疗法的 F 检验表明 5 种药物疗法效果不同，但是并没有告诉我们哪种疗法与其他疗法不同。多重比较可以解决这个问题。例如，TukeyHSD() 函数提供了对各组均值差异的成对检验（见代码清单 9-2）。

代码清单 9-2 　使用 `TukeyHSD()` 函数进行成对组间比较

```
> pairwise <- TukeyHSD(fit)                                      ❶
> pairwise

Fit: aov(formula = response ~ trt)

$trt
               diff     lwr    upr p adj
2times-1time   3.44  -0.658   7.54 0.138
4times-1time   6.59   2.492  10.69 0.000
drugD-1time    9.58   5.478  13.68 0.000
drugE-1time   15.17  11.064  19.27 0.000
4times-2times  3.15  -0.951   7.25 0.205
drugD-2times   6.14   2.035  10.24 0.001
drugE-2times  11.72   7.621  15.82 0.000
drugD-4times   2.99  -1.115   7.09 0.251
drugE-4times   8.57   4.471  12.67 0.000
drugE-drugD    5.59   1.485   9.69 0.003

> plotdata <- as.data.frame(pairwise[[1]])                       ❷
> plotdata$conditions <- row.names(plotdata)                     ❷

> library(ggplot2)                                               ❸
> ggplot(data=plotdata, aes(x=conditions, y=diff)) +             ❸
    geom_point(size=3, color="red") +                            ❸
    geom_errorbar(aes(ymin=lwr, ymax=upr, width=.2)) +           ❸
    geom_hline(yintercept=0, color="red", linetype="dashed") +   ❸
      labs(y="Difference in mean levels", x="",                  ❸
        title="95% family-wise confidence level") +              ❸
    theme_bw() +                                                 ❸
    coord_flip()                                                 ❸
```

❶ 计算成对比较结果

❷ 创建结果数据集

❸ 绘制结果图

可以看到，`1time` 和 `2times` 的平均胆固醇降低量差异不显著（$p=0.138$），而 `1time` 和 `4times` 间的差异非常显著（$p<0.001$）。

成对比较图如图 9-3 所示。在这个图形中，置信区间包含 0 的疗法说明差异不显著（$p>0.5$），最大的均值差异发生在 `drugE` 和 `1time` 之间，差异显著（置信区间不包括 0）。

在继续学习之前，我应该说明的是我们可以使用基础图形创建图 9-3 中的图形。如果这样，我们可以简单地绘制代码的图形（成对绘制）。`ggplot2` 方法的优点是它可以创建更有吸引力的图形，允许我们完全自定义图形来满足自己的需求。

9

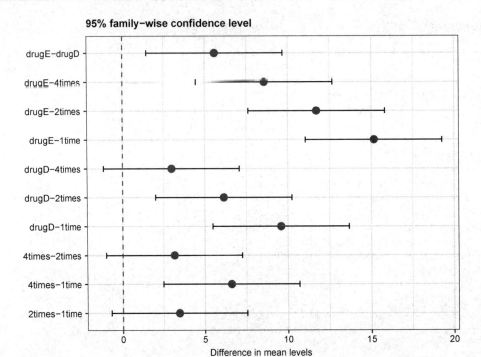

图 9-3   Tukey HSD 检验均值成对比较图

multcomp 包中的 glht() 函数提供了多重均值比较更为全面的方法,既适用于线性模型(如本章各例),又适用于广义线性模型(见第 13 章)。下面的代码重现了 Tukey HSD 检验,并用一个不同的图形对结果进行展示(图 9-4)。

```
> tuk <- glht(fit, linfct=mcp(trt="Tukey"))
> summary(tuk)


    Simultaneous Tests for General Linear Hypotheses

Multiple Comparisons of Means: Tukey Contrasts


Fit: aov(formula = response ~ trt, data = cholesterol)

Linear Hypotheses:
                    Estimate Std. Error t value Pr(>|t|)
2times - 1time == 0    3.443      1.443   2.385  0.13812
4times - 1time == 0    6.593      1.443   4.568  < 0.001 ***
drugD - 1time == 0     9.579      1.443   6.637  < 0.001 ***
drugE - 1time == 0    15.166      1.443  10.507  < 0.001 ***
4times - 2times == 0   3.150      1.443   2.182  0.20504
drugD - 2times == 0    6.136      1.443   4.251  < 0.001 ***
drugE - 2times == 0   11.723      1.443   8.122  < 0.001 ***
drugD - 4times == 0    2.986      1.443   2.069  0.25120
```

```
drugE - 4times == 0      8.573       1.443   5.939  < 0.001 ***
drugE - drugD == 0       5.586       1.443   3.870  0.00308 **
---
Signif. codes:  0 '***' 0.001 '**' 0.01 '*' 0.05 '.' 0.1 ' ' 1
(Adjusted p values reported -- single-step method)

> labels1 <- cld(tuk, level=.05)$mcletters$Letters
> labels2 <- paste(names(labels1), "\n", labels1)
> ggplot(data=fit$model, aes(x=trt, y=response)) +
    scale_x_discrete(breaks=names(labels1), labels=labels2) +
    geom_boxplot(fill="lightgrey") +
    theme_bw() +
    labs(x="Treatment",
        title="Distribution of Response Scores by Treatment",
        subtitle="Groups without overlapping letters differ significantly
        (p < .05)")
```

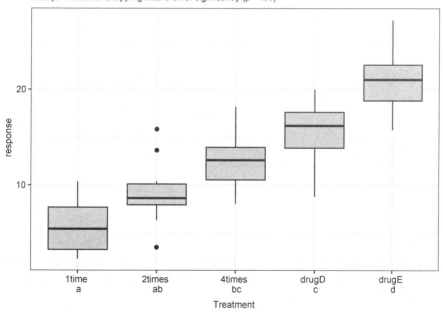

图 9-4 multcomp 包中的 Tukey HSD 检验

上面的代码中，cld() 函数中的 level 选项设置了使用的显著水平（0.05，即本例中的 95% 的置信区间）。

有相同字母的组（用箱线图表示）说明均值差异不显著。可以看到，1time 和 2times 差异不显著（有相同的字母 a），2times 和 4times 差异也不显著（有相同的字母 b），而 1time 和 4times 差异显著（它们没有共同的字母）。个人认为，图 9-4 比图 9-3 更好理解，它还提供了各组得分的分布信息。

从结果来看，使用降低胆固醇的药物时，每天 4 次 5mg 剂量比每天 1 次 20mg 剂量效果更佳，也优于候选药物 drugD，但药物 drugE 比其他药物和疗法都更优。

9.3.2 评估检验的假设条件

上一章已经提过，我们对于结果的信心依赖于做统计检验时数据满足假设条件的程度。单因素方差分析中，我们假设因变量服从正态分布，各组方差相等。可以使用 Q-Q 图来检验正态性假设。

```
> library(car)
> fit <- aov(response ~ trt, data=cholesterol)
> qqPlot(fit, simulate=TRUE, main="Q-Q Plot")
```

图形结果如图 9-5 所示。图中默认标注了学生化残差最大的两个观测值在数据框中的行号。数据落在 95% 的置信区间范围内，说明满足正态性假设。

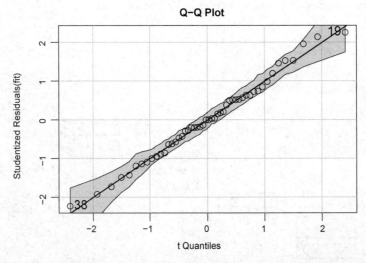

图 9-5 学生化残差的正态性检验。残差为实际值减去预测结果，学生化残差为残差除以其标准差估计值后得到的数值。如果学生化残差呈正态分布，那么这些残差点应聚集在拟合线的两侧

R 提供了一些可用来做方差齐性检验的函数。例如，可以通过如下代码来做 Bartlett 检验：

```
> bartlett.test(response ~ trt, data=cholesterol)

        Bartlett test of homogeneity of variances

data:  response by trt
Bartlett's K-squared = 0.5797, df = 4, p-value = 0.9653
```

Bartlett 检验表明 5 组的方差并没有显著不同（$p \approx 0.97$）。其他检验如 Fligner-Killeen 检验（fligner.test() 函数）和 Brown-Forsythe 检验（HH 包中的 hov() 函数），此处没有做演示，

但它们获得的结果与 Bartlett 检验相同。最后，方差齐性分析对离群点非常敏感。可利用 car 包中的 outlierTest() 函数来检测离群点：

```
> library(car)
> outlierTest(fit)

No Studentized residuals with Bonferroni  p < 0.05
Largest |rstudent|:
   rstudent unadjusted p-value Bonferroni p
19 2.251149          0.029422           NA
```

从输出结果来看，并没有证据说明数据中含有离群点（当 $p>1$ 时将产生 NA）。因此根据 Q-Q 图、Bartlett 检验和离群点检验，该数据似乎可以用 ANOVA 模型拟合得很好。这些方法反过来增强了我们对于所得结果的信心。

9.4 单因素协方差分析

单因素协方差分析（ANCOVA）扩展了单因素方差分析（ANOVA），包含一个或多个连续型协变量。下面的例子来自于 multcomp 包中的 litter 数据集（Westfall et al., 1999）。怀孕小鼠被分为 4 个小组，每个小组接受不同剂量（0、5、50 或 500）的药物。产下幼崽的体重均值为因变量，怀孕时间为协变量。分析代码见代码清单 9-3。

代码清单 9-3　单因素协方差分析

```
> library(multcomp)
> library(dplyr)
> litter %>%
    group_by(dose) %>%
    summarise(n=n(), mean=mean(gesttime), sd=sd(gesttime))

  dose      n  mean    sd
  <fct> <int> <dbl> <dbl>
1 0        20  22.1 0.438
2 5        19  22.2 0.451
3 50       18  21.9 0.404
4 500      17  22.2 0.431

> fit <- aov(weight ~ gesttime + dose, data=litter)
> summary(fit)
            Df Sum Sq Mean Sq F value  Pr(>F)
gesttime     1  134.3  134.30   8.049 0.00597 **
dose         3  137.1   45.71   2.739 0.04988 *
Residuals   69 1151.3   16.69
---
Signif. codes:  0 '***' 0.001 '**' 0.01 '*' 0.05 '.' 0.1 ' ' 1
```

利用 summarise() 函数，我们可以看到每种剂量下所产的幼崽数并不相同：0 剂量时（未用药）产崽 20 个，500 剂量时产崽 17 个。根据各组均值，我们可以发现未用药组幼崽出生体重均值最高（32.3）。ANCOVA 的 F 检验表明：(a)怀孕时间与幼崽出生体重相关；(b)控制怀孕时间，药物剂量与出生体重相关。控制怀孕时间，确实发现每种药物剂量下幼崽出生体重均值不同。

由于使用了协变量，我们可能想要获取调整的组均值，即去除协变量效应后的组均值。可使用 effects 包中的 effects() 函数来计算调整的均值：

```
> library(effects)
> effect("dose", fit)

 dose effect
dose
   0    5   50  500
32.4 28.9 30.6 29.3
```

这是在对怀孕时间的初始差异进行统计学调整后，每种剂量下的平均幼崽出生体重。本例中，调整的均值明显不同于 summarise() 函数得出的未调整的均值。总之，effects 包为复杂的实验设计提供了强大的计算调整均值的方法，并能将结果可视化，更多细节可参考 CRAN 上的文档。

和上一节的单因素方差分析例子一样，剂量的 F 检验虽然表明了不同的处理方式幼崽的体重均值不同，但无法告知我们哪种处理方式与其他方式不同。同样，我们使用 multcomp 包来对所有均值进行成对比较。另外，multcomp 包还可以用来检验用户自定义的均值假设。

假定我们对未用药条件与其他 3 种用药条件的影响是否不同感兴趣，我们可以使用代码清单 9-4 的代码来检验我们的假设。

代码清单 9-4　对用户定义的对照的多重比较

```
> library(multcomp)
> contrast <- rbind("no drug vs. drug" = c(3, -1, -1, -1))
> summary(glht(fit, linfct=mcp(dose=contrast)))

Multiple Comparisons of Means: User-defined Contrasts

Fit: aov(formula = weight ~ gesttime + dose)

Linear Hypotheses:
                     Estimate Std. Error t value Pr(>|t|)
no drug vs. drug == 0    8.284      3.209   2.581   0.0120 *
---
Signif. codes:  0 '***' 0.001 '**' 0.01 '*' 0.05 '.' 0.1 ' ' 1
```

对照列表 c(3, -1, -1, -1) 是指将第 1 组和其他 3 组的均值进行比较。具体而言，要检验的假设为：

$$3 \times \mu_0 - 1 \times \mu_5 - 1 \times \mu_{50} - 1 \times \mu_{500} = 0$$

或者

$$\mu_0 = \frac{\mu_5 + \mu_{50} + \mu_{500}}{3}$$

其中 μ_n 为剂量 n 的平均幼崽出生体重。假设检验的 t 统计量（2.581）在 $p<0.05$ 水平下显著，因此，可以得出未用药组比其他用药条件下的出生体重高的结论。也可以将其他对照列表添加到 rbind() 函数进行比较（详见 help(glht)）。

9.4.1 评估检验的假设条件

ANCOVA 与 ANOVA 相同，都需要正态性和方差齐性假设，可以用 9.3.2 节中相同的步骤来检验这些假设条件。另外，ANCOVA 还假定回归斜率相同。本例中，假定 4 个药物处理组通过怀孕时间来预测出生体重的回归斜率都相同。ANCOVA 模型包含怀孕时间 × 剂量的交互项时，可对回归斜率的同质性进行检验。交互效应若显著，则意味着怀孕时间和幼崽出生体重间的关系依赖于药物剂量的水平。代码和结果见代码清单 9-5。

代码清单 9-5　检验回归斜率的同质性

```
> library(multcomp)
> fit2 <- aov(weight ~ gesttime*dose, data=litter)
> summary(fit2)
             Df Sum Sq Mean Sq F value Pr(>F)
gesttime      1    134     134    8.29 0.0054 **
dose          3    137      46    2.82 0.0456 *
gesttime:dose 3     82      27    1.68 0.1789
Residuals    66   1069      16
---
Signif. codes:  0 '***' 0.001 '**' 0.01 '*' 0.05 '.' 0.1 ' ' 1
```

可以看到交互效应不显著，支持了斜率相等的假设。若假设不成立，可以尝试变换协变量或因变量，或使用能对每个斜率独立解释的模型，或使用不需要假设回归斜率同质性的非参数 ANCOVA 方法。sm 包中的 sm.ancova() 函数为后者提供了一个例子。

9.4.2 结果的可视化

我们可以用 ggplot2 包可视化因变量、协变量和因子之间的关系。例如以下代码：

```
pred <- predict(fit)
library(ggplot2)
ggplot(data = cbind(litter, pred),
       aes(gesttime, weight)) + geom_point() +
    facet_wrap(~ dose, nrow=1) + geom_line(aes(y=pred)) +
    labs(title="ANCOVA for weight by gesttime and dose") +
    theme_bw() +
    theme(axis.text.x = element_text(angle=45, hjust=1),
          legend.position="none")
```

生成如图 9-6 所示的图形。

9

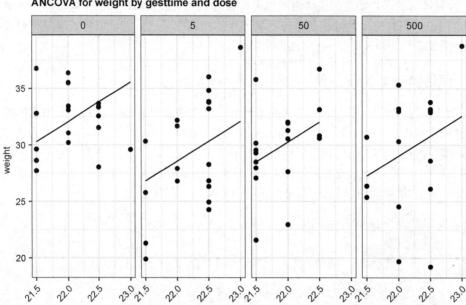

图 9-6　4 个药物处理组的怀孕时间和出生体重的关系图

　　从图中可以看到，每个组中用怀孕时间来预测出生体重的回归拟合线相互平行，只是截距项不同。随着怀孕时间增加，幼崽出生体重也会增加。另外，还可以看到 0 剂量组截距项最大，5 剂量组截距项最小。由于上面的设置，直线会保持平行，如果使用以下代码

```
ggplot(data = litter, aes(gesttime, weight)) +
    geom_point() + geom_smooth(method="lm", se=FALSE) +
    facet_wrap(~ dose, nrow=1)
```

生成的图形将允许斜率和截距项依据组别而发生变化，这对可视化那些违背回归斜率同质性的实例非常有用。

9.5　双因素方差分析

　　在双因素方差分析中，受试者被分配到两因子的交叉类别组中。我们以基础安装中的 ToothGrowth 数据集为例演示双因素组间方差分析。我们随机分配 60 只豚鼠，分别采用两种喂食方法（橙汁或维生素 C），各喂食方法中抗坏血酸含量有 3 种水平（0.5mg、1mg 或 2mg），每种处理方式组合都被分配 10 只豚鼠。牙齿长度为因变量。分析代码见代码清单 9-6。

代码清单 9-6　双因素 ANOVA

```
> library(dplyr)
> data(ToothGrowth)
```

```
> ToothGrowth$dose <- factor(ToothGrowth$dose)          ❶
> stats <- ToothGrowth %>%                              ❷
    group_by(supp, dose) %>%                            ❷
    summarise(n=n(), mean=mean(len), sd=sd(len),        ❷
            ci = qt(0.975, df = n - 1) * sd / sqrt(n))  ❷
> stats

# A tibble: 6 x 6
# Groups:   supp [2]
  supp  dose      n  mean    sd    ci
  <fct> <fct> <int> <dbl> <dbl> <dbl>
1 OJ    0.5      10 13.2   4.46  3.19
2 OJ    1        10 22.7   3.91  2.80
3 OJ    2        10 26.1   2.66  1.90
4 VC    0.5      10  7.98  2.75  1.96
5 VC    1        10 16.8   2.52  1.80
6 VC    2        10 26.1   4.80  3.43

> fit <- aov(len ~ supp*dose, data=ToothGrowth)         ❸
> summary(fit)

            Df Sum Sq Mean Sq F value  Pr(>F)
supp         1  205.4   205.4  15.572 0.000231 ***
dose         2 2426.4  1213.2  92.000 < 2e-16 ***
supp:dose    2  108.3    54.2   4.107 0.021860 *
Residuals   54  712.1    13.2
---
Signif. codes:  0 '***' 0.001 '**' 0.01 '*' 0.05 '.' 0.1 ' ' 1
```

❶ 准备数据

❷ 计算汇总统计量

❸ 拟合双因素 ANOVA 模型

首先，dose 变量被转换为因子变量，这样 aov() 函数就会将它当作一个分组变量，而不是一个数值型协变量❶。接下来，计算每种处理方式组合的汇总统计量（n、均值、标准差和均值的置信区间）❷。样本量表明我们采用的是均衡设计（每个设计单元的样本量相同）。对数据进行双因素 ANOVA 模型拟合❸，summary() 函数表明主效应（supp 和 dose）和因子之间的交互效应都非常显著。

我们可以用多种方式对结果进行可视化处理，包括基础 R 中的 interaction.plot() 函数、gplots 包中的 plotmeans() 函数和 HH 包中的 interaction2wt() 函数。在图 9-7 后面的代码中我们用 ggplot2 绘制双因素方差分析的均值及其 95% 置信区间。使用 ggplot2 的一个好处是我们可以自定义图形以满足我们的研究需要和审美需求。图形结果如图 9-7 所示。

9

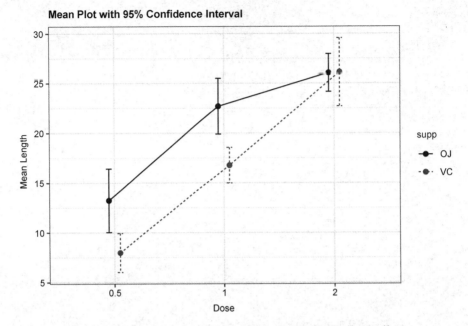

图9-7 喂食方法和含量对牙齿生长的交互作用。牙齿长度的均值图是使用 ggplot2
函数创建的

```
library(ggplot2)
pd <- position_dodge(0.2)
ggplot(data=stats,
       aes(x = dose, y = mean,
           group=supp,
           color=supp,
           linetype=supp)) +
  geom_point(size = 2,
             position=pd) +
  geom_line(position=pd) +
  geom_errorbar(aes(ymin = mean - ci, ymax = mean + ci),
                width = .1,
                position=pd) +
  theme_bw() +
  scale_color_manual(values=c("blue", "red")) +
  labs(x="Dose",
       y="Mean Length",
       title="Mean Plot with 95% Confidence Interval")
```

　　图9-7表明随着橙汁和维生素C中的抗坏血酸含量的增加,牙齿长度变长。对于0.5mg和1mg
含量,橙汁比维生素C更能促进牙齿生长;对于 2mg 含量的抗坏血酸,在使用两种喂食方法时
牙齿长度增长相同。

　　虽然此处没有涵盖模型假设检验和均值比较的内容,但是它们是之前方法的自然延伸。此外,
该设计是均衡的,故而不用担心效应顺序的影响。

9.6　重复测量方差分析

　　所谓重复测量方差分析，即受试者被测量不止一次。本节重点关注含一个组内和一个组间因子的重复测量方差分析（这是一个常见的设计）。示例来源于生理生态学领域，研究方向是生命系统的生理和生化过程如何响应环境因素的变异（此为应对全球变暖的一个非常重要的研究领域）。R 基础安装包中的 CO2 数据集包含了北方和南方牧草类植物 Echinochloa crus-galli（Potvin、Lechowicz、Tardif，1990）的寒冷容忍度研究结果，在某浓度二氧化碳的环境中，对寒带植物与非寒带植物的光合作用率进行了比较。研究所用植物一半来自于加拿大的魁北克省（Quebec），另一半来自美国的密西西比州（Mississippi）。

　　在本例中，我们关注寒带植物。因变量是二氧化碳吸收量（uptake），单位为 ml/L，自变量是植物类型 Type（魁北克省 VS. 密西西比州）和 7 种水平（95~1000 umol/m^2 sec）的二氧化碳浓度（conc）。另外，Type 是组间因子，conc 是组内因子。Type 已经被存储为一个因子变量，但我们还需要先将 conc 转换为因子变量。分析过程见代码清单 9-7。

代码清单 9-7　含一个组间因子和一个组内因子的重复测量方差分析

```
> data(CO2)
> CO2$conc <- factor(CO2$conc)
> w1b1 <- subset(CO2, Treatment=='chilled')
> fit <- aov(uptake ~ conc*Type + Error(Plant/(conc)), w1b1)
> summary(fit)

Error: Plant
          Df Sum Sq Mean Sq F value Pr(>F)
Type       1   2667    2667    60.4 0.0015 **
Residuals  4    177      44
---
Signif. codes:  0 '***' 0.001 '**' 0.01 '*' 0.05 '.' 0.1 ' ' 1

Error: Plant:conc
          Df Sum Sq Mean Sq F value  Pr(>F)
conc       6   1472   245.4    52.5 1.3e-12 ***
conc:Type  6    429    71.5    15.3 3.7e-07 ***
Residuals 24    112     4.7
---
Signif. codes:  0 '***' 0.001 '**' 0.01 '*' 0.05 '.' 0.1 ' ' 1

> library(dplyr)
> stats <- CO2 %>%
    group_by(conc, Type) %>%
    summarise(mean_conc = mean(uptake))

> library(ggplot2)
> ggplot(data=stats, aes(x=conc, y=mean_conc,
          group=Type, color=Type, linetype=Type)) +
```

9

```
geom_point(size=2) +
geom_line(size=1) +
theme_bw() + theme(legend.position="top") +
labs(x="Concentration", y="Mean Uptake",
    title="Interaction Plot for Plant Type and Concentration")
```

方差分析表表明在 0.01 的水平下，主效应类型和浓度以及交叉效应（类型 × 浓度）都非常显著。图 9-8 展示了交互效应。在该图中我略去了置信区间，使图形看上去更简洁。

若想展示交互效应不同的侧面，可以使用 geom_boxplot() 函数对相同的数据绘制图形，图形结果见图 9-9。

```
library(ggplot2)
ggplot(data=CO2, aes(x=conc, y=uptake, fill=Type)) +
  geom_boxplot() +
  theme_bw() + theme(legend.position="top") +
  scale_fill_manual(values=c("aliceblue", "deepskyblue"))+
  labs(x="Concentration", y="Uptake",
      title="Chilled Quebec and Mississippi Plants")
```

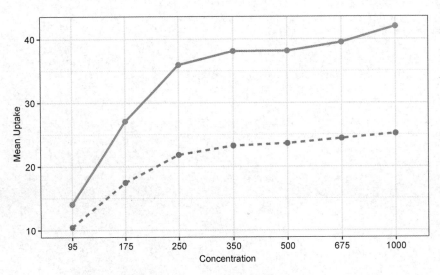

图 9-8 二氧化碳浓度和植物类型对二氧化碳吸收量的交互影响。图形由 ggplot2 函数绘制

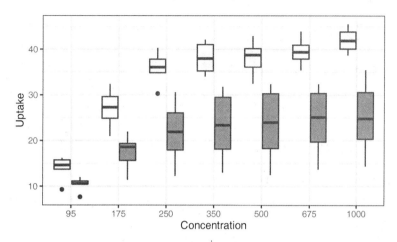

图 9-9 二氧化碳浓度和植物类型对二氧化碳吸收量的交互影响。图形由 geom_boxplot()
函数绘制

　　从以上任意一幅图都可以看出，魁北克省的植物比密西西比州的植物二氧化碳吸收量高，而
且随着二氧化碳浓度的升高，差异越来越明显。

注意 通常处理的数据集是**宽格式**（wide format），即列是变量，行是观测值，而且一行一个受
试者。9.4 节中的 litter 数据集就是一个很好的例子。不过在处理重复测量设计时，需
要有**长格式**（long format）数据才能拟合模型。在长格式中，因变量的每次测量都要放
到它独有的行中，CO_2 数据集遵循这种格式。幸运的是，第 5 章（5.5.2 节）介绍的 tidyr
包可方便地将数据转换为所需的格式。

混合模型设计的各种方法

　　在分析本节关于二氧化碳的例子时，我们使用了传统的重复测量方差分析。该方法假设
任意组内因子的协方差矩阵遵循一种称为球形的特定格式。具体而言，该方法假设任意组内
因子两水平间的方差之差都相等。但在现实中这种假设不可能被满足，于是衍生了一系列备
选方法：

- ❏ 使用 lme4 包中的 lmer() 函数拟合线性混合模型；
- ❏ 使用 car 包中的 Anova() 函数调整传统检验统计量以弥补球形假设的不满足的缺陷（例
  如 Geisser-Greenhouse 校正）；
- ❏ 使用 nlme 包中的 gls() 函数拟合给定方差–协方差结构的广义最小二乘模型；
- ❏ 用多元方差分析对重复测量数据进行建模。

目前为止，本章的所有方法都只是对单个因变量的情况进行分析。在下一节中，我们将简略介绍包含多个结果变量的设计。

9.7　多元方差分析

当因变量（结果变量）不止一个时，可用多元方差分析（MANOVA）对它们同时进行分析。以 MASS 包中的 UScereal 数据集为例 [Venables，Ripley（1999）]，我们将研究美国谷物中的卡路里、脂肪和糖含量是否会因为货架位置的不同而发生变化；其中 1 代表底层货架，2 代表中层货架，3 代表顶层货架。卡路里（calories）、脂肪（fat）和糖含量（sugars）是因变量，货架（shelf）是包含 3 个水平（1、2、3）的自变量。分析过程见代码清单 9-8。

代码清单 9-8　单因素多元方差分析

```
> data(UScereal, package="MASS")
> shelf <- factor(UScereal$shelf)
> shelf <- factor(shelf)
> y <- cbind(UScereal$calories, UScereal$fat, UScereal$sugars)
> colnames(y) <- c("calories", "fat", "sugars")
> aggregate(y, by=list(shelf=shelf), FUN=mean)

   shelf calories   fat sugars
1    1        119 0.662    6.3
2    2        130 1.341   12.5
3    3        180 1.945   10.9

> cov(y)

         calories   fat sugars
calories   3895.2 60.67 180.38
fat          60.7  2.71   4.00
sugars      180.4  4.00  34.05

> fit <- manova(y ~ shelf)
> summary(fit)

          Df Pillai approx F num Df den Df Pr(>F)
shelf      2  0.402     5.12      6    122  1e-04 ***
Residuals 62
---
Signif. codes:  0 '***' 0.001 '**' 0.01 '*' 0.05 '.' 0.1 ' ' 1

> summary.aov(fit)              ❶

Response calories :
            Df Sum Sq Mean Sq F value  Pr(>F)
shelf        2  50435   25218    7.86 0.00091 ***
Residuals   62 198860    3207
---
Signif. codes:  0 '***' 0.001 '**' 0.01 '*' 0.05 '.' 0.1 ' ' 1
```

```
 Response fat :
           Df Sum Sq Mean Sq F value Pr(>F)
shelf       2   18.4    9.22    3.68  0.031 *
Residuals  62  155.2    2.50
---
Signif. codes:  0 '***' 0.001 '**' 0.01 '*' 0.05 '.' 0.1 ' ' 1

 Response sugars :
           Df Sum Sq Mean Sq F value Pr(>F)
shelf       2    381     191    6.58 0.0026 **
Residuals  62   1798      29
---
Signif. codes:  0 '***' 0.001 '**' 0.01 '*' 0.05 '.' 0.1 ' ' 1
```

❶ 输出单变量结果

首先，我们将 shelf 变量转换为因子变量，从而使它在后续分析中能作为分组变量。接下来，cbind() 函数将 3 个因变量（卡路里、脂肪和糖含量）合并成一个矩阵。aggregate() 函数可获取货架的各个均值，cov() 函数则输出各谷物间的方差和协方差。

manova() 函数能对组间差异进行多元检验。上面 F 值显著，说明 3 个组的营养成分测量值不同。注意 shelf 变量已经转换为因子变量，因此它可以代表一个分组变量。

由于多元检验是显著的，我们可以使用 summary.aov() 函数对每一个变量做单因素方差分析❶。从上述结果可以看到，3 组中每种营养成分的测量值都是不同的。最后，还可以用均值比较步骤（比如 TukeyHSD 检验）来判断对于每个因变量，哪种货架与其他货架都是不同的（此处已略去，以节省篇幅）。

9.7.1 评估检验的假设条件

单因素多元方差分析有两个前提假设，一个是多元正态性，一个是方差–协方差矩阵同质性。第一个假设即指因变量组合成的向量服从一个多元正态分布。可以用 Q-Q 图来检验该假设条件（参见"理论补充"对其工作原理的统计解释）。

理论补充

若有一个 $p \times 1$ 的多元正态随机向量 x，均值为 μ，协方差矩阵为 $\sum$，那么 x 与 μ 的马氏距离的平方服从自由度为 p 的卡方分布。Q-Q 图展示卡方分布的分位数，横纵坐标分别是样本量与马氏距离平方值。如果点全部落在斜率为 1、截距项为 0 的直线上，则表明数据服从多元正态分布。

分析代码见代码清单 9-9，图形结果如图 9-10 所示。

代码清单 9-9　检验多元正态性

```
> center <- colMeans(y)
> n <- nrow(y)
```

```
> p <- ncol(y)
> cov <- cov(y)
> d <- mahalanobis(y,center,cov)
> coord <- qqplot(qchisq(ppoints(n),df=p),
    d, main="Q-Q Plot Assessing Multivariate Normality",
    ylab="Mahalanobis D2")
> abline(a=0,b=1)
> identify(coord$x, coord$y, labels=row.names(UScereal))
```

若数据服从多元正态分布，那么点将落在直线上。我们可以通过 identify() 函数交互性地对图中的点进行标注。单击每个感兴趣的点，然后按 "Esc" 键或者 Finish 按钮。从图形上看，观测点 "Wheaties Honey Gold" 和 "Wheaties" 异常，数据集似乎违反了多元正态性。我们可以删除这两个点再重新分析。

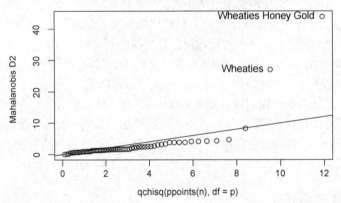

图 9-10   检验多元正态性的 Q-Q 图

方差–协方差矩阵同质性指各组的协方差矩阵相同，我们通常可以用 Box's M 检验来评估该假设。由于 R 中没有 Box's M 函数，我们可以通过网络搜索到合适的代码。不过，该检验对正态性假设很敏感，会导致在大部分案例中直接拒绝同质性假设。也就是说，对于这个重要假设的检验，我们目前还没有一个好方法。

最后，我们还可以使用 mvoutlier 包中的 aq.plot() 函数来检验多元离群点。代码如下：

```
library(mvoutlier)
outliers <- aq.plot(y)
outliers
```

自己尝试一下，看看会得到什么结果吧！

9.7.2   稳健多元方差分析

如果多元正态性或者方差–协方差矩阵同质性假设都不满足，或者我们担心多元离群点，那么可以考虑用稳健或非参数版本的 MANOVA 检验。稳健单因素 MANOVA 可通过 rrcov 包中的

Wilks.test()函数实现。vegan 包中的 adonis()函数则提供了非参数 MANOVA 的等同形式。代码清单 9-10 展示了 Wilks.test()的应用。

代码清单 9-10 稳健单因素 MANOVA

```
> library(rrcov)
> Wilks.test(y,shelf,method="mcd")

        Robust One-way MANOVA (Bartlett Chi2)

data:  x
Wilks' Lambda = 0.511, Chi2-Value = 23.96, DF = 4.98, p-value =
0.0002167
sample estimates:
  calories   fat   sugars
1      120  0.701    5.66
2      128  1.185   12.54
3      161  1.652   10.35
```

从结果来看，稳健检验对离群点和违反 MANOVA 假设的情况不敏感，且再一次验证了存储在货架顶部、中部和底部的谷物营养成分测量值不同。

9.8 用回归来做方差分析

在 9.2 节中，我们提到方差分析和回归都是广义线性模型的特例。因此，本章所有的设计都可以用 lm()函数来分析。但是，为了更好地理解输出结果，需要弄明白在拟合模型时，R 是如何处理分类变量的。

以 9.3 节的单因素方差分析问题为例，比较 5 种降低胆固醇药物疗法（trt）的影响。

```
> library(multcomp)
> levels(cholesterol$trt)

[1] "1time"  "2times"  "4times"  "drugD"  "drugE"
```

首先，用 aov()函数拟合模型：

```
> fit.aov <- aov(response ~ trt, data=cholesterol)
> summary(fit.aov)

            Df   Sum Sq  Mean Sq  F value    Pr(>F)
trt          4  1351.37   337.84   32.433  9.819e-13 ***
Residuals   45   468.75    10.42
```

现在，用 lm()函数拟合同样的模型。结果见代码清单 9-11。

代码清单 9-11 解决 9.3 节方差分析问题的回归方法

```
> fit.lm <- lm(response ~ trt, data=cholesterol)
> summary(fit.lm)

Coefficients:
```

```
            Estimate Std. Error t value   Pr(>|t|)
(Intercept)    5.782     1.021   5.665   9.78e-07 ***
trt2times      3.443     1.443   2.385     0.0213 *
trt4times      6.593     1.443   4.568   3.82e-05 ***
trtdrugD       9.579     1.443   6.637   3.53e-00 ***
trtdrugE      15.166     1.443  10.507   1.08e-13 ***

Residual standard error: 3.227 on 45 degrees of freedom
Multiple R-squared: 0.7425,    Adjusted R-squared: 0.7196
F-statistic: 32.43 on 4 and 45 DF,  p-value: 9.819e-13
```

我们能发现什么？因为线性模型要求自变量是数值型，当 lm() 函数碰到因子时，它会用一系列与因子水平相对应的数值型对照变量来代替因子。如果因子有 k 个水平，将会创建 $k-1$ 个对照变量。R 提供了 5 种创建对照变量的内置方法（见表 9-3），我们也可以自己重新创建（此处不做介绍）。默认情况下，对照处理用于无序因子，正交多项式用于有序因子。

表 9-3　内置对照

对照变量创建方法	描　　述
contr.helmert	第二个水平对照第一个水平，第三个水平对照前两个的均值，第四个水平对照前三个的均值，以此类推
contr.poly	基于正交多项式的对照，用于趋势分析（线性、二次、三次等）和等距水平的有序因子
contr.sum	对照变量之和限制为 0。也称作离差对照，对各水平的均值与所有水平的均值进行比较
contr.treatment	各水平对照基线水平（默认第一个水平）。也称作虚拟编码
contr.SAS	类似于 contr.treatment，只是基线水平变成了最后一个水平。生成的系数类似于大部分 SAS 过程中使用的对照变量

以药物疗法对照（treatment contrast）为例，因子的第一个水平变成了参考组，随后的每个水平都与它进行比较。可以通过 contrasts() 函数查看它的编码过程。

```
> contrasts(cholesterol$trt)
       2times 4times drugD drugE
1time       0      0     0     0
2times      1      0     0     0
4times      0      1     0     0
drugD       0      0     1     0
drugE       0      0     0     1
```

若患者处于 drugD 条件下，则变量 drugD 等于 1，其他变量 2times、4times 和 drugE 都等于 0。无须列出第一组的变量值，因为其他 4 个变量都为 0，这已经说明患者处于 1time 条件。

在代码清单 9-11 中，变量 trt2times 表示水平 1time 和 2times 的一个对照。类似地，trt4times 是 1time 和 4times 的一个对照，其余以此类推。从输出的概率值来看，各药物条件与第一组（1time）显著不同。

通过设定 contrasts 选项，我们可以修改 lm() 中默认的对照方法。例如，使用 Helmert 对照：

```
fit.lm <- lm(response ~ trt, data=cholesterol, contrasts="contr.helmert")
```

我们还能通过 `options()` 函数修改 R 会话中的默认对照方法。例如,

```
options(contrasts = c("contr.SAS", "contr.helmert"))
```

设定无序因子的默认对照方法为 `contr.SAS`,有序因子的默认对照方法为 `contr.helmert`。虽然我们一直都在线性模型范围中讨论对照方法的使用,但是在 R 中,我们完全可以将其应用到其他建模函数中,包括第 13 章将会介绍的广义线性模型。

9.9 小结

- 方差分析是一套统计学方法,常用于分析来自实验设计和准实验设计研究中的数据。
- 在研究一个连续型因变量和一个或多个分类自变量之间的关系时,方差分析方法非常有用。
- 如果连续型因变量与具有两个以上水平的分类自变量相关,那么将进行事后检验(post hoc tests)以确定哪些水平/分组在此结果上会有所不同。
- 如果有两个或两个以上分类自变量,则使用多因素方差分析研究它们对因变量的各自影响和共同影响。
- 在统计学上,控制(删除)了一个或多个连续型干扰变量后的设计称为协方差分析。
- 因变量不止一个的设计称为多元方差分析或多元协方差分析。
- 方差分析和多元回归是广义线性模型的两种等效的分析方法。这两种方法的不同术语、R 函数和输出格式反映出它们在不同研究领域中有各自的起源。当研究的重点在组间差异时,方差分析结果通常更容易理解,也更容易传递给他人。

9

功效分析

10

本章重点
- ☐ 判断所需样本量
- ☐ 计算效应值
- ☐ 评估统计功效

作为统计咨询师，我经常被问到这样一个问题："我的研究到底需要多少个受试者呢？"或者换个说法："对于我的研究，现有 *x* 个可用的受试者，这样的研究值得做吗？"这类问题都可通过**功效分析**（power analysis）来解决，它在实验设计中占有重要地位。

功效分析可以帮助在给定置信度的情况下，判断检测到给定效应值所需的样本量。反过来，它也可以帮助我们在给定置信度的情况下，计算在某样本量内能检测到给定效应值的概率。如果概率低得难以接受，修改或者放弃这个实验将是一个明智的选择。

在本章中，我们将学习如何对多种统计检验进行功效分析，包括比例检验、t 检验、卡方检验、平衡单因素方差分析、相关性分析，以及线性模型分析。由于功效分析针对的是假设检验，我们将首先简单回顾零假设显著性检验（NHST）过程，然后学习如何用 R 进行功效分析，主要关注 pwr 包。最后，我们还会学习 R 中其他可用的功效分析方法。

10.1 假设检验速览

为了帮助你理解功效分析的分析步骤，我们将首先简要回顾统计假设检验的概念。如果你有统计学背景，可直接从 10.2 节开始阅读。

在统计假设检验中，首先要对总体分布参数设定一个假设（零假设，H_0），然后从总体分布中抽样，通过样本计算所得的统计量来对总体参数进行推断。假定零假设为真，计算获得观测样本的统计量或一个极端值的概率，如果此概率非常小，便可以拒绝原假设，接受它的对立面（称作**备择假设**或者**研究假设**，H_1）。

下面通过一个例子来阐述整个过程。假设我们想评价使用手机对驾驶员反应时间的影响，则零假设为 $H_0: \mu_1 - \mu_2 = 0$，其中 μ_1 是驾驶员使用手机时的反应时间均值，μ_2 是驾驶员不使用手机时的反应时间均值（此处，$\mu_1 - \mu_2$ 即感兴趣的总体参数）。假如你拒绝该零假设，备择假设或研究假

设就是 $H_1: \mu_1 - \mu_2 \neq 0$。这等价于 $\mu_1 \neq \mu_2$，即两种情况下反应时间的均值不相等。

现招募若干受试者，将他们随机分配到任意一种情况中。第 1 种情况，受试者边打手机，边在一个模拟器中应对一系列驾驶挑战；第 2 种情况，受试者在一个模拟器中完成一系列相同的驾驶挑战，但不打手机。然后评估每个受试者的总体反应时间。

基于样本数据，可计算如下统计量：

$$(\bar{X}_1 - \bar{X}_2) / \left(\frac{S}{\sqrt{n}} \right)$$

其中，$\bar{X}_1$ 和 $\bar{X}_2$ 分别表示两种情况下的反应时间均值。s 是合并样本标准差，n 是每种情况中的受试者数目。如果零假设为真，那么可以假定反应时间呈正态分布，该样本统计量服从 $2n$ 该样自由度的 t 分布。依据此事实，我们能计算获得当前或更大样本统计量的概率。但如果概率（p）比预先设定的阈值小（如 $p<0.05$），那么我们便可以拒绝原假设接受备择假设。预先约定的阈值（0.05）称为检验的**显著性水平**（significance level）。

注意，这里是使用取自总体的样本数据来对总体做推断。我们的零假设是所有打手机的驾驶员的反应时间均值与所有（而不仅仅是样本中）不打手机的驾驶员的反应时间均值没什么不同。我们的判断有下列 4 种可能的结果。

- □ 如果零假设是错误的，统计检验也拒绝它，那么我们便做了一个正确的判断。我们可以断言使用手机影响反应时间。
- □ 如果零假设是真实的，我们没有拒绝它，那么我们再次做了一个正确的判断。说明反应时间不受打手机的影响。
- □ 如果零假设是真实的，但我们拒绝了它，那么我们便犯了I型错误。我们会得到使用手机会影响反应时间的结论，而实际上不会。
- □ 如果零假设是错误的，而我们没有拒绝它，那么我们便犯了II型错误。使用手机影响反应时间，但我们没有判断出来。

每种结果的解释见表 10-1。

表 10-1 假设检验

		判断	
		拒绝 H_0	不能拒绝 H_0
实际	H_0 为真	I 型错误	正确
	H_0 为假	正确	II 型错误

零假设显著性检验中的争论

零假设显著性检验（NHST）并不是没有争议的，批评者早就提出了一大堆质疑，特别是有关它在心理学领域中的应用。他们指出对 p 值存在一个广泛的误解，它依赖的统计显著性比实际显著性大，因此事实上零假设永远不可能为真，对于足够大的样本也总是被拒绝，这会造成在 NHST 实践中许多逻辑上的不一致。

10

在研究过程时，研究者通常关注 4 个统计量：样本量、显著性水平、功效和效应值（见图 10-1）。

□ 样本量指的是实验设计中每种条件/组中观测值的数目。

□ 显著性水平（也称为 alpha）由 I 型错误的概率来定义。也可以把它看作发现效应不发生的概率。

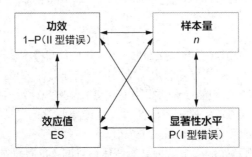

图 10-1　在功效分析中研究设计的 4 个基本量。给定任意 3 个，我们可以推算第 4 个

□ 功效通过 1 减去 II 型错误的概率来定义。我们可以把它看作真实效应发生的概率。

□ 效应值指的是在备择或研究假设下效应的量。效应值的表达式依赖于假设检验中使用的统计方法。

虽然研究者可以直接控制样本量和显著性水平，但是对于功效和效应值的影响却是间接的。例如，放宽显著性水平时（换句话说，使得拒绝原假设更容易时），检验的功效便会增大。类似地，样本量增加，功效也会增大。

通常来说，研究目标是维持一个可接受的显著性水平，尽量使用较少的样本，然后最大化统计检验的功效。也就是说，最大化发现真实效应的概率，并最小化发现错误效应的概率，同时把研究成本控制在合理的范围内。

4 个统计量（样本量、显著性水平、功效和效应值）紧密相关，给定其中任意 3 个统计量，便可推算第 4 个统计量。接下来，本章将利用这一点进行各种各样的功效分析。下一节将学习如何用 R 中的 pwr 包实现功效分析。随后，我们还会简要回顾一些专门在生物学和遗传学中使用的功效函数。

10.2　用 pwr 包做功效分析

Stéphane Champely 开发的 pwr 包可以实现功效分析。表 10-2 列出了一些非常重要的函数。对于每个函数，用户可以设定 4 个统计量（样本量、显著性水平、功效和效应值）中的 3 个，第 4 个统计量将由软件计算出来。

表 10-2　`pwr` 包中的函数

函　　数	功效计算的对象
pwr.2p.test	两个比例（ n 相等）
pwr.2p2n.test	两个比例（ n 不相等）
pwr.anova.test	平衡单因素方差分析
pwr.chisq.test	卡方检验
pwr.f2.test	广义线性模型
pwr.p.test	比例（单样本）
pwr.r.test	相关系数
pwr.t.test	t 检验（单样本、双样本、相依样本）
pwr.t2n.test	t 检验（ n 不相等的双样本）

　　4 个统计量中，效应值是最难规定的。计算效应值通常需要一些相关估计的经验和对过去研究知识的理解。但是如果在一个特定的研究中，我们对需要的效应值一无所知，该怎么做呢？10.2.7 节将会讨论这个难题。本节接下来介绍 `pwr` 包里的函数在常见统计检验中的应用。在调用以上函数时，请确定已经安装并载入 `pwr` 包。

10.2.1　t 检验

　　对于 t 检验，`pwr.t.test()` 函数提供了许多有用的功效分析选项，格式为：

```
pwr.t.test(n=, d=, sig.level=, power=, alternative=)
```

其中各选项的含义如下。

❑ `n` 为样本量。

❑ `d` 为效应值，即标准化的均值之差。

$$d = \frac{\mu_1 - \mu_2}{\sigma} \quad 其中，\mu_1 = 组 1 均值$$
$$\mu_2 = 组 2 均值$$
$$\sigma = 公共误差的方差$$

❑ `sig.level` 表示显著性水平（默认为 0.05）。

❑ `power` 为功效水平。

❑ `type` 指检验类型：双样本 t 检验（`"two.sample"`）、单样本 t 检验（`"one.sample"`）或相依样本 t 检验（`"paired"`）。默认为双样本 t 检验。

❑ `alternative` 指统计检验是双侧检验（`"two.sided"`）还是单侧检验（`"less"`或`"greater"`）。默认为双侧检验。

　　让我们举例说明函数的用法。我们仍继续 10.1 节中使用手机与驾驶反应时间的实验，假定将使用双尾独立样本 t 检验来比较两种情况下驾驶员的反应时间均值。

　　如果我们根据过去的经验知道反应时间有 1.25s 的标准差，并认定反应时间 1s 的差值是巨大的差异，那么在这个研究中，可设定要检测的效应值为 $d=1/1.25=0.8$ 或者更大。另外，如果差异存在，我们希望有 90% 的把握检测到它，由于随机变异性的存在，我们也希望有 95% 的把握不会误报差异显著。这时，该研究需要多少受试者呢？

我们将这些信息输入到 pwr.t.test() 函数中，形式如下：

```
> library(pwr)
> pwr.t.test(d=.8, sig.level=.05, power=.9, type="two.sample",
            alternative="two.sided")

    Two-sample t test power calculation

              n = 34
              d = 0.8
      sig.level = 0.05
          power = 0.9
    alternative = two.sided

NOTE: n is number in *each* group
```

结果表明，每组中我们需要 34 个受试者（总共 68 人），这样才能保证有 90% 的把握检测到 0.8 的效应值，并且最多 5% 的可能性会误报差异存在。

现在变化一下这个问题。假定在比较这两种情况时，我们想检测到总体均值 0.5 个标准差的差异，并且将误报差异的概率限制在 1% 内。此外，我们能获得的受试者只有 40 人。那么在该研究中，我们能检测到这么大总体均值差异的概率是多少呢？

假定每种情况下受试者数目相同，可以进行如下操作：

```
> pwr.t.test(n=20, d=.5, sig.level=.01, type="two.sample",
            alternative="two.sided")

    Two-sample t test power calculation

              n = 20
              d = 0.5
      sig.level = 0.01
          power = 0.14
    alternative = two.sided

NOTE: n is number in *each* group
```

结果表明，在 0.01 的先验显著性水平下，每组 20 个受试者，因变量的标准差为 1.25s，有低于 14% 的可能性断言差值为 0.625s 或者不显著（$d=0.5=0.625/1.25$）。换句话说，我们将有 86% 的可能性错过要寻找的效应值。因此，我们可能需要慎重考虑要投入到该研究中的时间和精力。

上面的例子都是假定两组中样本量相等，如果两组中样本量不同，可用函数：

```
pwr.t2n.test(n1=, n2=, d=, sig.level=, power=, alternative=)
```

此处，n1 和 n2 是两组的样本量，其他参数含义与 pwr.t.test() 的相同。我们可以尝试改变 pwr.t2n.test() 函数中的参数值，看看输出的效应值如何变化。

10.2.2　方差分析

`pwr.anova.test()`函数可以对平衡单因素方差分析进行功效分析。格式如下:

```
pwr.anova.test(k=, n=, f=, sig.level=, power=)
```

其中,`k`是组的个数,`n`是各组中的样本量。

对于单因素方差分析,效应值可通过`f`来衡量:

$$f = \sqrt{\frac{\sum_{i=1}^{k} p_i \times (\mu_i - \mu)^2}{\sigma^2}}$$
　　其中, $p_i = n_i/N$
　　　　　$n_i = $ 组 i 的观测值数目
　　　　　$N = $ 总观测值数目
　　　　　$\mu_i = $ 组 i 的均值
　　　　　$\mu = $ 总体均值
　　　　　$\sigma^2 = $ 组内误差方差

让我们举例说明函数用法。我们现对 5 个组做单因素方差分析,要达到 0.8 的功效,效应值为 0.25,并选择 0.05 的显著性水平,计算各组需要的样本量。代码如下:

```
> pwr.anova.test(k=5, f=.25, sig.level=.05, power=.8)

     Balanced one-way analysis of variance power calculation

              k = 5
              n = 39
              f = 0.25
      sig.level = 0.05
          power = 0.8

    NOTE: n is number in each group
```

结果表明,总样本量为 5×39,即 195。注意,本例中需要估计在同方差时 5 个组的均值。如果我们对上述情况都一无所知,10.2.7 节提供的方法可能会有所帮助。

10.2.3　相关性

`pwr.r.test()`函数可以对相关系数检验进行功效分析。格式为:

```
pwr.r.test(n=, r=, sig.level=, power=, alternative=)
```

其中,`n`是观测值数目,`r`是效应值(通过线性相关系数衡量),`sig.level`是显著性水平,`power`是功效水平,`alternative`指定显著性检验是双侧检验("two.sided")还是单侧检验("less"或"greater")。

假定正在研究抑郁与孤独的关系。我们的零假设和研究假设为:

$H_0: \rho \leqslant 0.25$ 和 $H_1: \rho > 0.25$

其中,ρ 是两个心理变量的总体相关性大小。我们设定显著性水平为 0.05,而且如果 H_0 是错误的，我们想有 90% 的信心拒绝 H_0，那么研究需要多少观测值呢？下面的代码给出了答案：

```
> pwr.r.test(r=.25, sig.level=.05, power=.90, alternative="greater")

     approximate correlation power calculation (arctangh transformation)

              n = 134
              r = 0.25
      sig.level = 0.05
          power = 0.9
    alternative = greater
```

因此，要满足以上要求，我们需要 134 个受试者来评价抑郁与孤独的关系，以便在零假设为假的情况下有 90% 的信心拒绝它。

10.2.4　线性模型

对于线性模型（比如多元回归），`pwr.f2.test()` 函数可以完成相应的功效分析，格式为：

```
pwr.f2.test(u=, v=, f2=, sig.level=, power=)
```

其中，u 和 v 分别是分子自由度和分母自由度，f2 是效应值。

$$f^2 = \frac{R^2}{1-R^2} \qquad 其中，R^2 = 多重相关性的总体平方值$$

$$f^2 = \frac{R_{AB}^2 - R_A^2}{1 - R_{AB}^2} \qquad 其中，R_A^2 = 集合 \textbf{\textit{A}} 中变量对总体方差的解释率$$

$$R_{AB}^2 = 集合 \textbf{\textit{A}} 和 \textbf{\textit{B}} 中变量对总体方差的解释率$$

当要评价一组预测变量对结果的影响程度时，适宜用第 1 个公式来计算 f2；当要评价一组预测变量对结果的影响超过第 2 组变量（协变量）多少时，适宜用第 2 个公式。

现假设我们想研究老板的领导风格对员工满意度的影响是否超过薪水和福利待遇对员工满意度的影响。领导风格可用 4 个变量来评估，薪水和福利待遇与 3 个变量有关。过去的经验表明，薪水和福利待遇能够解释约 30% 的员工满意度的方差。而从现实出发，领导风格至少能解释 35% 的方差。假定显著性水平为 0.05，那么在 90% 的置信度的情况下，我们需要多少受试者才能得到这样的方差贡献率呢？

此处，sig.level=0.05，power=0.90，u=3（总自变量数减去集合 B 中的自变量数），效应值为 f2=(0.35–0.30)/(1–0.35) ≈ 0.0769。我们将这些信息输入到函数中，得出以下结果：

```
> pwr.f2.test(u=3, f2=0.0769, sig.level=0.05, power=0.90)

     Multiple regression power calculation

              u = 3
              v = 184.2426
             f2 = 0.0769
      sig.level = 0.05
          power = 0.9
```

在多元回归中，分母的自由度等于 $N{-}k{-}1$，N 是总观测值的数目，k 是自变量数。本例中，$N{-}7{-}1{=}185$，即需要样本量 $N{=}185{+}7{+}1{=}193$。

10.2.5　比例检验

当比较两个比例时，我们可使用 pwr.2p.test() 函数进行功效分析。格式为：

```
pwr.2p.test(h=, n=, sig.level=, power=)
```

其中，h 是效应值，n 是各组相同的样本量。效应值 h 定义如下：

$$h = 2\arcsin(\sqrt{p_1}) - 2\arcsin(\sqrt{p_2})$$

我们可用 ES.h(p1, p2) 函数进行计算。

当各组中 n 不相同时，则使用函数：

```
pwr.2p2n.test(h =, n1 =, n2 =, sig.level=, power=)
```

alternative=选项可以设定检验是双侧检验（"two.sided"）还是单侧检验（"less"或"greater"）。默认是双侧检验。

假定我们对某流行药物能缓解 60% 的使用者的症状感到怀疑。而一种更贵的新药如果能缓解 65% 的使用者的症状，就会被投放到市场中。此时，在研究中我们需要多少受试者才能够检测到两种药物存在这一特定的差异？

假设我们想有 90% 的把握得出新药更有效的结论，并且希望有 95% 的把握不会误得结论。我们只对评价新药是否比标准药物更好感兴趣，因此只需用单侧检验，代码如下：

```
> pwr.2p.test(h=ES.h(.65, .6), sig.level=.05, power=.9,
              alternative="greater")

    Difference of proportion power calculation for binomial
    distribution (arcsine transformation)

              h = 0.1033347
              n = 1604.007
      sig.level = 0.05
          power = 0.9
    alternative = greater

NOTE: same sample sizes
```

根据结果可知，为满足以上要求，在本研究中需要 1605 个人试用新药，1605 个人试用已有药物。

10.2.6　卡方检验

卡方检验常常用来评价两个分类变量的关系。通常，零假设是变量之间独立，备择假设是不独立。pwr.chisq.test() 函数可以评估卡方检验的功效、效应值和所需的样本量。格式为：

```
pwr.chisq.test(w =, N = , df = , sig.level =, power = )
```

其中, `w` 是效应值, `N` 是总样本量, `df` 是自由度。此处, 效应值 `w` 定义如下:

$$w = \sqrt{\sum_{i=1}^{m} \frac{(p0_i - p1_i)^2}{p0_i}} \qquad \text{其中,} \quad p0_i = H_0 \text{ 时第 } i \text{ 单元格中的概率}$$
$$p1_i = H_1 \text{ 时第 } i \text{ 单元格中的概率}$$

此处从 1 到 m 进行求和, 求和符合上的 m 指的是列联表中单元格的数目。函数 `ES.w2(P)` 可以计算双因素列联表中备择假设的效应值, `P` 是一个假设的双因素概率表。

举一个简单的例子, 假设我们想研究专业与工作晋升的关系。我们预期样本中 70% 是金融专业, 10% 是计算机专业, 20% 是销售专业。而且, 我们认为相比 30% 的计算机专业和 50% 的销售专业, 60% 的学金融专业的人更容易晋升。研究假设的晋升概率如表 10-3 所示。

表 10-3　研究假设下预期晋升的专业占比

专　　业	晋升占比	未晋升者占比
金融	0.42	0.28
计算机	0.03	0.07
销售	0.10	0.10

从表中看到, 我们预期总人数的 42% 是晋升的金融专业 (0.42=0.70×0.60), 总人数的 7% 是未晋升的计算机专业 (0.07=0.10×0.70)。我们取 0.05 的显著性水平和 0.90 的预期功效水平。双因素列联表的自由度为 $(r-1)(c-1)$, 其中 r 是行数, c 是列数。编写如下代码, 我们可以计算假设的效应值:

```
> prob <- matrix(c(.42, .28, .03, .07, .10, .10), byrow=TRUE, nrow=3)
> ES.w2(prob)

[1] 0.1853198
```

使用该信息, 我们又可以计算所需的样本量:

```
> pwr.chisq.test(w=.1853, df=2, sig.level=.05, power=.9)

     Chi squared power calculation

          w = 0.1853
          N = 368.5317
         df = 2
  sig.level = 0.05
      power = 0.9

NOTE: N is the number of observations
```

结果表明, 在既定的效应值、功效水平和显著性水平下, 该研究需要 369 个受试者才能检验专业与工作晋升的关系。

10.2.7　在新情况中选择合适的效应值

　　功效分析中，预期效应值是最难决定的参数。它通常需要我们对主题有一定的了解，并有相应的测量经验。例如，过去研究中的数据可以用来计算效应值，这能为后面深层次的研究提供一些参考。

　　但是当面对全新的研究情况，没有任何过去的经验可借鉴时，我们能做些什么呢？在行为科学领域，Cohen（1988）曾尝试提出一个基准，可为各种统计检验划分"小""中""大" 3 种效应值。表 10-4 列出了这些基准值。

表 10-4　Cohen 效应值基准

统计方法	效应值测量	建议的效应值基准		
		小	中	大
t 检验	d	0.20	0.50	0.80
方差分析	f	0.10	0.25	0.40
线性模型	f2	0.02	0.15	0.35
比例检验	h	0.20	0.50	0.80
卡方检验	w	0.10	0.30	0.50

　　当我们对研究的效应值一无所知时，这个表可以提供一些指引。例如，假如我们想在 0.05 的显著性水平下，对 5 个组、每组 25 个受试者的设计进行单因素方差分析，那么拒绝错误零假设（也就是发现真实的效应值）的概率是多大呢？

　　使用 `pwr.anova.test()` 函数和表 10-4 中 f 的建议值，得出以下结果：

```
pwr.anova.test(k=5, n=25, sig.level=0.05, f=c(.10, .25, .40))

     Balanced one-way analysis of variance power calculation
          k = 5
          n = 25
          f = 0.10, 0.25, 0.40
  sig.level = 0.05
      power = 0.1180955, 0.5738000, 0.9569163

     NOTE: n is number in each group
```

　　小效应值的功效水平为 0.118，中等效应值的功效水平为 0.574，大效应值的功效水平为 0.957。给定样本量的限制，在大效应值时我们才可能发现要研究的效应。

　　另外，我们一定要牢记 Cohen 的基准值仅仅是根据许多社科类研究得出的一般性建议，对于特殊的研究领域可能并不适用。其他可选择的方法是改变研究参数，记录其对诸如样本量和功效等方面的影响。仍以 5 个分组的单因素方差分析（显著性水平为 0.05）为例，代码清单 10-1 计算了为检测一系列效应值所需的样本量，结果见图 10-2。

10

代码清单 10-1   单因素方差分析中检测显著效应所需的样本量

```
library(pwr)
es <- seq(.1, .5, .01)
nes <- length(es)

samsize <- NULL
for (i in 1:nes){
    result <- pwr.anova.test(k=5, f=es[i], sig.level=.05, power=.9)
    samsize[i] <- ceiling(result$n)
}

plotdata <- data.frame(es, samsize)
library(ggplot2)
ggplot(plotdata, aes(x=samsize, y=es)) +
  geom_line(color="red", size=1) +
  theme_bw() +
  labs(title="One Way ANOVA (5 groups)",
       subtitle="Power = 0.90,  Alpha = 0.05",
       x="Sample Size (per group)",
       y="Effect Size")
```

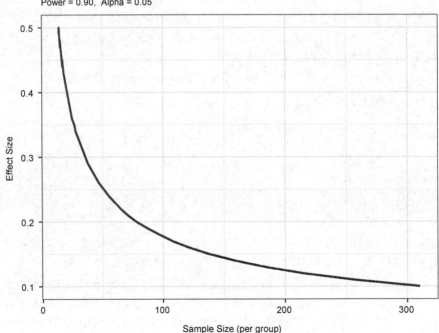

图 10-2   5 分组的单因素方差分析中检测各效应值所需的样本量（假定 0.90 的功效和 0.05 的显著性水平）

在实验设计中，这样的图形有助于估计不同条件的影响值。例如，从图 10-2 中可以看到各组样本量高于 200 个观测时，再增加样本已经效果不大了。下一节我们将看看其他图形示例。

10.3　绘制功效分析图

结束 pwr 包的探讨前，我们再学习一个涉及面更广的绘图示例。假设对于相关系数统计显著性的检验，我们想计算一系列效应值和功效水平下所需的样本量，此时可用 pwr.r.test() 函数和 for 循环来完成任务，参见代码清单 10-2。

代码清单 10-2　检验各种效应值下的相关性所需的样本量曲线

```
library(pwr)
r <- seq(.1,.5,.01)                                          ❶
p <- seq(.4,.9,.1)                                           ❶

df <- expand.grid(r, p)
colnames(df) <- c("r", "p")

for (i in 1:nrow(df)){                                       ❷
    result <- pwr.r.test(r = df$r[i],                        ❷
                         sig.level = .05, power = df$p[i],    ❷
                         alternative = "two.sided")           ❷
    df$n[i] <- ceiling(result$n)                             ❷
}                                                            ❷

library(ggplot2)                                             ❸
ggplot(data=df,                                              ❸
       aes(x=r, y=n, color=factor(p))) +                     ❸
  geom_line(size=1) +                                        ❸
  theme_bw() +                                               ❸
  labs(title="Sample Size Estimation for Correlation Studies", ❸
       subtitle="Sig=0.05 (Two-tailed)",                     ❸
       x="Correlation Coefficient (r)",                      ❸
       y="Samsple Size (n)",                                 ❸
       color="Power")                                        ❸
```

❶ 生成一系列相关系数和功效值

❷ 获取样本量

❸ 绘制功效曲线

代码清单 10-2 使用 seq() 函数来生成一系列的效应值 r（H_1 时的相关系数）和功效水平 p❶。函数 expand.grid() 对这两个变量的每个组合生成一个数据框。然后，利用 for 循环来遍历数据框的行，根据各行的相关性和功效水平计算所对应的样本量，并保存结果❷。ggplot2 包绘制了每个功效水平下样本量与相关系数的曲线图❸。结果如图 10-3 所示。如果你阅读的是本章的黑白版本，那么线条的颜色很难分辨。线条从下往上依次代表功效水平 0.4、0.5、0.6，一直到 0.9。

从图 10-3 中可以看到，在 40% 的置信度下，要检测到 0.20 的相关性，需要约 75 的样本量。在 90% 的置信度下，要检测到相同的相关性，需要大约 185 个额外的观测（n=260）。做少许改动，

10

这个方法便可以用来为许多统计检验创建样本量和功效的曲线图。

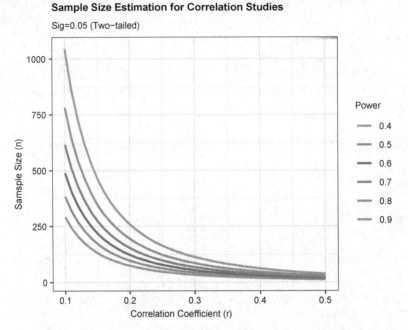

图 10-3　在不同功效水平下检测到显著的相关性所需的样本量

最后，我们来看一下功效分析可能会用到的其他 R 函数。

10.4　其他功效分析包

对于研究的规划阶段，R 还提供了不少其他有用的包（见表 10-5）。它们有的包含一般性的分析工具，有的则是高度专业化的。最后 4 个包聚焦于基因研究中的功效分析。识别基因与可观测特征的关联性的研究称为全基因组关联研究（GWAS）。例如，它们可能关注为什么一些人会得某种特殊类型的心脏病。

表 10-5　专业化的功效分析包

包	用　　途
asypow	通过渐进似然比方法计算功效
longpower	纵向数据中样本量的计算
PwrGSD	组序列设计的功效分析
pamm	混合模型中随机效应的功效分析
powerSurvEpi	流行病研究的生存分析中功效和样本量的计算
powerMediation	线性、Logistic、泊松和 Cox 回归的中介效应中功效和样本量的计算
semPower	结构方程模型（SEM）的功效分析

（续）

包	用 途
powerpkg	患病同胞配对法和 TDT（Transmission Disequilibrium Test，传送不均衡检验）设计的功效分析
powerGWASinteraction	GWAS 交互作用的功效计算
gap	一些病例队列研究设计中计算功效和样本量的函数
ssize.fdr	微阵列实验中样本量的计算

最后，MBESS 包和 WebPower 包也包含了可供各种形式功效分析和样本量判定所用的函数。这些函数主要供行为学、教育学和社会科学的研究者使用。

10.5 小结

❏ 功效分析不仅可以帮助我们判断在给定置信度和效应值的前提下所需的样本量，而且能够说明在给定样本量时检测到要求效应值的概率。对于限定误报效应显著性的可能性（I 型错误）和正确检测真实效应（功效）的可能性之间的平衡，我们也有了一个直观的了解。

❏ pwr 包提供的函数可以对常见的统计方法（包括 t 检验、卡方检验、比例检验、方差分析和回归）进行功效和样本量的计算。本章最后还介绍了一些专业化的功效分析方法。

❏ 功效分析通常是一个需要多次尝试的迭代式过程。研究者会通过改变样本量、效应值、预期显著性水平和预期功效水平等参数，来观测它们对于其他参数的影响。这些结果对于研究的筹备是非常有意义的。过去研究的信息（特别是效应值）可以帮助我们在未来设计更有用、更高效的研究。

❏ 功效分析的一个重要附加效益是引起方向性的转变，它鼓励不要仅仅关注二值型（效应存在还是不存在）的假设检验，而应该仔细思考效应值的意义。期刊编辑越来越多地要求作者在报告研究结果的时候既包含 p 值又包含效应值，因为它们不仅能够帮助我们判断研究的实际意义，还能提供用于未来研究的信息。

10

中级绘图

11

本章重点
- 二元变量关系和多元变量关系的可视化
- 绘制散点图和折线图
- 理解相关图
- 学习马赛克图和相关图

第 6 章（基本图形）中，我们学习了许多应用广泛的图形，它们主要用于展示单分类变量或连续型变量的分布情况。第 8 章（回归）中，我们又回顾了一些用于通过一系列自变量来预测连续型因变量的实用图形方法。第 9 章（方差分析）中，我们学习了其他很有用的绘图技巧，用于展示连续型因变量的组间差异。从各方面来看，本章将是对之前图形主题的延伸与扩展。

本章，我们主要关注用于展示双变量间关系（二元关系）和多变量间关系（多元关系）的绘图方法。我们将看到的例子如下。

- 汽车里程与汽车重量的关系是怎样的？它是否随着汽车的汽缸数量不同而变化？
- 如何在一个图形中展示汽车里程、汽车重量、排量和后轴比之间的关系？
- 当展示大型数据集（如 10 000 个观测值）中的两个变量的关系时，如何处理数据点严重重叠的情况？换句话说，当图形变成了一个大黑点时怎么办？
- 如何一次性展示 3 个变量间的多元关系（给你一个电脑屏幕或一张纸，且预算没有《阿凡达》那么多）？
- 如何展示一些树随时间推移的生长情况？
- 如何在单幅图中展示一堆变量的相关性？它又如何帮助你理解数据的结构？
- 基于"泰坦尼克号"中幸存者的数据，如何可视化幸存者的船舱等级、性别和年龄间的关系？可以从这样的图形中得出什么样的结论？

以上这些问题都可以通过本章讲解的方法来解决。我们将尽量使用真实的数据集。不过，最重要的问题还是要掌握一般的绘图方法。如果你对汽车属性或树木生长的例子不感兴趣，可以使用自己的数据。

本章将首先从散点图和散点图矩阵讲起，然后探索各种各样的折线图。这些方法都非常有名，在研究中被广泛应用。接着，我们将回顾用于相关性可视化的相关图，以及用于分类变量中多元关系可视化的马赛克图。这些方法也非常实用，不过了解这些方法的研究人员和数据分析师并不多。通过这些绘图方法的示例，我们将能更好地理解数据，并将我们的发现展示给其他人。

11.1 散点图

在之前各章中，我们了解到散点图可用来描述两个连续型变量间的关系。本节，我们首先描述一个二元变量关系（x 对 y），然后探究各种通过添加额外信息来增强图形表达功能的方法。接着，我们将学习如何把多个散点图组合起来形成一个散点图矩阵，以便可以同时浏览多个二元变量关系。我们还将回顾一些数据点重叠的特殊案例，因为重叠将会削弱图形描述数据的能力，所以我们将围绕该难点讨论多种解决途径。最后，通过添加第 3 个连续型变量，我们将把二维图形扩展到三维，包括三维散点图和气泡图。它们都可帮助我们更好地迅速理解三变量间的多元关系。

我们首先来绘制汽车重量与燃油效率之间的关系图。代码清单 11-1 展示了一个例子。

代码清单 11-1　添加了最佳拟合曲线的散点图

```
data(mtcars)                                              ❶
ggplot(mtcars, aes(x=wt, y=mpg)) + geom_point()           ❷
  geom_smooth(method="lm", se=FALSE, color="red") +       ❸
  geom_smooth(method="loess", se=FALSE,                   ❹
              color="blue", linetype="dashed") +
  labs(title = "Basic Scatter Plot of MPG vs. Weight",    ❺
       x = "Car Weight (lbs/1000)",
       y = "Miles Per Gallon")
```

❶ 加载数据

❷ 绘制散点图

❸ 添加线性拟合直线

❹ 添加 loess 拟合曲线

❺ 添加注释文本

图形结果见图 11-1。

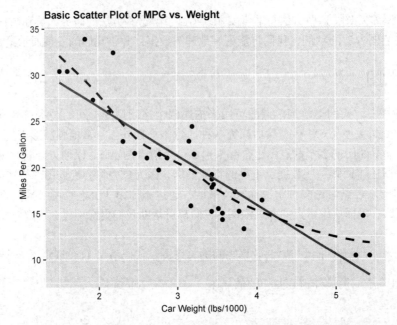

图 11-1　每加仑汽油行驶英里数对汽车重量的散点图，添加了线性拟合直线和 loess 拟合曲线

　　代码清单 11-1 中的代码加载了内置数据集 mtcars 的新副本❶，创建了一幅基本的散点图，图形的符号是实心圆圈❷。与预期结果相同，随着汽车重量的增加，每加仑汽油行驶英里数减少，虽然它们不是完美的线性关系。第 1 个 geom_smooth() 函数用来添加线性拟合直线（实心红线）❸，选项 se=FALSE 取消了该直线 95%的置信区间。第 2 个函数 geom_smooth()则用来添加 loess 拟合曲线（蓝色虚线）❹。loess 曲线是一种基于局部加权多项式回归的非参数拟合曲线，它为数据提供平滑的趋势线。

　　如果要分别对四缸、六缸和八缸汽车的汽车重量和燃油效率之间的关系进行探讨，我们应该怎么做呢？我们使用 ggplot2 并对前面的代码做一些简单修改就很容易做到，如图 11-2 所示。

代码清单 11-2　添加了单独的最佳拟合曲线的散点图

```
ggplot(mtcars,
       aes(x=wt, y=mpg,
           color=factor(cyl),
           shape=factor(cyl))) +
geom_point(size=2) +
geom_smooth(method="lm", se=FALSE) +
geom_smooth(method="loess", se=FALSE, linetype="dashed") +
labs(title = "Scatter Plot of MPG vs. Weight",
     subtitle = "By Number of Cylinders",
     x = "Car Weight (lbs/1000)",
     y = "Miles Per Gallon",
     color = "Number of \nCylinders",
     shape = "Number of \nCylinders") +
theme_bw()
```

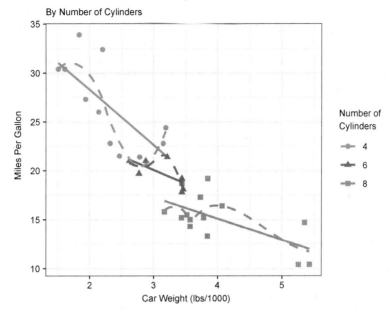

图 11-2　各分组的散点图与其相应的拟合曲线

通过在函数 aes() 中将汽缸数量映射到颜色和形状，3 个分组（四缸、六缸和八缸）在颜色、绘图符号上进行区分，具有各自的线性拟合直线和 loess 拟合曲线。由于变量 cyl 是数值型，因此 factor(cyl) 将该变量转换为离散分类变量。

我们可以用参数 span 控制 loess 曲线的平滑度。默认设置为 geom_smooth(method="loess"，span=0.75)，值越大，曲线越平滑。在本例中，loess 曲线过度拟合数据（太接近数据点了）。值 span=4（未显示）得到更平滑拟合的曲线。

散点图可以一次对两个定量变量间的关系进行可视化。但是如果想观察下汽车里程、汽车重量、排量（立方英寸）和后轴比间的二元关系，我们该怎么做呢？如果存在多个定量变量，我们可以用散点图矩阵展示它们之间的关系。

11.1.1　散点图矩阵

R 中有很多创建散点图矩阵的实用函数。pairs() 函数可以创建基础的散点图矩阵。8.2.4 节（多元线性回归）演示了使用 car 包中的 scatterplotMatrix 函数创建散点图矩阵的例子。

本节我们使用 GGally 包中的 ggpairs() 函数创建 ggplot2 版本的散点图矩阵。正如我们将要看到的，这种方法提供的选项可以创建高度自定义的图形。在继续下面的探讨之前，请确保安装了 GGally 包（install.packages("GGally")）。

首先，我们创建 mtcars 数据集中 mpg、disp、drat 和 wt 变量的默认散点图矩阵：

11

```
library(GGally)
ggpairs(mtcars[c("mpg","disp","drat", "wt")])
```

结果如图 11-3 所示。

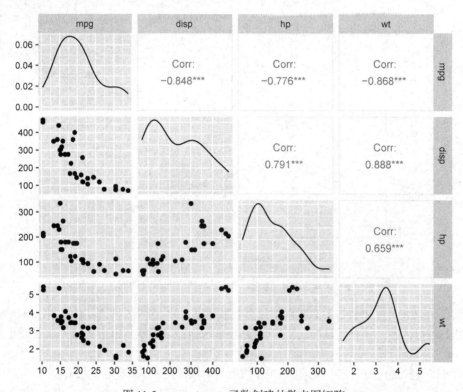

图 11-3   ggpairs()函数创建的散点图矩阵

默认情况下,矩阵的主对角线包含每个变量的核密度曲线(详见 6.5 节)。每加仑汽油行驶英里数曲线向右倾斜(有一些较大的值),后轴比曲线为双峰曲线。6 幅散点图放置在主对角线下面。每加仑汽油行驶英里数和发动机排量的散点图位于这两个变量的交叉处(第 2 行、第 1 列),显示为负相关关系。每对变量的 Pearson 相关系数位于主对角线的上方。每加仑汽油行驶英里数和发动机排量之间的相关系数为–0.848(第 1 行、第 2 列),这证实了我们的结论:随着发动机排量的增加,每加仑汽油行驶英里数将减少。

接下来,我们将创建高度自定义的散点图矩阵,包括添加拟合线、直方图和个性化主题。我们可以使用函数 ggpairs()分别指定函数绘制主对角线图形,以及上三角区图形和下三角区图形。代码清单 11-3 提供了所需代码。

代码清单 11-3   添加了拟合线、直方图和相关系数的散点图矩阵

```
library(GGally)

diagplots <- function(data, mapping) {
```
❶

```
    ggplot(data = data, mapping = mapping) +              ❶
        geom_histogram(fill="lightblue", color="black")    ❶
}                                                          ❶

lowerplots <- function(data, mapping) {                   ❷
    ggplot(data = data, mapping = mapping) +               ❷
        geom_point(color="darkgrey") +                     ❷
        geom_smooth(method = "lm", color = "steelblue", se=FALSE) +    ❷
        geom_smooth(method="loess", color="red", se=FALSE, linetype="dashed") ❷
}
upperplots <- function(data, mapping) {                   ❸
    ggally_cor(data=data, mapping=mapping,                 ❸
                display_grid=FALSE, size=3.5, color="black")  ❸
}

mytheme <-  theme(strip.background = element_blank(),     ❹
                  panel.grid       = element_blank(),      ❹
                  panel.background = element_blank(),      ❹
                  panel.border = element_rect(color="grey20", fill=NA))  ❹


ggpairs(mtcars,                                           ❺
        columns=c("mpg","disp", "drat", "wt"),             ❺
        columnLabels=c("MPG", "Displacement",              ❺
                        "R Axle Ratio", "Weight"),         ❺
        title = "Scatterplot Matrix with Linear and Loess Fits",  ❺
        lower = list(continuous = lowerplots),             ❺
        diag =  list(continuous = diagplots),              ❺
        upper = list(continuous = upperplots)) +           ❺
        mytheme                                            ❺
```

❶ 用于绘制主对角图形的函数

❷ 用于绘制下三角区图形的函数

❸ 用于绘制上三角区图形的函数

❹ 自定义主题

❺ 生成散点图矩阵

　　首先，定义一个函数用于创建直方图，直方图的条形为淡蓝色，带黑色边框❶。接着，创建一个函数用于生成深灰色点的散点图，添加了钢蓝色的最佳拟合线和红色的平滑 loess 虚曲线。这里我们不显示置信区间（se=FALSE）❷。指定第 3 个函数用于显示相关系数❸。该函数使用 ggally_cor() 函数获取并输出系数，但是尺寸和颜色选项影响了输出外观，选项 displayGrid 禁用了网格线。此外，还添加了自定义的主题❹。这一步是可选的，取消了分面背景色和网格线，并且将每个单元格放置在灰色线框中。

　　最后，函数 ggpairs()❺使用这些函数创建如图 11-4 所示的自定义图形。选项 columns 指定变量，选项 columnLabels 提供描述性名称。选项 lower、diag 和 upper 指定用于在矩阵的各个部分创建单元格图形的函数。这种方法为我们设计最终的图形提供了很大的灵活性。

11

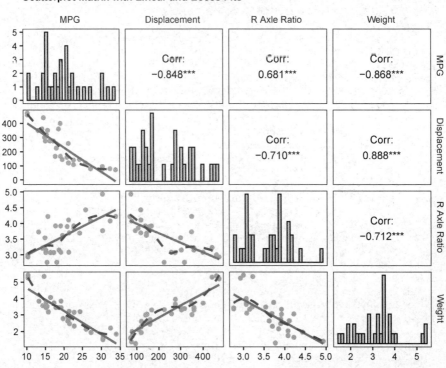

图 11-4　ggpairs() 函数和用户提供的函数创建的散点图矩阵，含散点图、直方图和相关图

R 提供了许多其他的方式来创建散点图矩阵。我们可能想探索 lattice 包中的 splom() 函数，TeachingDemos 包中的 pairs2() 函数，HH 包中的 xysplom() 函数，ResourceSelection 包中的 kdepairs() 函数和 SMPracticals 包中的 pairs.mod() 函数。每个包都加入了自己独特的曲线。分析师必定会爱上散点图矩阵！

11.1.2　高密度散点图

当数据点重叠很严重时，用散点图来观察变量关系就显得力不从心了。下面是一个人为设计的例子，其中 10 000 个观测值分布在两个重叠的数据群中：

```
set.seed(1234)
n <- 10000
c1 <- matrix(rnorm(n, mean=0, sd=.5), ncol=2)
c2 <- matrix(rnorm(n, mean=3, sd=2), ncol=2)
mydata <- rbind(c1, c2)
mydata <- as.data.frame(mydata)
names(mydata) <- c("x", "y")
```

若用下面的代码生成一幅标准的散点图：

```
ggplot(mydata, aes(x=x, y=y)) + geom_point() +
    ggtitle("Scatter Plot with 10,000 Observations")
```

我们将会得到如图 11-5 所示的图形。

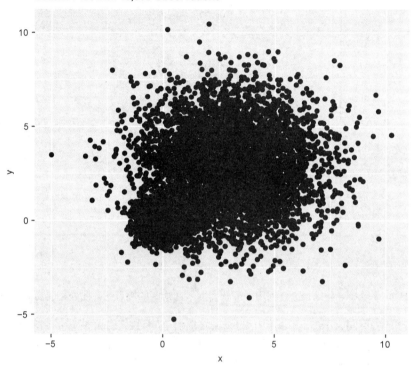

图 11-5 10 000 个观测值的散点图，严重的重叠导致很难识别哪里数据点的密度最大

图 11-5 中，数据点的重叠导致识别 x 与 y 间的关系变得异常困难。针对这种情况，R 提供了一些解决办法。我们可以使用封箱、颜色和透明度来指明图中任意点上重叠点的数目。

smoothScatter() 函数可利用核密度估计生成用颜色密度来表示点分布的散点图。代码如下：

```
with(mydata,
    smoothScatter(x, y,
                  main="Scatter Plot Colored by Smoothed Densities"))
```

生成图形见图 11-6。

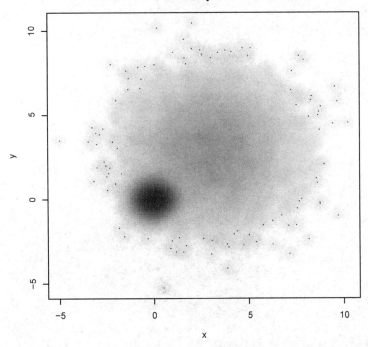

图 11-6 `smoothScatter()`利用平滑核密度估计绘制的散点图。此处密度易读性更强

与上面的方法不同，ggplot2 包中的 `geom_hex()`函数将二元变量的封箱放到六边形单元格中（图形比名称更直观）。绘图区域基本上被划分为六边形单元格组成的网格，每个单元格中的点的数量使用颜色或阴影来表示。我们将此函数应用到数据集：

```
ggplot(mydata, aes(x=x, y=y)) +
  geom_hex(bins=50) +
  scale_fill_continuous(trans = 'reverse') +
  ggtitle("Scatter Plot with 10,000 Observations")
```

得到如图 11-7 所示的散点图。

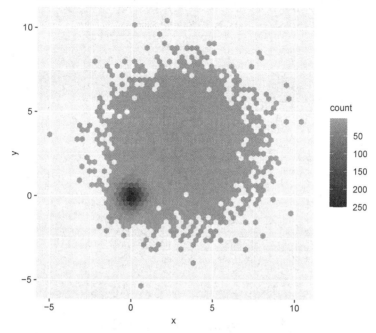

图 11-7　用六边形封箱图展示的各点上覆盖观测值数目的散点图。数据的集中度很直
　　　　　观，通过图例还可以计算数量

geom_hex() 默认使用较浅的颜色来表示较大的密度。在我们的代码中，函数 scale_fill_
continuous(trans = 'reverse') 确保使用较深的颜色表示较大的密度区域。我觉得这样做
更加直观，并且与其他用来可视化大型数据集的 R 函数的方法一致。

请注意，hexbin 包中的 hexbin() 函数以及 IDPmisc 包中的 iplot() 函数都可以为大型
数据集创建可读性较好的散点图矩阵。通过 ?hexbin 和 ?iplot 可获得更多的示例。

11.1.3　三维散点图

散点图和散点图矩阵展示的都是二元变量关系。如果我们想一次对 3 个定量变量的交互关系
进行可视化该怎么做呢？本节的例子中，我们可以使用三维散点图。

例如，假使我们对每加仑汽油行驶英里数、汽车重量和排量之间的关系感兴趣，可用
scatterplot3d 包中的 scatterplot3d() 函数来绘制它们的关系。格式如下：

```
scatterplot3d(x, y, z)
```

x 被绘制在水平轴上，y 被绘制在竖直轴上，z 被绘制在透视轴上。我们继续看这个例子：

```
library(scatterplot3d)
with(mtcars,
    scatterplot3d(wt, disp, mpg,
                  main="Basic 3D Scatter Plot"))
```

代码生成一幅三维散点图，如图 11-8 所示。

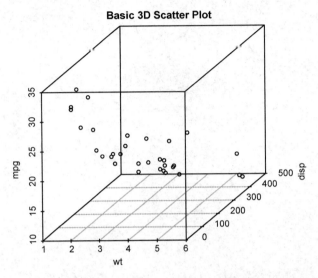

图 11-8   每加仑汽油行驶英里数、汽车重量和排量的三维散点图

satterplot3d() 函数提供了许多选项，包括设置图形符号、轴、颜色、线条、网格线、突出显示和角度等功能。例如代码：

```
library(scatterplot3d)
with(mtcars,
      scatterplot3d(wt, disp, mpg,
                    pch=16,
                    highlight.3d=TRUE,
                    type="h",
                    main="3D Scatter Plot with Vertical Lines"))
```

生成一幅突出显示效果的三维散点图，增强了纵深感，添加了连接点与水平面的垂直线（见图 11-9）。

作为最后一个例子，我们在刚才那幅图上添加一个回归平面。所需代码为：

```
library(scatterplot3d)
s3d <-with(mtcars,
           scatterplot3d(wt, disp, mpg,
                         pch=16,
                         highlight.3d=TRUE,
                         type="h",
           main="3D Scatter Plot with Vertical Lines and Regression Plane"))
fit <- lm(mpg ~ wt+disp, data=mtcars)
s3d$plane3d(fit)
```

图形结果如图 11-10 所示。

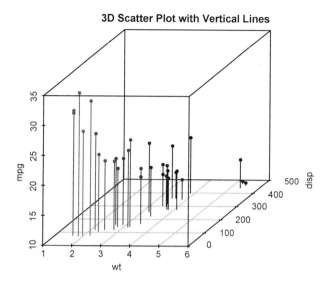

图 11-9 添加了垂直线和阴影的三维散点图

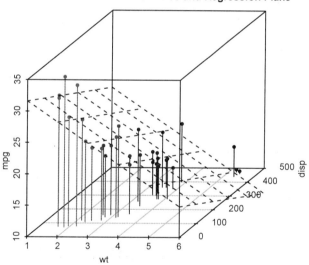

图 11-10 添加了垂直线、阴影和回归面的三维散点图

　　图形利用多元回归方程,对通过汽车重量和排量预测每加仑汽油行驶英里数进行了可视化处理。回归面代表预测值,图中的点是实际值。平面到点的垂直距离表示残差值。若点在平面之上则表明它的预测值被低估了,而点在平面之下则表明它的预测值被高估了。有关多元回归分析的内容见第 8 章。

11

11.1.4 旋转三维散点图

如果我们能对三维散点图进行交互式操作，那么图形将会更好解释。R 提供了一些旋转图形的功能，计我们可以从多个角度观测绘制的数据点。

例如，我们可用 rgl 包中的 plot3d() 函数创建可交互的三维散点图。我们能通过鼠标对图形进行旋转。函数格式为：

```
plot3d(x, y, z)
```

其中 x、y 和 z 是数值型向量，代表各个点。我们还可以添加如 col 和 size 这类的选项来分别控制点的颜色和大小。我们继续上面的例子，使用代码：

```
library(rgl)
with(mtcars,
     plot3d(wt, disp, mpg, col="red", size=5))
```

可获得如图 11-11 所示的图形。通过鼠标旋转坐标轴，我们会发现三维散点图的旋转能使我们更轻松地理解图形。

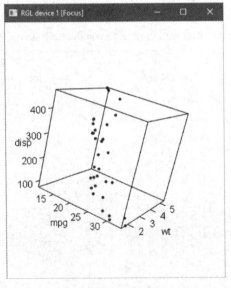

图 11-11　rgl 包中的 plot3d() 函数生成的旋转三维散点图

我们也可以使用 car 包中类似的函数 scatter3d()：

```
library(car)
with(mtcars,
     scatter3d(wt, disp, mpg))
```

图形结果见图 11-12。

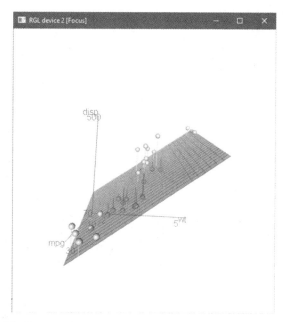

图 11-12 car 包中的 scatter3d() 生成的旋转三维散点图

scatter3d() 函数可包含各种回归曲面，比如线性、二次、平滑和加性等类型的回归曲面。图形默认添加线性回归曲面。另外，函数中还有可用于交互式识别点的选项。通过 help(scatter3d) 可获得函数的更多细节。

11.1.5 气泡图

在之前的章节中，我们通过三维散点图来展示 3 个定量变量间的关系。现在介绍另外一种思路：先创建一个二维散点图，然后用点的大小来代表第 3 个变量的值。这便是**气泡图**（bubble plot）。

以下是气泡图的简单示例：

```
ggplot(mtcars,
    aes(x = wt, y = mpg, size = disp)) +
    geom_point() +
    labs(title="Bubble Plot with point size proportional to displacement",
        x="Weight of Car (lbs/1000)",
        y="Miles Per Gallon")
```

生成的气泡图展示了汽车重量和燃油效率之间的关系，其中点的大小与每辆车的发动机排量成正比。图 11-13 展示了该图形。

11

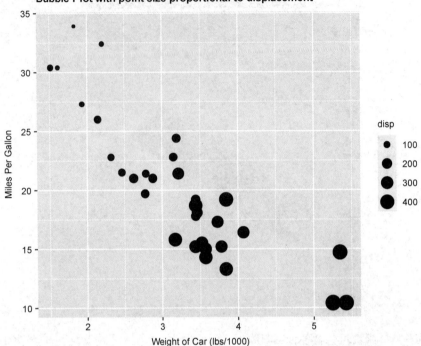

图 11-13   汽车重量与每加仑汽油行驶英里数的气泡图，点大小与发动机排量成正比

我们可以改进图形的默认外观，方法是选择不同的点形状和颜色，并添加透明度来解决点的重叠问题。我们还可以增加气泡的大小，使其更易于识别。最后，我们使用颜色选项来添加汽缸数量，将其作为第 4 个变量。代码见代码清单 11-4，图形结果如图 11-14 所示。这些气泡的颜色在灰度图上很难区分，但在彩色图中很容易区分。

代码清单 11-4   改进后的气泡图

```
ggplot(mtcars,
       aes(x = wt, y = mpg, size = disp, fill=factor(cyl))) +
geom_point(alpha = .5,
           color = "black",
           shape = 21) +
scale_size_continuous(range = c(1, 10)) +
labs(title = "Auto mileage by weight and horsepower",
     subtitle = "Motor Trend US Magazine (1973-74 models)",
     x = "Weight (1000 lbs)",
     y = "Miles/(US) gallon",
     size = "Engine\ndisplacement",
     fill = "Cylinders") +
theme_minimal()
```

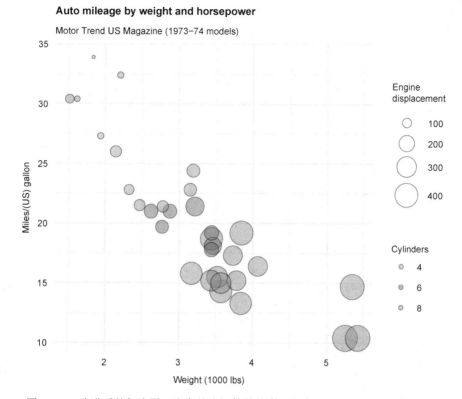

图 11-14 改进后的气泡图。汽车的汽缸数量越多，汽车重量和发动机排量越大，
         燃油效率越低

　　一般来说，统计人员使用 R 时都倾向于避免使用气泡图，原因和避免使用饼图一样：相比对长度的判断，人们对体积和面积的判断通常更困难。但是气泡图在商业应用中非常受欢迎，因此我还是将其包含在了本章里。

　　对于散点图，我已经介绍非常多了。之所以论述这么多的细节，主要是因为它在数据分析中占据着非常重要的位置。虽然散点图很简单，但是它们能帮我们以最直接的方式展示数据，发现可能会被忽略的隐含关系。

11.2　折线图

　　如果将散点图上的点从左往右连接起来，就会得到一个折线图。以 R 基础安装中的 Orange 数据集为例，它包含 5 棵橘树的树龄和年轮数据。现要考察第一棵橘树的生长情况，绘制图形 11-15。左图为散点图，右图为折线图。可以看到，折线图是一个刻画变动的优秀工具。图 11-15 是由代码清单 11-5 中的代码创建的。

11

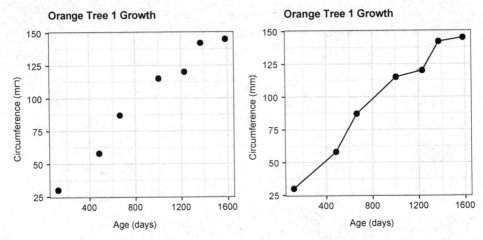

图 11-15　散点图与折线图的对比。折线图有助于读者观察数据的增长情况和相关趋势

代码清单 11-5　散点图和折线图

```
library(ggplot2)
tree1 <- subset(Orange, Tree == 1)
ggplot(data=tree1,
       aes(x=age, y=circumference)) +
  geom_point(size=2) +
  labs(title="Orange Tree 1 Growth",
       x = "Age (days)",
       y = "Circumference (mm)") +
  theme_bw()

ggplot(data=tree1,
       aes(x=age, y=circumference)) +
  geom_point(size=2) +
  geom_line() +
  labs(title="Orange Tree 1 Growth",
       x = "Age (days)",
       y = "Circumference (mm)") +
  theme_bw()
```

两幅图代码的唯一区别是是否添加了函数 geom_line()。表 11-1 列出了该函数的一般选项。每个选项都可以指定一个值或者映射到一个分类变量。

表 11-1　函数 geom_line() 的选项

选　项	作　业
size	线条的粗细
color	线条的颜色
linetype	线型（例如，虚线）

图 11-16 展示了可能的线条类型。

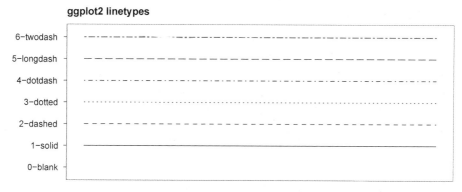

图 11-16　`ggplot2` 包中的线条类型。我们可以指定名称或数字

我们以绘制 5 棵橘树随时间推移的生长状况为例，逐步展示一个复杂的折线图的创建过程。每棵树都有自己独有的线条和颜色。代码见代码清单 11-6，图形结果见图 11-17。

代码清单 11-6　展示 5 棵橘树随时间推移的生长状况的折线图

```
library(ggplot2)
ggplot(data=Orange,
        aes(x=age, y=circumference, linetype=Tree, color=Tree)) +
  geom_point() +
  geom_line(size=1) +
  scale_color_brewer(palette="Set1") +
  labs(title="Orange Tree Growth",
       x = "Age (days)",
       y = "Circumference (mm)") +
  theme_bw()
```

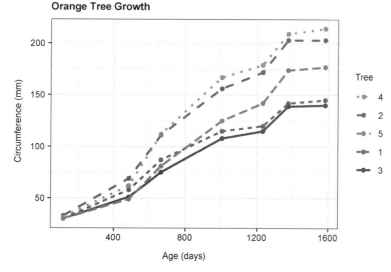

图 11-17　展示 5 棵橘树随时间推移的生长状况的折线图

在代码清单 11-6 中，函数 aes() 将树编号映射到线条类型和颜色。函数 scale_color_brewer() 用于选择调色板。由于我对颜色的选择很难决定（也就是说，我很不擅长挑选好的颜色），因此我非常依赖于预定义的调色板，比如 RColorBrewer 包提供的调色板。第 19 章（高级绘图）对调色板进行了详细描述。

从图中可以看到，Tree 4 和 Tree 2 在整个时间段中一直保持着较快的生长速度，而且 Tree 4 在大约 664 天的时候超过了 Tree 2。默认情况下，图例中列出的线条的顺序与图上的顺序相反（图例中从上到下对应的是图中的从下到上）。要使顺序都是从上到下的，可以在代码清单 11-6 中添加如下代码：

```
+ guides(color = guide_legend(reverse = TRUE),
         linetype = guide_legend(reverse = TRUE))
```

在 11.3 节中，我们将会探索各种同时检验多个相关系数的方法。

11.3　相关图

相关系数矩阵是多元统计分析的一个基本方面。哪些被考察的变量与其他变量的相关性很强，而哪些并不强？相关变量是否以某种特定的方式聚集在一起？随着变量数的增加，这类问题将变得更难回答。相关图作为一种相对现代的方法，可以通过对相关系数矩阵的可视化来回答这些问题。

相关图非常容易解释，我们只要看到它就会立刻明白。以 mtcars 数据集中的变量相关性为例，它含有 11 个变量，对每一个变量测量了 32 种车型。利用下面的代码，我们可以获得该数据集的相关系数矩阵：

```
> round(cor(mtcars), 2)
       mpg   cyl  disp    hp  drat    wt  qsec    vs    am  gear  carb
mpg   1.00 -0.85 -0.85 -0.78  0.68 -0.87  0.42  0.66  0.60  0.48 -0.55
cyl  -0.85  1.00  0.90  0.83 -0.70  0.78 -0.59 -0.81 -0.52 -0.49  0.53
disp -0.85  0.90  1.00  0.79 -0.71  0.89 -0.43 -0.71 -0.59 -0.56  0.39
hp   -0.78  0.83  0.79  1.00 -0.45  0.66 -0.71 -0.72 -0.24 -0.13  0.75
drat  0.68 -0.70 -0.71 -0.45  1.00 -0.71  0.09  0.44  0.71  0.70 -0.09
wt   -0.87  0.78  0.89  0.66 -0.71  1.00 -0.17 -0.55 -0.69 -0.58  0.43
qsec  0.42 -0.59 -0.43 -0.71  0.09 -0.17  1.00  0.74 -0.23 -0.21 -0.66
vs    0.66 -0.81 -0.71 -0.72  0.44 -0.55  0.74  1.00  0.17  0.21 -0.57
am    0.60 -0.52 -0.59 -0.24  0.71 -0.69 -0.23  0.17  1.00  0.79  0.06
gear  0.48 -0.49 -0.56 -0.13  0.70 -0.58 -0.21  0.21  0.79  1.00  0.27
carb -0.55  0.53  0.39  0.75 -0.09  0.43 -0.66 -0.57  0.06  0.27  1.00
```

哪些变量相关性最强？哪些变量相对独立？是否存在某种聚集模式？如果不花点时间和精力（可能还需要用些彩笔做些注释），单利用这个相关系数矩阵来回答这些问题是比较困难的。

利用 corrgram 包中的 corrgram() 函数，我们可以用图形的方式展示该相关系数矩阵（见图 11-18）。代码为：

```
library(corrgram)
corrgram(mtcars, order=TRUE, lower.panel=panel.shade,
         upper.panel=panel.pie, text.panel=panel.txt,
         main="Corrgram of mtcars intercorrelations")
```

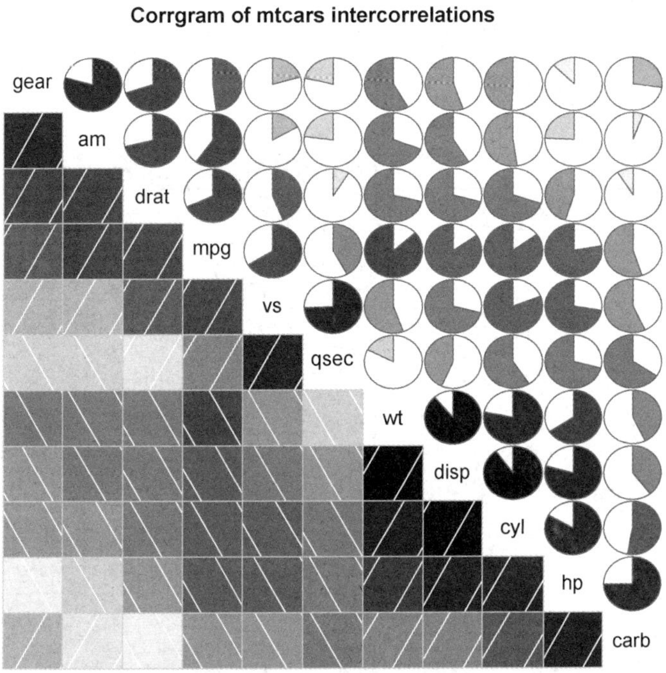

Corrgram of mtcars intercorrelations

图 11-18 mtcars 数据集中变量的相关图。矩阵行和列都通过主成分分析法进行了
重新排序

我们先从下三角单元格（在主对角线下方的单元格）开始解释这幅图形。默认地，蓝色和从
左下指向右上的斜杠表示单元格中的两个变量呈正相关。反过来，红色和从左上指向右下的斜杠
表示变量呈负相关。色彩越深，饱和度越高，说明变量相关性越大。相关性接近于 0 的单元格
基本无色。本图为了将有相似相关模式的变量聚集在一起，对矩阵的行和列都重新进行了排序
（我们将在第 14 章讨论如何使用主成分分析法）。

从图中含阴影的单元格中可以看到，gear、am、drat 和 mpg 相互间呈正相关，wt、disp、
cyl、hp 和 carb 相互间也呈正相关。但第 1 组变量与第 2 组变量呈负相关。我们还可以看到 carb
和 am 之间的相关性较弱。同样，vs 和 gear、vs 和 am，以及 drat 和 qsec 这几组变量中，两
个变量之间的相关性也较弱。

上三角单元格用饼图展示了相同的信息。颜色的功能同上，但相关性大小由被填充的饼图
块的大小来展示。正相关性将从 12 点钟处开始顺时针填充饼图，而负相关性则按逆时针方向填
充饼图。

corrgram() 函数的格式如下：

```
corrgram(x, order=, panel=, text.panel=, diag.panel=)
```

其中，x 是一行一个观测值的数据框。当 order=TRUE 时，相关矩阵将使用主成分分析法对变量
重排序，这将使得二元变量的关系模式更为明显。

11

选项 panel 设定非对角线面板使用的元素类型。我们可以通过选项 lower.panel 和 upper.panel 来分别设置主对角线下方和上方的元素类型。而选项 text.panel 和 diag.panel 控制着主对角线元素类型。可用的 panel 值见表 11-2。

表 11-2   corrgram() 函数的 panel 选项

位　　置	面板选项	描　　述
非对角线	panel.pie	用饼图的填充比例来表示相关性大小
	panel.shade	用阴影的深度来表示相关性大小
	panel.ellipse	画一个置信椭圆和平滑曲线
	panel.pts	画一个散点图
	panel.conf	画出相关性及置信区间
	panel.cor	画出相关性，不包含置信区间
主对角线	panel.txt	输出变量名
	panel.minmax	输出变量的最大最小值和变量名
	panel.density	输出核密度曲线和变量名

我们再试一个例子。代码如下：

```
library(corrgram)
corrgram(mtcars, order=TRUE, lower.panel=panel.ellipse,
        upper.panel=panel.pts, text.panel=panel.txt,
        diag.panel=panel.minmax,
        main="Corrgram of mtcars data using scatter plots
            and ellipses")
```

生成的图形见图 11-19。此处，我们在下三角区使用平滑拟合曲线和置信椭圆，上三角区使用散点图。

为何散点图看起来怪怪的？

图 11-19 中绘制的散点图限制了一些变量的可用值。例如，挡位数必须取 3、4 或 5，汽缸数必须取 4、6 或者 8。am（变速箱类型）和 vs（发动机汽缸配置）都是二值型。因此，上三角区的散点图看起来很奇怪。

为数据选择合适的统计方法时，我们一定要保持谨慎的态度。指定变量是有序因子还是无序因子可以为之提供有用的诊断。当 R 知道变量是分类变量还是顺序变量时，它会使用适合于当前测量水平的统计方法。

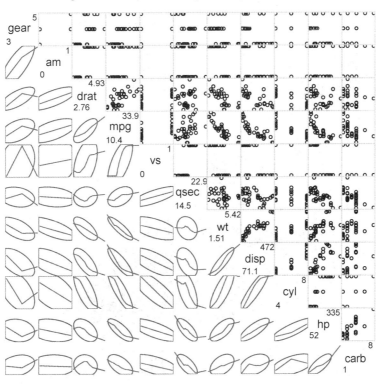

Corrgram of mtcars data using scatter plots and ellipses

图 11-19 `mtcars` 数据集中变量的相关图。下三角区包含平滑拟合曲线和置信椭圆，
上三角区包含散点图。主对角面板包含变量最小值和最大值。矩阵的行和列
利用主成分分析法进行了重排序

最后，我们再看一个例子。代码如下：

```
corrgram(mtcars, order=TRUE, lower.panel=panel.shade,
        upper.panel=panel.cor,
        main="Corrgram of mtcars data using shading and coefficients")
```

生成的图形见图 11-20。此处，我们在下三角区使用了阴影，对变量进行排序以强调相关性模式，
在上三角区输出相关系数。

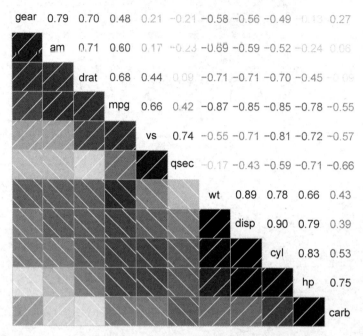

Corrgram of mtcars data using shading and coefficients

图 11-20　`mtcars` 数据集中变量的相关图。下三角区的阴影代表相关系数的大小和正负。
矩阵的行和列利用主成分分析法进行了重排序。上三角区输出的是相关系数

　　在继续下文之前，这里要说明一下，我们可以自主控制 corrgram() 函数中使用的颜色。例如，我们可以在 colorRampPallette() 函数中指定 4 种颜色，然后使用 col.regions 选项引用前者的输出结果。代码如下：

```
library(corrgram)
cols <- colorRampPalette(c("darkgoldenrod4", "burlywood1",
                           "darkkhaki", "darkgreen"))
corrgram(mtcars, order=TRUE, col.regions=cols,
         lower.panel=panel.shade,
         upper.panel=panel.conf, text.panel=panel.txt,
         main="A Corrgram (or Horse) of a Different Color")
```

运行代码，看看所得的结果。

　　相关图是检验定量变量中众多二元关系的一种有效方式。由于图形相对比较新颖，因此教会目标读者看懂图形将是最大的挑战。

11.4　马赛克图

　　到目前为止，我们已经学习了许多可视化定量或连续型变量间关系的方法。但如果变量是分类变量呢？若只观察单个分类变量，可以使用条形图或者饼图；若存在两个分类变量，可以使用

堆积条形图（见 6.1.2 节）；但若有两个以上的分类变量，该怎么办呢？

一种办法是绘制**马赛克图**（mosaic plot）。在马赛克图中，嵌套矩形面积与单元格频数成正比，其中该频数即多维列联表中的频数。颜色和/或阴影可表示拟合模型的残差值。

vcd 包中的 mosaic() 函数可以绘制马赛克图。（R 基础安装中的 mosaicplot() 也可绘制马赛克图，但我还是推荐 vcd 包，因为它具有更多扩展功能。）以 R 基础安装中的 Titanic 数据集为例，它包含存活或者死亡的乘客数、乘客的船舱等级（一等、二等、三等和船员）、性别（男性、女性），以及年龄层（儿童、成人）。这是一个被充分研究过的数据集。利用如下代码，我们可以看到分类细节：

```
> ftable(Titanic)
                    Survived  No Yes
Class Sex    Age
1st   Male   Child            0   5
             Adult          118  57
      Female Child            0   1
             Adult            4 140
2nd   Male   Child            0  11
             Adult          154  14
      Female Child            0  13
             Adult           13  80
3rd   Male   Child           35  13
             Adult          387  75
      Female Child           17  14
             Adult           89  76
Crew  Male   Child            0   0
             Adult          670 192
      Female Child            0   0
             Adult            3  20
```

mosaic() 函数可按如下方式调用：

```
mosaic(table)
```

其中 table 是数组形式的列联表。另外，也可用：

```
mosaic(formula, data=)
```

其中 formula 是标准的 R 表达式，data 设定一个数据框或者表格。添加选项 shade=TRUE 将根据拟合模型（默认为相互独立的变量）的 Pearson 残差值对图形上色，添加选项 legend=TRUE 将展示残差的图例。

例如，使用：

```
library(vcd)
mosaic(Titanic, shade=TRUE, legend=TRUE)
```

和

```
library(vcd)
mosaic(~Class+Sex+Age+Survived, data=Titanic, shade=TRUE, legend=TRUE)
```

都将生成图 11-20，但表达式版本的代码可使我们对图形中变量的选择和摆放拥有更多的控制权。

11

马赛克图隐含着大量的数据信息。例如：(1) 从船员到头等舱的乘客，存活率陡然提高；(2) 大部分孩子都处在三等舱和二等舱中；(3) 在头等舱中的大部分女性都存活了下来，而三等舱中仅有一半女性存活；(4) 船员中女性很少，导致该组的 Survived 标签重叠 (图底部的 No 和 Yes)。继续观察，我们将发现更多有趣的信息。关注矩形的相对宽度和高度，你还能发现那晚其他什么秘密吗？

扩展的马赛克图添加了颜色和阴影来表示拟合模型的残差值。在本例中，蓝色阴影表明，在假定存活率与船舱等级、性别和年龄层无关的条件下，该类别下的存活率通常超过预期值。红色阴影则含义相反。一定要运行该例子的代码，这样我们才可以真实感受着色图形的效果。图形表明，在模型的独立条件下，头等舱女性存活数和男性船员死亡数超过模型预期值。如果存活数与船舱等级、性别和年龄层无关，三等舱男性的存活数比模型预期值低。尝试运行 example(mosaic)，可以了解更多有关马赛克图的内容。

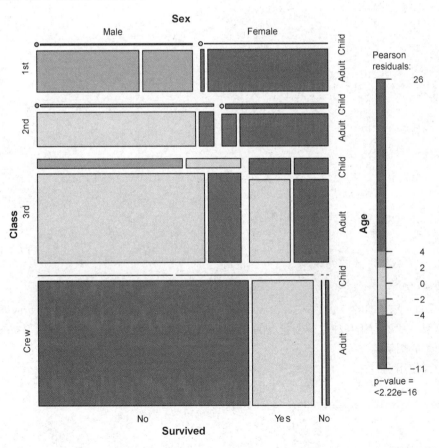

图 11-21   按乘客的船舱等级、性别和年龄层绘制的 "泰坦尼克号" 幸存者的马赛克图

本章中，我们学习了许多展示两个或更多变量间关系的图形方法，包括二维散点图和三维散点图、散点图矩阵、气泡图、折线图、相关图和马赛克图，其中一些方法是标准的图形方法，而其他的则相对更新颖。

这样，单变量分布的展示（第 6 章）、回归模型的探究（第 8 章）和组间差异的可视化（第 9 章）等方法，就构成了我们的可视化数据和提取数据信息的完备工具箱（名声和财富近在咫尺）。在后续各章中，通过学习其他专业化技术，比如潜变量模型图形绘制（第 14 章）、时间序列（第 15 章）、聚类数分析（第 16 章）、缺失数据处理（第 18 章）和单条件或多条件变量图形的创建技巧（第 19 章），我们还可以大幅度提升自己的绘图能力。

11.5　小结

- 使用散点图和散点图矩阵，我们可以两两一组地可视化连续型变量间的关系。我们可以利用显示趋势的线性拟合线和 loess 拟合线改进图形。
- 如果是基于大量数据创建散点图，那么相比于点图，绘制核密度图会更加实用。
- 我们可使用三维散点图或二维气泡图来探究 3 个连续型变量间的关系。
- 利用折线图可有效地展示随时间发生的变化。
- 用表格形式表示的大型的相关矩阵很难让人理解，但是如果用相关图——相关矩阵的可视化图形——则更容易让人理解。
- 可视化两个或两个以上离散型变量间的关系可使用马赛克图。

重抽样与自助法

本章重点
- ❑ 理解置换检验的逻辑
- ❑ 在线性模型中应用置换检验
- ❑ 利用自助法获得置信区间

在第 7 章、第 8 章和第 9 章中，通过假定观测值抽样自正态分布或者其他性质较好的理论分布，我们学习了假设检验和总体参数的置信区间估计等统计方法。但在许多实际情况中，统计假设并不一定满足，比如数据抽样于未知或混合分布、样本量过小、存在离群点、基于理论分布设计合适的统计检验过于复杂且数学上难以处理等，这时基于随机化和重抽样的统计方法就可派上用场。

本章，我们将探究两种应用广泛的依据随机化思想的统计方法：置换检验和自助法。过去，这些方法只有娴熟的编程者和统计专家才有能力使用。而现在，R 中有了对应该方法的包，更多受众也可以轻松地将它们应用到数据分析中了。

我们将重温一些用传统方法（如 t 检验、卡方检验、方差分析和回归）分析过的问题，看看如何用这些稳健的、计算机密集型的新方法来解决它们。为更好地理解 12.2 节，我们最好首先回顾下第 7 章，而阅读 12.3 节则需要回顾第 8 章和第 9 章。

12.1 置换检验

置换检验（permutation test），也称随机化检验或重随机化检验，数十年前就已经被提出，但直到高速计算机的出现，该方法才有了真正的应用价值。

为理解置换检验的逻辑，考虑如下虚拟的问题。有两种处理条件的实验，10 个受试者已经被随机分配到其中一种条件（A 或 B）中，相应的结果变量（score）也已经被记录。实验结果如表 12-1 所示。

表 12-1　虚拟的两分组问题

A 处理	B 处理
40	57
57	64
45	55
55	62
58	65

图 12-1 也展示了数据。此时，存在足够的证据说明两种处理方式的影响不同吗？

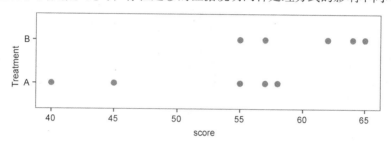

图 12-1　表 12-1 中虚拟数据的带形图

　　在参数方法中，我们可能会假设数据抽样自等方差的正态分布，然后使用假设独立分组的双尾 t 检验来验证结果。此时，零假设为 A 处理的总体均值与 B 处理的总体均值相等，我们根据数据计算了 t 统计量，将其与理论分布进行比较，如果观测到的 t 统计量值十分极端，比如落在理论分布值的 95%置信区间外，那么我们将会拒绝零假设，断言在 0.05 的显著性水平下两组的总体均值不相等。

　　置换检验的思路与之不同。如果两种处理方式真的等价，那么分配给观测值得分的标签（A 处理或 B 处理）便是任意的。为检验两种处理方式的差异，我们可遵循如下步骤：

　　(1) 与参数方法类似，计算观测值的 t 统计量，称为 t0；

　　(2) 将 10 个得分放在一个组中；

　　(3) 随机分配 5 个得分到 A 处理中，并分配 5 个得分到 B 处理中；

　　(4) 计算并记录新观测值的 t 统计量；

　　(5) 对每一种可能随机分配重复步骤(3)和步骤(4)，此处有 252 种可能的分配组合；

　　(6) 将 252 个 t 统计量按升序排列，这便是基于（或以之为条件）样本数据的经验分布；

　　(7) 如果 t0 落在经验分布中间 95%部分的外面，则在 0.05 的显著性水平下，拒绝两个处理组的总体均值相等的零假设。

　　注意，置换方法和参数方法都计算了相同的 t 统计量，但置换方法并不是将统计量与理论分布进行比较，而是将其与置换观测值后获得的经验分布进行比较，根据统计量值的极端性判断是否有足够的理由拒绝零假设。这种逻辑可以延伸至大部分经典统计检验和线性模型上来。

　　在先前的例子中，经验分布依据的是数据所有可能的排列组合。此时的置换检验称作"精确"检验。随着样本量的增加，获取所有可能排列的时间开销会非常大。这种情况下，我们可以使用蒙特卡罗模拟，从所有可能的排列中进行抽样，获得一个近似的检验。

假如我们觉得假定数据成正态分布并不合适，或者担心离群点的影响，又或者感觉对于标准的参数方法来说数据集太小，那么置换检验便提供了一个非常不错的选择。

R 目前有一些非常全面而复杂的包可以用来做置换检验。本节剩余部分将关注两个有用的包：coin 和 lmPerm 包。coin 包对于独立性问题提供了一个非常全面的置换检验的框架，而 lmPerm 包则专门用来做方差分析和回归分析的置换检验。我们将依次对其进行介绍。在继续下面的探讨之前请务必安装这两个包 (install.packages(c("coin", "lmPerm")))。

设置随机数种子

在继续话题之前，请牢记：在进行近似检验时，置换检验都是使用伪随机数来从所有可能的排列组合中进行抽样。因此，每次检验的结果都有所不同。在 R 中设置随机数种子便可固定所生成的随机数。这样在我们向别人分享自己的示例时，结果便可以重现。设定随机数种子为 1234（set.seed(1234)），可以重现本章所有的结果。

12.2 用 coin 包做置换检验

对于独立性问题，coin 包提供了一个进行置换检验的一般性框架。通过该包，我们可以回答如下问题。

- 响应值与组的分配独立吗？
- 两个数值变量独立吗？
- 两个分类变量独立吗？

使用包中提供的函数（见表 12-2），我们可以便捷地进行置换检验，它们与第 7 章的大部分传统统计检验是等价的。

表 12-2　相对于传统检验，提供可选置换检验的 coin 函数

检　　验	coin 函数
双样本和 K 样本置换检验	oneway_test(y ~ A)
Wilcoxon-Mann-Whitney 秩和检验	wilcox_test(y ~ A)
Kruskal-Wallis 检验	kruskal_test(y ~ A)
Pearson 卡方检验	chisq_test(A ~ B)
Cochran-Mantel-Haenszel 检验	cmh_test(A ~ B | C)
线性关联检验	lbl_test(D ~ E)
Spearman 检验	spearman_test(y ~ x)
Friedman 检验	friedman_test(y ~ A | C)
Wilcoxon 符号秩检验	wilcoxsign_test(y1 ~ y2)

在 coin 函数中，y 和 x 是数值变量，A 和 B 是分类因子，C 是类别型区组变量，D 和 E 是有序因子，y1 和 y2 是相匹配的数值变量。

表 12-2 列出来的每个函数都是如下形式：

function_name(formula, data, distribution=)

其中：

❏ *formula* 描述的是要检验变量间的关系，示例可参见表 12-2；

❏ *data* 是一个数据框；

❏ distribution 指定经验分布在零假设条件下的形式，可能值有 exact、asymptotic 和 approximate。

若 distribution="exact"，那么在零假设条件下，分布的计算是精确的（依据所有可能的排列组合）。当然，也可以根据它的渐近分布（distribution="asymptotic"）或蒙特卡罗重抽样（distribution="approximate(nresample=n)"）来做近似计算，其中 n 指用来做近似精确分布的随机重复数量。默认重复 10 000 次。distribution="exact"当前仅可用于双样本问题。

注意 在 coin 包中，分类变量和顺序变量必须分别转化为因子和有序因子。另外，数据要以数据框形式存储。

在本节余下部分，我们将把表 12-2 中的一些置换检验应用到在先前章节出现的问题中，这样我们可以对传统的参数方法和非参数方法进行比较。本节最后，我们将通过一些高级拓展应用对 coin 包进行讨论。

12.2.1 独立双样本和 K 样本检验

首先，根据表 12-1 的虚拟数据，我们对独立样本 t 检验和单因素精确检验进行比较。结果见代码清单 12-1。

代码清单 12-1 虚拟数据中的 t 检验与单因素置换检验

```
> library(coin)
> score <- c(40, 57, 45, 55, 58, 57, 64, 55, 62, 65)
> treatment <- factor(c(rep("A",5), rep("B",5)))
> mydata <- data.frame(treatment, score)
> t.test(score~treatment, data=mydata, var.equal=TRUE)

        Two Sample t-test

data:  score by treatment
t = -2.345, df = 8, p-value = 0.04705
alternative hypothesis: true difference in means is not equal to 0
95 percent confidence interval:
 -19.0405455  -0.1594545
sample estimates:
mean in group A mean in group B
          51.0            60.6
```

```
> oneway_test(score~treatment, data=mydata, distribution="exact")

        Exact Two-Sample Fisher-Pitman Permutation Test

data:  score by treatment (A, B)
Z = -1.9147, p-value = 0.07143
alternative hypothesis: true mu is not equal to 0
```

传统 t 检验表明存在显著性组间差异（ $p<0.05$ ），但精确检验表明差异并不显著（ $p>0.072$ ）。由于只有 10 个观测值，我更倾向于相信置换检验的结果，且在得出最后结论之前，还要多收集些数据。

现在来看 Wilcoxon-Mann-Whitney U 检验。第 7 章中，我们用 wilcox.test() 函数检验了美国南部与非南部监禁概率间的差异。我们现在使用 Wilcoxon 秩和检验，可得：

```
> library(MASS)
> UScrime$So <- factor(UScrime$So)
> wilcox_test(Prob ~ So, data=UScrime, distribution="exact")

        Exact Wilcoxon Mann-Whitney Rank Sum Test

data:  Prob by So (0, 1)
Z = -3.7, p-value = 8.488e-05
alternative hypothesis: true mu is not equal to 0
```

结果表明监禁概率在南部可能更多。注意在上面的代码中，数值变量 So 被转化为因子，因为 coin 包规定所有的分类变量都必须以因子形式编码。另外，聪明的读者可能会发现此处结果与第 7 章 wilcox.test() 计算结果一样，这是因为 wilcox.test() 默认计算的也是精确分布。

最后，我们探究 K 样本检验问题。在第 9 章中，对于 50 个患者的样本，我们使用了单因素方差分析来评价 5 种药物疗法对降低胆固醇的效果。下面的代码对其做了近似的 K 样本置换检验：

```
> library(multcomp)
> set.seed(1234)
> oneway_test(response~trt, data=cholesterol,
    distribution=approximate(nresample=9999))

        Approximative K-Sample Fisher-Pitman Permutation Test

data:  response by trt (1time, 2times, 4times, drugD, drugE)
chi-squared = 36.381, p-value < 1e-04
```

此处，参考分布得自于数据 9999 次的置换。设定随机数种子可让结果重现。结果表明各组间患者的响应值显著不同。

12.2.2 列联表中的独立性

通过函数 chisq_test() 或 cmh_test()，我们可用置换检验判断双分类变量的独立性。当数据可根据第 3 个分类变量进行分层时，需要使用后一个函数。若变量都是顺序变量，可使用 lbl_test() 函数来检验是否存在线性趋势。

在第 7 章中，我们用卡方检验评估了风湿性关节炎的治疗方式与改善情况间的关系。治疗有两个水平（安慰剂治疗、用药治疗），改善情况有 3 个水平（无改善、一定程度的改善、显著的改善），变量 Improved 以有序因子形式编码。

若想实施卡方检验的置换版本，可用如下代码：

```
> library(coin)
> library(vcd)
> Arthritis <- transform(Arthritis,
    Improved=as.factor(as.numeric(Improved)))
> set.seed(1234)
> chisq_test(Treatment~Improved, data=Arthritis,
            distribution=approximate(nresample=9999))

        Approximative Pearson Chi-Squared Test

data:  Treatment by Improved (1, 2, 3)
chi-squared = 13.055, p-value = 0.0018
```

此处经过 9999 次的置换，可获得一个近似的卡方检验。我们可能会有疑问，为什么需要把变量 Improved 从一个有序因子变成一个分类因子？（好问题！）这是因为，如果我们用有序因子，coin() 将会生成一个线性趋势检验，而不是卡方检验。虽然趋势检验在本例中是一个不错的选择，但是此处使用卡方检验可以同第 7 章所得的结果进行比较。

12.2.3　数值变量间的独立性

spearman_test() 函数提供了双数值变量的独立性置换检验。第 7 章中，我们检验了美国文盲率与谋杀率间的相关性。如下代码可进行相关性的置换检验：

```
> states <- as.data.frame(state.x77)
> set.seed(1234)
> spearman_test(Illiteracy~Murder, data=states,
            distribution=approximate(B=9999))

        Approximative Spearman Correlation Test

data:  Illiteracy by Murder
Z = 4.7065, p-value < 1e-04
alternative hypothesis: true rho is not equal to 0
```

基于 9999 次重复的近似置换检验可知：独立性假设并不被满足。注意，state.x77 是一个矩阵，在 coin 包中，必须将其转化为一个数据框。

12.2.4　双样本和 K 样本检验

当处于不同组的观测值已经被分配得当，或者使用了重复测量时，样本相关检验便可派上用场。对于双配对组的置换检验，可使用 wilcoxsign_test() 函数；多于两组时，使用 friedman_test() 函数。

第 7 章中，我们比较了城市男性中 14 ~ 24 年龄段（U1）与 35 ~ 39 年龄段（U2）间的失业率差异。由于两个变量对于美国 50 个州都有记录，我们便有了一个双依赖组设计（state 是匹配变量），可使用精确 Wilcoxon 符号秩检验来判断两个年龄段间的失业率是否相等：

```
> library(coin)
> library(MASS)
> wilcoxsign_test(U1~U2, data=UScrime, distribution="exact")

        Exact Wilcoxon-Signed-Rank Test

data:  y by x (neg, pos)
        stratified by block
Z = 5.9691, p-value = 1.421e-14
alternative hypothesis: true mu is not equal to 0
```

结果表明两个年龄段的城市男性的失业率是不同的。

12.2.5　深入探究

coin 包提供了一个置换检验的一般性框架，可以分析一组变量相对于其他任意变量，是否与第二组变量（可根据一个区组变量分层）相互独立。具体来说，independence_test()函数可以让我们从置换角度来思考大部分传统检验，进而在面对无法用传统方法解决的问题时，使用户可以自己构建新的统计检验。当然，这种灵活性也是有门槛的：要正确使用该函数必须具备丰富的统计知识。更多函数细节请参阅包附带的文档（可运行 vignette("coin")获得）。

在 12.3 节，我们将学习 lmPerm 包，它提供了线性模型的置换方法，包括回归和方差分析。

12.3　用 lmPerm 包做置换检验

lmPerm 包可做线性模型的置换检验。比如函数 lmp()和 aovp()即函数 lm()和 aov()的修改版，能够进行置换检验，而非正态理论检验。

函数 lmp()和 aovp()的参数与函数 lm()和 aov()类似，只额外添加了 perm=参数。perm=选项的可选值有 Exact、Prob 或 SPR。Exact 根据所有可能的排列组合生成精确检验。Prob 从所有可能的排列中不断抽样，直至估计的标准差在估计的 p 值 0.1 之下，判停准则由可选的 Ca 参数控制。SPR 使用序贯概率比检验来判断何时停止抽样。注意，若观测值的数目大于 10，perm="Exact"将自动默认转为 perm="Prob"，因为精确检验只适用于小样本问题。

为深入了解函数的工作原理，我们将对简单回归、多项式回归、多元回归、单因素方差分析、单因素协方差分析和双因素因子设计进行置换检验。

12.3.1　简单回归和多项式回归

在第 8 章中，我们使用线性回归研究了 15 名女性的身高和体重间的关系。用 lmp()代替 lm()，可获得代码清单 12-2 中置换检验的结果。

代码清单 12-2　简单线性回归的置换检验

```
> library(lmPerm)
> set.seed(1234)
> fit <- lmp(weight~height, data=women, perm="Prob")
[1] "Settings:  unique SS : numeric variables centered"
> summary(fit)

Call:
lmp(formula = weight ~ height, data = women, perm = "Prob")

Residuals:
   Min    1Q Median    3Q    Max
-1.733 -1.133 -0.383  0.742  3.117

Coefficients:
       Estimate Iter Pr(Prob)
height     3.45 5000   <2e-16 ***
---
Signif. codes:  0 '***' 0.001 '**' 0.01 '*' 0.05 '.' 0.1 ' ' 1

Residual standard error: 1.5 on 13 degrees of freedom
Multiple R-Squared: 0.991,    Adjusted R-squared: 0.99
F-statistic: 1.43e+03 on 1 and 13 DF,  p-value: 1.09e-14
```

要拟合二次方程，可使用代码清单 12-3 中的代码。

代码清单 12-3　多项式回归的置换检验

```
> library(lmPerm)
> set.seed(1234)
> fit <- lmp(weight~height + I(height^2), data=women, perm="Prob")
[1] "Settings:  unique SS : numeric variables centered"
> summary(fit)

Call:
lmp(formula = weight ~ height + I(height^2), data = women, perm = "Prob")

Residuals:
    Min     1Q  Median     3Q    Max
-0.5094 -0.2961 -0.0094  0.2862  0.5971

Coefficients:
            Estimate Iter Pr(Prob)
height       -7.3483 5000   <2e-16 ***
I(height^2)   0.0831 5000   <2e-16 ***
---
Signif. codes:  0 '***' 0.001 '**' 0.01 '*' 0.05 '.' 0.1 ' ' 1

Residual standard error: 0.38 on 12 degrees of freedom
Multiple R-Squared: 0.999,    Adjusted R-squared: 0.999
F-statistic: 1.14e+04 on 2 and 12 DF,  p-value: <2e-16
```

可以看到，用置换检验来检验这些回归是非常容易的，修改一点代码即可。输出结果也与 lm() 函数非常相似。值得注意的是，增添的 Iter 栏列出了要达到判停准则所需的迭代次数。

12.3.2   多元回归

在第 8 章，多元回归被用来通过美国 50 个州的人口数、文盲率、收入和结霜天数预测犯罪率。将 lmp() 函数应用到此问题，结果参见代码清单 12-4。

代码清单 12-4   多元回归的置换检验

```
> library(lmPerm)
> set.seed(1234)
> states <- as.data.frame(state.x77)
> fit <- lmp(Murder~Population + Illiteracy+Income+Frost,
             data=states, perm="Prob")
[1] "Settings:  unique SS : numeric variables centered"
> summary(fit)

Call:
lmp(formula = Murder ~ Population + Illiteracy + Income + Frost,
    data = states, perm = "Prob")

Residuals:
    Min      1Q   Median       3Q      Max
-4.79597 -1.64946 -0.08112  1.48150  7.62104

Coefficients:
           Estimate Iter Pr(Prob)
Population 2.237e-04   51   1.0000
Illiteracy 4.143e+00 5000   0.0004 ***
Income     6.442e-05   51   1.0000
Frost      5.813e-04   51   0.8627
---
Signif. codes:  0 '***' 0.001 '**' 0.01 '*' 0.05 '.' 0.1 ' ' 1

Residual standard error: 2.535 on 45 degrees of freedom
Multiple R-Squared: 0.567,      Adjusted R-squared: 0.5285
F-statistic: 14.73 on 4 and 45 DF,  p-value: 9.133e-08
```

回顾第 8 章，正态理论中 Population 和 Illiteracy 均显著（$p<0.05$）。而该置换检验中，Population 不再显著。当两种方法所得结果不一致时，我们需要更加谨慎地审视数据，这很可能是因为违反了正态性假设或者存在离群点。

12.3.3   单因素方差分析和协方差分析

第 9 章中任意一种方差分析设计都可进行置换检验。首先，让我们看看 9.3 节中的单因素方差分析问题——各种药物疗法对降低胆固醇的影响。代码和结果见代码清单 12-5。

代码清单 12-5   单因素方差分析的置换检验

```
> library(lmPerm)
> library(multcomp)
> set.seed(1234)
> fit <- aovp(response~trt, data=cholesterol, perm="Prob")
```

```
[1] "Settings:  unique SS "
> anova(fit)
Component 1 :
          Df R Sum Sq R Mean Sq Iter  Pr(Prob)
trt        4  1351.37    337.84 5000 < 2.2e-16 ***
Residuals 45   468.75     10.42
---
Signif. codes:  0 '***' 0.001 '**' 0.01 '*' 0.05 '.' 0.1 ' ' 1
```

结果表明各种药物疗法的效果不全相同。

下面的示例对单因素协方差分析进行了置换检验，其中的问题来自第 9 章：控制怀孕时间，观测 4 种药物剂量对小鼠幼崽出生体重的影响。置换检验及其结果见代码清单 12-6。

代码清单 12-6　单因素协方差分析的置换检验

```
> library(lmPerm)
> set.seed(1234)
> fit <- aovp(weight ~ gesttime + dose, data=litter, perm="Prob")
[1] "Settings:  unique SS : numeric variables centered"
> anova(fit)
Component 1 :
          Df R Sum Sq R Mean Sq Iter Pr(Prob)
gesttime   1   161.49   161.493 5000   0.0006 ***
dose       3   137.12    45.708 5000   0.0392 *
Residuals 69  1151.27    16.685
---
Signif. codes:  0 '***' 0.001 '**' 0.01 '*' 0.05 '.' 0.1 ' ' 1
```

依据 p 值可知，当控制怀孕时间时，4 种药物剂量对幼崽的出生体重影响不同。

12.3.4　双因素方差分析

本节最后，我们对析因实验设计进行置换检验。以第 9 章中的维生素 C 对豚鼠牙齿生长的影响为例，该实验两个可操作的因子是含量（三水平）和喂食方法（两水平）。10 只豚鼠分别被分配到每种处理方式组合中，形成一个 3×2 的析因实验设计。置换检验结果见代码清单 12-7。

代码清单 12-7　双因素方差分析的置换检验

```
> library(lmPerm)
> set.seed(1234)
> fit <- aovp(len~supp*dose, data=ToothGrowth, perm="Prob")
[1] "Settings:  unique SS : numeric variables centered"
> anova(fit)
Component 1 :
          Df R Sum Sq R Mean Sq Iter Pr(Prob)
supp       1   205.35    205.35 5000  < 2e-16 ***
dose       1  2224.30   2224.30 5000  < 2e-16 ***
supp:dose  1    88.92     88.92 2032  0.04724 *
Residuals 56   933.63     16.67
---
Signif. codes:  0 '***' 0.001 '**' 0.01 '*' 0.05 '.' 0.1 ' ' 1
```

在 0.05 的显著性水平下，3 种效应都不等于 0；在 0.01 的水平下，只有主效应显著。

值得注意的是，当将 aovp() 应用到方差分析设计中时，它默认使用唯一平方和法（也称为 SAS 类型Ⅲ平方和）。每种效应都会依据其他效应做相应调整。R 中默认的参数化方差分析设计使用的是序贯平方和（SAS 类型Ⅰ平方和）。每种效应依据模型中先出现的效应做相应调整。对于平衡设计，两种方法结果相同，但是对于每个单元格观测值数目不同的不平衡设计，两种方法结果则不同。不平衡性越大，结果分歧越大。若在 aovp() 函数中设定 seqs=TRUE，可以生成我们想要的序贯平方和。

12.4　置换检验点评

依靠基础的抽样分布理论知识，置换检验提供了另外一个十分强大的可选检验思路。对于上面描述的每一种置换检验，我们完全可以在做统计假设检验时不理会正态分布、t 分布、F 分布或者卡方分布。

我们注意到，基于正态理论的检验与上面置换检验的结果非常接近。在这些问题中数据表现非常好，两种方法结果的一致性也验证了正态理论方法适用于上述示例。

当然，置换检验真正发挥功用的地方是处理非正态数据（如分布偏倚很大）、存在离群点、样本量很小或无法做参数检验等问题。不过，如果初始样本对感兴趣的总体情况代表性很差，即使是置换检验也无法提高推断效果。

置换检验主要用于生成检验零假设的 p 值，它有助于回答"效应是否存在"这样的问题。不过，置换方法对于获取置信区间和估计测量精度是比较困难的。幸运的是，这正是自助法大显神通的地方。

12.5　自助法

所谓**自助法**（bootstrapping），是指从初始样本重复随机替换抽样，生成一个或一系列待检验统计量的经验分布。我们无须假设一个特定的理论分布，便可生成统计量的置信区间，并能检验统计假设。

举一个例子便可非常清楚地阐释自助法的思路。比如，我们想计算一个样本均值 95% 的置信区间。样本现有 10 个观测值，均值为 40，标准差为 5。如果假设均值的样本分布为正态分布，那么 $(1-\alpha/2)\%$ 的置信区间计算如下：

$$\bar{X} - t\frac{s}{\sqrt{n}} < \mu < \bar{X} + t\frac{s}{\sqrt{n}}$$

其中，t 是自由度为 $n-1$ 的 t 分布的 $1-\alpha/2$ 上界值。对于 95% 的置信区间，可得 $40-2.262 \times (5/3.163) < \mu < 40+2.262 \times (5/3.162)$ 或者 $36.424 < \mu < 43.577$。以这种方式创建的 95% 置信区间将会包含真实的总体均值。

倘若我们假设均值的样本分布不是正态分布，该怎么办呢？我们可使用自助法。

(1) 从样本中随机选择 10 个观测值，抽样后再放回。有些观测值可能会被选择多次，有些可能一直都不会被选中。

(2) 计算并记录样本均值。

(3) 重复步骤(1)和步骤(2)1000 次。

(4) 将 1000 个样本均值从小到大排序。

(5) 找出样本均值 2.5% 和 97.5% 的分位点。此时即初始位置和最末位置的第 25 个数，它们就限定了 95% 的置信区间。

本例中，样本均值很可能服从正态分布，自助法优势不太明显。但在其他许多案例中，自助法的优势会十分明显。比如，我们想估计样本中位数的置信区间，或者双样本中位数之差，该怎么做呢？正态理论没有现成的简单公式可套用，而自助法此时却是不错的选择。即使潜在分布未知，或者出现了离群点，或者样本量过小，再或者是没有可供选择的参数方法，自助法将是生成置信区间和做假设检验的一个利器。

12.6　boot 包中的自助法

boot 包扩展了自助法和重抽样的相关用途。我们可以对一个统计量（如中位数）或一个统计量向量（如一列回归系数）使用自助法。使用自助法前请确保下载并安装了 boot 包：

```
install.packages("boot")
```

自助法过程看起来复杂，但我们一看例子就会十分明了。

一般来说，自助法有 3 个主要步骤。

(1) 写一个能返回待研究统计量值的函数。如果只有单个统计量（如中位数），函数应该返回一个数值；如果有一列统计量（如一列回归系数），函数应该返回一个向量。

(2) 为生成 R 中自助法所需的有效统计量重复数，使用 boot() 函数对上面所写的函数进行处理。

(3) 使用 boot.ci() 函数获取步骤(2)生成的统计量的置信区间。

现在举例说明。主要的自助法函数是 boot()，它的格式为：

bootobject <- boot(data=, statistic=, R=, ...)

参数描述见表 12-3。

表 12-3　boot() 函数的参数

参　数	描　述
data	向量、矩阵或者数据框
statistic	生成 k 个统计量以供自助的函数（k=1 时对单个统计量进行自助抽样）。函数需包括 indices 参数，以便 boot() 函数用它从每个重复中选择实例（示例见下文）
R	自助抽样的次数
...	其他对生成待研究统计量有用的参数，可在函数中传输

boot() 函数调用统计量函数 R 次，每次都从整数 1:nrow(data) 中生成一列有放回的随机指标，这些指标被统计量函数用来选择样本。统计量将根据所选样本进行计算，结果存储在 *bootobject* 中。bootobject 结构的描述见表 12-4。

表 12-4   boot() 函数中返回对象所含的元素

元 素	描 述
t0	从原始数据得到的 k 个统计量的观测值
t	一个 $R \times k$ 矩阵，每行即 k 个统计量的自助重复值

我们可以如 bootobject$t0 和 bootobject$t 这样来获取这些元素。

一旦生成了自助样本，可通过 print() 和 plot() 来检查结果。如果结果看起来还算合理，使用 boot.ci() 函数获取统计量的置信区间。格式如下：

```
boot.ci(bootobject, conf=, type= )
```
其参数见表 12-5。

表 12-5   boot.ci() 函数的参数

参 数	描 述
bootobject	boot() 函数返回的对象
conf	预期的置信区间（默认设置：conf=0.95）
type	返回的置信区间类型。可能值为 norm、basic、stud、perc、bca 和 all（默认设置：type="all"）

type 参数设定了获取置信区间的方法。perc 方法（分位数）展示的是样本均值，bca 将根据偏差对置信区间做简单调整。我发现 bca 在大部分情况中更可取。

下面将介绍如何对单个统计量和统计量向量使用自助法。

12.6.1   对单个统计量使用自助法

以 1974 年 *Motor Trend* 杂志中的 mtcars 数据集为例，它包含 32 种车型的信息。假设我们正使用多元回归根据汽车重量和发动机排量来预测每加仑汽油行驶英里数，除了标准的回归统计量，我们还想获得 95% 的 R 平方值的置信区间（自变量对因变量可解释的方差比），那么便可使用非参数的自助法来获取置信区间。

我们的首要任务是写一个获取 R 平方值的函数：

```
rsq <- function(formula, data, indices) {
        d <- data[indices,]
        fit <- lm(formula, data=d)
        return(summary(fit)$r.square)
}
```

函数返回回归的 R 平方值。`d <- data[indices, ]`必须声明，因为 `boot()`要用其来选择样本。

我们能做大量的自助抽样（比如 1000），代码如下：

```
library(boot)
set.seed(1234)
results <- boot(data=mtcars, statistic=rsq,
                R=1000, formula=mpg~wt+disp)
```

boot 的对象可以输出，代码如下：

```
> print(results)

ORDINARY NONPARAMETRIC BOOTSTRAP

Call:
boot(data = mtcars, statistic = rsq, R = 1000, formula = mpg ~
    wt + disp)


Bootstrap Statistics :
     original      bias    std. error
t1* 0.7809306  0.01333670  0.05068926
```

也可用`plot(results)`来绘制结果，图形结果见图 12-2。

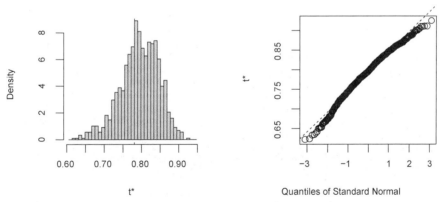

图 12-2　自助法所得 R 平方值的分布

我们从图 12-2 中可以看到，自助的 R 平方值不呈正态分布。它的 95%的置信区间可以通过如下代码获得：

```
> boot.ci(results, type=c("perc", "bca"))
BOOTSTRAP CONFIDENCE INTERVAL CALCULATIONS
Based on 1000 bootstrap replicates

CALL :
boot.ci(boot.out = results, type = c("perc", "bca"))
```

```
Intervals :
Level      Percentile           BCa
95%   ( 0.6753,  0.8835 )   ( 0.6344,  0.8561 )
Calculations and Intervals on Original Scale
Some BCa intervals may be unstable
```

我们从该例可以看到，生成置信区间的不同方法将会导致获得不同的区间。本例中的依偏差调整区间方法与分位数方法稍有不同。两例中，由于 0 都在置信区间外，零假设 H_0：R 平方值=0 都被拒绝。

本节中，我们估计了单个统计量的置信区间，12.6.2 节我们将估计多个统计量的置信区间。

12.6.2 多个统计量的自助法

在先前的例子中，自助法被用来估计单个统计量（R 平方值）的置信区间。继续该例，让我们获取一个统计量向量——3 个回归系数（截距项、汽车重量和发动机排量）——95%的置信区间。

首先，我们创建一个返回回归系数向量的函数：

```
bs <- function(formula, data, indices) {
      d <- data[indices,]
      fit <- lm(formula, data=d)
      return(coef(fit))
}
```

然后使用该函数自助抽样 1000 次：

```
library(boot)
set.seed(1234)
results <- boot(data=mtcars, statistic=bs,
                R=1000, formula=mpg~wt+disp)
> print(results)
ORDINARY NONPARAMETRIC BOOTSTRAP
Call:
boot(data = mtcars, statistic = bs, R = 1000, formula = mpg ~
    wt + disp)

Bootstrap Statistics :
    original    bias      std. error
t1*  34.9606   0.137873    2.48576
t2*  -3.3508  -0.053904    1.17043
t3*  -0.0177  -0.000121    0.00879
```

当对多个统计量自助抽样时，添加一个索引参数，指明函数 `plot()` 和 `boot.ci()` 所分析 `bootobject$t` 的列。在本例中，索引 1 指截距项，索引 2 指汽车重量，索引 3 指发动机排量。如下代码即用于绘制汽车重量结果：

```
plot(results, index=2)
```

图形结果见图 12-3。

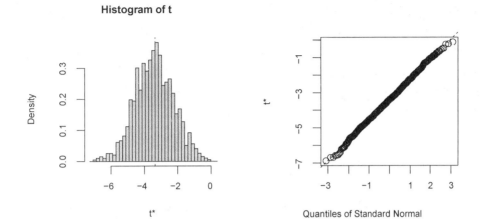

图 12-3 自助法所得汽车重量回归系数的分布

为获得汽车重量和发动机排量 95% 的置信区间，使用代码：

```
> boot.ci(results, type="bca", index=2)
BOOTSTRAP CONFIDENCE INTERVAL CALCULATIONS
Based on 1000 bootstrap replicates

CALL :
boot.ci(boot.out = results, type = "bca", index = 2)

Intervals :
Level        Bca
95%    (-5.477, -0.937 )
Calculations and Intervals on Original Scale

> boot.ci(results, type="bca", index=3)

BOOTSTRAP CONFIDENCE INTERVAL CALCULATIONS
Based on 1000 bootstrap replicates

CALL :
boot.ci(boot.out = results, type = "bca", index = 3)

Intervals :
Level        BCa
95%    (-0.0334, -0.0011 )
Calculations and Intervals on Original Scale
```

注意 在先前的例子中，我们每次都对整个样本数据进行重抽样。如果假定自变量有固定水平（如精心设计的实验），那么我们最好仅对残差项进行重抽样。

在结束自助法介绍前，我们来关注两个常被提出的有价值的问题。

❑ 初始样本量需要多大？

❑ 应该重复多少次？

对于第 1 个问题，我们无法给出简单的回答。有些人认为只要样本量能够较好地代表总体，初始样本量为 20～30 即可得到足够好的结果。从感兴趣的总体中随机抽样的方法可信度最高，它能够保证初始样本的代表性。对于第 2 个问题，我发现 1000 次重复在大部分情况下就足够了。由于计算资源变得廉价，如果你愿意，也可以增加重复的次数。

12.7　小结

❑ 重抽样和自助法是计算机密集型方法，它们使我们无需理论分布的知识便能够进行假设检验，获得置信区间。

❑ 当数据来自未知分布，或者存在严重的离群点，或者样本量过小，又或者没有参数方法可以回答我们感兴趣的假设问题时，这些方法是非常实用的。

❑ 本章的这些方法真的是令人振奋，因为当标准的数据假设不满足，或者我们对于解决这些问题毫无头绪时，使用它们可以另辟蹊径。

❑ 但是，重抽样和自助法并不是万能的，它们无法将烂数据转化为好数据。如果初始样本对于总体情况的代表性不佳，或者样本量过小而无法准确地反映总体情况，这些方法也爱莫能助。

Part 4

高级方法

在本书的这一部分，我们将学习统计分析和绘图的高级方法，从而拥有一个完整的数据分析工具包。这一部分的方法在日趋发展的数据挖掘和预测分析领域发挥着关键的作用。

第 13 章将第 8 章中的回归方法扩展至非参数方法，适用于非正态分布的数据。这一章将首先讨论广义线性模型，然后重点讲解因变量为分类变量（Logistic 回归）或计数型变量（泊松回归）时的案例。

由于多元数据内在的复杂性，处理高维变量变得非常具有挑战性。第 14 章将介绍两种探究和简化多元数据的流行方法：主成分分析和因子分析。主成分分析用来将大量相关变量转化为一组较少的不相关的复合变量，因子分析方法则可以在一组给定的变量中发现潜在的数据结构。这一章将逐步介绍两种方法的实现步骤。

第 15 章将探索与时间有关的数据。分析师经常需要理解事物趋势和预测未来事件。第 15 章将详细介绍对时间序列数据的分析和预测。在描述了时间序列数据的一般特性之后，第 15 章将展现两个最流行的预测方法（指数预测模型和 ARIMA 预测模型）。

聚类分析是第 16 章的内容。主成分分析和因子分析通过把多个单个变量组合成复合变量简化了多变量数据，而聚类分析试图通过把多个观测值组合成子组（聚类簇，cluster）从而简化多元数据。聚类簇里面包含了彼此相似的观测值，也包含了与其他聚类簇不同的观测值。这一章将介绍确定数据集中聚类簇的个数和将观测值聚合成聚类簇的方法。

第 17 章将讨论重要的分类问题。在分类问题中，分析师尝试建立一个模型，基于一组（很可能是一大组）自变量来预测新案例的分类（比如，信用风险的高/低、良性/恶性、通过/未通过）。这一章将探讨很多方法，包括 Logistic 回归、决策树、随机森林、支持向量机等。这一章也将描述评估模型分类效率的方法。

　　在现实生活中，研究者常常必须处理不完整数据集。第 18 章将讲解普遍存在的缺失值问题的现代处理方法。另外，R 支持多种分析不完整数据集的优雅方法。这一章将会介绍一些最佳方法，同时还会就哪些方法适用、哪些方法应避免使用给出提示。

　　学完第四部分，我们便叫应用这些工具来处理各种复杂的数据分析问题了。比如对非正态因变量的建模，处理大量高相关性的变量，把大量案例减少到少量有类似性质的群组，建立模型以预测未来数值或分类变量，以及处理散乱的、不完整的数据。

广义线性模型

本章重点
- ❏ 建立广义线性模型
- ❏ 预测分类变量
- ❏ 计数型数据建模

第 8 章（回归）和第 9 章（方差分析）中，我们探究了线性模型，它们可以通过一系列连续型和/或类别型自变量来预测正态分布的因变量。但在许多情况下，假设因变量为正态分布（甚至连续型变量）并不合理，例如下面这几种情况。

- ❏ 因变量可能是类别型的。二值变量（比如，是/否、通过/未通过、活着/死亡）和多分类变量（比如，差/良好/优秀）都显然不是正态分布。
- ❏ 因变量可能是计数型的（比如，一周交通事故数、每日酒水消耗的数量）。这类变量都是非负的有限值，而且它们的均值和方差通常都是相关的（正态分布变量间不是如此，而是相互独立）。

广义线性模型（generalized linear model）扩展了线性模型的框架，兼容了明显不服从正态分布的因变量。

在本章中，我们将首先简要概述广义线性模型，并介绍如何使用 glm() 函数来进行估计。然后，我们重点关注该框架中两种流行的模型：Logistic 回归（因变量为类别型）和泊松回归（因变量为计数型）。

为了让讨论更有吸引力，我们将把广义线性模型应用到两个用标准线性模型无法轻易解决的问题上。

- ❏ 什么样的个人信息、人口统计信息和人际关系信息可以作为变量，用来预测感情危机问题？此时，因变量为二值型（有过一次感情危机/没有过感情危机）。
- ❏ 药物治疗对于 8 周中的癫痫发病数有何影响？此时，因变量为计数型（癫痫发病次数）。

我们将利用 Logistic 回归来阐释第 1 个问题，用泊松回归阐释第 2 个问题。在建模过程中，我们还将考虑对每种方法进行扩展。

13.1 广义线性模型和 `glm()` 函数

许多被广泛应用、流行的数据分析方法其实都归属于广义线性模型框架。本节中，我们将简短回顾这些方法背后的理论。我们也可跳过本节，稍后再阅读，这对于模型理解没有太大影响。

现假设我们想要对因变量 Y 和 p 个自变量 $X_1 \cdots X_p$ 间的关系进行建模。在标准线性模型中，我们可以假设 Y 呈正态分布，关系的形式为：

$$\mu_Y = \beta_0 + \sum_{j=1}^{p} \beta_j X_j$$

该等式表明因变量的条件均值是自变量的线性组合。参数 β_j 指一单位 X_j 的变化造成的 Y 预期的变化，β_0 指当所有自变量都为 0 时 Y 的预期值。对于该等式，我们可通俗地理解为：给定一系列 X 变量的值，赋予 X 变量合适的权重，然后将它们加起来，便可预测 Y 观测值分布的均值。

值得注意的是，我们并没有对自变量 X_j 做任何分布的假设。与 Y 不同，它们不需要呈正态分布。实际上，它们常为分类变量（比如方差分析设计中的自变量）。另外，对自变量使用非线性函数也是允许的，比如我们常会使用自变量 X^2 或者 $X_1 \times X_2$，只要等式的参数（$\beta_0, \beta_1, \cdots, \beta_p$）为线性即可。

广义线性模型拟合的形式为：

$$g(\mu_Y) = \beta_0 + \sum_{j=1}^{p} \beta_j X_j$$

其中 $g(\mu_Y)$ 是条件均值的函数（称为**连接函数**）。另外，我们可放松 Y 为正态分布的假设，改为 Y 服从指数分布族中的一种分布即可。设定好连接函数和概率分布后，便可以通过最大似然估计的多次迭代推导出各参数值。

13.1.1 `glm()` 函数

R 中可通过 `glm()` 函数（还可用其他专门的函数）拟合广义线性模型。它的形式与 `lm()` 类似，只是多了一些参数。该函数的基本形式为：

```
glm(formula, family=family(link=function), data=)
```

表 13-1 列出了概率分布（*family*）和相应默认的连接函数（*function*）。

表 13-1 **`glm()`** 的参数

分 布 族	默认的连接函数
binomial	(link = "logit")
gaussian	(link = "identity")
gamma	(link = "inverse")
inverse.gaussian	(link = "1/mu^2")
poisson	(link = "log")
quasi	(link = "identity", variance = "constant")
quasibinomial	(link = "logit")
quasipoisson	(link = "log")

glm()函数可以拟合许多流行的模型，比如 Logistic 回归、泊松回归和生存分析（此处不考虑最后一个模型）。下面对前两个模型进行阐述。假设有 1 个因变量（Y）、3 个自变量（X1、X2、X3）和一个包含数据的数据框（mydata）。

Logistic 回归适用于二值因变量（0 和 1）。模型假设 Y 服从二项分布，线性模型的拟合形式为：

$$\log_e\left(\frac{\pi}{1-\pi}\right) = \beta_0 + \sum_{j=1}^{p}\beta_j X_j$$

其中 $\pi = \mu_Y$ 是 Y 的条件均值（给定一系列 X 的值时 Y=1 的概率），$(\pi/1-\pi)$ 为 Y=1 时的优势比，$\log_e(\pi/1-\pi)$ 为对数优势比，或 logit。本例中，$\log_e(\pi/1-\pi)$ 为连接函数，概率分布为二项分布，可用如下代码拟合 Logistic 回归模型：

```
glm(Y~X1+X2+X3, family=binomial(link="logit"), data=mydata)
```

Logistic 回归在 13.2 节有更详细的介绍。

泊松回归适用于在给定时间内因变量为事件发生数目的情形。它假设 Y 服从泊松分布，线性模型的拟合形式为：

$$\log_e(\lambda) = \beta_0 + \sum_{j=1}^{p}\beta_j X_j$$

其中 λ 是 Y 的均值（也等于方差）。此时，连接函数为 $\log(\lambda)$，概率分布为泊松分布，可用如下代码拟合泊松回归模型：

```
glm(Y~X1+X2+X3, family=poisson(link="log"), data=mydata)
```

泊松回归在 13.3 节有介绍。

值得注意的是，标准线性模型也是广义线性模型的一个特例。如果令连接函数 $g(\mu_Y) = \mu_Y$ 或恒等函数，并设定概率分布为正态（高斯）分布，那么：

```
glm(Y~X1+X2+X3, family=gaussian(link="identity"), data=mydata)
```

生成的结果与下列代码的结果相同：

```
lm(Y~X1+X2+X3, data=mydata)
```

总之，广义线性模型通过拟合因变量的条件均值的一个函数（不是因变量的条件均值），假设因变量服从指数分布族中的某个分布（并不仅限于正态分布），极大地扩展了标准线性模型。模型参数估计的推导依据的是极大似然估计，而非最小二乘法。

13.1.2 连用的函数

分析标准线性模型时与 lm()连用的许多函数在 glm()中都有对应的形式，其中一些常见的函数见表 13-2。

表 13-2　与 glm() 连用的函数

函　数	描　述
summary()	展示拟合模型的细节
coefficients(), coef()	列出拟合模型的参数（截距项和斜率）
confint()	给出模型参数的置信区间（默认为 95%）
residuals()	列出拟合模型的残差值
anova()	生成两个拟合模型的方差分析表
plot()	生成评价拟合模型的诊断图
predict()	用拟合模型预测新数据集的因变量值
deviance()	拟合模型的偏差
df.residual()	拟合模型的残差自由度

我们将在后面章节讲解这些函数的示例。在 13.1.3 节中，我们将简要介绍模型适用性的评价。

13.1.3　模型拟合和回归诊断

与标准 OLS 线性模型一样，模型适用性的评价对于广义线性模型也非常重要。但遗憾的是，对于标准的评价过程，统计圈子仍莫衷一是。一般来说，我们可以使用第 8 章中描述的方法，但要牢记以下建议。

当评价模型的适用性时，我们可以绘制初始因变量的预测值与残差的图形。例如，如下代码可绘制一个常见的诊断图：

```
plot(predict(model, type="response"),
    residuals(model, type= "deviance"))
```

其中，model 为 glm() 函数返回的对象。

R 将列出帽子值（hat value）、学生化残差值和 Cook 距离统计量的近似值。不过，对于识别异常点的阈值，现在并没统一一答案，它们都是通过相互比较来进行判断，其中一个方法就是绘制各统计量的参考图，然后找出异常大的值。例如，如下代码可创建 3 幅诊断图：

```
plot(hatvalues(model))
plot(rstudent(model))
plot(cooks.distance(model))
```

我们还可以用其他方法，代码如下：

```
library(car)
influencePlot(model)
```

这段代码可以创建一个综合性的诊断图。在后面的图形中，横轴代表杠杆值，纵轴代表学生化残差值，而绘制的符号大小与 Cook 距离大小成正比。

当因变量有许多值时，诊断图非常有用；而当因变量只有有限个值时（比如 Logistic 回归），诊断图的功效就会降低很多。

本章后面几节将详细介绍两个最流行的广义线性模型：Logistic 回归和泊松回归。

13.2 Logistic 回归

当通过一系列连续型和/或类别型自变量来预测二值型因变量时，Logistic 回归是一个非常有用的工具。以 AER 包中的数据框 Affairs 为例，我们将通过探究感情危机的数据来阐述 Logistic 回归的过程。首次使用该数据前，请确保已下载和安装了 AER 包（install.packages ("AER")）。

Affairs 数据从 601 个参与者身上收集了 9 个变量，包括一年来出现感情危机的频率以及参与者性别、年龄、婚龄、是否有子女、宗教信仰程度（5 分制，1 分表示反对，5 分表示非常信仰）、学历、职业（逆向编号的 Hollingshead 7 级分类法），还有对婚姻的自我评分（5 分制，1 表示很不幸福，5 表示非常幸福）。

我们先看一些描述性的统计信息：

```
> data(Affairs, package="AER")
> summary(Affairs)
   affairs          gender         age          yearsmarried     children
 Min.   : 0.000   female:315   Min.   :17.50   Min.   : 0.125   no :171
 1st Qu.: 0.000   male  :286   1st Qu.:27.00   1st Qu.: 4.000   yes:430
 Median : 0.000                Median :32.00   Median : 7.000
 Mean   : 1.456                Mean   :32.49   Mean   : 8.178
 3rd Qu.: 0.000                3rd Qu.:37.00   3rd Qu.:15.000
 Max.   :12.000                Max.   :57.00   Max.   :15.000
 religiousness     education       occupation        rating
 Min.   :1.000   Min.   : 9.00   Min.   :1.000   Min.   :1.000
 1st Qu.:2.000   1st Qu.:14.00   1st Qu.:3.000   1st Qu.:3.000
 Median :3.000   Median :16.00   Median :5.000   Median :4.000
 Mean   :3.116   Mean   :16.17   Mean   :4.195   Mean   :3.932
 3rd Qu.:4.000   3rd Qu.:18.00   3rd Qu.:6.000   3rd Qu.:5.000
 Max.   :5.000   Max.   :20.00   Max.   :7.000   Max.   :5.000

> table(Affairs$affairs)

  0   1   2   3   7  12
451  34  17  19  42  38
```

从这些统计信息可以看到，52% 的参与者是女性，72% 的人有孩子，样本年龄的中位数为 32 岁。对于因变量，72% 的参与者表示过去一年中没有感情危机（451/601），而出现感情危机的最多次数为 12（占 6%）。

此处我们感兴趣的是二值型结果（有过一次感情危机/没有过感情危机）。按照如下代码，我们可将 affairs 转化为二值型因子 ynaffair。

```
> Affairs$ynaffair <- ifelse(Affairs$affairs > 0, 1, 0)
> Affairs$ynaffair <- factor(Affairs$ynaffair,
                             levels=c(0,1),
                             labels=c("No","Yes"))
> table(Affairs$ynaffair)
No Yes
451 150
```

这个二值型因子现可作为 Logistic 回归的因变量：

```
> fit.full <- glm(ynaffair ~ gender + age + yearsmarried + children +
                  religiousness + education + occupation +rating,
                  data=Affairs, family=binomial())
> summary(fit.full)

Call:
glm(formula = ynaffair ~ gender + age + yearsmarried + children +
    religiousness + education + occupation + rating, family = binomial(),
    data = Affairs)

Deviance Residuals:
   Min      1Q  Median      3Q     Max
-1.571  -0.750  -0.569  -0.254   2.519

Coefficients:
               Estimate Std. Error z value Pr(>|z|)
(Intercept)     1.3773     0.8878    1.55  0.12081
gendermale      0.2803     0.2391    1.17  0.24108
age            -0.0443     0.0182   -2.43  0.01530 *
yearsmarried    0.0948     0.0322    2.94  0.00326 **
childrenyes     0.3977     0.2915    1.36  0.17251
religiousness  -0.3247     0.0898   -3.62  0.00030 ***
education       0.0211     0.0505    0.42  0.67685
occupation      0.0309     0.0718    0.43  0.66663
rating         -0.4685     0.0909   -5.15 2.6e-07 ***
---
Signif. codes:  0 '***' 0.001 '**' 0.01 '*' 0.05 '.' 0.1 ' ' 1

(Dispersion parameter for binomial family taken to be 1)

    Null deviance: 675.38  on 600  degrees of freedom
Residual deviance: 609.51  on 592  degrees of freedom
AIC: 627.5

Number of Fisher Scoring iterations: 4
```

从回归系数的 p 值（最后一栏）我们可以看到，性别、是否有子女、学历和职业对方程的贡献都不显著（我们无法拒绝参数为 0 的假设）。去除这些变量重新拟合模型，我们来检验下新模型是否拟合得好：

```
> fit.reduced <- glm(ynaffair ~ age + yearsmarried + religiousness +
                     rating, data=Affairs, family=binomial())
> summary(fit.reduced)
Call:
glm(formula = ynaffair ~ age + yearsmarried + religiousness + rating,
    family = binomial(), data = Affairs)

Deviance Residuals:
   Min      1Q  Median      3Q     Max
-1.628  -0.755  -0.570  -0.262   2.400
```

```
Coefficients:
             Estimate Std. Error z value Pr(>|z|)
(Intercept)    1.9308     0.6103    3.16  0.00156 **
age           -0.0353     0.0174   -2.03  0.04213 *
yearsmarried   0.1006     0.0292    3.44  0.00057 ***
religiousness -0.3290     0.0895   -3.68  0.00023 ***
rating        -0.4614     0.0888   -5.19  2.1e-07 ***
---
Signif. codes:  0 '***' 0.001 '**' 0.01 '*' 0.05 '.' 0.1 ' ' 1

(Dispersion parameter for binomial family taken to be 1)

    Null deviance: 675.38  on 600  degrees of freedom
Residual deviance: 615.36  on 596  degrees of freedom
AIC: 625.4

Number of Fisher Scoring iterations: 4
```

新模型的每个回归系数都非常显著($p<0.05$)。由于两模型嵌套(fit.reduced 是 fit.full 的一个子集),我们可以使用 anova() 函数对它们进行比较,对于广义线性回归,可用卡方检验。

```
> anova(fit.reduced, fit.full, test="Chisq")
Analysis of Deviance Table

Model 1: ynaffair ~ age + yearsmarried + religiousness + rating
Model 2: ynaffair ~ gender + age + yearsmarried + children +
    religiousness + education + occupation + rating
  Resid. Df Resid. Dev Df Deviance P(>|Chi|)
1       596        615
2       592        610  4     5.85      0.21
```

结果的卡方值不显著 ($p=0.21$),表明 4 个自变量的新模型与 9 个完整自变量的模型拟合程度一样好。这使得我们更加坚信添加性别、是否有子女、学历和职业变量不会显著提高方程的预测精度,因此我们可以依据更简单的模型进行解释。

13.2.1 解释模型参数

我们先看看回归系数:

```
> coef(fit.reduced)
  (Intercept)          age  yearsmarried religiousness       rating
        1.931       -0.035         0.101        -0.329       -0.461
```

在 Logistic 回归中,因变量是 $Y=1$ 的对数优势比 (log)。回归系数的含义是当其他自变量不变时,一单位自变量的变化可引起的因变量对数优势比的变化。

由于对数优势比解释性差,我们可对结果进行指数化:

```
> exp(coef(fit.reduced))
  (Intercept)          age  yearsmarried religiousness       rating
        6.895        0.965         1.106         0.720        0.630
```

可以看到婚龄增加一年,感情危机优势比将乘以 1.106 (保持年龄、宗教信仰程度和婚姻的自我评分不变）；相反，年龄增加一岁，感情危机优势比则乘以 0.965。因此，随着婚龄的增加和年龄、宗教信仰程度与对婚姻的自我评分的降低，感情危机优势比将上升。因为自变量不能等于 0，截距项在此处没有什么特定含义。

如果有需要，我们还可使用 confint() 函数获取系数的置信区间。例如，exp(confint(fit.reduced)) 可在优势比尺度上得到系数 95% 的置信区间。

最后，自变量一单位的变化可能并不是我们最想关注的。对于二值型 Logistic 回归，某自变量 n 单位的变化引起的较高值上优势比的变化为 $(e^{\beta_j})^n$，它反映的信息可能更为重要。比如，保持其他自变量不变，婚龄增加一年，感情危机的优势比将乘以 1.106，而如果婚龄增加 10 年，优势比将乘以 $(1.106)^{10}$，即 2.7。

13.2.2　评价自变量对结果概率的影响

对于我们大多数人来说，以概率的方式思考比使用优势比更直观。使用 predict() 函数可以让我们观察某个自变量在各个水平时对结果概率的影响。首先，创建一个包含我们感兴趣的自变量值的虚拟数据集，然后对该数据集使用 predict() 函数，以预测这些值的结果概率。

现在我们使用该方法评价对婚姻的自我评分对感情危机概率的影响。首先，创建一个虚拟数据集，设定年龄、婚龄和宗教信仰程度为它们的均值，对婚姻的自我评分的范围为 1～5。

```
> testdata <- data.frame(rating=c(1, 2, 3, 4, 5), age=mean(Affairs$age),
                         yearsmarried=mean(Affairs$yearsmarried),
                         religiousness=mean(Affairs$religiousness))
> testdata
  rating  age yearsmarried religiousness
1      1 32.5         8.18          3.12
2      2 32.5         8.18          3.12
3      3 32.5         8.18          3.12
4      4 32.5         8.18          3.12
5      5 32.5         8.18          3.12
```

接下来，使用虚拟数据集预测相应的概率：

```
> testdata$prob <- predict(fit.reduced, newdata=testdata, type="response")
  testdata
  rating  age yearsmarried religiousness  prob
1      1 32.5         8.18          3.12 0.530
2      2 32.5         8.18          3.12 0.416
3      3 32.5         8.18          3.12 0.310
4      4 32.5         8.18          3.12 0.220
5      5 32.5         8.18          3.12 0.151
```

从这些结果我们可以看到，当对婚姻的自我评分从 1（很不幸福）变为 5（非常幸福）时，感情危机概率从 0.53 降低到了 0.151（假定年龄、婚龄和宗教信仰程度不变）。下面我们再看看年龄的影响：

```
> testdata <- data.frame(rating=mean(Affairs$rating),
                         age=seq(17, 57, 10),
```

```
                          yearsmarried=mean(Affairs$yearsmarried),
                          religiousness=mean(Affairs$religiousness))
> testdata
  rating age yearsmarried religiousness
1  3.93  17         8.18          3.12
2  3.93  27         8.18          3.12
3  3.93  37         8.18          3.12
4  3.93  47         8.18          3.12
5  3.93  57         8.18          3.12

> testdata$prob <- predict(fit.reduced, newdata=testdata, type="response")
> testdata
  rating age yearsmarried religiousness   prob
1  3.93  17         8.18          3.12  0.335
2  3.93  27         8.18          3.12  0.262
3  3.93  37         8.18          3.12  0.199
4  3.93  47         8.18          3.12  0.149
5  3.93  57         8.18          3.12  0.109
```

此处我们可以看到，当其他变量不变，年龄从 17 岁增加到 57 岁时，感情危机的概率将从 0.35 降低到 0.109。利用该方法，我们可探究每一个自变量对结果概率的影响。

13.2.3 过度离势

抽样于二项分布的数据的期望方差是 $\sigma^2 = n\pi(1-\pi)$，n 为观测数，π 为属于 $Y=1$ 组的概率。所谓**过度离势**（overdispersion），是指观测到的因变量的方差大于期望的二项分布的方差。过度离势会导致奇异的标准误检验和不精确的显著性检验。

当出现过度离势时，仍可使用 glm() 函数拟合 Logistic 回归，但此时需要将二项分布改为准二项分布（quasibinomial distribution）。

检测过度离势的一种方法是比较二项分布模型的残差偏差与残差自由度，如果比值：

$$\phi = \frac{\text{残差偏差}}{\text{残差自由度}}$$

比 1 大很多，我们便可认为存在过度离势。回到感情危机的例子，可得：

```
> deviance(fit.reduced)/df.residual(fit.reduced)
[1] 1.032
```

它非常接近于 1，表明没有过度离势。

我们还可以对过度离势进行检验。为此，我们需要拟合模型两次。第 1 次使用 family="binomial"，第 2 次使用 family="quasibinomial"。假设第 1 次 glm() 返回对象记为 fit，第 2 次返回对象记为 fit.od，那么：

```
pchisq(summary(fit.od)$dispersion * fit$df.residual,
       fit$df.residual, lower = F)
```

提供的 p 值即可对零假设 $H_0: \phi = 1$ 与备择假设 $H_1: \phi \neq 1$ 进行检验。若 p 很小（$p < 0.05$），我们便可拒绝零假设。

我们将其应用到 Affairs 数据框，可得：

```
> fit <- glm(ynaffair ~ age + yearsmarried + religiousness +
           rating, family = binomial(), data = Affairs)
> fit.od <- glm(ynaffair ~ age + yearsmarried + religiousness +
               rating, family = quasibinomial(), data = Affairs)
> pchisq(summary(fit.od)$dispersion * fit$df.residual,
         fit$df.residual, lower = F)
```

```
[1] 0.34
```

此处 p 值（0.34）显然不显著（$p>0.05$），这更增强了我们认为不存在过度离势的信心。13.3 节在介绍泊松回归时，我们还会对过度离势问题进行讨论。

13.2.4　扩展

R 中扩展的 Logistic 回归和变体如下所示。

- **稳健 Logistic 回归**　robustbase 包中的 glmRob() 函数可用来拟合稳健的广义线性模型，包括稳健 Logistic 回归。当拟合 Logistic 回归模型数据出现离群点和强影响点时，稳健 Logistic 回归便可派上用场。
- **多项式 Logistic 回归**　若因变量包含两个以上的无序类别（比如，已婚/寡居/离婚），便可使用 mlogit 包中的 mlogit() 函数拟合多项式 Logistic 回归。
- **序数 Logistic 回归**　若因变量是一组有序的类别（比如，信用风险的高/中/低），便可使用 MASS 包中的 polyr() 函数拟合序数 Logistic 回归。

可对多类别的因变量（无论是否有序）进行建模是非常重要的扩展，但它也面临着解释性更复杂的困难。同时，在这种情况下模型拟合优度的评估和回归诊断也变得更为复杂。

在感情危机的例子中，感情危机的次数被二值化为一个"有/无"的因变量，这是因为我们最感兴趣的是在过去一年中参与者是否有过一次感情危机。如果兴趣转移到量上（过去一年中出现感情危机的次数），便可直接对计数型数据进行分析。分析计数型数据的一种流行方法是泊松回归，这便是我们接下来的话题。

13.3　泊松回归

当通过一系列连续型和/或类别型自变量来预测计数型因变量时，泊松回归是一个非常有用的工具。

为阐述泊松回归模型的拟合过程，并探讨一些可能出现的问题，我们将使用 robustbase 包中的 Breslow 癫痫数据。具体来说，我们将讨论在治疗初期的 8 周内，抗癫痫药物对癫痫发病数的影响。在我们继续之前，请确定已安装 robustbase 包。

我们就遭受轻微或严重癫痫的病人的年龄和癫痫发病数收集了数据，包含病人被随机分配到药物组或者安慰剂组前 8 周和随机分配后 8 周两种情况。因变量为 Ysum（随机化后 8 周内癫痫发病数），自变量为治疗条件（Trt）、年龄（Age）和前 8 周内的基础癫痫发病数（Base）。之所以包含基础癫痫发病数和年龄，是因为它们对因变量有潜在影响。在解释这些协变量后，我们感兴趣的是药物治疗是否能减少癫痫发病数。

首先，我们看看数据集的统计汇总信息：

```
> data(epilepsy, package="robustbase")
> names(epilepsy)
 [1] "ID"    "Y1"    "Y2"    "Y3"    "Y4"    "Base"  "Age"   "Trt"   "Ysum"
[10] "Age10" "Base4"

> summary(breslow.dat[6:9])
      Base            Age             Trt           Ysum
 Min.   :  6.0   Min.   :18.0   placebo  :28   Min.   :  0.0
 1st Qu.: 12.0   1st Qu.:23.0   progabide:31   1st Qu.: 11.5
 Median : 22.0   Median :28.0                  Median : 16.0
 Mean   : 31.2   Mean   :28.3                  Mean   : 33.1
 3rd Qu.: 41.0   3rd Qu.:32.0                  3rd Qu.: 36.0
 Max.   :151.0   Max.   :42.0                  Max.   :302.0
```

注意，虽然数据集有 12 个变量，但是我们只关注之前描述的 4 个变量。基础癫痫发病数和随机化后的癫痫发病数都有很高的偏度。现在，我们更详细地考察因变量。如下代码可生成的图形如图 13-1 所示。

```
library(ggplot2)
  ggplot(epilepsy, aes(x=Ysum)) +
  geom_histogram(color="black", fill="white") +
  labs(title="Distribution of seizures",
       x="Seizure Count",
       y="Frequency") +
  theme_bw()
ggplot(epilepsy, aes(x=Trt, y=Ysum)) +
  geom_boxplot() +
  labs(title="Group comparisons", x="", y="") +
  theme_bw()
```

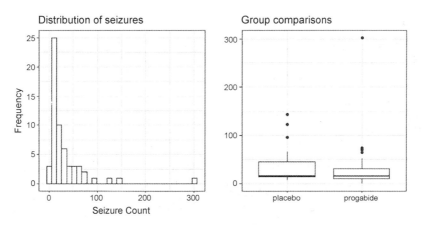

图 13-1　随机化后的癫痫发病数的分布情况（来源：Breslow 癫痫数据）

从图 13-1 中我们可以清楚地看到因变量的偏倚特性以及可能的离群点。初看图形时，药物治疗下癫痫发病数似乎变小了，且方差也变小了（泊松分布中，较小的方差伴随着较小的均值）。与标准 OLS 回归不同，泊松回归并不关注方差异质性。

接下来拟合泊松回归。

```
> fit <- glm(Ysum ~ Base + Age + Trt, data=epilepsy, family=poisson())
> summary(fit)

Call:
glm(formula = Ysum ~ Base + Age + Trt, family = poisson(), data = epilepsy)

Deviance Residuals:
   Min     1Q  Median     3Q     Max
-6.057  -2.043  -0.940   0.793  11.006

Coefficients:
              Estimate Std. Error z value Pr(>|z|)
(Intercept)   1.948826   0.135619   14.37  < 2e-16 ***
Base          0.022652   0.000509   44.48  < 2e-16 ***
Age           0.022740   0.004024    5.65  1.6e-08 ***
Trtprogabide -0.152701   0.047805   -3.19   0.0014 **
---
Signif. codes:  0 '***' 0.001 '**' 0.01 '*' 0.05 '.' 0.1 ' ' 1

(Dispersion parameter for poisson family taken to be 1)

    Null deviance: 2122.73  on 58  degrees of freedom
Residual deviance:  559.44  on 55  degrees of freedom
AIC: 850.7

Number of Fisher Scoring iterations: 5
```

输出结果列出了偏差、回归参数、标准误和参数为 0 的检验。注意，此处自变量在 $p<0.05$ 的水平下都非常显著。

13.3.1　解释模型参数

使用 coef() 函数可获取模型系数，或者调用 summary() 函数的输出结果中的 Coefficients 表格：

```
> coef(fit)
 (Intercept)         Base          Age Trtprogabide
      1.9488       0.0227       0.0227      -0.1527
```

在泊松回归中，因变量以条件均值的对数形式 $\log_e(\lambda)$ 来建模。年龄的回归参数为 0.0227，表明保持其他自变量不变，年龄增加一岁，癫痫发病数的对数均值将相应增加 0.02。当自变量都为 0 时，截距项为癫痫发病数的对数均值。由于不可能为 0 岁，且病人的基础癫痫发病数均不为 0，因此本例中截距项没有意义。

通常在因变量的初始尺度（癫痫发病数，而非发病数的对数）上解释回归系数比较容易。为此，我们将系数指数化：

```
> exp(coef(fit))
 (Intercept)           Base          Age Trtprogabide
       7.020          1.023        1.023         0.858
```

现在可以看到，保持其他变量不变，年龄增加一岁，期望的癫痫发病数将乘以 1.023。这意味着年龄的增加与较高的癫痫发病数相关联。更为重要的是，一单位 Trt 的变化（从安慰剂组到药物组），期望的癫痫发病数将乘以 0.858，也就是说，保持基础癫痫发病数和年龄不变，药物组相对于安慰剂组癫痫发病数大约降低了 14%（1–0.858）。

另外需要牢记的是，与 Logistic 回归中的指数化参数相似，泊松模型中的指数化参数对因变量的影响都是成倍增加的，而不是线性相加。同样，我们还需要评估泊松模型的过度离势。

13.3.2 过度离势

泊松分布的方差和均值相等。当因变量观测方差比依据泊松分布预测的方差大时，泊松回归可能发生过度离势。由于处理计数型数据时经常发生过度离势，且过度离势会对结果的可解释性造成负面影响，因此我们需要花些时间讨论该问题。

可能发生过度离势的原因有如下几个（Coxe et al., 2009）。

❑ 遗漏了某个重要的自变量。

❑ 状态依赖也会造成过度离势。在泊松分布的观测值中，计数中每次事件都被认为是独立发生的。以癫痫数据为例，这意味着对于任何病人，每次癫痫发病的概率与其他癫痫发病的概率相互独立。但是这个假设通常都无法满足。对于某个病人，在已知他已经发生了 39 次癫痫时，第一次发生癫痫的概率不可能与第 40 次发生癫痫的概率相同。

❑ 在纵向数据分析中，重复测量的数据由于内在群聚特性可导致过度离势。此处并不讨论纵向泊松模型。

如果存在过度离势，在模型中我们无法进行解释，那么可能会得到很小的标准误和置信区间，且显著性检验也过于宽松（也就是说，我们将会发现并不真实存在的效应）。

与 Logistic 回归类似，此处如果残差偏差与残差自由度的比例远远大于 1，那么表明存在过度离势。对于癫痫数据，它的比例为：

```
> deviance(fit)/df.residual(fit)
[1] 10.17
```

很显然，比例远远大于 1。

qcc 包提供了一个对泊松模型过度离势的检验方法。（在首次使用前，请确保已经下载和安装此包。）如下代码可对癫痫数据过度离势进行检验：

```
> library(qcc)
> qcc.overdispersion.test(breslow.dat$sumY, type="poisson")
Overdispersion test Obs.Var/Theor.Var Statistic p-value
       poisson data              62.9      3646       0
```

意料之中，显著性检验的 p 值果然小于 0.05，这进一步表明确实存在过度离势。

通过用 `family="quasipoisson"` 替换 `family="poisson"`，我们仍然可以使用 `glm()`
函数对该数据进行拟合。这与 Logistic 回归处理过度离势的方法是相同的。

```
> fit.od <- glm(sumY ~ Base + Age + Trt, data=breslow.dat,
                family=quasipoisson())
> summary(fit.od)

Call:
glm(formula = sumY ~ Base + Age + Trt, family = quasipoisson(),
    data = breslow.dat)

Deviance Residuals:
   Min      1Q  Median      3Q     Max
-6.057  -2.043  -0.940   0.793  11.006

Coefficients:
             Estimate Std. Error t value Pr(>|t|)
(Intercept)   1.94883    0.46509    4.19  0.00010 ***
Base          0.02265    0.00175   12.97  < 2e-16 ***
Age           0.02274    0.01380    1.65  0.10509
Trtprogabide -0.15270    0.16394   -0.93  0.35570
---
Signif. codes:  0 '***' 0.001 '**' 0.01 '*' 0.05 '.' 0.1 ' ' 1

(Dispersion parameter for quasipoisson family taken to be 11.8)

    Null deviance: 2122.73  on 58  degrees of freedom
Residual deviance:  559.44  on 55  degrees of freedom
AIC: NA

Number of Fisher Scoring iterations: 5
```

注意，使用类泊松（quasi-Poisson）方法所得的参数估计与泊松方法相同，但标准误变大了
许多。此处，标准误越大越会导致 `Trt`（和 `Age`）的 p 值大于 0.05。当考虑过度离势，并控制
基础癫痫发病数和年龄时，并没有充足的证据表明药物治疗相对于使用安慰剂能显著降低癫痫发
病数。

不过请记住，本例只是用于阐释泊松模型，它的结果并不能用来反映真实世界中的普罗加比
（治疗癫痫的药物之一）的药效问题。我不是医生（至少不是一个药剂师），也未在电视中扮演过
这类角色，数据只是用来阐释模型的。

最后，我们以探究泊松回归的一些重要变体和扩展结束本节。

13.3.3 扩展

R 提供了基本泊松回归模型的一些有用扩展，包括允许时间段变化、存在过多 0 时会自动修
正的模型，以及当数据存在离群点和强影响点时有用的稳健模型。下面分别对它们进行介绍。

1. 时间段变化的泊松回归

对于泊松回归的讨论，我们一直将因变量局限在一个固定长度时间段中进行测量（例如，

8 周内的癫痫发病数、过去一年内交通事故数、一天中亲近社会的举动次数），各观测值的时间长度是相同的。不过，我们也可以拟合允许时间段变化的泊松回归模型。此处假设因变量是一个比率。

为分析比率，必须包含一个记录每个观测值的时间长度的变量（如 time）。然后，将模型从：

$$\log_e(\lambda) = \beta_0 + \sum_{j=1}^{p} \beta_j X_j$$

修改为：

$$\log_e\left(\frac{\lambda}{time}\right) = \beta_0 + \sum_{j=1}^{p} \beta_j X_j$$

或等价的：

$$\log_e(\lambda) = \log_e(time) + \beta_0 + \sum_{j=1}^{p} \beta_j X_j$$

为拟合新模型，我们需要使用 glm() 函数中的 offset 选项。例如在上述的癫痫研究中，假设病人随机分组后检测的时间长度在 14 天到 60 天间变化。我们可以将癫痫发病率作为因变量（假设已记录了每个病人发病的时间），然后拟合模型：

```
fit <- glm(Ysum ~ Base + Age + Trt, data=epilepsy,
           offset= log(time), family=poisson)
```

其中 Ysum 指随机化分组后在每个病人被研究期间其癫痫发病的次数。此处假定比率不随时间变化（比如，4 天中发生 2 次癫痫与 20 天发生 10 次癫痫比率相同）。

2. 零膨胀泊松回归

在一个数据集中，0 计数的数目时常比用泊松模型预测的数目多。当总体的一个子群体无任何被计数的行为时，就可能发生这种问题。以 Logistic 回归中的 Affairs 数据框为例，初始因变量（affairs）记录了参与者在过去一年中出现感情危机的次数。在整个调查期间，很有可能有一群对配偶忠诚的群体从未有过感情危机。这便称为**结构零值**（相对于调查中那群有感情危机的人）。

此时，我们可以使用**零膨胀的泊松回归**（zero-inflated Poisson regression）分析该数据。它将同时拟合两个模型：一个用来预测哪些人又会发生感情危机，另外一个用来预测排除了婚姻忠诚者后的参与者会发生多少次感情危机。我们可以把该模型看作 Logistic 回归（预测结构零值）和泊松回归（预测无结构零值观测值的计数）的组合。pscl 包中的 zeroinfl() 函数可做零膨胀泊松回归。

3. 稳健泊松回归

robustbase 包中的 glmrob() 函数可以拟合稳健广义线性模型，包括稳健泊松回归。正如上文所提到的，当存在离群点和强影响点时，该方法会很有效。

13.4   小结

- 广义线性模型可以用来分析非正态分布的因变量，包括分类数据和离散的计数型数据。
- Logistic 回归用来分析具有二值型因变量（是/否）的研究。
- 泊松回归用来分析具有计数型因变量或比率因变量的研究。
- 广义线性模型的回归诊断比第 8 章中描述的线性模型的回归诊断更难，尤其是当我们要评估 Logistic 回归模型和泊松回归模型的过度离势问题时。如果存在过度离势，拟合模型时可考虑使用其他误差分布，比如准二项分布或准泊松分布。

第 14 章

主成分分析和因子分析

本章重点
- 主成分分析
- 探索性因子分析
- 理解其他潜变量模型

信息过度复杂是多变量数据最大的挑战之一。若数据集有 100 个变量,如何了解其中所有变量之间的交互关系呢?即使只有 20 个变量,当试图理解各个变量与其他变量的关系时,也需要考虑 190 对相互关系。主成分分析和探索性因子分析是两种用来探索和简化多变量复杂关系的常用方法,它们之间有联系也有区别。

主成分分析(PCA)是一种数据降维技巧,它能将大量相关变量转化为一组很少的不相关变量,这些无关变量称为主成分。例如,使用主成分分析可将 30 个相关(很可能冗余)的环境变量转化为 5 个无关的成分变量,并且尽可能地保留原始数据集的信息。

相对而言,**探索性因子分析**(EFA)是一系列用来发现一组变量的潜在结构的方法。它通过寻找一组更小的、潜在的或隐藏的结构来解释已观测到的、显式的变量间的关系。例如,Harman74.cor 数据集包含了 24 个心理测验间的相互关系,受试者为 145 个七年级或八年级的学生。假使应用因子分析来探索该数据,结果表明 276 个测验间的相互关系可用 4 个学生能力的潜因子(语言能力、反应速度、推理能力和记忆能力)来进行解释。这 24 个心理测验是观测变量,或称显变量,4 个潜因子或潜变量来自这些观测变量间的相互关系。

主成分分析模型与因子分析模型间的区别参见图 14-1。主成分(PC1 和 PC2)是观测变量(X1 到 X5)的线性组合。线性组合中的权重的选择既要使各主成分所解释的方差最大化,又要使各主成分之间不相关。

相反,因子(F1 和 F2)被当作观测变量的结构基础或"原因",而不是它们的线性组合。代表观测变量方差的误差(e1 到 e5)无法用因子来解释。图中的圆圈表示因子和误差无法直接观测,但是可通过变量间的相互关系推导得到。在本例中,因子间带曲线的箭头表示它们之间有相关性。在因子分析模型中,相关因子是常见的,但并不是必需的。

本章介绍的两种方法都需要大样本量来支撑稳定的结果,但是多大样本量才足够也是一个复杂的问题。目前,数据分析师常使用经验法则:"因子分析需要 5~10 倍于变量数的样本量。"最近研究表明，所需样本量依赖于因子数目、与各因子相关联的变量数，以及因子对变量方差的解释程度（Bandalos & Boehm-Kaufman，2009）。我冒险推测一下：如果我们有几百个观测，样本量便已充足。本章中，为保证输出结果可控，也由于篇幅有限，我们将人为设定一些小问题。

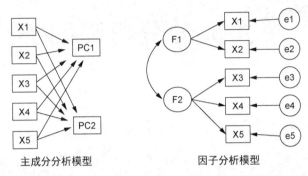

主成分分析模型　　　　　　　　　因子分析模型

图 14-1　主成分分析模型和因子分析模型。图中展示了观测变量（X1 到 X5）、
主成分（PC1、PC2）、因子（F1、F2）和误差（e1 到 e5）

　　首先，我们将回顾 R 中可用来做主成分分析或因子分析的函数，并简略看一看相关分析流程。然后，我们逐步分析两个主成分分析示例，以及一个扩展的因子分析示例。最后，本章将简要列出 R 中其他拟合潜变量模型的包，包括用于验证性因子分析、结构方程模型、对应分析和潜在类别分析的包。

14.1　R 中的主成分分析和因子分析

　　R 的基础安装包提供了主成分分析和因子分析的函数，分别为 princomp() 和 factanal()。本章我们将重点介绍 psych 包中提供的函数。它们提供了比基础函数更丰富、更有用的选项。另外，输出的结果形式也更为社会学家所熟悉，与其他统计软件（如 SAS 和 IBM SPSS）所提供的输出十分相似。

　　表 14-1 列出了 psych 包中相关度最高的函数。在使用这些函数前请确保已安装该包。

表 14-1　psych 包中有用的因子分析函数

函　　数	描　　述
principal()	含多种可选的方差旋转方法的主成分分析
fa()	可用主轴、最小残差、加权最小平方或最大似然法估计的因子分析
fa.parallel()	含平行分析的碎石图
factor.plot()	绘制因子分析或主成分分析的结果
fa.diagram()	绘制因子分析或主成分分析的载荷矩阵
scree()	因子分析和主成分分析的碎石图

　　初学者常会对因子分析（和自由度较少的主成分分析）感到困惑，因为它们提供了一系列应用广泛的方法，而且每种方法都需要一些步骤（和决策）才能获得最终结果。最常见的步骤如下。

（1）数据预处理。主成分分析和因子分析都根据观测变量间的相关性来推导结果。用户可以输入原始数据矩阵或者相关系数矩阵到函数 principal() 和 fa() 中。若输入初始数据，相关系数矩阵将会被自动计算，在计算前请确保数据中没有缺失值。删除相关性时 psych 包默认使用成对删除的方式。

（2）选择因子模型。判断是主成分分析（数据降维）还是因子分析（发现潜在结构）更符合我们的研究目标。如果选择因子分析方法，我们还需要选择一种估计因子模型的方法（如最大似然估计）。

（3）判断要选择的主成分/因子数目。

（4）选择主成分/因子。

（5）旋转主成分/因子。

（6）解释结果。

（7）计算主成分或因子得分。

后面几节将从主成分分析开始，详细讨论每一个步骤。本章最后，会给出一个详细的主成分分析和因子分析的分析步骤图（图 14-7）。结合相关材料，步骤图能够进一步加深我们对模型的理解。

14.2　主成分分析

主成分分析的目标是用一组较少的不相关变量代替大量相关变量，同时尽可能保留初始变量的信息，这些推导所得的变量称为主成分，它们是观测变量的线性组合。具体地说，第一主成分为：

$$PC_1 = a_1 X_1 + a_2 X_2 + \cdots + a_k X_k$$

它是 k 个观测变量的加权组合，对初始变量集的方差解释性最大。第二主成分也是初始变量的线性组合，对方差的解释性排第二，同时与第一主成分正交（不相关）。后面每一个主成分都最大化它对方差的解释程度，同时与之前所有的主成分都正交。理论上来说，我们可以选取与变量数相同的主成分，但从实用的角度来看，我们都希望能用较少的主成分来近似全变量集。下面，我们看一个简单的示例。

数据集 USJudgeRatings 包含了律师对美国高等法院法官的评分。数据框包含 43 个观测值，12 个变量。表 14-2 列出了所有的变量。

表 14-2　**USJudgeRatings 数据集中的变量**

变　　量	描　　述	变　　量	描　　述
CONT	律师与法官的接触次数	PREP	审理前的准备工作
INTG	司法公正性	FAMI	与法官的熟稔程度
DMNR	风度	ORAL	口头裁决的合理性
DILG	勤勉度	WRIT	书面裁决的合理性
CFMG	案件流程管理水平	PHYS	体能
DECI	决策效率	RTEN	是否值得保留

从实用的角度来看，我们是否可以用较少的复合变量来汇总（从 INTG 到 RTEN）这 11 个变量评估的信息呢？如果可以，需要多少个复合变量？如何对它们进行定义？因为我们的目标是简化数据，所以可使用主成分分析。数据保持初始得分的格式，没有缺失值。因此，下一步便是判断需要多少个主成分。

14.2.1   判断需提取的主成分数

以下准则可用来判断主成分分析中需要多少个主成分：

❏ 根据先验经验和理论知识判断主成分数；

❏ 根据要解释变量方差的积累值的阈值来判断需要的主成分数；

❏ 通过检查变量间 $k \times k$ 阶相关系数矩阵的特征值来判断保留的主成分数。

最常见的是基于特征值的方法。每个主成分都与相关系数矩阵的特征值相关联，第一主成分与最大的特征值相关联，第二主成分与第二大的特征值相关联，依次类推。Kaiser-Harris 准则建议保留特征值大于 1 的主成分，特征值小于 1 的成分所解释的方差比包含在单个变量中的方差更少。Cattell 碎石检验则绘制了特征值与主成分数的图形。这类图形可以清晰地展示图形弯曲状况，在图形变化最大处之上的主成分都可保留。最后，我们还可以进行模拟，依据与初始矩阵相同大小的随机数据矩阵来判断要提取的特征值。若基于真实数据的某个特征值大于一组随机数据矩阵相应的平均特征值，那么该主成分可以保留。该方法称作**平行分析**（parallel analysis）。

利用 fa.parallel() 函数，我们可以同时对 3 种特征值判别准则进行评价。对于 11 种评分（删去了 CONT 变量），代码如下：

```
library(psych)
fa.parallel(USJudgeRatings[,-1], fa="pc", n.iter=100,
            show.legend=FALSE, main="Scree plot with parallel analysis")
abline(h=1)
```

代码生成的图形见图 14-2，展示了基于观测特征值的碎石检验（由线段和符号 x 组成）、根据 100 个随机数据矩阵推导出来的特征值均值（虚线），以及大于 1 的特征值准则（$y=1$ 的水平线）。abline() 函数用于在 $y = 1$ 处添加一条水平线。

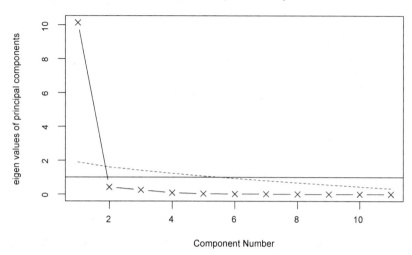

图 14-2 评价美国法官得分中要保留的主成分个数。碎石图（线段与符号×）、特征值大于
1 准则（水平线）和 100 次模拟（虚线）的平行分析都表明保留一个主成分即可

3 种准则表明选择一个主成分即可保留数据集的大部分信息。下一步是使用 `principal()` 函数挑选出相应的主成分。

14.2.2 提取主成分

之前已经介绍过，`principal()` 函数可以根据原始数据矩阵或者相关系数矩阵做主成分分析。格式为：

```
principal(r, nfactors=, rotate=, scores=)
```

其中：

- □ *r* 是相关系数矩阵或原始数据矩阵；
- □ `nfactors` 设定主成分数（默认为 1）；
- □ `rotate` 指定旋转的方法（默认为方差最大化旋转，参见 14.2.3 节）；
- □ `scores` 设定是否需要计算主成分得分（默认不需要）。

使用代码清单 14-1 中的代码可获取第一主成分。

代码清单 14-1 美国法官得分的主成分分析

```
> library(psych)
> pc <- principal(USJudgeRatings[,-1], nfactors=1)
> pc

Principal Components Analysis
Call: principal(r = USJudgeRatings[, -1], nfactors=1)
Standardized loadings based upon correlation matrix
```

```
         PC1   h2    u2
INTG 0.92 0.84 0.157
DMNR 0.91 0.83 0.166
DILG 0.97 0.94 0.061
CFMG 0.96 0.93 0.072
DECI 0.96 0.92 0.076
PREP 0.98 0.97 0.030
FAMI 0.98 0.95 0.047
ORAL 1.00 0.99 0.009
WRIT 0.99 0.98 0.020
PHYS 0.89 0.80 0.201
RTEN 0.99 0.97 0.028


                    PC1
SS loadings        10.13
Proportion Var      0.92
```
［……此处省略额外输出……］

此处，我们输入的是没有 CONT 变量的原始数据，并指定获取一个未旋转的主成分。由于主成分分析只对相关系数矩阵进行分析，在获取主成分前，原始数据将会被自动转换为相关系数矩阵。

PC1 栏包含了**成分载荷**（component loading），指观测变量与主成分的相关系数。如果提取不止一个主成分，那么还将会有 PC2、PC3 等栏。成分载荷可用来解释主成分的含义。此处，我们可以看到，第一主成分（PC1）与每个变量都高度相关，也就是说，它是一个可用来进行一般性评价的维度。

h2 栏指成分**公因子方差**，即主成分对每个变量的方差解释度。u2 栏指成分**唯一性**，即方差无法被主成分解释的比例（1–h2）。例如，体能（PHYS）80%的方差都可用第一主成分来解释，20%则不能。相比而言，PHYS 是用第一主成分表示性最差的变量。

SS loadings 行包含了与主成分相关联的特征值，指的是与特定主成分相关联的标准化后的方差值（本例中，第一主成分的值为 10）。最后，Proportion Var 行表示的是每个主成分对整个数据集的解释程度。此处可以看到，第一主成分解释了 11 个变量 92%的方差。

我们再来看看第 2 个例子，它的结果不止一个主成分。Harman23.cor 数据集（后称身体测量数据集）包含 305 个女孩的 8 个身体测量指标。本例中，数据集由变量的相关系数组成，而不是原始数据集（见表 14-3）。

表 14-3   305 个女孩的身体测量指标间的相关系数（**Harman23.cor**）

	Height	Arm span	Forearm	Lower leg	Weight	Bitro diameter	Chest girth	Chest width
Height	1.00	0.85	0.80	0.86	0.47	0.40	0.30	0.38
Arm span	0.85	1.00	0.88	0.83	0.38	0.33	0.28	0.41
Forearm	0.80	0.88	1.00	0.80	0.38	0.32	0.24	0.34
Lower leg	0.86	0.83	0.80	1.00	0.44	0.33	0.33	0.36
Weight	0.47	0.38	0.38	0.44	1.00	0.76	0.73	0.63

（续）

	Height	Arm span	Forearm	Lower leg	Weight	Bitro diameter	Chest girth	Chest width
Bitro diameter	0.40	0.33	0.32	0.33	0.76	1.00	0.58	0.58
Chest girth	0.30	0.28	0.24	0.33	0.73	0.58	1.00	0.54
Chest width	0.38	0.41	0.34	0.36	0.63	0.58	0.54	1.00

来源：Harman, H. H. (1976) *Modern Factor Analysis, Third Edition Revised*, University of Chicago Press, Table 2.3

同样，我们希望用较少的变量替换这些原始身体指标。如下代码可判断要提取的主成分数。此处，我们需要填入相关系数矩阵（`Harman23.cor` 数据集中的 `cov` 部分），并设定样本量（`n.obs`）：

```
library(psych)
fa.parallel(Harman23.cor$cov, n.obs=302, fa="pc", n.iter=100,
            show.legend=FALSE, main="Scree plot with parallel analysis")
abline(h=1)
```

结果如图 14-3 所示。

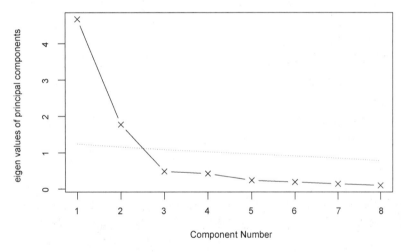

图 14-3　判断身体测量数据集所需的主成分数。碎石图（线段和符号×）、特征值大于 1
准则（水平线）和 100 次模拟（虚线）的平行分析建议保留两个主成分

与第一个例子类似，图形中的 Kaiser-Harris 准则、碎石检验和平行分析都建议选择两个主成分。但是情况并不总是如此，我们可能需要依据实际情况提取不同数目的主成分，选择最优解决方案。代码清单 14-2 从相关系数矩阵中提取了前两个主成分。

代码清单 14-2　身体测量指标的主成分分析

```
> library(psych)
> pc <- principal(Harman23.cor$cov, nfactors=2, rotate="none")
```

```
> pc

Principal Components Analysis
Call: principal(r = Harman23.cor$cov, nfactors = 2, rotate = "none")
Standardized loadings based upon correlation matrix
                 PC1   PC2    h2    u2
height          0.86 -0.37  0.88 0.123
arm.span        0.84 -0.44  0.90 0.097
forearm         0.81 -0.46  0.87 0.128
lower.leg       0.84 -0.40  0.86 0.139
weight          0.76  0.52  0.85 0.150
bitro.diameter  0.67  0.53  0.74 0.261
chest.girth     0.62  0.58  0.72 0.283
chest.width     0.67  0.42  0.62 0.375


                 PC1  PC2
SS loadings     4.67 1.77
Proportion Var  0.58 0.22
Cumulative Var  0.58 0.81
```

[……此处省略额外输出……]

从代码清单 14-2 中的 PC1 栏和 PC2 栏可以看到，第一主成分解释了身体测量指标 58%的方差，而第二主成分解释了 22%，两者总共解释了 81%的方差。对于高度变量，两者则共解释了其88%的方差。

载荷阵解释了成分和因子的含义。第一主成分与每个身体测量指标都正相关，看起来似乎是一个一般性的衡量因子；第二主成分与前 4 个变量（height、arm.span、forearm 和 lower.leg）负相关，与后 4 个变量（weight、bitro.diameter、chest.girth 和 chest.width）正相关，因此它看起来似乎是一个长度—容积因子。但理念上的东西都不容易构建，当提取了多个成分时，对它们进行旋转可使结果更具解释性。接下来我们便讨论该问题。

14.2.3 主成分旋转

旋转是一系列将成分载荷阵变得更容易解释的数学方法，它们尽可能地对成分去噪。旋转方法有两种：使选择的成分保持不相关（**正交旋转**）和让它们变得相关（**斜交旋转**）。旋转方法也会依据去噪定义的不同而不同。最流行的正交旋转是**方差最大化旋转**（varimax rotation），它试图对载荷阵的列进行去噪，使得每个成分只由一组有限的变量来解释（载荷阵每列只有少数几个很大的载荷，其他都是很小的载荷）。对身体测量数据使用方差最大化旋转，我们可以得到如代码清单 14-3 所示的结果。

代码清单 14-3 方差最大化旋转的主成分分析

```
> rc <- principal(Harman23.cor$cov, nfactors=2, rotate="varimax")
> rc

Principal Components Analysis
Call: principal(r = Harman23.cor$cov, nfactors = 2, rotate = "varimax")
```

```
Standardized loadings based upon correlation matrix
                 RC1  RC2   h2    u2
height          0.90 0.25 0.88 0.123
arm.span        0.93 0.19 0.90 0.097
forearm         0.92 0.16 0.87 0.128
lower.leg       0.90 0.22 0.86 0.139
weight          0.26 0.88 0.85 0.150
bitro.diameter  0.19 0.84 0.74 0.261
chest.girth     0.11 0.84 0.72 0.283
chest.width     0.26 0.75 0.62 0.375

                 RC1  RC2
SS loadings     3.52 2.92
Proportion Var  0.44 0.37
Cumulative Var  0.44 0.81
```

[……此处省略额外输出……]

列的名字都从 PC 变成了 RC，以表示成分被旋转。观察 RC1 栏的载荷，我们可以发现第一
主成分主要由前 4 个变量来解释（长度变量）。RC2 栏的载荷表示第二主成分主要由变量 5 到变
量 8 来解释（容积变量）。注意两个主成分仍不相关，对变量的解释性不变，这是因为变量的群
组没有发生变化。另外，两个主成分旋转后的累积方差解释性没有变化（81%），变的只是各个
主成分对方差的解释度（第一主成分从 58% 变为 44%，第二主成分从 22% 变为 37%）。各成分的
方差解释度趋同，准确来说，此时应该称它们为成分而不是主成分（因为单个主成分方差最大化
性质没有保留）。

我们的最终目标是用一组较少的变量替换一组较多的相关变量，因此，我们还需要获取每个
观测值在成分上的得分。

14.2.4 获取主成分得分

在美国法官得分的例子中，我们根据原始数据中的 11 个得分变量提取了一个主成分。利用
principal() 函数，我们很容易获得每个调查对象在该主成分上的得分（见代码清单 14-4）。

代码清单 14-4　从原始数据中获取成分得分

```
> library(psych)
> pc <- principal(USJudgeRatings[,-1], nfactors=1, score=TRUE)
> head(pc$scores)
                     PC1
AARONSON,L.H. -0.1857981
ALEXANDER,J.M. 0.7469865
ARMENTANO,A.J. 0.0704772
BERDON,R.I.    1.1358765
BRACKEN,J.J.  -2.1586211
BURNS,E.B.     0.7669406
```

当 scores=TRUE 时，主成分得分存储在 principal() 函数返回对象的 scores 元素中。
如果有需要，我们还可以获得律师与法官的接触次数与法官得分间的相关系数：

```
> cor(USJudgeRatings$CONT, pc$score)
              PC1
[1,] -0.008815895
```

显然，律师与法官的熟稔程度与律师的评分毫无关联。

当主成分分析基于相关系数矩阵时，原始数据便不可用了，也不可能获取每个观测值的主成分得分，但是我们可以得到用来计算主成分得分的系数。

在身体测量数据中，我们有各个身体测量指标间的相关系数，但是没有 305 个女孩的个体测量值。按照代码清单 14-5，我们可得到得分系数。

代码清单 14-5   获取主成分得分的系数

```
> library(psych)
> rc <- principal(Harman23.cor$cov, nfactors=2, rotate="varimax")
> round(unclass(rc$weights), 2)
                 RC1   RC2
height          0.28 -0.05
arm.span        0.30 -0.08
forearm         0.30 -0.09
lower.leg       0.28 -0.06
weight         -0.06  0.33
bitro.diameter -0.08  0.32
chest.girth    -0.10  0.34
chest.width    -0.04  0.27
```

利用如下公式可得到主成分得分：

```
PC1 = 0.28*height + 0.30*arm.span + 0.30*forearm + 0.29*lower.leg -
      0.06*weight - 0.08*bitro.diameter - 0.10*chest.girth -
      0.04*chest.width
```

和：

```
PC2 = -0.05*height - 0.08*arm.span - 0.09*forearm - 0.06*lower.leg +
       0.33*weight + 0.32*bitro.diameter + 0.34*chest.girth +
       0.27*chest.width
```

两个等式都假定身体测量指标都已标准化（mean=0，sd=1）。注意，体重在 PC1 上的系数约为 0.3 或 0，对于 PC2 也是一样。从实际角度考虑，我们可以进一步简化方法，将第一主成分看作前 4 个变量标准化得分的均值；类似地，将第二主成分看作后 4 个变量标准化得分的均值，这正是我通常在实际中采用的方法。

"小瞬间"（Little Jiffy）征服世界

许多数据分析师都对主成分分析和因子分析存有或多或少的疑惑。一个是历史原因，它可以追溯到一个叫作 Little Jiffy 的软件（我不是在开玩笑）。Little Jiffy 是因子分析早期最流行的一款软件，默认做主成分分析，选用方差最大化旋转法，提取特征值大于 1 的成分。这款软件应用得如此广泛，以至于许多社会科学家都默认它与因子分析同义。许多后来的统计软件包在它们的因子分析程序中都默认如此处理。

14

　　但我希望你通过学习 14.3 节的内容发现主成分分析与因子分析之间重要的、基础性的不同之处。想更多了解两者的混淆点，可参阅 Hayton、Allen 和 Scarpello 的 "Factor Retention Decisions in Exploratory Factor Analysis: A Tutorial on Parallel Analysis"（2004）。

　　如果我们的目标是寻求可解释观测变量的潜在隐含变量，可使用因子分析，这正是 14.3 节的主题。

14.3　探索性因子分析

　　因子分析的目标是通过发掘隐藏在数据下的一组较少的、更为基本的无法观测的变量，来解释一组观测变量的相关性。这些虚拟的、无法观测的变量称作**因子**。（每个因子被认为可解释多个观测变量间共有的方差，因此准确来说，它们应该称作**公共因子**。）

　　模型的形式为：

$$X_i = a_1 F_1 + a_2 F_2 + \cdots + a_p F_p + U_i$$

其中 X_i 是第 i 个观测变量（$i=1\cdots k$），F_j 是公共因子（$j=1\cdots p$），并且 $p<k$。U_i 是 X_i 变量独有的部分（无法被公共因子解释）。a_i 可认为是每个因子对复合而成的观测变量的贡献值。回到本章开头的 Harman74.cor 的例子，我们认为每个个体在 24 个心理测验上的观测值得分，是根据 4 个潜在心理学因素的加权能力值组合而成。

　　虽然主成分分析和因子分析存在差异，但是它们的许多分析步骤都是相似的。为阐述因子分析的分析过程，我们用它来对 6 个心理测验间的相关性进行分析。112 个人参与了 6 个测验，包括非语言的普通智力测验（general）、画图测验（picture）、积木图案测验（blocks）、迷宫测验（maze）、阅读测验（reading）和词汇测验（vocab）。我们如何用一组较少的、潜在的心理学因素来解释受试者的测验得分呢？

　　数据集 ability.cov 提供了变量的协方差矩阵，我们可用 cov2cor() 函数将其转化为相关系数矩阵。

```
> options(digits=2)
> covariances <- ability.cov$cov
> correlations <- cov2cor(covariances)
> correlations
        general picture blocks maze reading vocab
general    1.00    0.47   0.55 0.34    0.58  0.51
picture    0.47    1.00   0.57 0.19    0.26  0.24
blocks     0.55    0.57   1.00 0.45    0.35  0.36
maze       0.34    0.19   0.45 1.00    0.18  0.22
reading    0.58    0.26   0.35 0.18    1.00  0.79
vocab      0.51    0.24   0.36 0.22    0.79  1.00
```

因为要寻求用来解释数据的假设结构，我们可使用因子分析方法。与使用主成分分析相同，下一步工作是判断需要提取几个因子。

14.3.1   判断需提取的公共因子数

用 `fa.parallel()`函数可判断需提取的因子数：

```
> library(psych)
> covariances <- ability.cov$cov
> correlations <- cov2cor(covariances)
> fa.parallel(correlations, n.obs=112, fa="both", n.iter=100,
            main="Scree plots with parallel analysis")
> abline(h=c(0, 1))
```

结果如图 14-4 所示。注意，代码中使用了 `fa="both"`，因子图形将会同时展示主成分分析和公共因子分析的结果。

图形中有几个值得注意的地方。如果使用主成分分析方法，我们可能会选择一个成分（碎石检验和平行分析）或者两个成分（特征值大于 1）。当摇摆不定时，高估因子数通常比低估因子数的结果好，因为高估因子数一般较少曲解"真实"情况。

观察因子分析的结果，显然需提取两个因子。碎石检验的前两个特征值（三角形）都在拐角处之上，并且大于基于 100 次模拟数据矩阵的特征值均值。对于因子分析，Kaiser-Harris 准则的特征值数大于 0，而不是 1。（大部分人没有意识到这一点。）图形中该准则也建议选择两个因子。

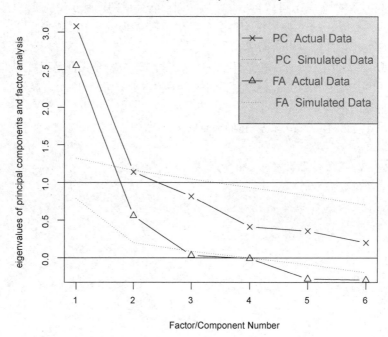

图 14-4   判断心理测验需要保留的因子数。图中同时展示了主成分分析和因子分析
的结果。主成分分析结果建议提取一个或者两个成分，因子分析建议提取
两个因子

14.3.2 提取公共因子

现在我们决定提取两个因子,可以使用 fa() 函数获得相应的结果。fa() 函数的格式如下:

```
fa(r, nfactors=, n.obs=, rotate=, scores=, fm=)
```

其中:

- □ r 是相关系数矩阵或者原始数据矩阵;
- □ nfactors 设定提取的因子数(默认为 1);
- □ n.obs 是观测值数目(输入相关系数矩阵时需要填写);
- □ rotate 设定旋转的方法(默认为斜交转轴法);
- □ scores 设定是否计算因子得分(默认不计算);
- □ fm 设定因子化方法(默认极小残差法)。

与主成分分析不同,提取公共因子的方法很多,包括最大似然法(ml)、主轴迭代法(pa)、加权最小二乘法(wls)、广义加权最小二乘法(gls)和最小残差法(minres)。统计学家青睐使用最大似然法,因为它有良好的统计性质。不过有时候最大似然法不会收敛,此时使用主轴迭代法效果会很好。

本例使用主轴迭代因子法(fm="pa")提取未旋转的因子。结果见代码清单 14-6。

代码清单 14-6 未旋转的主轴迭代因子法

```
> fa <- fa(correlations, nfactors=2, rotate="none", fm="pa")
> fa
Factor Analysis using method =  pa
Call: fa(r = correlations, nfactors = 2, rotate = "none", fm = "pa")
Standardized loadings based upon correlation matrix
          PA1   PA2   h2   u2
general  0.75  0.07 0.57 0.43
picture  0.52  0.32 0.38 0.62
blocks   0.75  0.52 0.83 0.17
maze     0.39  0.22 0.20 0.80
reading  0.81 -0.51 0.91 0.09
vocab    0.73 -0.39 0.69 0.31
                PA1  PA2
SS loadings    2.75 0.83
Proportion Var 0.46 0.14
Cumulative Var 0.46 0.60
[... 此处省略额外输出...]
```

我们可以看到,两个因子解释了 6 个心理测验 60% 的方差。不过因子载荷阵的意义并不太好解释,此时使用因子旋转将有助于对因子的解释。

14.3.3 因子旋转

我们可以使用正交旋转或者斜交旋转对 14.3.2 节中的双因子示例数据进行旋转。现在我们同时尝试两种方法,看看它们的异同。首先使用正交旋转(见代码清单 14-7)。

代码清单 14-7 用正交旋转提取因子

```
> fa.varimax <- fa(correlations, nfactors=2, rotate="varimax", fm="pa")
> fa.varimax
Factor Analysis using method =  pa
Call: fa(r = correlations, nfactors = 2, rotate = "varimax", fm = "pa")
Standardized loadings based upon correlation matrix
         PA1  PA2   h2   u2
general 0.49 0.57 0.57 0.43
picture 0.16 0.59 0.38 0.62
blocks  0.18 0.89 0.83 0.17
maze    0.13 0.43 0.20 0.80
reading 0.93 0.20 0.91 0.09
vocab   0.80 0.23 0.69 0.31

               PA1  PA2
SS loadings    1.83 1.75
Proportion Var 0.30 0.29
Cumulative Var 0.30 0.60
```

[……此处省略额外输出……]

　　从因子载荷来看因子变得更好解释了。阅读和词汇在第一因子上载荷较大，画图、积木图案和迷宫在第二因子上载荷较大，非语言的普通智力测量在两个因子上载荷较为平均，这表明两个潜变量（一个语言智力因子和一个非语言智力因子）可解释 6 个心理测试（显变量）间的相互关系。

　　使用正交旋转将人为地强制两个因子不相关。如果想允许两个因子相关该怎么办呢？此时我们可以使用斜交转轴法，比如 promax（见代码清单 14-8）。

代码清单 14-8 用斜交旋转提取因子

```
> fa.promax <- fa(correlations, nfactors=2, rotate="promax", fm="pa")
> fa.promax
Factor Analysis using method =  pa
Call: fa(r = correlations, nfactors = 2, rotate = "promax", fm = "pa")
Standardized loadings based upon correlation matrix
          PA1   PA2   h2   u2
general  0.36  0.49 0.57 0.43
picture -0.04  0.64 0.38 0.62
blocks  -0.12  0.98 0.83 0.17
maze    -0.01  0.45 0.20 0.80
reading  1.01 -0.11 0.91 0.09
vocab    0.84 -0.02 0.69 0.31

               PA1  PA2
SS loadings    1.82 1.76
Proportion Var 0.30 0.29
Cumulative Var 0.30 0.60

 With factor correlations of
     PA1  PA2
PA1 1.00 0.57
PA2 0.57 1.00
```
[……此处省略额外输出……]

　　根据以上结果，我们可以看出正交旋转和斜交旋转的不同之处。对于正交旋转，因子分析的重点在于**因子结构矩阵**（变量与因子的相关系数），而对于斜交旋转，因子分析会考虑 3 个矩阵：因子结构矩阵、因子模式矩阵和因子关联矩阵。

　　因子模式矩阵即标准化的回归系数矩阵。它列出了因子预测变量的权重。**因子关联矩阵**即因子相关系数矩阵。

　　在代码清单 14-8 中，PA1 栏和 PA2 栏中的值组成了因子模式矩阵。它们是标准化的回归系数，而不是相关系数。注意，矩阵的列仍用来对因子进行命名（虽然此处存在一些争论）。我们同样可以得到一个语言智力因子和一个非语言智力因子。

　　因子关联矩阵显示两个因子的相关系数为 0.57，相关性很大。如果因子间的关联性很低，我们可能需要重新使用正交旋转来简化问题。

　　因子结构矩阵（或称因子载荷阵）没有被列出来，但我们可以使用公式 F = P*Phi 很轻松地得到它，其中 F 是因子载荷阵，P 为因子模式矩阵，Phi 为因子关联矩阵。下面的函数即可进行该乘法运算：

```
fsm <- function(oblique) {
if (class(oblique)[2]=="fa" & is.null(oblique$Phi)) {
    warning("Object doesn't look like oblique EFA")
} else {
    P <- unclass(oblique$loading)
    F <- P %*% oblique$Phi
    colnames(F) <- c("PA1", "PA2")
    return(F)
}
}
```

对上面的例子使用该函数，可得：

```
> fsm(fa.promax)
         PA1  PA2
general 0.64 0.69
picture 0.33 0.61
blocks  0.44 0.91
maze    0.25 0.45
reading 0.95 0.47
vocab   0.83 0.46
```

　　现在我们可以看到变量与因子间的相关系数。将它们与正交旋转所得因子载荷阵相比，我们会发现该载荷阵列的噪音比较大，这是因为之前我们允许潜在因子相关。虽然斜交方法更为复杂，但模型将更符合真实数据。

　　使用函数 factor.plot() 或 fa.diagram()，我们可以绘制正交结果或者斜交结果的图形。来看以下代码：

```
factor.plot(fa.promax, labels=rownames(fa.promax$loadings))
```

　　图形结果如图 14-5 所示。

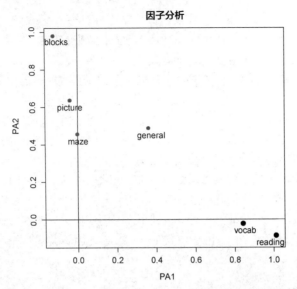

图 14-5 数据集 ability.cov 中心理测验的双因子图形。词汇和阅读在第一个因子（PA1）
　　　　上载荷较大，而积木图案、画图和迷宫在第二个因子（PA2）上载荷较大。普通智
　　　　力测量在两个因子上较为平均

代码：

```
fa.diagram(fa.promax, simple=FALSE)
```

生成的图形如图 14-6 所示。若使 simple=TRUE，那么将仅显示每个因子下最大的载荷。该图形
不仅显示了每个因子下最大的载荷，还显示了因子间的相关系数。这类图形在有多个因子时十分
实用。

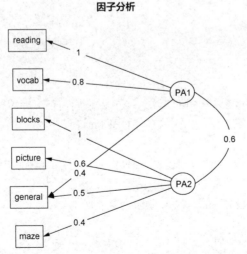

图 14-6 数据集 ability.cov 中心理测验的双因子斜交旋转结果图

当处理真实生活中的数据时，我们不可能只对这么少的变量进行因子分析。此处只是为了操作方便，如果我们想检测自己的能力，可尝试对 `Harman74.cor` 中的 24 个心理测验进行因子分析。以下代码：

```
library(psych)
fa.24tests <- fa(Harman74.cor$cov, nfactors=4, rotate="promax")
```

应该是不错的开头。

14.3.4 因子得分

相比主成分分析，因子分析并不那么关注计算因子得分。在 `fa()` 函数中添加 `score=TRUE` 选项（原始数据可得时）便可很轻松地获得因子得分。另外，我们还可以得到得分系数（标准化的回归权重），它在返回对象的 `weights` 元素中。

对于 `ability.cov` 数据集，我们通过二因子斜交旋转法便可获得用来计算因子得分的权重：

```
> fa.promax$weights
          [,1]   [,2]
general  0.080  0.210
picture  0.021  0.090
blocks   0.044  0.695
maze     0.027  0.035
reading  0.739  0.044
vocab    0.176  0.039
```

与可精确计算的主成分得分不同，因子得分只是估计得到的。它的估计方法有多种，`fa()` 函数使用的是回归方法。

在继续下文之前，让我们简单了解其他用于探索性因子分析的实用 R 包。

14.3.5 其他与探索性因子分析相关的包

R 包含了其他许多对因子分析非常有用的包。FactoMineR 包不仅提供了主成分分析和因子分析方法，还包含潜变量模型。它有许多此处我们并没考虑的参数选项，比如数值型变量和分类变量的使用方法。FAiR 包使用遗传算法来估计因子分析模型，它增强了模型参数估计能力，能够处理不等式的约束条件，GPArotation 包则提供了许多因子旋转方法。此外，还有 nFactors 包，它提供了用来判断因子数目的许多复杂方法。

14.4 其他潜变量模型

因子分析只是统计中一种应用广泛的潜变量模型。在结束本章之前，我们简要看看 R 中其他的潜变量模型，包括检验先验知识的模型、处理混合数据类型（数值型和类别型）的模型，以及仅基于类别型多因素表的模型。

在因子分析中，我们可以用数据来判断需要提取的因子数以及它们的含义。但是我们也可以先从一些先验知识开始，比如变量背后有几个因子、变量在因子上的载荷是怎样的、因子间的相关性如何，然后通过收集数据检验这些先验知识。这种方法称作**验证性因子分析**（confirmatory factor analysis，CFA）。

　　CFA 是**结构方程模型**（structural equation modeling，SEM）中的一种方法。SEM 不仅可以假定潜在因子的数目以及组成，还能假定因子间的影响方式。我们可以将 SEM 看作是验证性因子分析（对变量）和回归分析（对因子）的组合，它的结果输出包含统计检验和拟合度的指标。R 中有几个可做 CFA 和 SEM 的非常优秀的包，如 sem、openMx 和 lavaan。

　　ltm 包可以用来拟合测验和问卷中各项目的潜变量模型。该方法常用来创建大规模标准化测试，比如学术能力测验（SAT）和美国研究生入学考试（GRE）

　　潜类别模型（潜在的因子被认为是类别型而非连续型）可通过 FlexMix、lcmm、randomLCA 和 poLCA 包进行拟合。lcda 包可做潜类别判别分析，而 lsa 包可做潜在语义分析—— 一种自然语言处理中的方法。

　　ca 包提供了可做简单和多重对应分析的函数。利用这些函数，可以分别在二维列联表和多维列联表中探索分类变量的结构。

　　此外，R 中还包含了众多的多维标度法（multidimensional scaling，MDS）计算工具。MDS 用来发现可解释可测对象之间相似性和距离的潜在维度。R 基础安装中的 cmdscale() 函数可进行经典的 MDS 操作，而 MASS 包中的 isoMDS() 函数可进行非度量式 MDS 操作。vegan 包则包含了可进行两种 MDS 操作的函数。

14.5　小结

- □ 主成分分析在数据降维方面非常有用，它能用一组较少的不相关变量来替代大量相关变量。
- □ 探索性因子分析包含一系列被广泛应用的方法，可用来发现一组观测变量或显变量背后潜在的或无法观测的结构（因子）。
- □ 与主成分分析综合数据和降低维度的目标不同，因子分析是假设生成工具，它在帮助理解众多变量间的关系时非常有用，常被用于社会科学的理论研究。
- □ 主成分分析和探索性因子分析都是多步骤处理过程，每一步都需要数据分析师做出决策。图 14-7 总结了这些步骤。

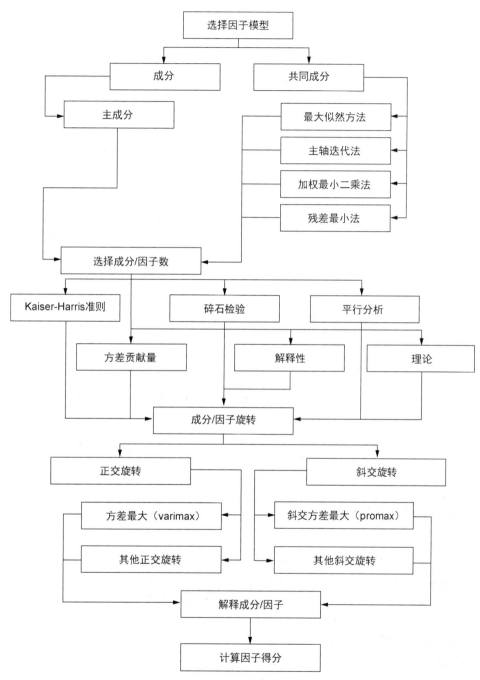

图 14-7 主成分分析和探索性因子分析的分析步骤

时间序列

本章重点

全球变暖的速度有多快？10年后会产生什么影响？除了9.6节中的重复测量方差分析外，前面各章节探讨的都是**横截面**（cross-sectional）数据。在横截面数据集中，我们是在一个给定的时间点测量变量值。与之相反，**纵向**（longitudinal）数据则是随着时间的变化反复测量变量值。我们如果持续跟踪某一现象，可能会获得很多信息。

本章，我们将研究在给定的一段时间内有规律地记录的观测值。对于这样的观测值，我们可以将其整合成形如 Y_1，Y_2，Y_3，$\cdots$，Y_t，$\cdots$，Y_T 的时间序列，其中 Y_t 为 Y 在时间点 t 的值，T 是时间序列中观测值的个数。

图15-1中是两个完全不同的时间序列（简称时序）。左边的序列为1960年~1980年 Johnson & Johnson 每股季度收入（单位：美元），数据集中共有84个观测值，即观测值依次对应21年间的每个季度。右边的序列为1749年~1983年瑞士联邦观测台和东京天文观测台所观测到的月均相对太阳黑子数。太阳黑子时序更长一些，共有2820个观测值，对应235年间的每个月。

对时序数据的研究包括两个基本问题：这段时间内已经发生了什么（对数据的描述）以及接下来要发生什么（预测）。对于 Johnson & Johnson 数据，我们可能有如下疑问。

❏ Johnson & Johnson 股价在这段时间内有变化吗？
❏ 数据会受到季度影响吗？股价是不是存在某种固定的季度变化？
❏ 我们可以预测未来的股价吗？如果可以的话，准确率有多高？

对于太阳黑子数据，我们可能有如下疑问。

❏ 哪个统计模型可以更好地描述太阳黑子的活动？
❏ 是不是有些模型可以更好地拟合数据？
❏ 在一个给定时间内，太阳黑子的数目是否是可预测的？在多大程度上可预测？

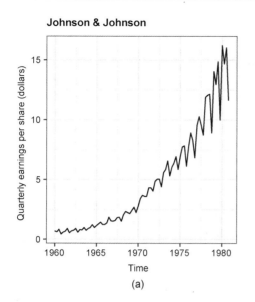
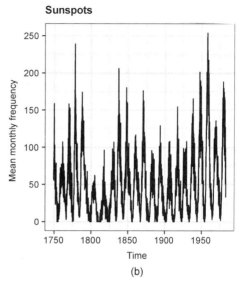

图 15-1　(a) 1960 年 ~ 1980 年 Johnson & Johnson 每股季度收入（美元）的时序图；
(b) 1749 年 ~ 1983 年月均相对太阳黑子数的时序图

正确预测股价的能力关系到我能不能早点退休去一个热带岛屿，而预测太阳黑子活动的能力则关系到我能不能在这个岛上保持手机通信畅通。

对时序数据未来值进行预测是基本的人类活动，对时序数据的研究在现实世界中也有着广泛的应用。经济学家尝试通过时序分析理解并预测金融市场；城市规划者基于时序数据预测未来的交通需求；气候学家通过时序数据预测全球气候变化；公司需要时序分析来预测产品的需求及未来销量；医疗保健人员需要根据时序数据研究疾病传播范围及某区域内可能出现的病例数；地震学家通过时序数据预测地震。在这些研究中，对于历史时间序列的分析都是必不可少的。由于不同类型的时序数据可能需要不同的方法，本章将研究多个不同的时序数据集。

描述时序数据和预测未来值的方法有很多，而 R 具备很多其他软件都不具备的精细时序分析工具。本章将介绍一些最常用的时序数据描述方法和预测方法以及对应的 R 函数。表 15-1 给出了我们将分析的几个时序数据集，这些数据集在 R 中都可以找到，它们各有特点，适用的模型也各不相同。

表 15-1　本章用到的数据集

时间序列	描　　述
AirPassengers	1949 年 ~ 1960 年每月乘坐飞机的乘客数
JohnsonJohnson	Johnson & Johnson 每股季度收入
nhtemp	康涅狄格州纽黑文地区从 1912 年至 1971 年每年的平均气温
Nile	尼罗河的流量
sunspots	1749 年 ~ 1983 年月均太阳黑子数

本章将首先介绍生成、操作时序数据的方法，对它们进行描述并画图，将它们分解成水平项、趋势项、季节项和随机项（误差）等 4 个不同部分。在此基础上，我们将采用不同的统计模型对其进行预测。本章要介绍的方法包括基于加权平均的指数模型，以及基于临近数据点和预测误差间关联的**差分自回归移动平均**（autoregressive integrated moving averages，ARIMA）**模型**。我们还将介绍模型拟合和预测准确度的评价方法。

若要重现本章中的分析方法，请在继续学习之前务必安装 `xts`、`forecast`、`tseries` 和 `directlabels` 包（`install.packages (c("xts","forecast","tseries","directlabels")`）。

15.1　在 R 中生成时序对象

在 R 中分析时间序列的前提是我们将分析对象转成**时间序列对象**（time-series object），即 R 中一种包括观测值及其日期标记的数据结构。只有将数据转成时间序列对象后，我们才能用各种函数对其进行操作、建模和绘图。

R 的各种包提供了很多数据结构用于存储时间序列数据（参见下文"R 中的时间序列对象"）。本章我们将使用 xts 包提供的 xts 类。xts 类支持时间间隔规律的和时间间隔不规律的时间序列，还拥有很多用于操作时序数据的函数。

R 中的时间序列对象

R 提供了很多用于存储时序数据的对象，容易让人不知道如何选择。基础 R 附带的 ts 用于存储时间间隔规律的单个时间序列，mts 则用于存储时间间隔均匀的多个时间序列。zoo 包提供的类可以存储时间间隔不规律的时间序列，xts 包提供 zoo 类的超集，它包含更多支持的函数。其他流行的格式包括 tsibble、timeSeries、irts 和 tis。幸运的是，tsbox 包提供的函数可以将数据框转化为任意一种时间序列格式，也可以将一种时间序列格式转化为另一种时间序列格式。

要创建 xts 时间序列，可使用代码：

```
library(xts)
myseries <- xts(data, index)
```

其中 *data* 是观测值的数值型向量，*index* 表示观测值观测时间的日期向量。代码清单 15-1 展示了一个示例。该示例的数据包括从 2018 年 1 月以来的两年的月度销售数据。

代码清单 15-1　生成时间序列对象

```
library(xts)
sales <- c(18, 33, 41,  7, 34, 35, 24, 25, 24, 21, 25, 20,
           22, 31, 40, 29, 25, 21, 22, 54, 31, 25, 26, 35)
date  <- seq(from = as.Date("2018/1/1"),
             to = as.Date("2019/12/1"),
             by = "month")

sales.xts <- xts(sales, date)
```

xts 格式的时间序列对象可使用方括号 [] 来设定子集。例如 sales.xts["2018"] 返回 2018 年以来的所有数据。指定 sales.xts ["2018-3/2019-5"] 则返回从 2018 年 3 月到 2019 年 5 月的所有数据。

另外，函数 apply 用于对时间序列对象的每个不同时间段执行一个函数。在将时间序列聚合成更大的时间段时，这种方法很实用。格式如下：

```
newseries <- apply.period(x, FUN, …)
```

其中 *period* 可以是 daily、weekly、monthly、quarterly 或 yearly，*x* 是一个 xts 时间序列对象，*FUN* 是要应用的函数，…是传递给 *FUN* 的参数。例如 quarterlies <-apply. quarterly(sales.xts, sum)将返回包含 8 个季度销售总量的时间序列。函数 sum 可以替换为 mean、median、min、max 或其他任何返回单个值的函数。

forecast 包中的函数 autoplot() 可将时序数据绘制为 ggplot2 图形。代码清单 15-2 展示了两个示例。

代码清单 15-2 绘制时间序列

```
library(ggplot2)
library(forecast)
autoplot(sales.xts)                                              ❶

autoplot(sales.xts) +
  geom_line(color="blue") +                                      ❷
  scale_x_date(date_breaks="1 months",                           ❸
               date_labels="%b %y") +
  labs(x="", y="Sales", title="Customized Time Series Plot") +
  theme_bw() +                                                   ❹
  theme(axis.text.x = element_text(angle = 90, vjust = 0.5, hjust=1),
        panel.grid.minor.x=element_blank())
```

❶ 默认图形

❷ 设置线条颜色

❸ 设定 *x* 轴标签

❹ 调整主题

在第 1 个示例中，我们使用 autoplot() 函数创建 ggplot2 图形❶。图 15-2 展示了该图形。

在第 2 个示例中，图形被修改了，变得更美观。线条的颜色改为蓝色❷。函数 scale_x_date() 为 *x* 轴设置更好的标签❸。选项 data_breaks 指定刻度间的距离，值可以是 "1 day" "2 weeks" "5 years" 或其他任何适合的值。这里 "%b%y" 指定了月份（3 个字母）和年份（2 位数），以及两者之间的空格。最后，选择了黑白主题，*x* 轴标签旋转了 90 度，取消了垂直的小网格线❹。图 15-3 展示了这个自定义的图形。

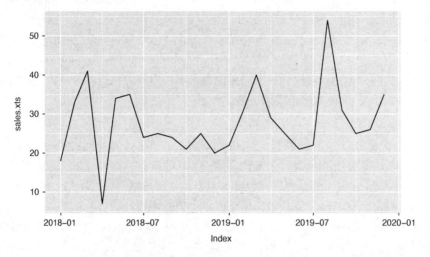

图 15-2 由代码清单 15-1 生成的销量数据的时序图。这是函数 `autoplot()` 提供的默认格式

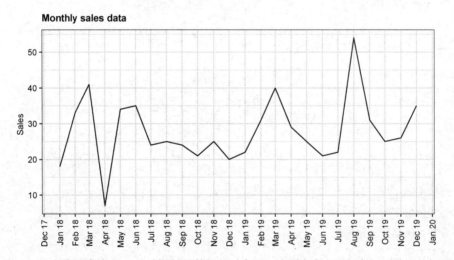

图 15-3 由代码清单 15-2 生成的销量数据的时序图。该图自定义了颜色、更美观的标签
和更清晰的主题元素

基础 R 附带的时间序列示例（表 15-1）实际上均为 `ts` 格式，但幸运的是，本章中介绍的函数既可以处理 `ts` 格式的时间序列，也可以处理 `xts` 格式的时间序列。

15.2 时序的平滑化和季节项分解

正如数据分析师对数据进行建模的第一步是描述性统计和画图一样，对时序数据建立复杂模型之前也需要对其进行描述和可视化。在本节中，我们将对时序进行平滑化以探究其总体趋势，并对其进行分解以观察时序中是否存在季节项。

15.2.1　通过简单移动平均进行平滑处理

处理时序数据的第一步是画图（见代码清单 15-1）。这里介绍 Nile 数据集。这一数据集是埃及阿斯旺市在 1871 年至 1970 年间所记录的尼罗河的年度流量，图 15-4（左上）画出了这一数据集。从图 15-4 来看，数据总体呈下降趋势，但不同年份的变动非常大。

时序数据集中通常有很显著的随机或误差成分。为了辨明数据中的规律，我们总是希望能够撇开这些波动，画出一条平滑曲线。画出平滑曲线的最简单办法是简单移动平均。比如每个数据点都可用这一点和其前后两个点的平均值来表示，这就是**居中移动平均**（centered moving average），它的数学表达是：

$$S_t = (Y_{t-q} + \cdots + Y_t + \cdots + Y_{t+q}) / (2q+1)$$

其中 S_t 是时间点 t 的平滑值，$k=2q+1$ 是每次用来平均的观测值的个数，一般我们会将其设为一个奇数（本例中为 3）。居中移动平均法的代价是，每个时序数据集中我们会损失最后的 $(k-1)/2$ 个观测值。

R 中有几个函数都可以做简单移动平均，包括 TTR 包中的 SMA() 函数，zoo 包中的 rollmean() 函数，forecast 包中的 ma() 函数。这里我们用 R 中自带的 ma() 函数来对 Nile 时序数据进行平滑处理。

代码清单 15-3 中的代码给出了时序数据的原始数据图，以及平滑后的图（对应 k=3、7 和 15），生成的图形如图 15-4 所示。

代码清单 15-3　简单移动平均

```
library(forecast)
library(ggplot2)

theme_set(theme_bw())
ylim <- c(min(Nile), max(Nile))

autoplot(Nile) +
  ggtitle("Raw time series") +
  scale_y_continuous(limits=ylim)

autoplot(ma(Nile, 3)) +
  ggtitle("Simple Moving Averages (k=3)") +
  scale_y_continuous(limits=ylim)

autoplot(ma(Nile, 7)) +
  ggtitle("Simple Moving Averages (k=7)") +
  scale_y_continuous(limits=ylim)

autoplot(ma(Nile, 15)) +
  ggtitle("Simple Moving Averages (k=15)") +
  scale_y_continuous(limits=ylim)
```

从图像来看，随着 k 的增大，图像变得越来越平滑。因此我们需要找到最能画出数据中规律的 k，避免过平滑或者欠平滑。这里并没有什么特别的科学理论来指导 k 的选取，我们只是需要先

尝试多个不同的 k，再决定一个最好的 k。从本例的图形（图 15-4）来看，尼罗河的流量从 1892 年到 1900 年有明显下降；其他的变动则并不是太好解读，比如 1941 年到 1961 年流量似乎略有上升，但这也可能只是一个随机波动。

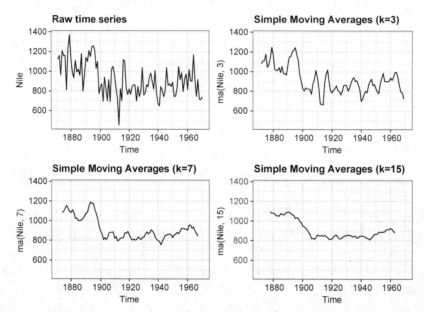

图 15-4   1871 年 ~ 1970 年阿斯旺水站观测到的尼罗河的年流量（左上），其余 3 幅图对
应简单移动平均在不同平滑水平上（k=3、7 和 15）做过平滑处理后的序列

对于间隔大于 1 的时序数据（存在季节项），我们需要了解的就不仅仅是总体趋势了。此时，我们需要通过季节项分解帮助我们探究季节性波动以及总体趋势。

15.2.2   季节项分解

存在季节项的时序数据（如月度数据、季度数据等）可以被分解为趋势项、季节项和随机项。**趋势项**（trend component）能捕捉到长期变化；**季节项**（seasonal component）能捕捉到一年内的周期性变化；而**随机（误差）项**（irregular/error component）则能捕捉到那些不能被趋势项或季节项解释的变化。

此时，可以通过相加模型，也可以通过相乘模型来分解数据。在相加模型中，各项之和应等于对应的时序值，即：

$$Y_t = Trend_t + Seasonal_t + Irregular_t$$

其中时刻 t 的观测值即这一时刻的趋势项、季节项以及随机项之和。

而相乘模型则将时间序列表示为：

$$Y_t = Trend_t \times Seasonal_t \times Irregular_t$$

即趋势项、季节项和随机项相乘。图 15-5 给出了对应的实例。

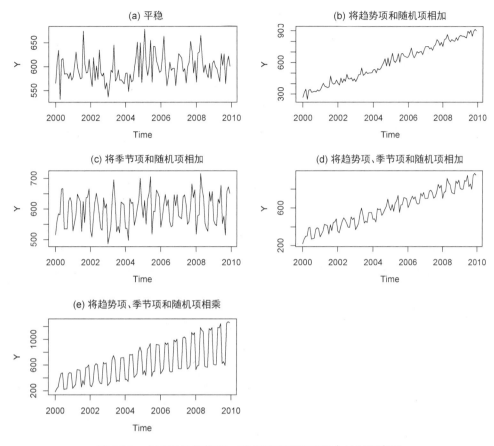

图 15-5 由不同的趋势项、季节项和随机项组合的时间序列

图 15-5a 中的序列没有趋势项也没有季节项,序列中的波动都表现为一个给定水平上的随机波动。图 15-5b 的序列中有一个向上的趋势,以及围绕这个趋势的一些随机波动。图 15-5c 的序列中有季节项和随机波动,但并没有表现出某种趋势。图 15-5d 的序列中则同时出现了增长性趋势、季节项以及随机波动。图 15-5e 的序列也同时出现了这 3 种项,但此时时间序列通过相乘模型分解。注意图 15-5e 中序列的波动是与趋势成正比的,即整体增长时波动会增强。这种基于现有水平的放大(或者缩减)决定了相乘模型更适合这类情况。

这里有一个小例子可以进一步说明相加模型与相乘模型的区别。假设我们有一个时序,记录了 10 年来摩托车的月销量。在具有季节项的相加模型中,11 月和 12 月的销量一般会增加 500(圣诞节销售高峰),而 1 月(一般是销售淡季)的销量则会减少 200。此时,季节项的波动量和当时的销量无关。

在具有季节项的相乘模型中,11 月和 12 月的销量则会增加 20%,1 月的销量会减少 10%,即季节项的波动量和当时的销量是成比例的,这与相加模型不一样。这也使得在很多时候,相乘模型比相加模型更切合实际。

将时序分解为趋势项、季节项和随机项的常用方法是用 `loess` 平滑做季节项分解。这可以通过 R 中的 `stl()` 函数实现：

```
stl(ts, s.window=, t.window=)
```

其中 `ts` 是将要分解的时序，参数 `s.window` 控制季节项变化的速度，`t.window` 控制趋势项变化的速度。设置 `s.windows="periodic"` 可使得季节项在各年间都一样。这一函数中，只有参数 `ts` 和 `s.windows` 是必须提供的。我们可以通过 `help(stl)` 看到更多关于 `stl()` 函数的细节。

虽然 `stl()` 函数只能处理相加模型，但这也不算是一个多严重的限制，因为相乘模型总可以通过对数变换转换成相加模型：

$$\log(Y_t) = \log(Trend_t \times Seasonal_t \times Irregular_t)$$
$$= \log(Trend_t) + \log(Seasonal_t) + \log(Irregular_t)$$

用经过对数变换的序列拟合出的相加模型也总可以再转化回原始尺度。下面给出一个例子。

R 中自带的 `AirPassengers` 时序数据集描述了 1949 年 ~ 1960 年每个月国际航班的乘客数（单位：千）。时序图见图 15-6 的上图。从图像来看，序列的波动随着整体水平的增长而增长，即相乘模型更适合这个序列。

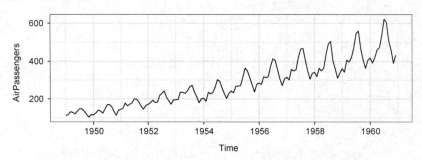

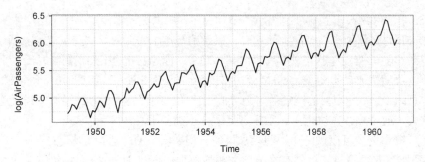

图 15-6 AirPassengers 时序图（上图），这一时间序列表示的是 1949 年 ~ 1960 年每个月国际航班的乘客数（单位：千）。下图对原始序列做了对数变换，使得序列的方差稳定下来，从而可以对其拟合一个可加性季节项分解模型

图 15-6 中的第 2 幅图是经过对数变换后的时序。这样时序的波动就稳定了下来，对数变换后的序列就可以用相加模型来拟合了。具体过程见代码清单 15-4 中对 `stl()` 函数的运用。

代码清单 15-4 用 `stl()` 函数做季节项分解

```
> library(forecast)
> library(ggplot2)
> autoplot(AirPassengers)                                     ❶
> lAirPassengers <- log(AirPassengers)
> autoplot(lAirPassengers, ylab="log(AirPassengers)")

> fit <- stl(lAirPassengers, s.window="period")              ❷
> autoplot(fit)

> fit$time.series                                            ❸

         seasonal trend   remainder
Jan 1949 -0.09164 4.829  -0.0192494
Feb 1949 -0.11403 4.830   0.0543448
Mar 1949  0.01587 4.831   0.0355884
Apr 1949 -0.01403 4.833   0.0404633
May 1949 -0.01502 4.835  -0.0245905
Jun 1949  0.10979 4.838  -0.0426814
... output omitted ...

> exp(fit$time.series)

         seasonal trend  remainder
Jan 1949   0.9124 125.1    0.9809
Feb 1949   0.8922 125.3    1.0558
Mar 1949   1.0160 125.4    1.0362
Apr 1949   0.9861 125.6    1.0413
May 1949   0.9851 125.9    0.9757
Jun 1949   1.1160 126.2    0.9582

... output omitted ...
```

❶ 画出时间序列
❷ 分解时间序列
❸ 每个观测值各分解项的值

我们首先画出序列,并对其进行对数变换❶。然后对其进行季节项分解,将结果存储在对象 fit 中❷。图 15-7 给出了 1949 年~1960 年的时序图、季节项分解图、趋势项分解图以及随机项分解图。注意此时将季节项限定为每年都一样(设定 `s.window="period"`)。时序的趋势为单调增长,季节项表明(可能因为假期)夏季乘客数量更多。每个图的 y 轴尺度不同,因此我们通过图中右侧的灰色长条来指示量级,即每个长条代表的量级一样。

`stl()` 函数返回的对象中有一项是 `time.series`,它包括每个观测值中的各分解项——趋势项、季节项以及随机项——的值❸。此时,直接用 `fit$time.series` 则返回对数变换后的时序,而通过 `exp(fit$time.series)` 可将结果转化为原始尺度。我们观察季节项可发现,7 月的乘客数增长了 24%(乘子为 1.24),而 11 月的乘客数减少了 20%(乘子为 0.8)。

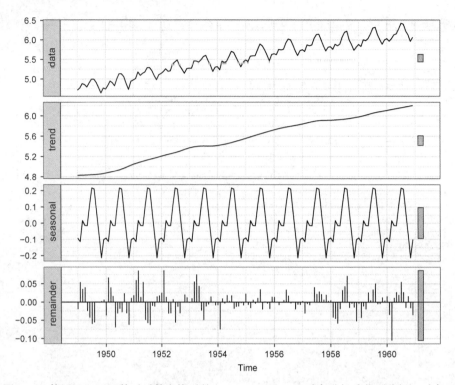

图 15-7　使用 stl() 函数对对数变换后的 AirPassengers 时序进行季节项分解。时序
（数据）被分解为季节项分解图、趋势项分解图以及随机项分解图

我们还可以通过 forecast 包提供的其他工具对季节项分解进行可视化。代码清单 15-5 演示
了月度图和季节图的生成方法。

代码清单 15-5　月度图和季节图

```
library(forecast)
library(ggplot2)
library(directlabels)

ggmonthplot(AirPassengers)  +                           ❶
  labs(title="Month plot: AirPassengers",               ❶
       x="",                                            ❶
       y="Passengers (thousands)")                      ❶

p <- ggseasonplot(AirPassengers) + geom_point() +       ❷
  labs(title="Seasonal plot: AirPassengers",            ❷
       x="",                                            ❷
       y="Passengers (thousands)")                      ❷
direct.label(p)                                         ❷
```

❶ 月度图
❷ 季节图

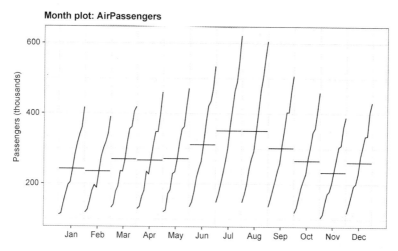

图 15-8 AirPassengers 时序的月度图。月度图显示了按月划分的子序列（从 1949 年到 1960 年，每年的所有 1 月的点连接起来，所有 2 月的点连接起来，依次类推），以及每个子序列的平均值。每个月的增长趋势几乎一致，大多数乘客在 7 月和 8 月乘坐飞机

月度图（图 15-8）显示了每个月份的子序列（连接所有 1 月的点、连接所有 2 月的点，依次类推），以及每个子序列的平均值。从这幅图来看，每个月的增长趋势几乎是一致的。另外，我们可以看到 7 月和 8 月的乘客数量最多。

季节图（图 15-9）显示每年的子序列。我们可以从图中看到类似的规律，包括每年乘客的增长趋势和相同的季节性模式。默认情况下，ggplot2 包将为年份变量创建图例。使用 directlabels 包可以将年份标签直接放置在图中时序的每条线旁边。

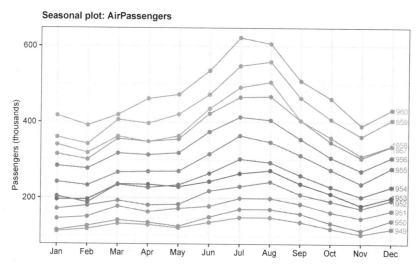

图 15-9 AirPassengers 时序的季节图。该图呈现逐年增长趋势和每年相似的季节模式

到此为止，我们已经对时间序列做了很多描述，但还没有对其进行预测。在 15.3 节中，我们将基于指数模型对数据进行预测。

15.3 指数预测模型

指数模型是用来预测时序未来值的最常用模型。这类模型相对比较简单，但是实践证明它们的短期预测能力良好。不同指数模型建模时选用的因子项可能不同。比如**单指数模型**（simple/single exponential model）拟合的是只有水平项和时间点 i 处随机项的时间序列，这时认为时间序列不存在趋势项和季节项；**双指数模型**（double exponential model；也叫 Holt 指数平滑，Holt exponential smoothing）拟合的是有水平项和趋势项的时序；**三指数模型**（triple exponential model；也叫 Holt-Winters 指数平滑，Holt-Winters exponential smoothing）拟合的是有水平项、趋势项以及季节项的时序。

forecast 包中的 ets() 函数可以拟合指数模型。函数 ets() 的格式为：

```
ets(ts, model="ZZZ")
```

其中 ts 是要分析的时序，限定模型的字母有 3 个。第 1 个字母代表随机项，第 2 个字母代表趋势项，第 3 个字母则代表季节项。可选的字母包括：A（相加模型）、M（相乘模型）、N（无）、Z（自动选择）。表 15-2 中列出了常用的模型。

表 15-2　用于拟合单指数、双指数和三指数预测模型的函数

类　型	参　数	函　数
单指数	水平项	ets(ts, model="ANN") ses(ts)
双指数	水平项、趋势项	ets(ts, model="AAN") holt(ts)
三指数	水平项、趋势项、季节项	ets(ts, model="AAA") hw(ts)

函数 ses()、holt() 和 hw() 都是函数 ets() 的便捷包装（convenience wrapper），函数中有事先默认设定的参数值。

首先，我们讨论最基础的指数模型，即单指数平滑。

15.3.1 单指数平滑

单指数平滑根据现有的时序值的加权平均对未来值做短期预测，其中权数选择的宗旨是使得距离现在越远的观测值对平均数的影响越小。

单指数平滑模型假定时序中的观测值可被表示为：

$$Y_t = level + irregular_t$$

在时间点 Y_{t+1} 的预测值（**一步向前预测**，1-step ahead forecast）可写作

$$Y_{t+1} = c_0 Y_t + c_1 Y_{t-1} + c_2 Y_{t-2} + \cdots$$

其中 $c_i = \alpha(1-\alpha)^i$，$t = 0,1,2,\cdots$ 且 $0 \leq \alpha \leq 1$。权数 c_i 的总和为 1，则一步向前预测可看作当前值和全部历史值的加权平均。式中 α 参数控制权数下降的速度，α 越接近于 1，则近期观测值的权重越大；反之，α 越接近于 0，则历史观测值的权重越大。为最优化某种拟合标准，α 的实际值一般由计算机选择，常见的拟合标准是真实值和预测值之间的残差平方和。下文将给出一个具体例子。

nhtemp 时序中有康涅狄格州纽黑文市从 1912 年至 1971 年每年的平均气温。图 15-10 给出了时序的折线图。

从图 15-10 我们可以看到，时序中不存在某种明显的趋势，而且无法从年度数据看出季节项，因此我们可以先选择拟合一个单指数模型。代码清单 15-6 中给出了用函数 ses() 做一步向前预测的代码。

代码清单 15-6　单指数平滑

```
> library(forecast)
> fit <- ets(nhtemp, model="ANN")        ❶
> fit

ETS(A,N,N)

Call:
 ets(y = nhtemp, model = "ANN")

  Smoothing parameters:
    alpha = 0.1819

  Initial states:
    l = 50.2762

  sigma:  1.1455

     AIC     AICc      BIC
265.9298 266.3584 272.2129

> forecast(fit, 1)                        ❷

     Point Forecast  Lo 80  Hi 80  Lo 95  Hi 95
1972          51.87 50.402 53.338 49.625 54.115

> autoplot(forecast(fit, 1)) +
  labs(x = "Year",
       y = expression(paste("Temperature (", degree*F,")")),),
       title = "New Haven Annual Mean Temperature")

> accuracy(fit)                           ❸

                ME  RMSE   MAE   MPE  MAPE  MASE
Training set 0.146 1.126 0.895 0.242 1.749 0.751
```

❶ 拟合模型

❷ 一步向前预测

❸ 输出准确度度量

`ets(model="ANN")`语句对 `nhtemp` 时序拟合单指数模型❶，其中 A 表示可加误差，NN 表示时序中不存在趋势项和季节项。α 值比较小（α =0.18）说明预测时同时考虑了离现在较近和较远的观测值，这样的 α 值可以最优化模型在给定数据集上的拟合效果。

`forecast()`函数用于预测时序未来的 k 步，其形式为 `forecast(fit, k)`。这一数据集中一步向前预测的结果是 51.9°F，其 95%的置信区间为 49.7°F为到 54.1°F❷。图 15-10 中给出了时序值、预测值以及 80%和 95%的置信区间。

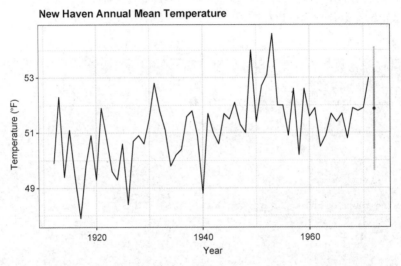

图 15-10　康涅狄格州纽黑文地区的年平均气温，以及 `ets()`函数拟合的单指数模型所得到的一步向前预测

`forecast` 包同时提供了 `accuracy()`函数，展示了时序预测中最主流的几个准确度度量❸。表 15-3 中给出了这几个度量的描述。e_t 代表第 t 个观测值的误差项（随机项），即 $(Y_t - \hat{Y}_i)$。

表 15-3　预测准确度度量

评估指标	简　写	定　义
平均误差	ME	mean(e_t)
均方根误差	RMSE	sqrt(mean(e_t^2))
平均绝对误差	MAE	mean($|e_t|$)
平均百分比误差	MPE	mean($100 \times e_t / Y_t$)
平均绝对百分比误差	MAPE	mean($|100 \times e_t / Y_t|$)
平均绝对标准化误差	MASE	mean($|q_t|$)，其中 $q_t = e_t /[1/(T-1) \times sum(|y_t - y_{t-1}|)]$，$T$ 是观测值的个数，加和项中的 t 取值为 2 到 T

一般来说，平均误差和平均百分比误差用处不大，因为正向和负向的误差会抵消掉。RMSE
给出了平均误差平方和的平方根，本例中即 1.13°F。平均绝对百分误差给出了误差在真实值中的
占比，它没有单位，因此可以用于比较不同时序间的预测准确度；但它同时假定测量尺度中存在
一个真实为零的点（比如每天的乘客数），但温度中并没有一个真实为零的点，因此这里不能用
这个统计量。平均绝对标准化误差是最新的一种准确度评估指标，通常用于比较不同尺度的时序
间的预测准确度。这几种预测准确度评估指标中，并不存在某种最优评估指标，不过相对来说，
RMSE 最有名、最常用。

单指数平滑假定时序中缺少趋势项和季节项，15.3.2 节介绍的指数模型则可兼容这些情况。

15.3.2 Holt 指数平滑和 Holt-Winters 指数平滑

Holt 指数平滑可以对有水平项和趋势项（斜率）的时序进行拟合。时刻 t 的观测值拟合模型
可表示为：

$$Y_t = level + slope \times t + irregular_t$$

ets 函数中的平滑参数 alpha 控制水平项的指数型下降，beta 控制趋势项的指数型下降。同
样，两个参数的有效范围都是[0,1]，参数取值越大意味着越近的观测值的权重越大。

Holt-Winters 指数平滑可用来拟合有水平项、趋势项以及季节项的时间序列。此时，模型可
表示为：

$$Y_t = level + slope \times t + s_t + irregular_t$$

其中 s_t 代表时刻 t 的季节项。除参数 alpha 和 beta 外，ets() 函数的参数 gamma 控制季节项的指
数下降。gamma 的取值范围同样是[0,1]，gamma 值越大，意味着越近的观测值的季节项权重越大。

在 15.2 节中，我们对一个描述每月国际航线乘客数（对数形式）的时序进行了分解，得到一
个可加的趋势项、季节项和随机项。这里我们用指数模型预测未来的乘客数。类似地，我们需要对
原始数据取对数，使得它满足可加模型。这里我们用 Holt-Winters 指数平滑来预测 AirPassengers
时序中接下来的 5 个值。

代码清单 15-7 有水平项、趋势项以及季节项的指数平滑模型

```
> library(forecast)
> fit <- ets(log(AirPassengers), model="AAA")
> fit

ETS(A,A,A)

Call:
 ets(y = log(AirPassengers), model = "AAA")

    Smoothing parameters:                    ❶
    alpha = 0.6975
    beta  = 0.0031
    gamma = 1e-04

  Initial states:
    l = 4.7925
```

```
    b = 0.0111
    s = -0.1045 -0.2206 -0.0787 0.0562 0.2049 0.2149
            0.1146 -0.0081 -0.0059 0.0225 -0.1113 -0.0841

  sigma:  0.0383

   AIC    AICc     BIC
-207.17 -202.31 -156.68

>accuracy(fit)

                   ME     RMSE      MAE       MPE    MAPE     MASE
Training set -0.0018307 0.03607 0.027709 -0.034356 0.50791 0.22892 ❷
> pred <- forecast(fit, 5)
> pred
        Point Forecast   Lo 80   Hi 80   Lo 95   Hi 95
Jan 1961        6.1093  6.0603  6.1584  6.0344  6.1843
Feb 1961        6.0925  6.0327  6.1524  6.0010  6.1841
Mar 1961        6.2366  6.1675  6.3057  6.1310  6.3423
Apr 1961        6.2185  6.1412  6.2958  6.1003  6.3367
May 1961        6.2267  6.1420  6.3115  6.0971  6.3564

> autoplot(pred) +
  labs(title = "Forecast for Air Travel",
       y = "Log(AirPassengers)",
       x ="Time")

> pred$mean <- exp(pred$mean)                              ❸
> pred$lower <- exp(pred$lower)                            ❸
> pred$upper <- exp(pred$upper)                            ❸
> p <- cbind(pred$mean, pred$lower, pred$upper)
> dimnames(p)[[2]] <- c("mean", "Lo 80", "Lo 95", "Hi 80", "Hi 95")
> p

           mean  Lo 80  Lo 95  Hi 80  Hi 95
Jan 1961 450.04 428.51 417.53 472.65 485.08
Feb 1961 442.54 416.83 403.83 469.85 484.97
Mar 1961 511.13 477.01 459.88 547.69 568.10
Apr 1961 501.97 464.63 446.00 542.30 564.95
May 1961 506.10 464.97 444.57 550.87 576.15
```

❶ 平滑参数

❷ 未来值预测

❸ 用原始尺度预测

❶给出了 3 个平滑参数，即水平项 0.6975、趋势项 0.0031、季节项 0.0001。趋势项的值很小（0.0001），但不代表不存在趋势，它意味着近期观测值的趋势不需要更新。

forecast() 函数预测了接下来 5 个月的乘客量❷，图 15-11 给出了其折线图。此时的预测基于对数变换后的数值，因此我们通过幂变换得到预测的原始度量，即乘客数（单位：千）❸。矩阵 pred$mean 包含了点预测值，矩阵 pred$lower 和 pred$upper 中分别包含了 80% 和 95% 置信区间的下界以及上界。exp() 函数返回了基于原始尺度的预测值，cbind() 用于生成一个表格。这样，模型预测在 3 月份将有 509 200 个乘客，95%置信区间为[454 900, 570 000]。

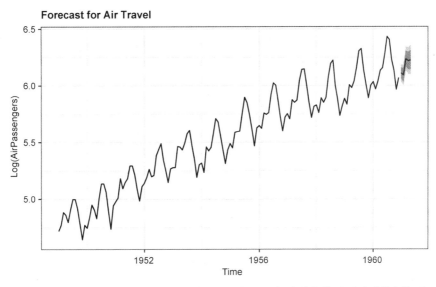

图 15-11 基于 Holt-Winters 指数平滑模型的 5 年国际航线乘客数预测（对数变换后，
单位：千）。数据来源于 AirPassengers 时序数据集

15.3.3 `ets()`函数和自动预测

ets()函数还可以用来拟合有可乘项的指数模型，加入抑制项（dampening component），以及进行自动预测。本节将详细讨论 ets()函数的这些功能。

在前面的小节中，我们对 AirPassengers 时序做对数变换后拟合出了可加指数模型。另外，我们也可以通过 ets(AirPassengers, model="MAM")函数对原始数据拟合可乘模型。此时，我们仍假定趋势项可加，但季节项和误差项可乘。当采用可乘模型时，准确度统计量和预测值都基于原始尺度（以千为单位的乘客数）。这也是它的一个明显优势。

ets()函数也可以用来拟合抑制项。时序预测一般假定序列的长期趋势是一直向上的（如房地产市场），而一个抑制项则使得趋势项在一段时间内靠近一条水平渐近线。在很多问题中，一个有抑制项的模型往往更符合实际预测。

最后，我们也可以通过函数 ets()自动选取对原始数据拟合优度最高的模型。以本章的开头部分对 Johnson & Johnson 数据的指数模型拟合为例，代码清单 15-8 给出了自动选取最优拟合模型的步骤。

代码清单 15-8 使用函数 `ets()`进行自动指数预测

```
> library(forecast)
> fit <- ets(JohnsonJohnson)
> fit
```

```
ETS(M,M,M)

Call:
 ets(y = JohnsonJohnson)

    Smoothing parameters:
    alpha = 0.2776
    beta  = 0.0636
    gamma = 0.5867

  Initial states:
    l = 0.6276
    b = 0.0165
    s = -0.2293 0.1913 -0.0074 0.0454

  sigma:  0.0921

   AIC    AICc    BIC
163.64 166.07 185.52

> autoplot(forecast(fit)) +
  labs(x = "Time",
       y = "Quarterly Earnings (Dollars)",
       title="Johnson and Johnson Forecasts")
```

这里我们并没有指定模型，因此软件自动搜索了一系列模型，并在其中找到最小化拟合标准（默认为对数似然）的模型。所选中的模型同时有可乘趋势项、季节项和误差项（随机项）。图 15-12 给出了其折线图以及下 8 个季度（默认）的预测。

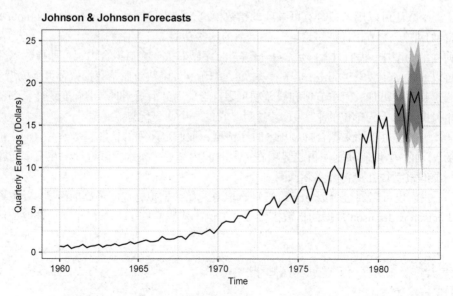

图 15-12　带趋势项和季节项的可乘指数平滑预测，其中预测值由虚线表示，80% 和 95% 置信区间分别由淡灰色和深灰色表示

如前所述，指数时序模型以其在短期预测上的良好性能而闻名。15.4 节将介绍另一种常用方法，即 Box-Jenkins 法，也称作 ARIMA 模型。

15.4 ARIMA 预测模型

在 ARIMA 预测模型中，预测值表示为由最近的真实值和最近的预测误差（残差）组成的线性函数。ARIMA 比较复杂，在本节中，我们只讨论对非季节性时序建立 ARIMA 模型的问题。

在讨论 ARIMA 模型前，我们首先要定义一系列名词，包括滞后阶数（lag）、自相关（autocorrelation）、偏自相关（partial autocorrelation）、差分（differencing）以及平稳性（stationarity）。在 15.4.1 节中我们将详细介绍这些名词。

15.4.1 概念介绍

时序的**滞后阶数**即我们向后追溯的观测值的数量。查看表 15-4 中 Nile 时序的前几个观测值。0 阶滞后项（Lag 0）代表没有移位的时序，一阶滞后（Lag 1）代表时序向左移动一位，二阶滞后（Lag 2）代表时序向左移动两位，以此类推。时序可以通过 lag(ts, k) 函数变成 k 阶滞后，其中 ts 指代目标序列，k 为滞后项阶数。

表 15-4　Nile 时序的不同滞后阶数

滞后阶数	1869	1870	1871	1872	1873	1874	1875	...
0			1120	1160	963	1210	1160	...
1		1120	1160	963	1210	1160	1160	...
2	1120	1160	963	1210	1160	1160	813	...

自相关度量时序中各个观测值之间的相关性。AC_k 即一系列观测值（Y_t）和 k 时期之前的观测值（Y_{t-k}）之间的相关性。这样，AC_1 就是一阶滞后序列和 0 阶滞后序列间的相关性，AC_2 是二阶滞后序列和 0 阶滞后序列之间的相关性，以此类推。这些相关性（AC_1, AC_2，后序列 AC_k）构成的图即**自相关函数图**（autocorrelation function plot，ACF 图）。ACF 图可用于为 ARIMA 模型选择合适的参数，并评估最终模型的拟合效果。

forecast 包中的函数 Acf() 可以生成 ACF 图，格式为 Acf(ts)，其中 ts 是原始时序。对于 $k=1, \cdots, 18$，我们将在图 15-13 的上图中给出 Nile 时序的 ACF 图。

偏自相关即当序列 Y_t 和 Y_{t-k} 之间的所有值（$Y_{t-1}, Y_{t-2}, \cdots, Y_{t-k+1}$）带来的效应都被移除后，两个序列间的相关性。我们也可以对不同的 k 值画出偏自相关图（PACF）。forecast 包中的函数 Pacf() 可以用来画 PACF 图。调用格式为 Pacf(ts)，其中 ts 是要评估的时序。PACF 图也可以用来找到 ARIMA 模型中最适宜的参数，Nile 序列的 PACF 图将在图 15-13 的下图给出。

ARIMA 模型主要用于拟合具有**平稳性**（或可以被转换为平稳序列）的时间序列。在一个平稳的时序中，序列的统计性质并不会随着时间的推移而改变，比如 Y_t 的均值和方差都是恒定的。另外，对任意滞后阶数 k，序列的自相关性不改变。

一般来说，拟合 ARIMA 模型前都需要变换序列的值以保证方差为常数。15.2.2 节用到的对数变换就是一种常用的变换方法，另外常见的还有 8.5.2 节中用到的 Box-Cox 变换。

由于一般假定平稳性时序有常数均值，这样的序列中肯定不含有趋势项。非半稳的时序可以通过**差分**来转换为平稳性序列。具体来说，差分就是将时序中的每一个观测值 Y_t 都替换为 $Y_{t-1}-Y_t$。注意对序列的一次差分可以移除序列中的线性趋势，二次差分移除二次项趋势，三次差分移除三次项趋势。在实际操作中，对序列进行两次以上的差分通常都是不必要的。

我们可通过函数 diff() 对序列进行差分，即 diff(ts, differences=d)，其中 d 即对序列 ts 的差分次数，默认值为 d=1。forecast 包中的函数 ndiffs() 可以帮助我们找到最优的 d 值，语句为 ndiffs(ts)。

平稳性一般可以通过时序图直观判断。如果方差不是常数，我们需要对数据做变换；如果数据中存在趋势项，则需要对其进行差分。我们也可以通过 ADF（Augmented Dickey-Fuller）统计检验来验证平稳性假定。R 中 tseries 包的 adf.test() 可以用来做 ADF 检验，语句为 adf.test(ts)，其中 ts 为需要检验的时序。如果结果显著，则认为序列满足平稳性。

总之，我们可通过 ACF 图和 PCF 图来为 ARIMA 模型选定参数。平稳性是 ARIMA 模型中的一个重要假设，我们可通过数据变换和差分使得序列满足平稳性假定。了解了这些概念后，我们就可以拟合出有**自回归**（autoregressive，AR）项、**移动平均**（moving averages，MA）项或者两者都有（ARMA）的模型了。最后，我们将检验有 ARMA 项的 ARIMA 模型，并对其进行差分以保证平稳性。

15.4.2　ARMA 和 ARIMA 模型

在一个 p 阶自回归模型中，序列中的每一个值都可以用它之前 p 个值的线性组合来表示：

$$AR(p): Y_t = \mu + \beta_1 Y_{t-1} + \beta_2 Y_{t-2} + \cdots + \beta_p Y_{t-p} + \varepsilon_t$$

其中 Y_t 是时序中的任一观测值，μ 是序列的均值，β 是权重，ε_t 是随机扰动。在一个 q 阶移动平均模型中，时序中的每个值都可以用之前的 q 个残差的线性组合来表示，即：

$$MA(q): Y_t = \mu + \theta_1 \varepsilon_{t-1} + \theta_2 \varepsilon_{t-2} + \cdots + \theta_q \varepsilon_{t-q} + \varepsilon_t$$

其中 ε 是预测的残差，θ 是权重。注意这里说的移动平均与 15.2.1 节中说的简单移动平均不是一个概念。

这两种方法的混合即 ARMA(p, q) 模型，其表达式为：

$$ARMA(p, q): Y_t = \mu + \beta_1 Y_{t-1} + \beta_2 Y_{t-2} + \cdots + \beta_p Y_{t-p} + \theta_1 \varepsilon_{t-1} + \theta_2 \varepsilon_{t-2} + \cdots + \theta_q \varepsilon_{t-q} + \varepsilon_t$$

此时，序列中的每个观测值用过去的 p 个观测值和 q 个残差的线性组合来表示。

ARIMA(p, d, q) 模型意味着时序被差分了 d 次，且序列中的每个观测值都是用过去的 p 个观测值和 q 个残差的线性组合表示的。预测是"无误差的"或**完整**（integrated）的，来实现最终的预测。

建立 ARIMA 模型的步骤包括：

(1) 确保时序是平稳的；

(2) 找到一个（或几个）合理的模型（即选定可能的 p 值和 q 值）；

(3) 拟合模型；

(4) 从统计假设和预测准确度等角度评估模型的拟合效果；

(5) 预测。

接下来，我们将依次应用这几个步骤，对 Nile 序列拟合 ARIMA 模型。

1. 验证序列的平稳性

首先，我们需要画出序列的折线图并判别其平稳性（见代码清单 15-9 和图 15-13 的上半部分）。可以看到，各观测年间的方差似乎是稳定的，因此我们无须对数据做变换，但数据中可能存在某种趋势，从函数 ndiffs() 的结果也能看出来。

代码清单 15-9 时序的变换以及平稳性评估

```
> library(forecast)
> library(tseries)
> autoplot(Nile)
> ndiffs(Nile)

[1] 1

> dNile <- diff(Nile)
> autoplot(dNile)
> adf.test(dNile)

    Augmented Dickey-Fuller Test

data:  dNile
Dickey-Fuller = -6.5924, Lag order = 4, p-value = 0.01
alternative hypothesis: stationary
```

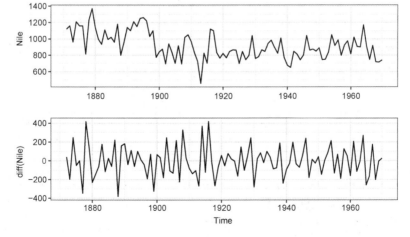

图 15-13 1871 年~1970 年在阿斯旺地区测量的尼罗河的年流量时序图（上图）以及
被差分一次后的时序图（下图），差分后原始图中下降的趋势被移除了

原始时序差分一次（函数默认一阶滞后项，即 lag=1）并存储在 dNile 中。图 15-13 的下半部分是差分后的时序的折线图，显然比原始时序更平稳。我们对差分后的时序做 ADF 检验，检验结果显示时序此时是平稳的，我们可以继续下一步。

2. 选择模型

我们可通过 ACF 图和 PACF 图来选择备选模型：

```
autoplot(Acf(dNile))
autoplot(Pacf(dNile))
```

图 15-14 给出了序列的 ACF 图和 PACF 图。

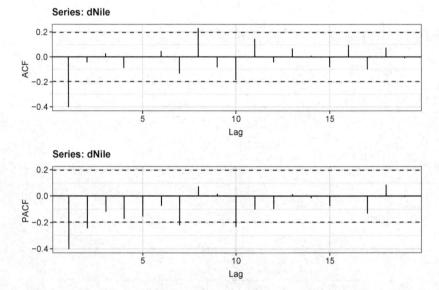

图 15-14　一次差分后的 Nile 序列的 ACF 图和 PACF 图

我们需要为 ARIMA 模型指定参数 p、d 和 q。从前文可以得到 $d=1$。表 15-5 给出了结合 ACF 图和 PACF 图选择参数 p 和 q 的方法。

表 15-5　选择 ARIMA 模型的方法

模　　型	ACF	PACF
ARIMA($p, d, 0$)	逐渐减小到零	在 p 阶后减小到零
ARIMA($0, d, q$)	q 阶后减小到零	逐渐减小到零
ARIMA(p, d, q)	逐渐减小到零	逐渐减小到零

表 15-5 给出了 ARIMA 模型选择的理论方法，尽管实际上 ACF 图和 PACF 图并不一定符合表中的情况，但它仍然可以给我们一个大致思路。对于图 15-13 中的 Nile 时序，可以看到在滞后项为一阶时有一个比较明显的自相关，而当滞后阶数逐渐增加时，偏相关逐渐减小至零。因此，我们可以考虑 ARIMA(0,1,1)模型。

3. 拟合模型

我们可以用 `arima()` 函数拟合一个 ARIMA 模型，其表达式为 `arima(ts, order=c(q,d,q))`。代码清单 15-10 给出了对 `Nile` 时序拟合 ARIMA(0, 1, 1)模型的结果。

代码清单 15-10　拟合 ARIMA 模型

```
> library(forecast)
> fit <- arima(Nile, order=c(0,1,1))
> fit

Series: Nile
ARIMA(0,1,1)

Coefficients:
         ma1
      -0.7329
s.e.   0.1143

sigma^2 estimated as 20600:  log likelihood=-632.55
AIC=1269.09   AICc=1269.22   BIC=1274.28

> accuracy(fit)

                  ME  RMSE   MAE    MPE  MAPE   MASE
Training set -11.94 142.8 112.2 -3.575 12.94 0.8089
```

注意这里我们指定了 $d=1$，即函数将对时序做一阶差分，因此我们直接将模型应用于原始时序即可。函数可以返回移动平均项的系数（–0.73）以及模型的 AIC 值。如果我们还有其他备选模型，则可以通过比较 AIC 值来得到最合理的模型，比较的准则是 AIC 值越小越好。另外，准确度度量也可以帮助我们判断模型是否足够准确。本例中，对百分比误差的绝对值做平均的结果是 13%。

4. 模型评估

一般来说，一个模型如果合适，那么模型的残差应该满足均值为 0 的正态分布，并且对于任意的滞后阶数，残差自相关系数都应该为零。换句话说，模型的残差应该满足独立正态分布（残差间没有关联）。我们可以运行代码清单 15-11 来检验这些假设。

代码清单 15-11　模型拟合评估

```
> library(ggplot2)
> df <- data.frame(resid = as.numeric(fit$residuals))      ❶
> ggplot(df, aes(sample = resid)) +                        ❷
      stat_qq() + stat_qq_line() +
      labs(title="Normal Q-Q Plot")

> Box.test(fit$residuals, type="Ljung-Box")                ❸
    Box-Ljung test

data:  fit$residuals
X-squared = 1.3711, df = 1, p-value = 0.2416
```

❶ 提取残差

❷ 创建 Q-Q 图

❸ 检验所有滞后阶数的自相关系数是否为零

首先，从 fit 对象提取残差并保存在数据框中。然后，函数 qq_* 生成 Q-Q 图（图 15-15）。如果数据满足正态分布，则数据中的点会落在图中的线上。显然，本例的结果还不错。

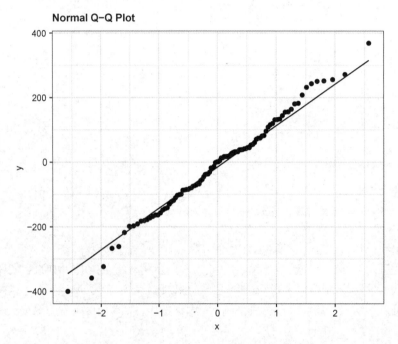

图 15-15　判断序列残差是否满足正态性假设的正态 Q-Q 图。计算值如果服从正态分布，那么这些点应该会落在图中的线上

Box.test() 函数可以检验残差的自相关系数是否都为零。在本例中，模型的残差没有通过显著性检验，即我们可以认为残差的自相关系数为零。ARIMA 模型能较好地拟合本数据。

5. 预测

如果模型残差不满足正态性假设或自相关系数为零的假设，则需要调整模型、增加参数或改变差分次数。当我们选定模型后，就可以用它来做预测了。在代码清单 15-12 中，我们用到了 forecast 包中的函数 forecast() 来实现对接下来 3 年的预测。

代码清单 15-12　用 ARIMA 模型做预测

```
> forecast(fit, 3)

     Point Forecast    Lo 80    Hi 80    Lo 95    Hi 95
1971       798.3673 614.4307 982.3040 517.0605 1079.674
```

```
1972       798.3673 607.9845  988.7502 507.2019 1089.533
1973       798.3673 601.7495  994.9851 497.6663 1099.068

> autoplot(forecast(fit, 3)) + labs(x="Year", y="Annual Flow")
```

函数 `autoplot()`可以画出如图 15-16 的预测图。图中的黑线为点估计，浅灰色和深灰色区域分别代表 80%置信区间和 95%的置信区间。

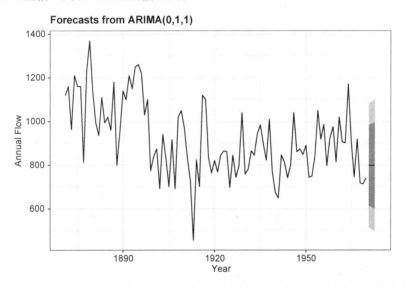

图 15-16 用 ARIMA(0,1,1)模型对 `Nile` 序列做接下来 3 年的预测。图中的黑线代表点
估计，浅灰色和深灰色区域分别代表 80%置信区间和 95%置信区间

15.4.3 ARIMA 模型的自动预测

在 15.3.3 节中，我们可以通过 `forecast` 包中的 `ets()`函数实现最优指数模型的自动选取。同样，包中的函数 `auto.arima()`也可以实现最优 ARIMA 模型的自动选取。在代码清单 15-13 中，我们将这一函数应用于本章开头中所说的 `sunspots` 序列。

代码清单 15-13 ARIMA 模型的自动预测

```
> library(forecast)
> fit <- auto.arima(sunspots)
> fit
Series: sunspots
ARIMA(2,1,2)
Coefficients:
      ar1     ar2    ma1    ma2
      1.35  -0.396  -1.77  0.810
s.e.  0.03   0.029   0.02  0.019

sigma^2 estimated as 243:  log likelihood=-11746
```

```
AIC=23501    AICc=23501    BIC=23531

> forecast(fit, 3)


         Point Forecast      Lo 80     Hi 80      Lo 95     Hi 95
Jan 1984      40.437722  20.4412613  60.43418   9.855774  71.01967
Feb 1984      41.352897  18.2795867  64.42621   6.065314  76.64048
Mar 1984      39.796425  15.2537785  64.33907   2.261686  77.33116

> accuracy(fit)
                 ME RMSE    MAE MPE MAPE MASE
Training set -0.02673 15.6 11.03 NaN  Inf 0.32
```

可以看到，函数选定 ARIMA 模型的参数为 p=2、d=1 和 q=2。与其他模型相比，在这种情况下得到的模型的 AIC 值最小。由于序列中存在值为零的观测值，MPE 和 MAPE 这两个准确度度量都失效了（这也是这两个统计量的一个缺陷）。读者可以自行画出结果图并评估模型的拟合效果。

谨慎看待模型预测

预测有着悠久历史且变化层出不穷。从早年间巫师预测天气到现代数据科学家预测大选结果，预测无论是在自然科学领域还是在人文社科领域都是一个重要的基础性问题。

尽管这些方法对于理解和预测各种各样的现象至关重要，但要时刻记住的是，这些方法都用到了向外推断的思想，即它们都假定未来的条件与现在的条件是相似的。比如，2007 年的金融预测假设了 2008 年及以后的经济将持续增长。而我们现在知道，事实并不是这样。重大事件可以改变一个时间序列中的趋势和模式，我们试图预测得越远，不确定性就越大。

15.5　小结

- □ R 为存储时序数据提供了各种数据结构。基础 R 中的类可存储时间间隔规律的一个（ts）或多个（mts）时间序列。xts 和 zoo 包则将此功能扩展到存储时间间隔不规律的时间序列。

- □ 保存为 xts 对象的时序数据可通过方括号[]来切分子集，也可通过函数 apply.*period* 来进行聚合操作。

- □ forecast 包中的一些函数能够可视化时序数据。比如函数 autoplot() 可以将时序数据绘制为 ggplot2 图形，函数 ma() 可以对时序中的不规则项进行平滑处理，以突出显示其趋势。函数 stl() 可以将时序分解为趋势项、季节项和随机项（误差项）。

- □ forecast 包还可以预测时序的未来值。我们介绍了两种常用的预测方法，即指数模型和差分自回归移动平均（ARIMA）模型。

第 16 章

聚类分析

本章重点
- 找出观测值的可能分组（聚类簇）
- 确定聚类簇的数目
- 获得聚类簇的嵌套层级
- 获得离散的聚类簇

聚类分析是一种数据归约技术，旨在揭示一个数据集中观测值的子集。它可以把大量的观测值归约为若干个聚类簇。这里的**聚类簇**（cluster）被定义为若干个观测值组成的群组，群组内观测值的相似度比群间相似度高。这不是一个精确的定义，这种不精确性导致了各种聚类方法的出现。

聚类分析被广泛用于生物科学和行为科学、市场营销以及医学研究中。例如，一名心理学研究员可能基于抑郁症病人的症状和人口统计学数据对病人进行聚类，试图得出抑郁症的亚型，以期通过亚型来找到更加有针对性和有效的治疗方法，同时更好地了解这种疾病。市场营销研究人员将聚类分析作为一种客户细分策略，他们根据消费者的人口统计特征与购买行为的相似性对客户进行分类，并基于此对其中的一个或多个子组制定相应的营销战略。医学研究人员通过对DNA 微阵列数据进行聚类分析来获得基因表达模式，从而帮助他们理解人类的正常发育以及导致许多疾病的根本原因。

最常用的两种聚类方法是**层次聚类**（hierarchical agglomerative clustering）和**划分聚类**（partitioning clustering）。在层次聚类中，每一个观测值自成一个聚类簇，这些聚类簇每次两两合并，直到所有的聚类簇被聚成一个聚类簇为止。在划分聚类中，首先指定聚类簇的数目 K，然后观测值被随机分成 K 个聚类簇，再重新形成内聚性强的聚类簇。

这两种方法都对应许多可供选择的聚类算法。对于层次聚类来说，常用的算法是单联动（single linkage）、全联动（complete linkage）、平均联动（average linkage）、质心（centroid）和Ward法。对于划分聚类来说，常用的算法是 K 均值（K-means）和围绕中心点的划分（PAM）。每个聚类方法都有它的优点和缺点，我们将在本章讨论。

这一章的例子围绕食物和酒（也是我的爱好）。我们对 `flexclust` 包中的 `nutrient` 数据集作层次聚类，以期回答以下问题。

□ 基于 5 种营养标准的 27 种鱼、禽、肉的相同点和不同点是什么？

□ 是否有一种方法能把这些食物分成若干个有意义的聚类簇？

我们再用划分聚类来分析 178 种意大利葡萄酒样品的 13 种化学成分。数据在 `rattle` 包的 `wine` 数据集中。这里要解决的问题如下。

□ 这些意大利葡萄酒样品能继续分成更细的组吗？

□ 如果能，有多少子组？它们的特征是什么？

事实上，样品中共有 3 个品种的酒（记为 `Type`）。这可以帮助我们评估聚类分析能否辨别这一结构。

尽管聚类方法种类各异，但是它们通常遵循相似的步骤。我们在 16.1 节描述了这些步骤。16.3 节主要探讨层次聚类分析，16.4 节则探讨划分聚类分析。为了保证本章的代码能正常运行，请事先安装以下包：`cluster`、`NbClust`、`flexclust`、`fMultivar`、`ggplot2`、`ggdendro`、`factoextra`、`clusterability` 和 `rattle`。第 17 章也将用到 `rattle` 包。

16.1 聚类分析的一般步骤

像因子分析（第 14 章）一样，有效的聚类分析是一个多步骤的过程，这其中每一次决策都可能影响聚类结果的质量和有效性。本节将介绍全面的聚类分析中的 11 个典型步骤。

(1) **选择合适的变量**。第一步（可能是最重要的一步）是选择我们感觉可能对识别和理解数据中不同观测值分组有重要影响的变量。例如，在一项抑郁症研究中，我们可能会评估以下一个或多个方面：心理学症状、身体症状、发病年龄、发病次数、持续时间和发作时间、住院次数、自理能力、社会和工作经历、当前的年龄、性别、社会经济地位、婚姻状况，家族病史以及对以前治疗的反应。高级的聚类方法也不能弥补聚类变量选不好的问题。

(2) **缩放数据**。如果我们在分析中选择的变量变化范围很大，那么该变量对结果的影响也是最大的。这往往是不可取的，分析师往往在分析之前缩放数据。最常用的方法是将每个变量标准化为均值为 0 和标准差为 1 的变量。其他的替代方法包括每个变量被其最大值相除或该变量减去它的平均值并除以变量的平均绝对偏差。这 3 种方法能用下面的代码来解释：

```
df1 <- apply(mydata, 2, function(x){(x-mean(x))/sd(x)})
df2 <- apply(mydata, 2, function(x){x/max(x)})
df3 <- apply(mydata, 2, function(x){(x - mean(x))/mad(x)})
```

在本章中，我们可以使用 `scale()` 函数来将变量标准化到均值为 0 和标准差为 1 的变量。这和第一个代码片段（`df1`）等价。

(3) **寻找异常点**。许多聚类方法对于异常值是十分敏感的，它能扭曲我们得到的聚类方案。我们可以通过 `outliers` 包中的函数来筛选（和删除）异常单变量离群点。`mvoutlier` 包中包含了能识别多元变量的离群点的函数。我们也可以使用对异常值稳健的聚类方法，围绕中心点的划分（16.4.2 节）可以很好地解释这种方法。

(4) **计算距离**。尽管不同的聚类算法差异很大，但是它们通常需要计算被聚类的实体之间的距离。两个观测值之间最常用的距离量度是欧几里得距离，其他可选的量度包括曼哈顿距离、兰氏距离、非对称二元距离、最大距离和闵可夫斯基距离（可使用?dist 查看详细信息）。本章中，计算距离时默认使用欧几里得距离。计算欧几里得距离的方法见 16.2 节。

(5) **选择聚类算法**。接下来选择对数据聚类的方法，层次聚类对于小样本来说很实用（如 150 个观测值或更少），而且这种情况下嵌套聚类更实用。划分聚类能处理更大的数据量，但是需要事先确定聚类簇的数目。一旦选定了层次聚类或划分聚类，就必须选择一个特定的聚类算法。这里再次强调每个算法都有优点和缺点。16.3 节和 16.4 节中介绍了常用的几种方法。我们可以尝试多种算法来看看相应结果的稳健性。

(6) **获得一种或多种聚类方法**。这一步可以使用步骤(5)选择的方法。

(7) **确定聚类簇的数目**。为了得到最终的聚类方案，我们必须确定聚类簇的数目。这是一个棘手的问题，对此研究者也提出了很多具有针对性的解决方法。常用方法是尝试不同的聚类簇数（比如 $2 \sim K$）并比较各方法解的质量。NbClust 包中的 NbClust() 函数提供了 26 个不同的指标来帮助我们进行选择（这也表明这个问题有多么难解）。本章将多次使用 NbClust 包。

(8) **获得最终的聚类解决方案**。一旦聚类簇的数目确定下来，就可以提取出子群，形成最终的聚类方案了。

(9) **结果可视化**。可视化可以帮助我们判定聚类方案的意义和用处。层次聚类的结果通常表示为一个树状图。划分聚类的结果通常利用可视化双变量聚类图来表示。

(10) **解读聚类簇**。一旦聚类方案确定，我们必须解释（或命名）这个聚类簇。一个聚类簇中的观测值有何相似之处？不同的聚类簇之间的观测值有何不同？这一步通常通过获得聚类簇中每个变量的汇总统计来完成。对于连续型数据，每一个聚类簇中变量的均值和中位数会被计算出来。对于混合数据（数据中包含分类变量），结果中将返回各聚类簇的众数或类别分布。

(11) **验证结果**。验证聚类方案相当于问："这种划分并不是数据集或聚类方法的某种特性，而是确实给出了一个某种程度上有实际意义的结果吗？"如果采用不同的聚类方法或不同的样本，是否会产生相同的聚类簇？包 fpc、clv 和 clValid 包含了评估聚类解的稳定性的函数。

因为观测值之间距离的计算是聚类分析的一部分，所以我们将在 16.2 节中详细讨论。

16.2 计算距离

聚类分析的第一步都是度量样本单元间的距离、相异性或相似性。两个观测值之间的欧几里得距离定义为：

$$d_{ij} = \sqrt{\sum_{p=1}^{P} (x_{ip} - x_{jp})^2}$$

这里，i 和 j 代表第 i 和第 j 个观测值，P 是变量的数目。换言之，两个观测值间的欧几里得距离是对应变量差值的平方和的平方根。

我们看到 flexclust 包中的 nutrient 数据集包括对 27 种肉、鱼和禽的营养物质的测量。最初的几个观测值由下面的代码给出：

```
> data(nutrient, package="flexclust")
> head(nutrient, 4)

              energy protein fat calcium iron
BEEF BRAISED     340      20  28       9  2.6
HAMBURGER        245      21  17       9  2.7
BEEF ROAST       420      15  39       7  2.0
BEEF STEAK       375      19  32       9  2.6
```

前两个观测值（BEEF BRAISED 和 HAMBURGER）之间的欧几里得距离为：

$$d = \sqrt{(340-245)^2 + (20-21)^2 + (28-17)^2 + (9-9)^2 + (2.6-2.7)^2} = 95.64$$

R 软件中自带的 dist() 函数能用来计算矩阵或数据框中所有行（观测值）之间的距离。格式是 dist(x, method=)，这里的 x 表示输入数据，并且默认为欧几里得距离。函数默认返回一个下三角矩阵，但是 as.matrix() 函数可使用标准括号符号获取距离值。对于 nutrient 数据集的数据框来说，前 4 行的距离为：

```
> d <- dist(nutrient)
> as.matrix(d)[1:4,1:4]

             BEEF BRAISED HAMBURGER BEEF ROAST BEEF STEAK
BEEF BRAISED          0.0      95.6       80.9       35.2
HAMBURGER            95.6       0.0      176.5      130.9
BEEF ROAST           80.9     176.5        0.0       45.8
BEEF STEAK           35.2     130.9       45.8        0.0
```

观测值之间的距离越大，异质性越大。观测值和它自己之间的距离是 0。不出所料，dist() 函数计算出的红烧牛肉（BEEFROAST）和汉堡（HAMBURGER）之间的距离与手算一致。

混合数据类型的聚类分析

欧几里得距离通常作为连续型数据的距离度量。但是如果存在其他类型的数据，则需要相异的替代措施，我们可以使用 cluster 包中的 daisy() 函数来获得包含任意二元（binary）、名义（nominal）、顺序（ordinal）、连续（continuous）属性组合的相异矩阵。cluster 包中的其他函数可以使用这些异质性来进行聚类分析。例如 agnes() 函数提供了层次聚类，pam() 函数提供了围绕中心点的划分的方法。

需要注意的是，在 nutrient 数据集中，距离在很大程度上由能量（energy）这个变量控制，这是因为该变量变化范围更大。缩放数据有利于均衡各变量的影响。在 16.3 节中，我们可以对该数据集应用层次聚类分析。

16.3 层次聚类分析

如前所述，在层次聚类中，起初每一个实例或观测值属于一个聚类簇。聚类就是每一次把两个聚类簇聚成一个新的聚类簇，直到所有的聚类簇聚成唯一的一个聚类簇为止，算法如下：

(1) 定义每个观测值（行或单元）为一个聚类簇；

(2) 计算每个聚类簇和其他各聚类簇的距离；

(3) 把距离最短的两个聚类簇合并成一个聚类簇，这样聚类簇的数目就减少一个；

(4) 重复步骤(2)和步骤(3)，直到所有聚类簇合并到包含所有观测值的唯一的一个聚类簇为止。

各种层次聚类算法之间的主要区别是它们对聚类簇距离的定义不同（步骤(2)）。表 16-1 给出了 5 种常见的层次聚类方法的定义和其中两个聚类簇之间距离的定义。

表 16-1　层次聚类方法

聚类方法	两个聚类簇之间的距离定义
单联动	一个聚类簇中的点和另一个聚类簇中的点的最小距离
全联动	一个聚类簇中的点和另一个聚类簇中的点的最大距离
平均联动	一个聚类簇中的点和另一个聚类簇中的点的平均距离（也称作 UPGMA，即非加权对组平均）
质心	两个聚类簇中质心（变量均值向量）之间的距离。对单个的观测值来说，质心就是变量的值
Ward 法	两个聚类簇之间所有变量的方差分析的平方和

单联动聚类方法倾向于发现细长的、雪茄型的聚类簇。它也通常展示一种链式的现象，即不相似的观测值分到一个聚类簇中，因为它们和它们的中间值很相像。全联动聚类倾向于发现具有大致相等直径的紧凑型聚类簇。它对异常值很敏感。平均联动提供了以上两种方法的折中。相对来说，它不像链式，而且对异常值没有那么敏感。它倾向于把方差小的聚类簇聚合。

Ward 法倾向于把有少量观测值的聚类簇聚合到一起，并且倾向于产生与观测值数目大致相等的聚类簇。它对异常值也是敏感的。质心法是一种很受欢迎的方法，因为其中聚类簇距离的定义比较简单、易于理解。相比其他方法，它对异常值不是很敏感。但是，它可能不如平均联动或 Ward 法表现得好。

层次聚类方法可以用 hclust() 函数来实现，格式是 hclust(d, method=)，其中 d 是通过 dist() 函数产生的距离矩阵，且方法包括 "single"、"complete"、"average"、"centroid" 和 "ward"。

在本节中，我们可以使用平均联动聚类方法处理 16.2 节提到的 nutrient 数据集。我们的目的是基于 27 种食物的营养物质辨别其相似性、相异性并分组。代码清单 16-1 提供了实施聚类的代码。

代码清单 16-1　nutrient 数据集的平均联动聚类

```
data(nutrient, package="flexclust")
row.names(nutrient) <- tolower(row.names(nutrient))
nutrient.scaled <- scale(nutrient)
```

```
d <- dist(nutrient.scaled)

fit.average <- hclust(d, method="average")

library(ggplot2)
library(ggdendro)
ggdedgrogram(fit.average) + labs(title="Average Linkage Clustering")
```

首先，载入数据，同时将行名改为小写（因为我讨厌大写的标签）。由于变量值的变化范围很大，我们将其标准化为均值为 0、方差为 1。27 种食物之间的距离采用欧几里得距离，应用的方法是平均联动。最后，用 `ggplot2` 包和 `ggdendro` 包将结果展示为树状图（见图 16-1）。

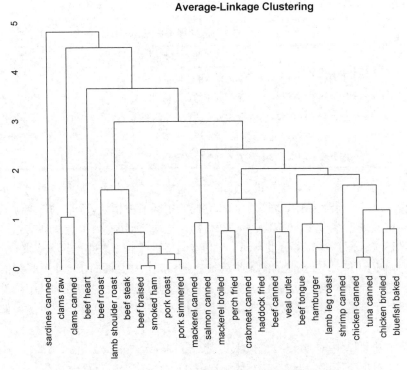

图 16-1 nutrient 数据集的平均联动聚类

树状图应该从下往上读，它展示了这些条目如何被结合成聚类簇。每个观测值起初自成一个聚类簇，然后相距最近的两个聚类簇（beef braised 和 smoked ham）合并。其次，pork roast 和 pork simmered 合并，chicken canned 和 tuna canned 合并。再次，beef braised/smoked ham 这一聚类簇和 pork roast/pork simmered 这一聚类簇合并（这个聚类簇目前包含 4 种食品）。合并继续进行下去，直到所有的观测值合并成一个聚类簇。高度刻度代表了该高度的聚类簇之间合并的判定值。对于平均联动来说，标准是一个聚类簇中的观测值和其他聚类簇中的观测值的距离平均值。

如果我们的目的是理解基于食物营养物质的相似性和相异性，图 16-1 就足够了。它提供了 27 种食物之间的相似性/异质性的层次分析视图。tuna canned 和 chicken canned 是相似的，但是都和 clams canned 有很大的不同。但是，如果最终目标是这些食品被分配到的聚类簇（希望是有意义的聚类簇）较少，我们需要额外的分析来选择聚类簇的适当数目。

NbClust 包提供了众多的判定准则来确定在一个聚类分析里聚类簇的最佳数目。不能保证这些判定准则得出的结果都一致。事实上，它们可能不一样。但是，结果可用来作为选择聚类簇数目 K 值的一个参考。函数 NbClust() 的输入包括：需要做聚类操作的矩阵或数据框，聚类时需要用到的距离度量方式，聚类方法，以及最小聚类簇数目和最大聚类簇数目。该函数返回各个聚类判定准则以及每个聚类判定准则所建议的最佳聚类数。代码清单 16-2 使用该方法处理 nutrient 数据集的平均联动聚类。

代码清单 16-2　选择聚类簇的数目

```
> library(NbClust)
> library(factoextra)
> nc <- NbClust(nutrient.scaled, distance="euclidean",
                min.nc=2, max.nc=15, method="average")
> fviz_nbclust(nc)
```

这里，有两个判定准则支持的聚类簇数目为 0，有一个判定准则支持的聚类簇数目为 1，有 4 个判定准则支持的聚类簇数目为 2，等等。使用 fviz_nbclust() 函数绘制的结果如图 16-2 所示。最佳的聚类簇数目拥有最多支持此聚类簇数目的判定准则数，如果支持数相同，则通常拥有最少聚类簇数目的聚类方案胜出。

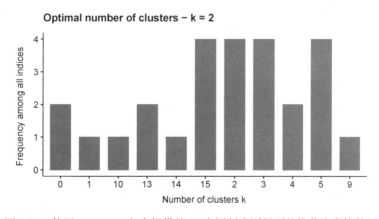

图 16-2　使用 Nbclust 包中提供的 26 个评判准则得到的推荐聚类簇数目

虽然图中推荐的聚类簇数目为 2，我们仍然可以尝试聚类簇数目为 3、5 和 15 的方案，并选择其中一个最有解释意义的。代码清单 16-3 展示了 5 个聚类簇的方案。

代码清单 16-3   获取最终的聚类方案

```
> clusters <- cutree(fit.average, k=5)                                        ❶
> table(clusters)

clusters
 1  2  3  4  5
 7 16  1  2  1

> nutrient.scaled$clusters <- clusters

> library(dplyr)
> profiles <- nutrient.scaled %>%                                             ❷
    group_by(clusters) %>%                                                    ❷
    summarize_all(median)                                                     ❷

  > profiles %>% round(3) %>% data.frame()

  cluster energy protein    fat calcium    iron
1       1  1.310   0.000  1.379  -0.448  0.0811
2       2 -0.370   0.235 -0.487  -0.397 -0.6374
3       3 -0.468   1.646 -0.753  -0.384  2.4078
4       4 -1.481  -2.352 -1.109   0.436  2.2709
5       5 -0.271   0.706 -0.398   4.140  0.0811

> library(colorhcplot)                                                        ❸
> cl <-factor(clusters, levels=c(1:5),                                        ❸
            labels=paste("cluster", 1:5))                                     ❸
> colorhcplot(fit.average, cl, hang=-1, lab.cex=.8, lwd=2,                    ❸
            main="Average-Linkage Clustering\n5 Cluster Solution")            ❸
```

❶ 分配观测值

❷ 描述聚类簇

❸ 结果绘图

cutree() 函数用来把树状图分成 5 个聚类簇❶。第一个聚类簇有 7 个观测值，第二个聚类簇有 16 个观测值，等等。dplyr 函数用来获取每个聚类簇的中位数❷。最后，树状图被重新绘制，colorhcplot 函数用来标识这 5 个聚类簇❸。这里的 cl 是带聚类簇标签的因子，hang=-1 可对齐图形底部的标签，lab.cex 控制标签的大小（此处为默认值为 80%），lwd 控制树状图线条的宽度。图 16-3 展示了结果。如果你看的是本书的黑白版本，那么一定要实际运行一下这段代码，因为在灰阶图中，图中颜色的差别很难看出来。

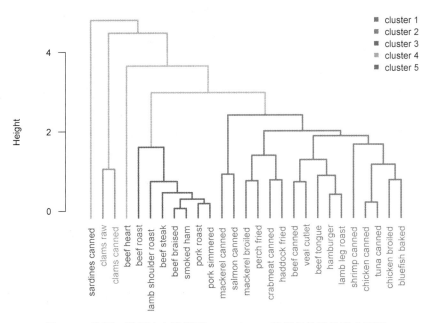

图 16-3　使用 5 类解决方案得到 `nutrient` 数据集的平均联动聚类

  sardines canned 单独构成一个聚类簇，因为它所含的钙比其他食物组要高得多。beef heart 也是单独构成一个聚类簇，因为它富含蛋白质和铁。clams 聚类簇是低蛋白和高铁的。从 beef roast 到 pork simmered 的聚类簇中，所有项目都是高能量和高脂肪的。此外，最大的聚类簇（从 mackerel canned 到 bluefish baked）含有相对较低的铁。

  当需要嵌套聚类和有意义的层次结构时，层次聚类或许特别有用。在生物科学中这种情况很常见。在某种意义上分层算法是贪婪的，一旦一个观测值被分配给一个聚类簇，它就不能在后面的过程中被重新分配。另外，层次聚类难以应用到有数百甚至数千观测值的大样本中。不过，划分聚类可以在大样本情况下做得很好。

16.4　划分聚类分析

  在划分聚类方法中，观测值被分为 K 组并根据给定的规则重新划分成内聚性最强的聚类簇。本节将讨论两种方法：K 均值聚类和围绕中心点的划分（partitioning around medoids, PAM）。

16.4.1　K 均值聚类

  最常见的划分方法是 K 均值聚类分析。从概念上讲，K 均值算法如下：

(1) 选择 K 个质心（随机选择 K 个观测值）；

(2) 把每个观测值分配到离它最近的质心；

(3) 重新计算质心，即每个聚类簇中的观测值到该聚类簇质心距离的平均值（也就是说，质心为长度为 p 的均值向量，这里的 p 是变量的数目）；

(4) 分配每个观测值到它最近的质心；

(5) 重复步骤(3)和步骤(4)，直到所有的观测值不再被分配或是达到最大的迭代次数（R 把 10 次作为默认迭代次数）。

这种方法的实施细节可以变化。

R 软件使用 Hartigan & Wong（1979）提出的高效算法，这种算法是把观测值分成 k 组并使得观测值到其指定的聚类簇质心的平方的总和为最小。也就是说，在步骤(2)和步骤(4)中，每个观测值被分配到使下式得到最小值的那一个聚类簇中：

$$ss(k) = \sum_{i=1}^{n} \sum_{j=0}^{p} (x_{ij} - \overline{x}_{kj})^2$$

其中 k 表示聚类簇编号，x_{ij} 表示第 i 个观测值中第 j 个变量的值。$\overline{x}_{kj}$ 表示第 k 个聚类簇中第 j 个变量的均值，p 是变量的数目。

K 均值聚类能处理比层次聚类更大的数据集。另外，观测值不会永远被分到一个聚类簇中。如果调整观测值所属的聚类簇可以改善整体聚类效果时，那么观测值所属的聚类簇就会被调整。但是均值的使用意味着所有的变量必须是连续的，并且这个方法很有可能被异常值影响。它在非凸聚类（例如 U 型）情况下也会变得很差。

在 R 中 K 均值的函数格式是 kmeans(x,centers)，这里 x 表示数值数据集（矩阵或数据框），centers 是要提取的聚类簇数目。函数返回聚类簇的成员、聚类簇的质心、平方和（聚类簇内平方和、聚类簇间平方和、总平方和）和聚类簇大小。

由于 K 均值聚类在开始要随机选择 k 个质心，因此在每次调用函数时可能获得不同的方案。使用 set.seed() 函数可以保证结果是可复制的。此外，聚类方法对初始质心的选择也很敏感。kmeans() 函数有一个 nstart 选项尝试多种初始配置并输出最好的一个。例如，加上 nstart=25 会生成 25 个初始配置。我通常推荐使用这种方法。

不像层次聚类方法，K 均值聚类要求我们事先确定要提取的聚类簇数目。同样，NbClust 包可以用来作为参考。另外，在 K 均值聚类中，聚类簇中总的平方值与聚类簇数量的曲线可能是有帮助的。可根据图中的弯曲（类似于 14.2.1 节描述的碎石检验中的弯曲）选择适当的聚类簇数目。

图形可以用下面的代码生成：

```
wssplot <- function(data, nc=15, seed=1234){
  require(ggplot2)
  wss <- numeric(nc)
  for (i in 1:nc){
    set.seed(seed)
    wss[i] <- sum(kmeans(data, centers=i)$withinss)
  }
```

```
  results <- data.frame(cluster=1:nc, wss=wss)
  ggplot(results, aes(x=cluster,y=wss)) +
    geom_point(color="steelblue", size=2) +
    geom_line(color="grey") +
    theme_bw() +
    labs(x="Number of Clusters",
         y="Within groups sum of squares")
}
```

参数 data 是用来分析的数值型数据集，nc 是要考虑的最大聚类簇数目，而 seed 是一个随机数种子。

我们用 K 均值聚类来处理包含 178 种意大利葡萄酒样品中 13 种化学成分的数据集。该数据可以通过 rattle 包获得。在这个数据集里，观测值代表 3 种葡萄酒品种，由第一个变量（Type）表示。我们可以放弃这一变量，进行聚类分析，看看是否可以重现已知的结构。

代码清单 16-4 wine 数据集的 K 均值聚类

```
> data(wine, package="rattle")
> library(NbClust)
> library(factoextra)
> head(wine)
```

	Type	Alcohol	Malic	Ash	Alcalinity	Magnesium	Phenols	Flavanoids
1	1	14.23	1.71	2.43	15.6	127	2.80	3.06
2	1	13.20	1.78	2.14	11.2	100	2.65	2.76
3	1	13.16	2.36	2.67	18.6	101	2.80	3.24
4	1	14.37	1.95	2.50	16.8	113	3.85	3.49
5	1	13.24	2.59	2.87	21.0	118	2.80	2.69
6	1	14.20	1.76	2.45	15.2	112	3.27	3.39

	Nonflavanoids	Proanthocyanins	Color	Hue	Dilution	Proline
1	0.28	2.29	5.64	1.04	3.92	1065
2	0.26	1.28	4.38	1.05	3.40	1050
3	0.30	2.81	5.68	1.03	3.17	1185
4	0.24	2.18	7.80	0.86	3.45	1480
5	0.39	1.82	4.32	1.04	2.93	735
6	0.34	1.97	6.75	1.05	2.85	1450

```
> df <- scale(wine[-1])                                        ❶
> head(df)
```

	Alcohol	Malic	Ash	Alcalinity	Magnesium	Phenols	Flavanoids
1	1.51	-0.56	0.23	-1.17	1.91	0.81	1.03
2	0.25	-0.50	-0.83	-2.48	0.02	0.57	0.73
3	0.20	0.02	1.11	-0.27	0.09	0.81	1.21
4	1.69	-0.35	0.49	-0.81	0.93	2.48	1.46
5	0.29	0.23	1.84	0.45	1.28	0.81	0.66
6	1.48	-0.52	0.30	-1.29	0.86	1.56	1.36

	Nonflavanoids	Proanthocyanins	Color	Hue	Dilution	Proline
1	-0.66	1.22	0.25	0.36	1.84	1.01
2	-0.82	-0.54	-0.29	0.40	1.11	0.96
3	-0.50	2.13	0.27	0.32	0.79	1.39
4	-0.98	1.03	1.18	-0.43	1.18	2.33

```
5            0.23          0.40 -0.32  0.36    0.45    -0.04
6           -0.18          0.66  0.73  0.40    0.34     2.23

> wssplot(df)                                                        ❷
> set.seed(1234)                                                     ❷
> nc <- NbClust(df, min.nc=2, max.nc=15, method="kmeans")           ❷
> fviz_nbclust(nc)                                                   ❷


> set.seed(1234)
> fit.km <- kmeans(df, 3, nstart=25)                                 ❸
> fit.km$size

[1] 62 65 51

> fit.km$centers

  Alcohol  Malic   Ash Alcalinity Magnesium Phenols Flavanoids Nonflavanoids
1    0.83 -0.30  0.36     -0.61      0.576    0.883      0.975        -0.561
2   -0.92 -0.39 -0.49      0.17     -0.490   -0.076      0.021        -0.033
3    0.16  0.87  0.19      0.52     -0.075   -0.977     -1.212         0.724
  Proanthocyanins Color   Hue Dilution Proline
1           0.579  0.17  0.47     0.78    1.12
2           0.058 -0.90  0.46     0.27   -0.75
3          -0.778  0.94 -1.16    -1.29   -0.41

> aggregate(wine[-1], by=list(cluster=fit.km$cluster), mean)

  cluster Alcohol Malic Ash Alcalinity Magnesium Phenols Flavanoids
1       1      14   1.8 2.4         17       106     2.8        3.0
2       2      12   1.6 2.2         20        88     2.2        2.0
3       3      13   3.3 2.4         21        97     1.6        0.7
  Nonflavanoids Proanthocyanins Color  Hue Dilution Proline
1          0.29             1.9   5.4 1.07      3.2    1072
2          0.35             1.6   2.9 1.04      2.8     495
3          0.47             1.1   7.3 0.67      1.7     620
```

❶ 标准化数据

❷ 确定聚类簇数目

❸ 进行 K 均值聚类分析

　　因为变量值变化很大，所以在聚类前要将其标准化❶。下一步，使用函数 wssplot() 和 Nbclust() 确定聚类簇的数目❷。图 16-4 显示从 1 个聚类簇到 3 个聚类簇变化时，组内的平方总和有一个明显的下降趋势。3 个聚类簇之后，下降的速度减慢，暗示着聚成 3 个聚类簇可能对数据来说是一个很好的拟合。在图 16-5 中，NbClust 包中的 23 种判定准则中有 19 种建议使用聚类簇数目为 3 的聚类方案。需要注意的是，并非 30 个判定准则都可以计算每个数据集。

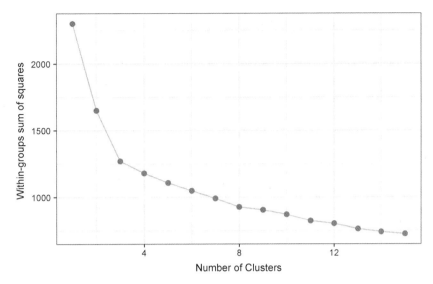

图 16-4 组内平方和与提取的聚类簇数目的比较图。从 1 个聚类簇到 3 个聚类簇平方总和显著下降（之后下降趋势变缓），表示应选用聚类簇数目为 3 的解决方案

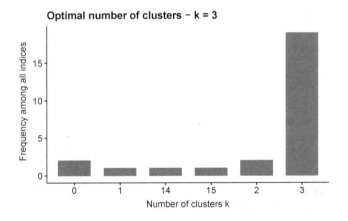

图 16-5 使用 NbClust 包中的 26 个判定准则推荐的聚类簇数目

通过函数 kmeans() 我们获得了最终聚类方案，并且输出了聚类质心❸。因为输出的聚类质心是基于标准化的数据，所以可以使用 aggregate() 函数和聚类簇的成员来得到原始矩阵中每一个聚类簇的变量均值。

比较聚类方案的最简单方法是使用聚类概要图。代码清单 16-5 继续使用代码清单 16-4 中的示例。

代码清单 16-5 聚类概要图

```
library(ggplot2)
library(tidyr)
```

```
means <- as.data.frame(fit.km$centers)                          ❶
means$cluster <- 1:nrow(means)                                  ❶

plotdata <- gather(means, key="variable", value="value", -cluster)    ❷

ggplot(plotdata,                                                ❸
       aes(x=variable,
           y=value,
           fill=variable,
           group=cluster)) +
  geom_bar(stat="identity") +
  geom_hline(yintercept=0) +
  facet_wrap(~cluster) +
  theme_bw() +
  theme(axis.text.x=element_text(angle=90, vjust=0),
        legend.position="none") +
  labs(x="", y="Standardized scores",
       title = "Mean Cluster Profiles")
```

❶ 准备均值聚类概要数据
❷ 将数据转换为长表格式
❸ 将概要数据绘制为多幅条形图

　　首先，我们获得标准化变量的聚类均值，并添加一个代表聚类簇成员隶属关联的变量❶。然后，我们将宽表格式的数据框转化为长表格式（5.5.2 节中介绍了从宽表格式到长表格式的转化）❷。最后，我们将概要数据绘制为条形图❸。图 16-6 展示了图形结果。通过均值聚类概要图，我们可以看出每个聚类簇具有的独特性。例如，与聚类簇 2 和聚类簇 3 相比，聚类簇 1 的 Alcohol（酒精）、Phenols（酚类）、Flavanoids（黄酮类）和 Proline（脯氨酸）的平均得分更高。

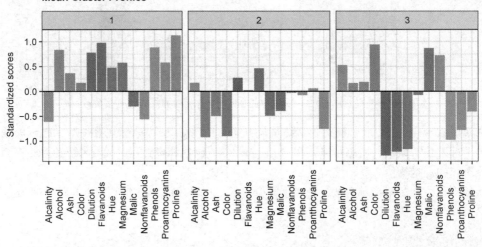

图 16-6   基于标准化数据的各聚类簇的均值聚类概要图。该图有助于识别每个聚类簇
　　　　　 的特征

另一种可视化聚类分析结果的方法是使用双变量聚类图。通过对基于 13 个试验变量的前两个主成分的每个观测值（葡萄酒样品）绘制坐标，可以生成此图形（第 14 章介绍了主成分的概念）。每个点的颜色和形状标识了该点所属的聚类簇。点的标签代表数据中每种葡萄酒样品的行号。此外，用最小椭圆包围每个聚类簇，其中包含了该聚类簇中的所有点。

factoextra 包中的函数 fviz_cluster() 可以生成双变量聚类图：

```
library(factoextra)
fviz_cluster(fit.km, data=df)
```

结果如图 16-7 所示。从图上可知聚类簇 1 和聚类簇 3 的差别最大，4 号葡萄酒样品和 19 号葡萄酒样品性质相似，而与 171 号葡萄酒样品差异很大。

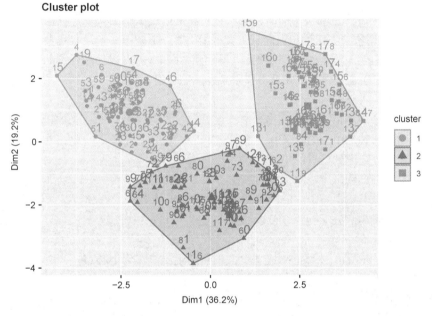

图 16-7 分成 3 种品种的 178 种葡萄酒样品的聚类图。根据数据的前两个主成分绘制每个葡萄酒品种的图形。该图有助于我们识别不同葡萄酒样品和聚类簇之间的相似处和不同点

聚类分析通常是一种无监督技术，因为不存在要预测的结果变量。尽管如此，在 wine 数据集中实际上有 3 种葡萄酒品种（Type）。

K 均值聚类方法可以在多大程度上揭示葡萄酒品种（Type）变量中真正的数据结构呢？下面的代码给出了葡萄酒品种与聚类簇结果之间的交叉关系：

```
> ct.km <- table(wine$Type, fit.km$cluster)
> ct.km

    1  2  3
  1 59  0  0
  2  3 65  3
  3  0  0 48
```

我们可以用 flexclust 包中的兰德指数（Rand index）来量化分类变量和聚类簇之间的一致性：

```
> library(flexclust)
> randIndex(ct.km)
[1] 0.897
```

（根据偶然性）调整兰德指数为两种划分提供了一种一致性度量。它的变化范围是从 –1（完全不一致）到 1（完全一致）。葡萄酒品种类型和聚类方案之间的一致性是 0.897。结果不坏，那我们来一杯可好？

16.4.2　围绕中心点的划分

因为 K 均值聚类方法是基于均值的，所以它对异常值是敏感的。一个更稳健的方法是围绕中心点的划分。与其用质心（变量均值向量）表示聚类簇，不如用一个最有代表性的观测值来表示（称为**中心点**）。K 均值聚类一般使用欧几里得距离，而 PAM 可以使用任意的距离来计算。因此，PAM 可以容纳混合数据类型，并且不仅限于连续型变量。

PAM 算法如下：

(1) 随机选择 K 个观测值（每个都称为中心点）；

(2) 计算观测值到各个中心的距离；

(3) 把每个观测值分配到最近的中心点；

(4) 计算每个中心点到每个观测值的距离的总和（总成本）；

(5) 选择一个该聚类簇中不是中心的观测值，并和中心点互换；

(6) 重新把每个观测值分配到距它最近的中心点；

(7) 再次计算总成本；

(8) 如果总成本比步骤(4)计算的总成本少，把新的观测值作为中心点；

(9) 重复步骤(5)~(8)直到中心点不再改变。

我们可以通过 cluster 包中的函数 pam() 来使用围绕中心点的划分方法。格式是 pam(x, k, metric="euclidean", stand=FALSE)，这里的 x 表示数据矩阵或数据框，k 表示聚类簇的数目，metric 表示使用的距离的类型，而 stand 是一个逻辑值，表示是否应该在计算距离度量之前将变量标准化。代码清单 16-6 中列出了使用 PAM 方法处理 wine 数据集。

代码清单 16-6　对 wine 数据集使用围绕中心点的划分方法

```
> library(cluster)
> set.seed(1234)
> fit.pam <- pam(wine[-1], k=3, stand=TRUE)          ❶
> fit.pam$medoids                                     ❷

      Alcohol Malic  Ash Alcalinity Magnesium Phenols Flavanoids
 [1,]    13.5  1.81 2.41       20.5       100    2.70       2.98
 [2,]    12.2  1.73 2.12       19.0        80    1.65       2.03
 [3,]    13.4  3.91 2.48       23.0       102    1.80       0.75
```

	Nonflavanoids	Proanthocyanins	Color	Hue	Dilution	Proline
[1,]	0.26	1.86	5.1	1.04	3.47	920
[2,]	0.37	1.63	3.4	1.00	3.17	510
[3,]	0.43	1.41	7.3	0.70	1.56	750

❶ 聚类数据的标准化

❷ 输出中心点

注意，这里得到的中心点是 wine 数据集中实际的观测值。在本例中，代表 3 个聚类簇的观测值分别是 36 号、107 号和 175 号葡萄酒。

还需要注意的是，PAM 在如下例子中的表现不如 K 均值聚类方法：

```
> ct.pam <- table(wine$Type, fit.pam$clustering)

    1  2  3
 1 59  0  0
 2 16 53  2
 3  0  1 47

> randIndex(ct.pam)
[1] 0.699
```

可以看到，调整的兰德指数从（K 均值的）0.897 下降到了 0.699。我们可以创建聚类概要图和双变量聚类图来验证结果（留作练习）。

16.5 避免不存在的聚类簇

在结束讨论前，还要提出一点注意事项。聚类分析是一种基于内聚性来识别数据集中的子组的方法，并且在此方面十分擅长，"擅长"到甚至能发现不存在的聚类簇。

请看以下的代码：

```
library(fMultivar)
library(ggplot2)
set.seed(1234)
df <- rnorm2d(1000, rho=.5)
df <- as.data.frame(df)
ggplot(df, aes(x=V1, y=V2)) +
  geom_point(alpha=.3) + theme_minimal() +
  labs(title="Bivariate Normal Distribution with rho=0.5")
```

fMultivar 包中的函数 rnorm2d() 用来从相关系数为 0.5 的二维正态分布中抽取 1000 个观测值。所得的图形如图 16-8 所示。很显然，数据中没有聚类簇。

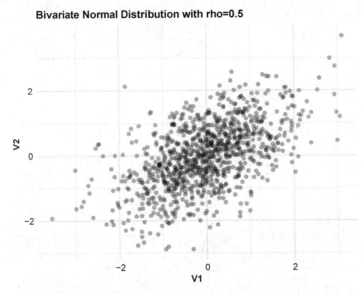

图 16-8   二维正态分布数据（ *n*=1000 ），该数据中不存在聚类簇

随后，使用函数 `wssplot()` 和 `Nbclust()` 来确定当前聚类簇的数目：

```
wssplot(df)
library(NbClust)
library(factoextra)
nc <- NbClust(df, min.nc=2, max.nc=15, method="kmeans")
fviz_nbclust(nc)
```

结果展示在图 16-9 和图 16-10 中。

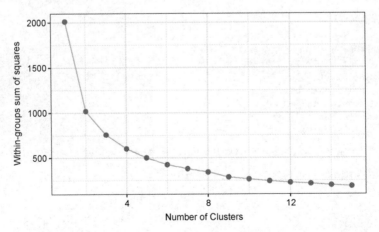

图 16-9   二维正态分布数据的组内平方和与 K 均值聚类簇数目的关系图

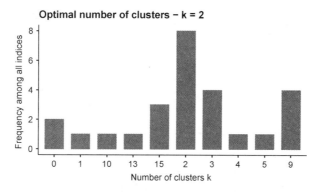

图 16-10　使用 `Nbclust` 包中的判别准则推荐的二维正态分布数据的聚类簇数目，
　　　　推荐的聚类簇数目为 2

两种方法建议的聚类簇数目都至少是 2 个。如果使用 K 均值聚类方法进行双聚类分析：

```
library(ggplot2)
fit <- kmeans(df, 2)
df$cluster <- factor(fit$cluster)
ggplot(data=df, aes(x=V1, y=V2, color=cluster, shape=cluster)) +
    theme_minimal() +
    geom_point(alpha=.5) +
    ggtitle("Clustering of Bivariate Normal Data")
```

则得到图 16-11 所示的双聚类图。

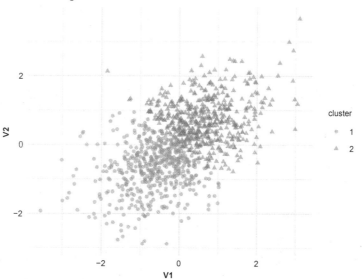

图 16-11　对于二维正态分布数据的 K 均值聚类分析，提取两个聚类簇。注意这里面的
　　　　聚类簇实际上是被任意划分的

很明显，划分是人为的。实际上在这里没有真实存在的聚类簇。那么我们怎样避免这种错误呢？尽管不能保证一定可行，我发现有两种方法很有用。一种方法是使用 clusterability 包中的 DIP 检验：

```
> library(clusterability)
> clusterabilitytest(df[-3], "dip")

Null Hypothesis: number of modes = 1
Alternative Hypothesis: number of modes > 1
p-value: 0.9655
Dip statistic: 0.00823
```

df[-3]将删除数据中的因子变量（聚类簇成员隶属关联）。零假设为存在单个聚类簇（模式）。由于 $p > 0.05$，我们不能拒绝该假设。数据不支持一个聚类簇的结构。

另一种方法是使用 NbClust 包中的**三次聚类准则**（cubic cluster criteria，CCC）。CCC 可以帮助我们发现不存在的结构。代码为：

```
CCC = nc$All.index[, 4]
k <- length(CCC)
plotdata <- data.frame(CCC = CCC, k = seq_len(k))
ggplot(plotdata, aes(x=k, y=CCC)) +
  geom_point() + geom_line() +
  theme_minimal() +
  scale_x_continuous(breaks=seq_len(k)) +
  labs(x="Number of Clusters")
```

结果如图 16-12 所示。当 CCC 的值均为负并且对于两个聚类簇或是更多的聚类簇呈递减时，该分布就是典型的单峰分布。

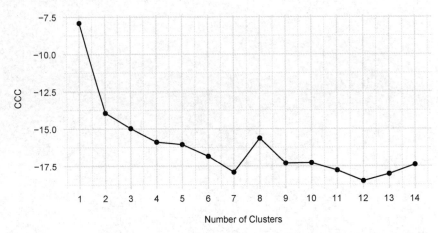

图 16-12　二维正态分布数据的三次聚类准则图，它正确地表明没有聚类簇存在

聚类分析（或我们对它的解读）找到错误聚类簇的能力使得聚类分析的验证步骤很重要。如果我们试图找出在某种意义上"真实的"聚类簇（而不是为了方便地划分），就要确保结果是稳

健的并且是可重复的。我们可以尝试不同的聚类方法，并用新的样本复现结果。如果总是出现相同的聚类结果，我们就可以对得出的结果更加确信。

16.6　小结

- ❑ 聚类分析是一种基于内聚性来识别数据集中的子组的常见方法。
- ❑ 对于我们所说的"聚类簇"或者"聚类簇间的距离"并没有唯一的定义，因此很多聚类方法被开发出来。
- ❑ 聚类分析中最流行的两种方法是层次聚类分析和划分聚类分析。每种方法包含多种聚类方式。没有任何一种方式在所有情况下都是最好的。
- ❑ 对于确定一个数据集中聚类簇的数目也没有最佳的方法。我们可能需要尝试不同方法，然后确定最有意义或最实用的方法。
- ❑ 聚类分析可以发现聚类簇是否存在。如果我们的目的是将数据划分为合适的、内聚性强的分组（比如细分客户），这可能没有问题。但是，如果我们是要找出理论上具有明显差异的自然分组（比如基于症状和病史的抑郁症亚型），那么通过使用新数据复现结果的方式来验证结果就很重要了。

16

第 17 章

分 类

17

本章重点
- ❑ 用决策树进行分类
- ❑ 构建随机森林分类器
- ❑ 生成支持向量机模型
- ❑ 评价分类准确度
- ❑ 理解复杂的模型

数据分析师经常需要基于一组自变量预测一个分类结果，比如：
- ❑ 根据个人信息和财务历史记录预测其是否会还贷；
- ❑ 根据重症病人的症状和生命体征判断其是否为心脏病发作；
- ❑ 根据关键词、图像、超文本、主题栏、来源等判别一封邮件是否为病毒邮件。

上述例子的共同点是根据一组自变量（或特征）来预测相对应的二分类结果（无信用风险/有信用风险，心脏病发作/心脏病未发作，是病毒邮件/不是病毒邮件），目的是找到某种准确的方法，将新实例归为两类中的一类。

监督机器学习领域中包含许多可用于分类的方法，如 Logistic 回归、决策树、随机森林、支持向量机、人工神经网络等。本章将着重探讨前 4 种方法，人工神经网络超出了本书的范围。

监督学习基于一组包含自变量和因变量的观测值。将全部数据分为一个训练集和一个测试集，其中训练集用于建立预测模型，测试集用于测试模型的准确度。对训练集和测试集的划分尤其重要，因为任何分类技术都会最大化给定数据的预测效果。用训练集建立模型并测试模型会使得模型的有效性被过分夸大，而用单独的测试集来测试基于训练集得到的模型则可让估计更准确、更切合实际。得到一个有效的预测模型后，我们就可以预测那些只知道自变量的观测值对应的因变量的值了。

本章将通过 rpart、rpart.plot 和 partykit 包来实现决策树模型及其可视化，通过 randomForest 包拟合随机森林，通过 e1071 包构造支持向量机，通过 R 中的基本函数 glm() 实现 Logistic 回归。在正式开始前，请先确保计算机中已安装必备的包：

```
pkgs <- c("rpart", "rattle", "partykit",
          "randomForest", "e1071")
install.packages(pkgs, depend=TRUE)
```

本章的主要例子来源于某一机器学习数据库中的威斯康星州乳腺癌数据。数据分析的目的是根据细胞组织细针抽吸活检所反映的特征，来判断被检者是否患有乳腺癌（细胞组织观测值由空心细针在皮下肿块中抽得）。

17.1　数据准备

威斯康星州乳腺癌数据集是一个由逗号分隔的文本文件，可在机器学习数据库中找到。本数据集包含 699 个细针抽吸活检的观测值，其中 458 个（65.5%）为良性观测值，241 个（34.5%）为恶性观测值。数据集中共有 11 个变量，文件中未存储变量名。共有 16 个观测值中有缺失数据并在文本文件中用问号（?）表示。

数据集中包含的变量如下所列。
- ID
- 肿块厚度
- 细胞大小的均匀性
- 细胞形状的均匀性
- 边际附着力
- 单个上皮细胞大小
- 裸核
- 乏味染色体
- 正常核
- 有丝分裂
- 类别

第一个变量 ID 不纳入数据分析，最后一个变量（类别）即输出变量（编码为良性=2，恶性=4）。包含缺失值的观测值也将被剔除。

对于每一个观测值来说，数据集记录了 9 个与判别恶性肿瘤相关的细胞特征。这些细胞特征得分为 1（最接近良性）至 10（最接近病变）之间的整数。任一变量都不能单独作为判别良性或恶性的标准。我们所面临的挑战是找到一套分类规则，根据这 9 个细胞特征的某种组合对恶性肿瘤进行准确预测。Mangasarian 和 Wolberg 在其 1990 年的文章中详细探讨了这个数据集。

代码清单 17-1 给出了 R 中数据准备流程。数据从数据库中抽取，并随机分出训练集和测试集，其中训练集中包含 478 个观测值（占 70%），其中良性观测值 302 个，恶性 176 个；测试集中包含 205 个观测值（占 30%），其中良性 142 个，恶性 63 个。

代码清单 17-1　乳腺癌数据准备

```
loc <- "http://mp.ituring.com.cn/files/RiA3/datasets"
ds  <- "breast-cancer-wisconsin/breast-cancer-wisconsin.data"
url <- paste(loc, ds, sep="/")

breast <- read.table(url, sep=",", header=FALSE, na.strings="?")
```

```
names(breast) <- c("ID", "clumpThickness", "sizeUniformity",
                   "shapeUniformity", "maginalAdhesion",
                   "singleEpithelialCellSize", "bareNuclei",
                   "blandChromatin", "normalNucleoli", "mitosis", "class")

df <- breast[-1]
df$class <- factor(df$class, levels=c(2,4),
                   labels=c("benign", "malignant"))
df <- na.omit(df)

set.seed(1234)
index <- sample(nrow(df), 0.7*nrow(df))
train <- df[index,]
test <- df[-index,]
table(train$class)
table(test$class)
```

　　训练集将用于建立 Logistic 回归、经典决策树、条件推断树、随机森林、支持向量机等分类模型，测试集用于评估各个模型的有效性。本章采用相同的数据集，因此可以直接比较各个方法的结果。

17.2　Logistic 回归

　　Logistic 回归（logistic regression）是广义线性模型的一种，可根据一组数值变量预测二元输出（13.2 节有详细介绍）。R 中的基本函数 glm() 可用于拟合 Logistic 回归模型。函数 glm() 自动将自变量中的分类变量编码为相应的虚拟变量。威斯康星州乳腺癌数据中的全部自变量都是数值变量，因此无须对其编码。代码清单 17-2 给出了 R 中 Logistic 回归的计算流程。

代码清单 17-2　使用 glm() 进行 Logistic 回归

```
> fit.logit <- glm(class~., data=train, family=binomial())     ❶
> summary(fit.logit)                                           ❷

Call:
glm(formula = class ~ ., family = binomial(), data = train)

Deviance Residuals:
    Min       1Q   Median       3Q      Max
-3.6141  -0.1204  -0.0744   0.0236   2.1845

Coefficients:
                         Estimate Std. Error z value Pr(>|z|)
(Intercept)              -9.68650    1.29722  -7.467 8.20e-14 ***
clumpThickness            0.48002    0.15244   3.149  0.00164 **
sizeUniformity            0.05643    0.29272   0.193  0.84714
shapeUniformity           0.13180    0.31643   0.417  0.67703
maginalAdhesion           0.40721    0.14038   2.901  0.00372 **
singleEpithelialCellSize -0.03274    0.18095  -0.181  0.85643
bareNuclei                0.44744    0.11176   4.004 6.24e-05 ***
blandChromatin            0.48257    0.19220   2.511  0.01205 *
normalNucleoli            0.23550    0.12903   1.825  0.06798 .
mitosis                   0.66184    0.28785   2.299  0.02149 *
```

```
---
Signif. codes:  0 '***' 0.001 '**' 0.01 '*' 0.05 '.' 0.1 ' ' 1

> prob <- predict(fit.logit, test, type="response")        ❸
> logit.pred <- factor(prob > .5, levels=c(FALSE, TRUE),   ❸
                       labels=c("benign", "malignant"))     ❸
> logit.perf <- table(test$class, logit.pred,              ❹
                      dnn=c("Actual", "Predicted"))          ❹
> logit.perf

          Predicted
Actual     benign malignant
  benign       140         2
  malignant      3        60
```

❶ 拟合 Logistic 回归

❷ 检查模型

❸ 对训练集外观测值进行分类

❹ 评估预测准确度

首先，我们以观测值所属的类别为因变量，其余变量为自变量，拟合出 Logistic 回归模型❶。基于训练数据集中的数据构造 Logistic 回归模型。接着给出了模型中的系数❷。有关系数的解释见 13.2 节。

接着，采用基于训练集建立的预测方程来对测试集中的观测值分类。函数 predict() 默认输出肿瘤为恶性的对数概率，指定参数 type="response" 即可得到预测肿瘤为恶性的概率❸。在下面一行代码中，概率大于 0.5 的病例被分为恶性肿瘤类，概率小于或等于 0.5 的被分为良性肿瘤类。

最后给出预测与实际情况对比的交叉表（**混淆矩阵**，confusion matrix）❹。模型正确判别了 140 个类别为良性的患者和 60 个类别为恶性的患者。

在测试集上，正确分类的观测值总数（accuracy，准确度）为 (140+60)/205≈98%，17.6 节将进一步探讨评估类别模型有效性的统计量。

在继续探讨之前，我们要注意的是，模型中有 3 个自变量（sizeUniformity、shapeUniformity 和 singleEpithelialCellSize）的系数未通过显著性检验（p 值小于 0.1）。我们应该如何处理系数不显著的自变量呢？

从预测的角度来说，我们一般不会将这些变量纳入最终模型。当这类不包含相关信息的自变量特别多时，这样做很重要，我们可以直接将其认定为模型中的噪声。

在这种情况下，可用逐步 Logistic 回归生成一个包含更少变量的模型，其目的是通过增加或移除变量来得到一个更小的 AIC 值。具体到这个例子，可通过：

```
logit.fit.reduced <- step(fit.logit)
```

来得到一个精简的模型。这样，上面提到的 3 个变量就从最终模型中移除，这种精简后的模型在预测测试集的结果时效果也很好。

17.3 节将介绍决策（分类）树模型的构建。

17.3　决策树

决策树是数据挖掘领域中的常用模型，其基本思想是对自变量进行二元分离，从而构造一棵可用于预测新观测值所属类别的树。本节将介绍两类决策树：经典决策树和条件推断树。

17.3.1　经典决策树

经典决策树以一个二元输出变量（对应威斯康星州乳腺癌数据集中的良性/恶性）和一组自变量（对应 9 个细胞特征）为基础。具体算法如下。

(1) 选定一个最佳自变量将全部观测值分为两类，实现两类中的纯度最大化（一类中良性观测值尽可能多，另一类中恶性观测值尽可能多）。如果自变量连续，则选定一个分割点进行分类，使得两类纯度最大化；如果自变量为分类变量（本例中未体现），则对各类别进行合并以获得具有最大纯度的两个类。

(2) 将数据分成两类后，对每一个子类别继续执行步骤(1)。

(3) 重复步骤(1)和步骤(2)，直到子类别中所含的观测值数少于最小观测值数，或者没有分类法能将不纯度下降到一个给定阈值以下。最终集中的子类别即**终端节点**（terminal node）。根据每一个终端节点中观测值的类别数众数来判别这一终端节点的所属类别。

(4) 对观测值进行分类时，将该观测值的属性从根节点输入，然后运行至终端节点，最后将终端节点的因变量的值赋给观测值即可得到观测值所属的类别了。

不过，上述算法通常会得到一棵过大的树，从而出现过拟合现象。结果就是，对于训练集外观测值的分类性能较差。为解决这一问题，可采用 10 折交叉验证法选择预测误差最小的树。这一剪枝后的树即可用于预测。

rpart 包中的函数 rpart() 可以用来创建决策树，函数 prune() 可以用来对决策树进行剪枝。代码清单 17-3 给出了判别细胞为良性或恶性的决策树算法的实现流程。

代码清单 17-3　使用 rpart() 函数创建分类决策树

```
> library(rpart)
> dtree <- rpart(class ~ ., data=train, method="class",      ❶
                 parms=list(split="information"))             ❶
> dtree$cptable

        CP nsplit   rel error     xerror       xstd
1 0.79545455      0 1.00000000 1.0000000 0.05991467
2 0.07954545      1 0.20454545 0.3068182 0.03932359
3 0.01704545      2 0.12500000 0.1590909 0.02917149
4 0.01000000      5 0.07386364 0.1704545 0.03012819

> plotcp(dtree)

> dtree.pruned <- prune(dtree, cp=.01705)                     ❷
```

```
> library(rattle)
> fancyRpartPlot(dtree.pruned, sub="Classification Tree")

> dtree.pred <- predict(dtree.pruned, test, type="class")      ❸
> dtree.perf <- table(test$class, dtree.pred,
                        dnn=c("Actual", "Predicted"))
> dtree.perf
          Predicted
Actual    benign malignant
  benign    136          6
  malignant   3         60
```

❶ 生成决策树

❷ 剪枝

❸ 对训练集外观测值分类

首先，使用函数 rpart() 生成决策树❶。print(dtree) 和 summary(dtree) 可用于检查所得的模型（此处未演示），此时所得的树可能过大，需要剪枝。

rpart() 返回的 cptable 值中包括不同大小的树对应的预测误差，因此可用于辅助设定最终的树的大小；其中，复杂度参数（cp）用于惩罚过大的树；树的大小由分支的数量（nsplit）确定，有 n 个分支的树将有 $n+1$ 个终端节点；rel error 列即训练集中各种树对应的误差率；交叉验证误差（xerror）即基于训练集所得的 10 折交叉验证误差；xstd 栏为交叉验证误差的标准差。

借助 plotcp() 函数可画出交叉验证误差与复杂度参数的关系图（见图 17-1）。对于所有交叉验证误差在最小交叉验证误差一个标准差范围内的树，最小的树即最优的树。

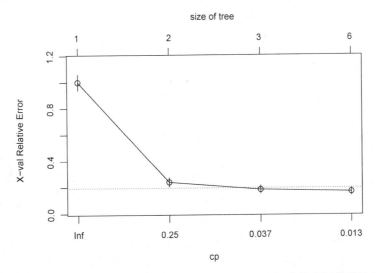

图 17-1 复杂度参数与交叉验证误差。虚线是基于一个标准差准则得到的上限
（0.16 + 0.03 = 0.19）。从图像来看，应选择虚线下最左侧 cp 值对应的树

本例中，最小的交叉验证误差为 0.16，标准误为 0.03，则最优的树为交叉验证误差在 0.16 ±
0.03（0.13 和 0.19）之间的树。由代码清单 17-3 的 cptable 表可知，具有两个分支的树满足要
求（交叉验证误差为 0.16），同样地，根据图 17-1 也可以选得最优树，即在虚线卜面具有最大复
杂度参数的树，其结果再次表明应选择具有两个分支的树（3 个终端节点）。

在完整树的基础上，prune() 函数根据复杂度参数剪掉最不重要的枝，从而将树的大小控制
在理想范围内。基于前面的讨论，我们使用 prune(dtree, cp=0.01705) 返回所需大小的树❷。
该函数返回复杂度参数小于给定 cp 值的最大树。

rattle 包中的 fancyRpartPlot 函数可用于画出让人眼前一亮的最终决策树，如图 17-2
所示。该函数中有许多可供选择的参数（详见?fancyRpartPlot），如 type=2（默认）可画出
每个节点下分隔的标签。此外，图中还显示了每一类的占比以及每个节点处的观测值占比。对观
测值进行分类时，从树的顶端开始，若满足条件则从左枝往下，否则从右枝往下，重复这个过程
直到碰到一个终端节点为止。该终端节点即为这一观测值所属类别。

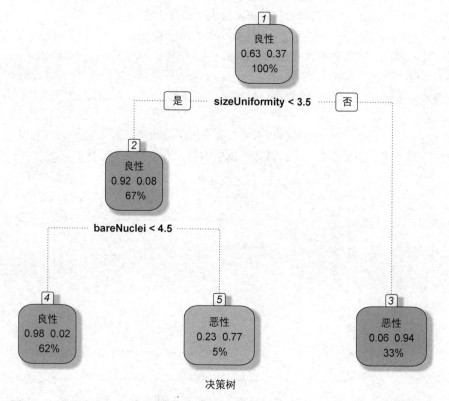

决策树

图 17-2 用剪枝后的经典决策树预测肿瘤状态。从树的顶端开始，如果条件成立则从
        左枝往下，否则从右枝往下。当观测值到达终端节点时，分类结束。每一个
        节点处都有对应类别的概率以及观测值的占比

最后，predict() 函数用来对测试集中的观测值进行分类❸。代码清单 17-3 给出了实际类别与预测类别的交叉表。整体来看，测试集中的准确度达到了 96%。值得注意的是，决策树可能会偏向于选择水平数很多或缺失值很多的自变量。

17.3.2 条件推断树

在介绍随机森林之前，我们先介绍传统决策树的一种重要变体，即**条件推断树**（conditional inference tree）。条件推断树与经典决策树类似，但变量和分割的选取是基于显著性检验的，而不是纯净度或同质性一类的度量。显著性检验是置换检验（详见第 12 章）。

条件推断树的算法如下。

(1) 对输出变量与每个自变量间的关系计算 p 值。

(2) 选取 p 值最小的自变量。

(3) 在因变量与被选中的自变量间尝试所有可能的二元分割（通过置换检验），并选取最显著的分割。

(4) 将数据集分成两类，并对每个子类重复上述步骤。

(5) 重复直至所有分割都不显著或已到达最低节点大小为止。

条件推断树可由 party 包中的 ctree() 函数获得。代码清单 17-4 对乳腺癌数据生成了条件推断树。

代码清单 17-4　使用 ctree() 函数创建条件推断树

```
library(partykit)
fit.ctree <- ctree(class~., data=train)
plot(fit.ctree, main="Conditional Inference Tree",
     gp=gpar(fontsize=8))

> ctree.pred <- predict(fit.ctree, test, type="response")
> ctree.perf <- table(test$class, ctree.pred,
                       dnn=c("Actual", "Predicted"))
> ctree.perf

          Predicted
Actual     benign malignant
  benign      138         4
  malignant     2        61
```

值得注意的是，对于条件推断树来说，剪枝不是必需的，其生成过程相对更自动化一些。另外，partykit 包提供了许多绘图功能。图 17-3 展示了一棵条件推断树，每个节点中的阴影区域代表这个节点对应的恶性肿瘤比例。

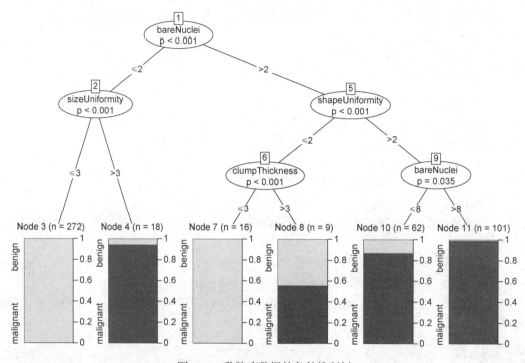

图 17-3　乳腺癌数据的条件推断树

用形如 `ctree()` 的图展示 `rpart()` 生成的决策树

如果我们通过 `rpart()` 函数得到一棵经典决策树，但想要以图 17-3 的形式展示这棵决策树，则可借助 `partykit` 包。我们可通过语句 `plot(as.party(an.rpart.tree))` 绘制想要的图。例如，可以尝试用代码清单 17-3 中生成的 `dtree.pruned` 画出类似于图 17-3 的图，并与图 17-2 中的结果对照。

用经典方法和条件推断法生成的决策树可能会很不一样。尽管在这个例子中，这两种树的准确度比较相似（96% 和 97%），但它们不一样。在 17.4 节中，我们将生成并组合大量决策树，从而对观测值进行分类。

17.4　随机森林

随机森林（random forest）是一种组合式的监督学习方法。在随机森林中，我们同时生成多个预测模型，并将模型的结果汇总以提升分类准确度。

随机森林的算法涉及对观测值和变量进行抽样，从而生成大量决策树。对每个观测值来说，所有决策树依次对其进行分类。所有决策树预测类别中的众数类别即为随机森林所预测的这一观测值的类别。

假设训练集中共有 N 个观测值，M 个变量，则随机森林算法如下。

(1) 从训练集中随机有放回地抽取 N 个观测值，生成大量决策树。

(2) 在每一个节点随机抽取 $m<M$ 个变量，将其作为分割该节点的候选变量。每一个节点处的变量数应一致。

(3) 完整生成所有决策树，无须剪枝（最小节点数设置为 1）。

(4) 终端节点的所属类别由节点对应的众数类别决定。

(5) 对于新的观测值，用所有的树对其进行分类，其类别由多数决定原则生成。

生成树时没有用到的观测值所对应的类别可由生成的树估计，与其真实类别比较即可得到**袋外预测**（out-of-bag，OOB）误差。无法获得测试集时，这是随机森林的一大优势。随机森林算法可计算变量的相对重要程度，这将在下文中介绍。

`randomForest` 包中的 `randomForest()` 函数可用于生成随机森林。函数默认生成 500 棵树，并且默认在每个节点处抽取 `sqrt(M)` 个变量，最小节点数为 1。

代码清单 17-5 给出了用随机森林算法对乳腺癌数据预测恶性类别的代码和结果。

代码清单 17-5 随机森林

```
> library(randomForest)
> set.seed(1234)
> fit.forest <- randomForest(class~., data=train,        ❶
                             importance=TRUE)             ❶
> fit.forest

Call:
 randomForest(formula = class ~ ., data = train, importance = TRUE)
               Type of random forest: classification
                     Number of trees: 500
No. of variables tried at each split: 3

        OOB estimate of  error rate: 2.93%
Confusion matrix:
          benign malignant class.error
benign       293         9  0.02980132
malignant      5       171  0.02840909

> randomForest::importance(fit.forest, type=2)           ❷

                        MeanDecreaseGini
clumpThickness                  9.794852
sizeUniformity                 58.635963
shapeUniformity                49.754466
maginalAdhesion                 8.373530
singleEpithelialCellSize       16.814313
```

```
bareNuclei                    36.621347
blandChromatin                25.179804
normalNucleoli                14.177153
mitosis                        0.015000

> forest.pred <- predict(fit.forest, test)            ❸
> forest.perf <- table(test$class, forest.pred,       ❸
                    dnn=c("Actual", "Predicted"))      ❸
> forest.perf

          Predicted
Actual      benign malignant
  benign       140         2
  malignant      3        60
```

❶ 生成森林

❷ 给出变量重要性

❸ 对训练集外观测值进行分类

首先，函数 randomForest() 从训练集中有放回地随机抽取 489 个观测值，在每棵树的每个节点随机抽取 3 个变量，从而生成了 500 棵经典决策树❶。

随机森林可度量变量的重要性，通过设置 information=TRUE 参数进行指定，并通过 importance() 函数输出❷。rattle 包和 randomForest 包都有 importance() 函数，由于本章中我们已加载了这两个包，因此代码中使用 randomForest::importance() 确保调用了正确的函数。由 type=2 参数得到的变量相对重要性就是分割该变量时节点不纯度（异质性）的下降总量对所有树取平均。节点不纯度由 Gini 系数定义。本例中，sizeUniformity 是最重要的变量，mitosis 是最不重要的变量。

最后，再通过随机森林算法对测试集中的观测值进行分类，并计算预测准确度❸。请注意，分类时剔除了测试集中有缺失值的观测值。总体来看，对测试集的预测准确度高达 98%。

randomForest 包根据经典决策树生成随机森林，而 party 包中的函数 cforest() 则可基于条件推断树生成随机森林。当自变量间高度相关时，基于条件推断树的随机森林可能效果更好。

相较于其他分类方法，随机森林的分类准确度通常更高。另外，随机森林算法可处理大规模（多观测值、多变量）分类问题，可处理训练集中有大量缺失值的数据，也可应对变量远多于观测值的数据。可计算袋外预测误差、度量变量重要性也是随机森林的两个明显优势。

随机森林的一个明显缺点是分类方法（此例中相当于 500 棵决策树）较难理解和表达。另外，我们需要存储整个随机森林以对新的观测值分类。

随机森林是一个黑盒模型。输入自变量值，然后输出精确的预测值，但是对于盒子（模型）里面发生的事则很难了解。我们将在 17.7 节中讨论此问题。

在 17.5 节中，我们将讨论本章最后一个分类模型：支持向量机。

17.5 支持向量机

支持向量机（support vector machines, SVM）是一类可用于分类和回归的监督机器学习模型，其流行归功于两个方面：一方面，他们可输出较准确的预测结果；另一方面，模型基于较优雅的数学理论。本章将介绍支持向量机在二元分类问题中的应用。

SVM 旨在在多维空间中找到一个能将全部观测值分成两类的最优平面，这一平面应使两类中距离最近的观测值的**间距**（margin）尽可能大，在间距边界上的点被称为**支持向量**（它们决定间距），分割的超平面位于间距的中间。

对于一个 N 维空间（N 个变量）来说，最优超平面（linear decision surface，**线性决策面**）为 $N-1$ 维。当变量数为 2 时，曲面是一条直线；当变量数为 3 时，曲面是一个平面；当变量数为 10 时，曲面就是一个九维的超平面。当然，这并不是太好想象。

下面来看图 17-4 中的二维问题。圆圈和三角形分别代表两个不同类别，间距即两根虚线间的距离。虚线上的点（实心的圆圈和三角形）即支持向量。在二维问题中，最优超平面即间距中的黑色实线。在这个理想化案例中，这两类观测值是线性可分的，即黑色实线可以无误差地准确区分两类。

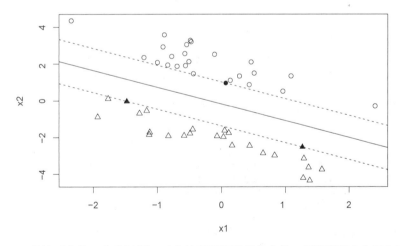

图 17-4 线性可分的二分类问题。对应的超平面即黑色实线，间距即黑色实线与两根
虚线间的距离之和，实心圆圈和三角形是支持向量

最优超平面可由一个二次规划问题解得。二次规划问题限制一侧观测值的因变量的值为+1，另一侧的因变量的值为–1，在此基础上最优化间距。若观测值"几乎"可分（并非所有观测值都集中在一侧），则在最优化中加入惩罚项以容许一定误差，从而生成"软"间隔。

不过有可能数据本身就是非线性的。比如图 17-5 中就不存在完全分开圆圈和三角形的线。在这种情况下，SVM 通过核函数将数据投影到高维，使其在高维线性可分。想象一下用这种方式对图 17-5 的数据进行投影，从而将圆圈从纸上分离出来。要实现此目的，一种方法是将二维数据投影到三维空间：

$$(X,Y) \to (X^2, 2XY, Y^2) \to (Z_1, Z_2, Z_3)$$

这样，我们就可以用一张硬纸片将三角形与圆圈分开（一个二维平面变成了一个三维空间）。

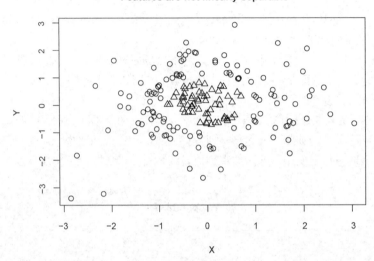

图 17-5 当两类线性不可分时的分类问题，此时无法用一个超平面（一条线）
        分开这两类

SVM 的数学解释比较复杂，不在本书的讨论范围内。Statnikov、Aliferis、Hardin 和 Guyon 在 2011 年做了一个直观清晰的关于 SVM 的展示，介绍了 SVM 中一些概念性的细节，同时避免了复杂的数学推导。

SVM 可以通过 R 中 kernlab 包的 ksvm() 函数和 e1071 包中的 svm() 函数实现。ksvm() 功能更强大，但 svm() 相对更简单。代码清单 17-6 给出了通过 svm() 函数对威斯康星州乳腺癌数据建立 SVM 模型的一个示例。

代码清单 17-6   支持向量机

```
> library(e1071)
> set.seed(1234)
> fit.svm <- svm(class~., data=train)
> fit.svm

Call:
svm(formula = class ~ ., data = train)


Parameters:
   SVM-Type:  C-classification
```

```
SVM-Kernel:  radial
       cost:  1

Number of Support Vectors:  84

> svm.pred <- predict(fit.svm, test)
> svm.perf <- table(test$class,
                    svm.pred, dnn=c("Actual", "Predicted"))
> svm.perf

          Predicted
Actual     benign malignant
  benign      138         4
  malignant     0        63
```

由于方差较大的自变量通常对 SVM 的生成影响更大，svm() 函数默认在生成模型前对每个变量标准化，使其均值为 0、标准差为 1。从结果来看，SVM 的预测准确度不错（99%）。

支持向量机调优

svm() 函数默认通过**径向基函数**（radial basis function，RBF）将观测值投射到高维空间。一般来说 RBF 核是一个比较好的选择，因为它是一种非线性投影，可以应对类别标签与自变量间的非线性关系。

在拟合带 RBF 核的 SVM 模型时，svm() 函数的两个参数可能影响最终结果：gamma 和 cost。gamma 是核函数的参数，控制分割超平面的形状。gamma 越大，通常导致支持向量越多。我们也可将 gamma 看作控制训练集"到达范围"的参数，即 gamma 越大意味着训练集到达范围越广，而越小则意味着到达范围越窄。gamma 必须大于 0。

cost 参数代表犯错的成本。cost 越大意味着模型对误差的惩罚越大，从而将生成一个更复杂的分类边界，对应的训练集中的误差也会更小，但也意味着可能存在过拟合问题，即对新观测值的预测误差可能很大。cost 越小表示分类边界越平滑，但可能会导致欠拟合。与 gamma 一样，cost 参数也恒为正。

svm() 函数默认设置 gamma 为自变量个数的倒数，cost 参数为 1。不过 gamma 与 cost 参数的不同组合可能生成更有效的模型。在建模时，我们可以尝试变动参数值建立不同的模型，但利用格点搜索法可能更有效。可以通过 tune.svm() 对每个参数设置一个候选范围，tune.svm() 函数对每一个参数组合生成一个 SVM 模型，并输出在每一个参数组合上的表现。代码清单 17-7 给出了一个示例。

代码清单 17-7 RBF 支持向量机调优

```
> set.seed(1234)
> tuned <- tune.svm(class~., data=train,           ❶
                    gamma=10^(-6:1),                ❶
                    cost=10^(-10:10))               ❶
> tuned                                             ❷
```

```
Parameter tuning of 'svm':

- sampling method: 10-fold cross validation

- best parameters:
 gamma cost
  0.01    1

- best performance: 0.03355496

> fit.svm <- svm(class~., data=train, gamma=.01, cost=1)     ❸
> svm.pred <- predict(fit.svm, na.omit(test))                ❹
> svm.perf <- table(na.omit(test)$class,                     ❹
                    svm.pred, dnn=c("Actual", "Predicted"))  ❹
> svm.perf                                                   ❹

          Predicted
Actual    benign malignant
  benign     139         3
  malignant    1        62
```

❶ 变换参数
❷ 输出最优模型
❸ 用这些参数拟合模型
❹ 评估交叉验证表现

首先，对不同的 gamma 和 cost 拟合一个带 RBF 核的 SVM 模型❶。我们一共将尝试 8 个不同的 gamma（从 0.000 001 到 10）以及 21 个 cost（从 0.0 000 000 001 到 100 000 000）。总体来说，我们共拟合了 168（8×21）个模型，并比较了其结果。训练集中 10 折交叉验证误差最小的模型所对应的参数为 gamma=0.01，cost=1。

基于这一参数值组合，我们对训练集拟合出新的 SVM 模型❸，然后用这一模型对测试集中的观测值进行预测❹，并给出错分个数。调优后的模型❷几乎对错误数量没有影响，这对本例来说并不奇怪。默认的参数值（cost = 1，gamma = 0.111）与调优后的值（cost = 1，gamma = 0.01）非常接近。一般来说，为 SVM 模型选取调优参数通常可以得到更好的结果。

如前所述，由于 SVM 适用面比较广，因此它目前是很流行的一种模型。SVM 也可以应用于变量数远多于观测值数的问题，而这类问题在生物医药行业很常见，因为在 DNA 微序列的基因表示中，变量数通常比可用观测值数高 1~2 个量级。

与随机森林类似，SVM 的一大缺点是分类准则比较难以理解和表述。SVM 从本质上来说也是一个黑盒。另外，SVM 在对大样本建模时不如随机森林，但只要建立了一个成功的模型，在对新观测值分类时就没有问题了。

17.6 选择预测效果最好的模型

在 17.4 节和 17.5 节中，我们使用了几种监督机器学习模型对细针抽吸活检细胞观测值进行分类，分为恶性和良性。但如何从中选出最准确的模型呢？首先，我们需要在二分类情况下定义准确度。

❑ 最常被提及的统计量是**准确度**（accuracy），即分类器是否总能正确划分观测值。尽管准确度承载的信息量很大，这一指标仍不足以选出最准确的方法。我们还需要其他信息来评估各种分类模型的有效性。

❑ 假设我们现在需要判别一个人是否患有精神分裂症。精神分裂症是一种极少见的疾病，人群中的患病率约为1%。如果一种分类模型将全部人判别为未患病，则这一分类器的准确度将达到99%，但它会把所有患精神分裂症的人判别成健康人。从这个角度来说它显然不是一个好的分类器。因此，在准确度之外，我们一般还应该问问以下问题。

■ 患有精神分裂症的人中有多大比例被成功判别？
■ 未患病的人中有多大比例被成功判别？
■ 如果一个人被判别为精神分裂症患者，这个判别有多大概率是准确的？
■ 如果一个人被判别为未患病，这个判别又有多大概率是准确的？

上述问题涉及一个分类方法的敏感度（sensitivity）、特异性（specificity）、正例命中率（positive predictive power）和负例命中率（negative predictive power）。这4个概念的定义见表17-1。

表17-1 预测准确度度量

统 计 量	解 释
敏感度	正类的观测值被成功预测的概率，也叫**正例覆盖率**（true positive）或召回率（recall）
特异性	负类的观测值被成功预测的概率，也叫**负例覆盖率**（true negative）
正例命中率	被预测为正类的观测值中，预测正确的观测值占比，也叫**精度度**（precision）
负例命中率	被预测为负类的观测值中，预测正确的观测值占比
准确度	被正确分类的观测值所占比重，也叫ACC

下面给出计算这几个统计量的函数。

代码清单17-8 评估二分类准确度

```
performance <- function(table, n=2){
  if(!all(dim(table) == c(2,2)))
     stop("Must be a 2 x 2 table")
  tn = table[1,1]                                          ❶
  fp = table[1,2]                                          ❶
  fn = table[2,1]                                          ❶
  tp = table[2,2]                                          ❶
  sensitivity = tp/(tp+fn)                                 ❷
  specificity = tn/(tn+fp)                                 ❷
  ppp = tp/(tp+fp)                                         ❷
  npp = tn/(tn+fn)                                         ❷
  hitrate = (tp+tn)/(tp+tn+fp+fn)                          ❷
  result <- paste("Sensitivity = ", round(sensitivity, n) ,❸
     "\nSpecificity = ", round(specificity, n),            ❸
     "\nPositive Predictive Value = ", round(ppp, n),      ❸
     "\nNegative Predictive Value = ", round(npp, n),      ❸
```

```
        "\nAccuracy = ", round(hitrate, n), "\n", sep="")      ❸
    cat(result)                                                 ❸
}
```

❶ 提取频数

❷ 计算统计量

❸ 输出结果

首先，给定真值（行）和预测值（列），performance()函数可给出这 5 个准确度度量的值。具体来说，函数首先提取出负类中正确的个数（良性组织被判别为良性）、负类中错分的个数（恶性组织被判别为良性）、正类中错分的个数（良性组织被判别为恶性）、正类中正确的个数（恶性组织被判别为恶性）❶。这些计数即可用于计算敏感度、特异性、正例命中率、负例命中率和准确度❷。最后，代码将结果进行格式调整并打印输出❸。

代码清单 17-9 将 performance()函数用于本章提到的 5 个分类器。

代码清单 17-9   乳腺癌数据分类器的表现

```
> performance(logit.perf)
Sensitivity = 0.95
Specificity = 0.99
Positive Predictive Value = 0.97
Negative Predictive Value = 0.98
Accuracy = 0.98

> performance(dtree.perf)
Sensitivity = 0.95
Specificity = 0.96
Positive Predictive Value = 0.91
Negative Predictive Value = 0.98
Accuracy = 0.96

> performance(ctree.perf)
Sensitivity = 0.97
Specificity = 0.97
Positive Predictive Value = 0.94
Negative Predictive Value = 0.99
Accuracy = 0.97

> performance(forest.perf)
Sensitivity = 0.95
Specificity = 0.99
Positive Predictive Value = 0.97
Negative Predictive Value = 0.98
Accuracy = 0.98

> performance(svm.perf)
Sensitivity = 0.98
Specificity = 0.98
Positive Predictive Value = 0.95
Negative Predictive Value = 0.99
Accuracy = 0.98
```

在这个案例中，这些分类模型（Logistic 回归、经典决策树、条件推断树、随机森林和支持向量机）在准确度方面都表现得相当不错。不过在现实中并不总是这样。

在这个案例中，支持向量机模型的表现相对更好。不过各个分类器的差距较小，因此支持向量机的优势可能具有一定的偶然性。支持向量机模型成功判别了 98% 的恶性观测值（敏感度）和 98% 的良性观测值（特异性），总体来说预测准确度高达 98%。95% 被判别为恶性的观测值确实是恶性的（正例命中率），99% 被判别为良性的观测值确实是良性的（负例命中率）。从肿瘤诊断的角度来说，特异性（成功判别恶性观测值的概率）这一指标格外重要。

我们也可以从特异性和敏感度的权衡中改进分类模型，但这不在本书的范围之内。在 Logistic 回归模型中，predict() 函数可以估计一个观测值为恶性的概率。如果这一概率值大于 0.5，则类器会把这一观测值判别为恶性。这个 0.5 即**阈值**（threshold）或门槛值（cutoff value）。通过改变这一阈值，我们可以牺牲分类器的特异性来增加其敏感度。predict() 函数同样适用于决策树、随机森林和支持向量机（尽管语句写法上会有差别）。

变动阈值可能带来的影响可以通过**受试者工作特征**（receiver operating characteristic，ROC）曲线来进行评估。ROC 曲线可对一个区间内的阈值画出特异性和敏感度之间的关系，然后我们就能针对特定问题选择具有最佳特异性和敏感度组合的阈值。许多 R 包都可以画 ROC 曲线，如 ROCR、pROC 等。这些 R 包中的分析函数能帮助我们在不同情况下选择最佳阈值，或者通过比较不同分类算法的 ROC 曲线选择最有效的算法。

17.7 理解黑箱预测

分类模型用于真实的工作决策时可能会对人产生重要的影响。假设我们申请了一笔银行贷款，但是被拒绝了，我们想要知道原因。如果决策是基于 Logistic 回归模型或决策树模型做出的，那么通过查看前一个 Logistic 回归模型的模型系数或者决策树模型的决策树可以知道其中的原因。但是，如果分类是基于随机森林、支持向量机模型或者人工神经网络模型做出的，该怎么办呢？直到最近，答案都是"因为电脑是这么说的"，这是一个令人非常不满意的答案！

近年来，人们采用一种称为可解释的人工智能（explainable artificial intelligence, XAI）的方法和技术来理解黑盒模型。XAI 旨在更好地理解黑盒模型通常是如何工作的（全局理解），或者是如何对个体做出预测的（局部理解）。

假设有个患者名叫 Alex。Alex 的活检得出以下实验数据：

```
bareNuclei = 9,
sizeUniformity = 1,
shapeUniformity = 1,
blandChromatin = 7,
maginalAdhesion = 1,
mitosis = 3,
normalNucleoli = 3,
clumpThickness = 6,
singleEpithelialCellSize = 3
```

在 17.4 节所讲的随机森林模型中输入这些数据，得出预测结果为恶性（概率为 0.658）。在本节后面的内容中我们将应用 XAI 技术探索随机森林模型是如何得出这个诊断结果的。我们需要使用 DALEX 包，所以在继续探讨之前确保安装此包（install.packages("DALEX")）。

17.7.1   绘制细分图

我们的目标是将 Alex 的自变量的分数划分到对最终类别的独立贡献中（恶性概率为 0.658）。要实现此目标，我们将使用细分值。

(1) 计算训练集中所有观测值的平均预测均值（本例中指恶性的概率），得出 0.365，将该值称为截距。

(2) 对 bareNuclei = 9 的所有观测值计算平均预测均值（0.544），本例中 bareNuclei 的贡献值为 0.544 − 0.365 = +0.179。

(3) 对 bareNuclei = 9 且 sizeUniformity = 1 的所有观测值计算平均预测均值（0.476），sizeUniformity 的贡献值为 0.476 − 0.544 = −0.068。

(4) 对 bareNuclei = 9 且 sizeUniformity = 1 且 shapeUniformity = 1 的所有观测值计算平均预测均值（0.42），shapeUniformity 的贡献值为 0.05。

(5) 继续计算，直到包含观测值的所有自变量值。单个观测值的自变量贡献值为模型所有自变量贡献值的总和。正贡献值增加恶性诊断结果的可能性，负贡献值降低恶性诊断结果的可能性。因此，贡献值的大小可评估变量对最终预测结果的影响。

代码清单 17-10 提供了计算细分值的代码，图 17-6 展示了细分图。

代码清单 17-10   使用细分图理解黑盒预测

```
> library(DALEX)

> alex <- data.frame(                                              ❶
        bareNuclei = 9,                                            ❶
        sizeUniformity = 1,                                        ❶
        shapeUniformity = 1,                                       ❶
        blandChromatin = 7,                                        ❶
        maginalAdhesion = 1,                                       ❶
        mitosis = 3,                                               ❶
        normalNucleoli = 3,                                        ❶
        clumpThickness = 6,                                        ❶
        singleEpithelialCellSize = 3                               ❶
   )

> predict(fit.forest, alex, type="prob")                          ❷

  benign malignant
1  0.278    0.722

set.seed(1234)                                                    ❸
explainer_rf_malignant <-                                         ❸
  explain(fit.forest, data = train,  y = train$class == "malignant", ❸
  predict_function = function(m, x) predict(m, x, type = "prob")[,2]) ❸
```

```
rf_pparts <- predict_parts(explainer=explainer_rf_malignant,    ❹
                           new_observation = alex,              ❹
                           type = "break_down")                 ❹

plot(rf_pparts)                                                 ❹
```

❶ 要提取的观测值

❷ 预测此观测值的结果

❸ 生成解释器对象

❹ 生成细分图

加载 DALEX 包后，我们首先用数据框格式输入感兴趣的观测值❶。函数 predict() 将此观测值的数据输入随机森林，并输出预测结果。因为设置了参数 type="prob"，所以会返回良性结果和恶性结果的概率❷。接下来，创建 DALEX explainer 对象❸。该对象将随机森林模型、训练集数据、结果变量和用于预测结果的函数视为参数。此处，我们指定要预测恶性肿瘤的类别。在预测函数中使用[,2]仅返回恶性肿瘤的概率。最后，我们使用 explainer 对象和待解释的观测值生成细分图❹。

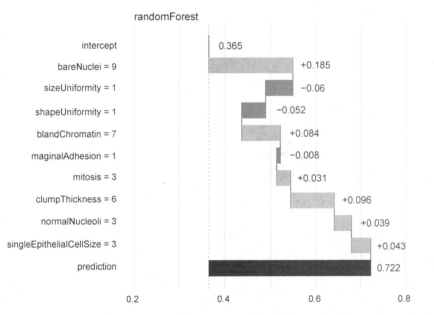

图 17-6 观测值的随机森林预测细分图。恶性活检观测值的平均预测概率为 0.365。根据此观测值的分数，恶性活检观测值的预测概率为 0.722。因为此概率大于 0.5，所以预测结果为该活检观测值呈现恶性。从图上还可以看到此观测值每个自变量值的贡献值。浅灰色条表示对预测结果的正贡献，深灰色条则表示负贡献

如图 17-6 所示，我们可以看到对于 Alex 来说，`bareNuclei = 9` 和 `clumpThickness = 6` 对恶性诊断结果的贡献较大。`sizeUniformity = 1` 和 `shapeUniformity = 1` 分数降低了活检细胞为恶性的概率。考虑所有 9 个自变量值，我们得出恶性概率为 0.658。因为 0.658 > 0.50，所以随机森林模型将 Alex 的活检观测值判定为恶性。

17.7.2   绘制 Shapley 值图

细分图非常有助于我们理解黑盒模型得出一个观测值的特定预测结果的原因。但是，值得注意的是，细分图与顺序有关。如果两个或两个以上自变量之间存在相互作用效应，那么不同的变量顺序将得出不同的细分结果。

使用 Shapley 加性解释（Shapley additive explanation）或 SHAP 值可以避免对顺序的依赖，即针对自变量的各种顺序分别计算细分贡献值，然后计算每个变量的平均值。我们继续使用代码清单 17-10 中的示例，代码

```
set.seed(1234)
rf_pparts = predict_parts(explainer = explainer_rf_malignant,
                          new_observation = alex,
                          type = "shap")
plot(rf_pparts)
```

生成如图 17-7 所示的图形。

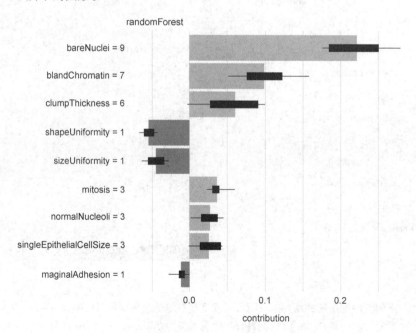

图 17-7   观测值的随机森林预测的 Shapley 值图

箱线图显示了一个变量在不同变量顺序上的细分贡献值范围。条形代表平均细分值。较长的条形表示对此观测值的预测结果影响较大。正向条形（浅灰色）表示对恶性诊断有贡献，而负向条形（深灰色）表示对良性诊断有贡献。

本节探讨的 XAI 方法与模型无关，可用于任何机器学习方法，包括本章中讨论的那些方法。DALEX 包还提供了许多其他类似的统计量，值得一看。

17.8 深入探究

使用机器学习技术生成预测模型是一个复杂的迭代过程。常见的步骤如下。

(1) **数据分割**将可用数据分为训练集和测试集。

(2) **数据预处理**选择自变量，并进行必要的变换（如果需要）。例如，在支持向量机中通常最适合使用标准化自变量。高度相关的变量可能要合并为复合变量或者被删除。必须对缺失值进行插值处理，或者剔除缺失值。

(3) **模型构建**现在人们已经研发出了许多候选的预测模型，其中多数模型具有需要调优的超参数。超参数是控制学习过程的模型参数，通过反复试验选出这些参数。决策树中的复杂度参数、随机森林中分割的候选变量数，以及支持向量机中的参数 cost 和 gamma，都是超参数。我们需要不断地调整这些参数的值，最后选择能够生成预测性最好、最稳健的模型的参数值。

(4) **模型比较**拟合一系列模型后，对它们的表现进行比较，然后选择最终的模型。

(5) **发布模型**最终的模型选定后，它将用于对未来进行预测。由于环境可能会发生变化，因此随着时间的推移，不断地评估模型的有效性很有必要。

由于机器学习技术存在于许多不同的包中，并且使用不同的语法，这使得我们的工作更加复杂。为了简化工作流程，我们开发了综合包或元包。这些包可以作为其他包的封装，为构建预测模型提供简化、一致的接口。只要学习其中一种包就可以极大地简化建立有效预测系统的任务。

3 种最流行的包是 caret 包、mlr3 框架和 tidymodels 框架（框架由一些相关联的包组成）。caret 包可能是最成熟的包，支持 230 多种机器学习算法。mlr3 框架是高度结构化的，对面向对象的程序员很有吸引力。tidymodels 框架是最新的，也许是最灵活的包。由于它是由负责 caret 包的同一批人创建的，因此我怀疑随着时间的推移，它将取代 caret 包。如果想要使用 R 进行机器学习，我建议选择其中一种框架深入学习，至于选择哪个则是个人偏好了。

17.9 小结

❑ 数据科学中的常见任务是对二分类结果进行预测（通过/未通过；成功/失败；存活/死亡；良性/恶性），这些预测会对个体产生现实的影响。

❑ 预测模型的范围从相对简单的模型（Logistic 回归、决策树）到超复杂的模型（随机森林、支持向量机、人工神经网络），应有尽有。

❑ 模型通常具有超参数（控制学习过程的参数），必须通过反复试验来对参数进行调优。

❑ 预测模型的有效性评估指标包括：准确度、敏感度、特异性、正例命中率和负例命中率等。

❑ 用于探索高度复杂的黑盒模型的新技术已经被开发出来。

❑ 构建预测模型的过程包含很多迭代步骤，我们可以使用综合包或框架，比如 `caret`、`mlr2` 或 `tidymodels` 来简化步骤。

处理缺失数据的高级方法

本章重点
- 识别缺失数据
- 缺失数据模式的可视化
- 剔除缺失值
- 插补缺失值

在之前的章节中，我们处理的基本都是完整的数据集（没有缺失值）。虽然这样有助于简化对统计和绘图方法的描述，但在真实世界中，缺失数据的现象是极其普遍的。

大部分人都想在一定程度上避免缺失数据造成的影响。统计教科书可能不会提及这个问题，或者仅用很少的篇幅介绍；统计软件提供的自动处理缺失值的方法也可能不是最优的。虽然多数数据分析（至少在社会科学中）会牵涉缺失数据，但在期刊文章中有关方法和结果的部分极少讨论这个问题。鉴于缺失值常常出现，并且可能导致研究结果在一定程度上无效，可以说除了在一些专业化的书籍和课程中，这个问题的受重视程度还远远不够。

数据缺失有多种原因。可能是调查对象忘记回答一个或多个问题，或者拒绝回答敏感问题，或者感觉疲劳而没有完成一份很长的问卷，也可能是调查对象错过了约定或者过早从研究中退出，还有可能是记录设备出现问题、网络连接失效、数据误记等。有时缺失数据可能是有意的，比如为提高调查效率或降低成本，我们可能不会对所有的调查对象进行数据采集。有时数据丢失可能是由于一些未知因素。

遗憾的是，大部分统计方法都假定处理的是完整的矩阵、向量和数据框。大部分情况下，在处理收集的真实数据之前，我们不得不消除缺失数据：(1)删除含有缺失数据的观测值；(2)用合理的替代值替换缺失值。不管是哪种方法，最后的结果都是没有缺失值的数据集。

本章中，我们将学习处理缺失数据的传统方法和现代方法，主要使用 VIM、mice 和 missForest 包。命令 install.packages(c("VIM", "mice", "missForest")) 可下载并安装这 3 个包。

为了让讨论更有意思，我们将使用 VIM 包提供的哺乳动物 sleep 数据集。注意不要将其与 R 基础安装中描述药效的 sleep 数据集混淆。数据来源于 Allison 和 Chichetti（1976）的研究，他们研究了 62 种哺乳动物的睡眠类变量、生态学变量和体质类变量间的关系。他们对动物的睡眠需求为什么会随着物种变化很感兴趣。睡眠类变量是因变量，生态学变量和体质类变量是自变量或称预测变量。

睡眠类变量包含睡眠中做梦时长（Dream）、不做梦时长（NonD）以及时长之和（Slccp）。休质类变量包含体重（BodyWgt，单位为千克）、脑重（BrainWgt，单位为克）、寿命（Span，单位为年）和妊娠期（Gest，单位为天）。生态学变量包含物种被捕食的程度（Pred）、睡眠时的暴露程度（Exp）和面临的总危险度（Danger）。生态学变量以从 1（低）到 5（高）的 5 分制进行测量。

Allison 和 Chichetti 的原作仅研究完整的数据，为了深入探究变量间的关系，我们将使用多重插补法对所有的 62 种动物进行分析。

18.1   处理缺失值的步骤

一个完整的处理缺失值的方法通常包含以下几个步骤：

(1) 识别缺失数据；

(2) 检查导致数据缺失的原因；

(3) 删除包含缺失值的观测值或用合理的数值代替（插补）缺失值。

遗憾的是，往往只有识别缺失数据是最清晰明确的步骤。明白数据为何缺失依赖于我们对数据生成过程的理解，而决定如何处理缺失值则需要判断哪种方法的结果最为可靠和精确。

缺失数据的分类

统计学家通常将缺失数据分为 3 类。尽管它们都用概率术语进行描述，但其根本思想都不复杂。我们将用睡眠研究中对做梦时长的测量（12 种动物有缺失值）来依次阐述 3 种类型。

- **完全随机缺失**   若某变量的缺失数据与其他任何观测或未观测变量都无关，则数据为完全随机缺失（missing completely at random, MCAR）。若 12 种动物的做梦时长值缺失不是出于系统原因，那么可以认为数据是 MCAR。注意，如果每个有缺失值的变量都是 MCAR，那么可以将数据完整的观测值看作对更大数据集的一个简单随机抽样。

- **随机缺失**   若某变量上的缺失数据与其他观测变量有关，与它自己的未观测值无关，则数据为随机缺失（missing at random, MAR）。例如，如果体重较小的动物更可能有做梦时长的缺失值（可能因为较小的动物更难观察），而且该"缺失"与动物的做梦时长无关，那么就可以认为该数据是 MAR。此时，一旦控制了体重变量，做梦时长数据的缺失与出现将是随机的。

- **非随机缺失**   若缺失数据不属于 MCAR 和 MAR，则数据为非随机缺失（not missing at random, NMAR）。例如，做梦时长较短的动物更可能有做梦数据的缺失（可能由于难以测量时长较短的事件），那么可认为数据是 NMAR。

大部分处理缺失数据的方法都假定数据是 MCAR 或 MAR。此时，我们可以忽略缺失数据的生成机制，并且（在替换或删除缺失数据后）可以直接对感兴趣的关系进行建模。

当数据是 NMAR 时，想对它进行恰当的分析比较困难，我们既要对感兴趣的关系进行建模，又要对缺失值的生成机制进行建模。（目前，分析 NMAR 数据的方法有模型选择法和模式混合法。NMAR 数据的分析十分复杂，超出了本书的范畴。）

处理缺失数据的方法有很多，但不能保证都生成一样的结果。图 18-1 列出了一系列可用来处理不完整数据的方法及相应的 R 包。

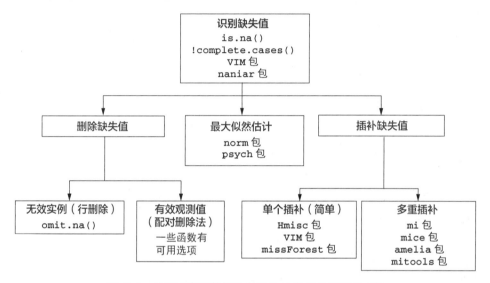

图 18-1　处理不完整数据的方法及 R 中相关的包和函数

要完整介绍处理缺失数据的方法，需要一本书的篇幅才能做到。本章，我们只学习探究缺失值模式的方法，并重点介绍 4 种最流行的处理不完整数据的方法（推理法、行删除法、单一插补法和多重插补法）。在本章最后，我们还将介绍一些在特定环境中非常有用的其他处理办法。

18.2　识别缺失值

首先，我们回顾 3.5 节的内容并进一步拓展。R 使用 NA（不存在）代表缺失值，NaN（不是一个数）代表不可能值。另外，符号 Inf 和-Inf 分别代表正无穷和负无穷。函数 is.na()、is.nan() 和 is.infinite() 可分别用来识别缺失值、不可能值和无穷值。每个返回结果都是 TRUE 或 FALSE。表 18-1 给出了一些示例。

表 18-1　函数 is.na()、is.nan() 和 is.infinite() 的返回值示例

x	is.na(x)	is.nan(x)	is.infinite(x)
x <- NA	TRUE	FALSE	FALSE
x <- 0 / 0	TRUE	TRUE	FALSE
x <- 1 / 0	FALSE	FALSE	TRUE

这些函数返回的对象与其自身参数的个数相同。若每个元素的类型检验通过，则由 TRUE 替换，否则用 FALSE 替换。例如，令 y<-c(1, 2, 3, NA)，则 is.na(y) 返回向量 c(FALSE, FALSE, FALSE, TRUE)。

函数 complete.cases() 可以用来识别矩阵或数据框中没有缺失值的行。若每行都包含完整的样本，则返回 TRUE 的逻辑向量；若每行有一个或多个缺失值，则返回 FALSE。

以 sleep 数据集为例：

```
# 加载数据集
data(sleep, package="VIM")

# 列出没有缺失值的行
sleep[complete.cases(sleep),]

# 列出有一个或多个缺失值的行
sleep[!complete.cases(sleep),]
```

输出结果显示 42 个观测值为完整数据，20 个观测值含一个或多个缺失值。

由于逻辑值 TRUE 和 FALSE 分别等价于数值 1 和 0，可用函数 sum() 和 mean() 来获取关于缺失数据的有用信息。如：

```
> sum(is.na(sleep$Dream))
[1] 12
> mean(is.na(sleep$Dream))
[1] 0.19
> mean(!complete.cases(sleep))
[1] 0.32
```

结果表明变量 Dream 有 12 个缺失值，19%的观测值在此变量上有缺失值。另外，数据集中 32% 的观测值包含一个或多个缺失值。

对于识别缺失值，有两点需要牢记。第一，complete.cases() 函数仅将 NA 和 NaN 识别为缺失值，无穷值（Inf 和-Inf）被当作有效值。第二，必须使用与本章中类似的缺失值函数来识别 R 数据对象中的缺失值。像 myvar == NA 这样的逻辑比较是无法实现的。

现在我们应该懂得了如何用程序识别缺失值。接下来，我们将学习一些有助于发现缺失值模式的工具。

18.3　探索缺失值模式

在决定如何处理缺失数据前，了解哪些变量有缺失值、数目有多少、是什么组合形式等信息非常有用。本节中，我们将介绍探索缺失值模式的图表及相关方法。最后，我们将了解数据为何缺失，这将为后续的深入研究提供许多启示。

18.3.1　缺失值的可视化

mice 包中的函数 md.pattern() 可生成一个以矩阵或数据框形式展示缺失值模式的表格。此外，它还将此表格绘制成图形。将这个函数应用到 sleep 数据集，可得到代码清单 18-1 中的输出结果和图 18-2 中的图形。

代码清单 18-1　函数 md.pattern() 生成的缺失值模式

```
> library(mice)
> data(sleep, package="VIM")
> md.pattern(sleep, rotate.names=TRUE)
   BodyWgt BrainWgt Pred Exp Danger Sleep Span Gest Dream NonD
42       1        1    1   1      1     1    1    1     1    0   0
2        1        1    1   1      1     1    0    1     1    1   1
3        1        1    1   1      1     1    1    0     1    1   1
9        1        1    1   1      1     1    1    1     0    0   2
2        1        1    1   1      1     0    1    1     1    0   2
1        1        1    1   1      1     0    1    0     1    2   2
2        1        1    1   1      1     0    1    1     0    0   3
1        1        1    1   1      1     1    0    1     0    0   3
         0        0    0   0      0     4    4    4    12   14  38
```

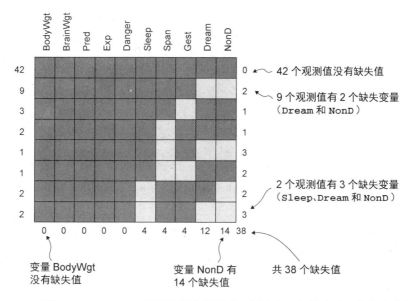

图 18-2　函数 md.pattern() 总结的缺失值模式。图中每一行代表缺失数据（浅灰）
　　　　和非缺失数据（深灰）的模式

表中的 1 和 0 代表缺失值模式：0 表示变量的列中有缺失值，1 则表示没有缺失值。第 1 行表述了 "无缺失值" 的模式（所有元素都为 1）。第 2 行表述了 "除了 Span 之外无缺失值" 的模式。第 1 列表示各缺失值模式的观测值个数，最后 1 列表示各模式中有缺失值的变量的个数。此处可以看到，有 42 个观测值没有缺失值，仅 2 个观测值缺失了 Span。9 个观测值同时缺失了 NonD 和 Dream 的值。数据集包含了总共 (42×0)+(2×1)+…+(1×3)=38 个缺失值。最后一行给出了每个变量中缺失值的数目。

虽然 md.pattern() 函数的表格输出非常简洁，但我通常觉得用图形展示模式更为清晰。在

图 18-2 中，每一行代表一种缺失模式。其中深灰色表示所有值都存在，而浅灰色表示有缺失值。左侧的数字表示模式中观测值的数目，右侧的数字表示模式中缺失变量的数目，底部的数字表示每个变量的缺失值的数目。

VIM 包提供了大量能可视化数据集中缺失值模式的函数，本节我们将学习其中 3 个：aggr()、matrixplot() 和 marginplot()。

aggr() 函数不仅绘制每个变量的缺失值数，还绘制每个变量组合的缺失值数。这个函数所绘制的图形可以作为图 18-2 的一个不错的替换选择，例如：

```
library("VIM")
aggr(sleep, prop=FALSE, numbers=TRUE)
```

生成如图 18-3 所示的图形。

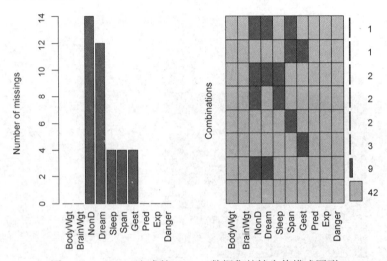

图 18-3   aggr() 生成的 sleep 数据集的缺失值模式图形

可以看到，变量 NonD 有最大的缺失值数（14），有 2 种动物缺失了 NonD、Dream 和 Sleep 的评分，42 种动物没有缺失值。

代码 aggr(sleep, prop=TRUE, numbers=TRUE) 将生成相同的图形，但用比例代替了计数。选项 numbers=FALSE（默认）删去了数值型标签。值得注意的是，随着数据集中变量数量的增加，该图的图形标签可能严重变形。我们可以通过手动减小绘图标签的尺寸来解决这个问题，例如添加参数 cex.lab=n、cex.axis=n 和 cex.number=n（n 是小于 1 的数）可分别减小坐标轴、变量和数字标签的尺寸。

matrixplot() 函数可生成展示每个观测值数据的图形。图 18-4 所示的图形是通过函数 matrixplot(sleep, sort="BodyWgt") 生成的。此处，数值型数据被重新转换到[0, 1]区间，并用灰度来表示大小：浅色表示值小，深色表示值大。缺失值默认为红色。注意，在图 18-4 中，红色经过手工阴影化处理，因此相对于灰色，缺失值非常显眼。图 18-4 中的行是按 BodyWgt 进行排序的。

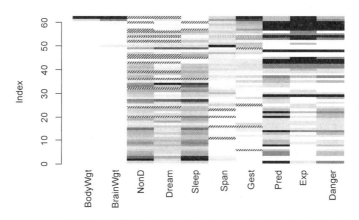

图 18-4　`sleep` 数据集按观测值（行）展示真实值和缺失值的矩阵图。矩阵按
　　　　`BodyWgt` 进行排序

`marginplot()` 函数可生成一幅散点图，在图形边界展示两个变量的缺失值信息。以做梦时长与动物妊娠期时长的关系为例，来看下列代码：

```
marginplot(sleep[c("Gest","Dream")], pch=20,
           col=c("darkgray", "red", "blue"))
```

它生成的图形如图 18-5 所示。参数 `pch` 和 `col` 为可选项，控制绘图符号和使用的颜色。

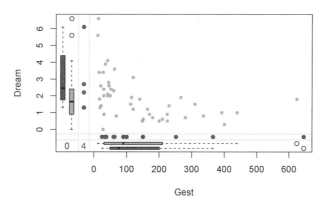

图 18-5　做梦时长与妊娠期时长的散点图，边界展示了缺失数据的信息

　　图形的主体是 `Gest` 和 `Dream`（两变量数据都完整）的散点图。左边界的箱线图展示的是包含（深灰色）与不包含（红色）`Gest` 值的 `Dream` 变量分布。注意，在灰度图上红色是更深的阴影。4 个深灰色的点代表缺失了 `Gest` 得分的 `Dream` 值。在底部边界上，`Gest` 和 `Dream` 间的关系反过来了。可以看到，妊娠期时长和做梦时长呈负相关，缺失妊娠期数据时，动物的做梦时长一般更长。两个变量均有缺失值的观测值个数在两边界交叉处输出（左下角）。

　　VIM 包有许多图形可以帮助我们理解缺失数据在数据集中的模式，包括用散点图、箱线图、直方图、散点图矩阵、平行坐标图、轴须图和气泡图来展示缺失值的信息，因此这个包很值得探索。

18.3.2   用相关性探索缺失值

在继续下文之前，还有一个方法值得注意。我们可用指示变量替代数据集中的数据（1 表示缺失，0 表示存在），这样生成的矩阵有时被称作影子矩阵。求这些指示变量之间和它们与初始（可观测）变量之间的相关性，有助于观察哪些变量常常一起缺失，以及分析变量的缺失与其他变量间的关系。

请看如下代码：

```
x <- as.data.frame(abs(is.na(sleep)))
```

若 sleep 的元素缺失，则数据集 x 对应的元素为 1，否则为 0。我们可以观察以下数据的前几行：

```
> head(sleep, n=5)
    BodyWgt BrainWgt NonD Dream Sleep Span Gest Pred Exp Danger
1 6654.000   5712.0   NA    NA   3.3 38.6  645    3   5      3
2    1.000      6.6  6.3   2.0   8.3  4.5   42    3   1      3
3    3.385     44.5   NA    NA  12.5 14.0   60    1   1      1
4    0.920      5.7   NA    NA  16.5   NA   25    5   2      3
5 2547.000   4603.0  2.1   1.8   3.9 69.0  624    3   5      4

> head(x, n=5)
  BodyWgt BrainWgt NonD Dream Sleep Span Gest Pred Exp Danger
1       0        0    1     1     0    0    0    0   0      0
2       0        0    0     0     0    0    0    0   0      0
3       0        0    1     1     0    0    0    0   0      0
4       0        0    1     1     0    1    0    0   0      0
5       0        0    0     0     0    0    0    0   0      0
```

以下代码：

```
y <- x[which(apply(x,2,sum)>0)]
```

可提取含（但不全部是）缺失值的变量，而

```
cor(y)
```

可列出这些指示变量间的相关系数：

```
        NonD  Dream  Sleep   Span   Gest
NonD   1.000  0.907  0.486  0.015 -0.142
Dream  0.907  1.000  0.204  0.038 -0.129
Sleep  0.486  0.204  1.000 -0.069 -0.069
Span   0.015  0.038 -0.069  1.000  0.198
Gest  -0.142 -0.129 -0.069  0.198  1.000
```

此时，我们可以看到 Dream 和 NonD 常常一起缺失（r=0.91）。相对可能性较小的是 Sleep 和 NonD 一起缺失（r=0.49），以及 Sleep 和 Dream（r=0.20）。

最后，我们可以看到一个变量的缺失值与其他变量的观测值之间的关系：

```
> cor(sleep, y, use="pairwise.complete.obs")
          NonD  Dream   Sleep   Span   Gest
BodyWgt  0.227  0.223  0.0017 -0.058 -0.054
BrainWgt 0.179  0.163  0.0079 -0.079 -0.073
NonD        NA     NA      NA -0.043 -0.046
```

```
Dream   -0.189      NA -0.1890  0.117  0.228
Sleep   -0.080 -0.080      NA  0.096  0.040
Span     0.083  0.060  0.0052      NA -0.065
Gest     0.202  0.051  0.1597 -0.175      NA
Pred     0.048 -0.068  0.2025  0.023 -0.201
Exp      0.245  0.127  0.2608 -0.193 -0.193
Danger   0.065 -0.067  0.2089 -0.067 -0.204
Warning message:
In cor(sleep, y, use = "pairwise.complete.obs") :
  the standard deviation is zero
```

在这个相关系数矩阵中，行为可观测变量，列为表示缺失的指示变量。我们可以忽略矩阵中的警告信息和 NA 值，这些都是方法中人为因素所导致的。

从相关系数矩阵的第一列可以看到，体重越大（$r=0.227$）、妊娠期越长（$r=0.202$）、睡眠暴露度越大（$r=0.245$）的动物，无梦睡眠的评分更可能缺失。其他列的信息也可以按类似方式得出。注意，表中的相关系数并不特别大，表明数据是 MCAR 的可能性比较小，更可能为 MAR。

不过，也绝不能排除数据是 NMAR 的可能性，因为我们并不知道缺失数据背后对应的真实数据是怎么样的。比如，我们不可能知道动物做梦时长与该变量数据缺失概率间的关系。当缺乏有力的外部证据时，我们通常假设数据是 MCAR 或者 MAR。

18.4 理解缺失数据的来由和影响

识别缺失数据的数目、分布和模式有两个目的：(1)分析生成缺失数据的潜在机制；(2)评估缺失数据对回答实质性问题的影响。具体来讲，我们想弄清楚以下几个问题。

❑ 缺失数据的比例有多大？
❑ 缺失数据是否集中在少数几个变量上，抑或广泛存在？
❑ 缺失是随机产生的吗？
❑ 缺失数据间的相关性或与可观测数据间的相关性，是否可以表明产生缺失值的机制？

回答这些问题将有助于判断哪种统计方法最适合用来分析我们的数据。例如，如果缺失数据集中在几个相对不太重要的变量上，那么我们可以删除这些变量，然后再进行正常的数据分析。如果有一小部分数据（如小于 10%）随机分布在整个数据集中（MCAR），那么我们可以分析数据完整的观测值，这样仍可以得到可靠且有效的结果。如果可以假定数据是 MCAR 或者 MAR，那么我们可以应用多重插补法来获得有效的结论。如果数据是 NMAR，则需要借助专门的方法收集新数据。

以下是一些例子。

❑ 在最近一项关于求职的问卷调查中，我发现一些项常常一同缺失。很明显这些项是聚集在一起的，因为调查对象没有意识到问卷第 3 页的背面包含了这些项。此时，可以认为这些数据是 MCAR。
❑ 在一项关于全球领导风格的调查中，学历变量经常性地缺失。调查显示欧洲的调查对象更可能在此项上留白，这说明该分类对某些特定国家的调查对象来说没有意义。此时，这种数据最可能是 MAR。

❑ 我参与了一个抑郁症的研究，该研究发现，相对于年轻的病人，年龄大的病人更可能忽略描述抑郁状态的项。经过访谈发现，越年老的病人越不情愿承认他们的症状，因为如此做违反了他们「"三缄其口"」的价值观。但是，由于绝望和注意力无法集中，抑郁症严重的病人可能忽略了这些描述抑郁状态的项。此时，我们可以认为这种数据是 NMAR。

正如我们通过前述所了解到的，模式的判别只是第一步。为了判断缺失值的来源，我们需要理解研究的主题和数据收集过程。

假使我们已经知道缺失数据的来源和影响，那么让我们看看如何转换标准的统计方法来适应缺失数据的分析。我们将重点学习 4 种非常流行的方法：恢复数据的合理推断法、涉及删除缺失值的传统方法、插补单个缺失值的现代方法，以及使用模拟来解释缺失数据对结果的影响的现代方法。沿着这个思路，我们将简要回顾一些在专业工作中应用的方法，以及已经过时且应该"退役"的旧方法。我们的目标一直未变：在缺乏完整信息的情况下，尽可能精确地回答收集数据所要解决的实质性问题。

18.5　合理推断不完整数据

推理方法会根据变量间的数学关系或者逻辑关系来填补或恢复缺失值。下面的一些例子有助于阐明这些方法。

在 sleep 数据集中，变量 Sleep 的值是 Dream 和 NonD 变量值的和。若知道了它们中的任意两个变量的值，我们便可以推导出第 3 个变量的值。因此，如果一些观测值缺失了这 3 个变量中的一个，我们便可以通过加减来恢复缺失值信息。

在第 2 个例子中，我们考察各代群体（依据出生年代区分，如沉默的一代、婴儿潮一代、婴儿潮后期一代、无名一代、千禧一代）在工作与生活间的平衡差异。调查对象都被问及了他们的出生日期和年龄，如果出生日期缺失，我们便可以根据他们的年龄和其完成调查时的日期来填补他们的出生年份（以及他们所属的年代群体），这样便可使调查问卷完整。

另一个例子是通过逻辑关系来恢复缺失数据。数据来源于一系列的领导力研究。参与者被问及他们是否是经理（是/不是）和他们直接下属的个数（整数）。如果他们在是否是经理的问题上留白，却告知他们有一个或多个直接下属，那么可以推断他们是经理。

最后一个例子是我经常参与的性别研究，比较的是男女领导风格和效力间的差异。参与者会完整填写他们的名字（姓和名）、性别和关于他们领导方式和影响的详细评价。如果参与者在性别问题上留白，为了将他们包含在研究中，我需要插补这些缺失值。在最近一项对 66 000 个经理的研究中，11 000（17%）个人没有填写性别项。

为了解决这一问题，我采用了以下推理过程。首先，将姓和性别交叉制表。一些姓会与男性相联系，一些会与女性相联系，还有一些会与两种性别相联系。比如，"William"出现了 417 次，总是男性；相反，"Chris"出现了 237 次，但有时是男性（86%，"克里斯"），有时是女性（14%，"克丽丝"）。如果一个姓在数据集中出现超过 20 次，并总是与男性或者女性（不是同时与两者）相联系，我便认为该姓代表着一个性别。利用该假设，我创建了一个性别专有姓的性别查询表。

通过查询这个表，我便能恢复 7000 个观测值（占有缺失值的观测值的 63%）。

推断法常常需要创造性和深思熟虑，同时还需要许多数据处理技巧，而且数据的恢复可能是准确的（如睡眠研究的例子）或者近似的（性别研究的例子）。在 18.6 节中，我们将探究一种通过删除观测值来创建完整数据集的方法。

18.6　删除缺失数据

处理缺失数据的最常用的方法就是简单地删除它们。通常包括删除缺失了大量数据的变量（列删除），接着删除在任意剩余变量中包含缺失数据的观测值（行删除）。还有一个不太常用的方法是仅删除特定分析中涉及的缺失数据（例如成对删除）。下面对这些方法逐一介绍。

18.6.1　完整观测值分析（行删除）

在完整观测值分析中，只有每个变量都包含了有效数据值的观测值才会保留下来做进一步的分析。实际上，这样会导致包含一个或多个缺失值的任意一行都会被删除，因此这种方法常称作**行删除法**（listwise）、或个案删除（case-wise）或剔除。大部分流行的 R 包都默认采用行删除法来处理缺失值，因此许许多多的分析人员在使用诸如回归分析法或者方差分析法来分析数据时，都没有意识到有"缺失值问题"需要处理！

函数 complete.cases() 可以用来存储没有缺失值的数据框或者矩阵形式的观测值（行）：

```
newdata <- mydata[complete.cases(mydata),]
```

同样的结果可以用函数 na.omit 获得：

```
newdata <- na.omit(mydata)
```

两行代码表示的意思都是：在 mydata 中所有包含缺失数据的行都被删除后，结果才存储到 newdata 中。

现假设我们对睡眠研究中变量间的关系很感兴趣。计算相关系数前，使用行删除法可删除所有含有缺失值的动物：

```
> options(digits=1)
> cor(na.omit(sleep))
         BodyWgt BrainWgt NonD Dream Sleep  Span  Gest  Pred  Exp Danger
BodyWgt     1.00     0.96 -0.4 -0.07  -0.3  0.47  0.71  0.10  0.4   0.26
BrainWgt    0.96     1.00 -0.4 -0.07  -0.3  0.63  0.73 -0.02  0.3   0.15
NonD       -0.39    -0.39  1.0  0.52   1.0 -0.37 -0.61 -0.35 -0.6  -0.53
Dream      -0.07    -0.07  0.5  1.00   0.7 -0.27 -0.41 -0.40 -0.5  -0.57
Sleep      -0.34    -0.34  1.0  0.72   1.0 -0.38 -0.61 -0.40 -0.6  -0.60
Span        0.47     0.63 -0.4 -0.27  -0.4  1.00  0.65 -0.17  0.3   0.01
Gest        0.71     0.73 -0.6 -0.41  -0.6  0.65  1.00  0.09  0.6   0.31
Pred        0.10    -0.02 -0.4 -0.40  -0.4 -0.17  0.09  1.00  0.6   0.93
Exp         0.41     0.32 -0.6 -0.50  -0.6  0.32  0.57  0.63  1.0   0.79
Danger      0.26     0.15 -0.5 -0.57  -0.6  0.01  0.31  0.93  0.8   1.00
```

表中的相关系数仅通过所有变量均为完整数据的 42 种动物计算得来。（注意代码 cor(sleep, use="complete.obs") 可生成同样的结果。）

18

若想研究寿命和妊娠期对睡眠中做梦时长的影响，可应用行删除法的线性回归：

```
> fit <- lm(Dream ~ Span + Gest, data=na.omit(sleep))
> summary(fit)

Call:
lm(formula = Dream ~ Span + Gest, data = na.omit(sleep))

Residuals:
   Min    1Q Median    3Q    Max
-2.333 -0.915 -0.221  0.382  4.183

Coefficients:
             Estimate Std. Error t value Pr(>|t|)
(Intercept)  2.480122   0.298476    8.31  3.7e-10 ***
Span        -0.000472   0.013130   -0.04    0.971
Gest        -0.004394   0.002081   -2.11    0.041 *
---
Signif. codes:  0 `***´ 0.001 `**´ 0.01 `*´ 0.05 `.´ 0.1 ` ´ 1

Residual standard error: 1 on 39 degrees of freedom
Multiple R-squared: 0.167,     Adjusted R-squared: 0.125
F-statistic: 3.92 on 2 and 39 DF,  p-value: 0.0282
```

此处可以看到，动物妊娠期越短，做梦时长越长（控制寿命不变）；而控制妊娠期不变时，寿命与做梦时长不相关。整个分析基于有完整数据的 42 个观测值。

在之前的例子中，如果 data=na.omit(sleep) 被 data=sleep 替换，将会出现什么情况呢？和许多 R 函数一样，lm() 将使用有限的行删除法定义。只有用函数拟合的、含缺失值的变量（本例是 Dream、Span 和 Gest）对应的观测值才会被删除，这时数据分析将基于 42 个观测值。

行删除法假定数据是 MCAR（完整的观测值只是全数据集的一个随机子样本）。本例中，我们假定 42 种动物是 62 种动物的一个随机子样本。如果违背 MCAR 假设，得到的回归参数将是有偏的。由于删除了所有含缺失值的观测值，减少了可用的观测值，因此统计效力降低了。本例中，行删除法减少了大约 32% 的观测值。

18.6.2 可获取的观测值分析（成对删除）

处理含缺失值的数据集时，成对删除常作为行删除的备选方法使用。对于成对删除，观测值只是当观测值中含缺失数据的变量涉及某个特定分析时才会被删除。请看如下代码：

```
> cor(sleep, use="pairwise.complete.obs")
        BodyWgt BrainWgt NonD Dream Sleep Span Gest  Pred  Exp Danger
BodyWgt    1.00     0.93 -0.4  -0.1  -0.3 0.30  0.7  0.06  0.3   0.13
BrainWgt   0.93     1.00 -0.4  -0.1  -0.4 0.51  0.7  0.03  0.4   0.15
NonD      -0.38    -0.37  1.0   0.5   1.0 -0.38 -0.6 -0.32 -0.5  -0.48
Dream     -0.11    -0.11  0.5   1.0   0.7 -0.30 -0.5 -0.45 -0.5  -0.58
Sleep     -0.31    -0.36  1.0   0.7   1.0 -0.41 -0.6 -0.40 -0.6  -0.59
Span       0.30     0.51 -0.4  -0.3  -0.4 1.00 -0.7 -0.10 0.4   0.06
```

```
Gest     0.65    0.75 -0.6  -0.5  -0.6  0.61  1.0  0.20  0.6   0.38
Pred     0.06    0.03 -0.3  -0.4  -0.4 -0.10  0.2  1.00  0.6   0.92
Exp      0.34    0.37 -0.5  -0.5  -0.6  0.36  0.6  0.62  1.0   0.79
Danger   0.13    0.15 -0.5  -0.6  -0.6  0.06  0.4  0.92  0.8   1.00
```

本例中，任何两个变量的相关系数都利用了这两个变量的所有可用观测值（忽略其他变量）。比如 BodyWgt 和 BrainWgt 的相关系数基于所有 62 种（在两个变量上均有数据的动物数）动物的数据，而 BodyWgt 和 Dream 的相关系数基于 50 种动物的数据，Dream 和 NonD 的相关系数则基于 48 种动物的数据。

虽然成对删除似乎利用了所有可用数据，但实际上每次计算都只用了不同的数据子集。这将会导致一些扭曲的、难以解释的结果，所以我建议不要使用该方法。

接下来，我们将探讨一种能够利用整个数据集的方法（可以囊括那些含缺失值的观测值）。

18.7 单一插补

在**单一插补**（single imputation）中，每个缺失值都被一个合理的替代值（合理的推测）取代。本节我们将介绍 3 种单一插补法，并对每种方法在何时使用（或不能使用）进行说明。

18.7.1 简单插补

所谓**简单插补**（simple imputation），即用某个值（如均值、中位数或众数）来替换变量中的缺失值。若使用均值替换，Dream 变量中的所有缺失值可用 1.972（非缺失值的均值）来替换。

简单插补的一个优点是，解决"缺失值问题"时不会减少分析过程中可用的样本量。因为简单插补的方法很简单，所以这种方法现在很流行，但是对于非 MCAR 的数据，它会产生有偏的结果。若缺失数据的数目非常大，那么简单插补很可能会低估标准差、曲解变量间的相关性，并会生成不正确的统计检验的 p 值。与成对删除一样，我建议在解决缺失数据的问题时尽量避免使用此方法。

18.7.2 k 近邻插补

k 近邻插补（k-nearest neighbor imputation）背后的逻辑很简单。对于具有一个或多个缺失值的观测值，找到与其最相似但具有值的观测值，然后利用这些观测值进行插补。

例如，sleep 数据集中的

```
BodyWgt BrainWgt NonD Dream Sleep Span Gest Pred Exp Danger
   1.41    17.5   4.8   1.3   6.1   34   NA    1   2      1
```

这条观测值在妊娠期（Gest）变量上有缺失值。若要插补此缺失值，可以进行下列操作。

(1) 根据其他 9 个变量，在数据集中查找与此观测值最邻近（最相似）的 k 个观测值。

(2) 将此 k 个观测值的 Gest 值进行汇总，例如取均值。

(3) 将此汇总值替换缺失值。

对每个包含缺失值的观测值重复上述步骤。

使用此方法之前,必须回答 3 个问题。

□ 我们要如何定义最邻近的观测值?

□ 我们应该利用多少个最邻近的观测值?

□ 我们应如何汇总这些值?

VIM 包中的函数 kNN() 可以用来进行近邻插补。默认设置如下。

□ 最邻近样本是指那些距离目标观测值的 Gower 距离(Kowarik 和 Templ,2016)最小的观测值。与第 16 章中描述的欧几里得距离不同,Gower 距离既可以针对连续型变量计算,又可以针对分类变量计算。确定最邻近样本时将使用所有可用的变量。

□ 针对每个具有缺失值的观测值,确定 5 个最邻近的样本。

□ 连续缺失值的汇总值是 k 个最邻近值的中位数。对于类别型缺失值,则使用众数(出现次数最多的类别)。

用户可以修改上述任意默认设置。有关细节请参阅 help(kNN)。代码清单 18-2 展示了在 sleep 数据集中应用 k 近邻插补法。

代码清单 18-2 sleep 数据集的 k 近邻插补

```
> library(VIM)
> head(sleep)

   BodyWgt BrainWgt NonD Dream Sleep Span Gest Pred Exp Danger
1 6654.000   5712.0   NA    NA   3.3 38.6  645    3   5      3
2    1.000      6.6  6.3   2.0   8.3  4.5   42    3   1      3
3    3.385     44.5   NA    NA  12.5 14.0   60    1   1      1
4    0.920      5.7   NA    NA  16.5   NA   25    5   2      3
5 2547.000   4603.0  2.1   1.8   3.9 69.0  624    3   5      4
6   10.550    179.5  9.1   0.7   9.8 27.0  180    4   4      4

> sleep_imp <- kNN(sleep, imp_var=FALSE)

> head(sleep_imp)

   BodyWgt BrainWgt NonD Dream Sleep Span Gest Pred Exp Danger
1 6654.000   5712.0  3.2   0.8   3.3 38.6  645    3   5      3
2    1.000      6.6  6.3   2.0   8.3  4.5   42    3   1      3
3    3.385     44.5 12.8   2.4  12.5 14.0   60    1   1      1
4    0.920      5.7 10.4   2.4  16.5  3.2   25    5   2      3
5 2547.000   4603.0  2.1   1.8   3.9 69.0  624    3   5      4
6   10.550    179.5  9.1   0.7   9.8 27.0  180    4   4      4
```

在 sleep_imp 数据框中,所有缺失值均被替换为插补值。函数 kNN() 默认向数据集添加 10 个新变量(BodyWgt_imp、BrainWgt_imp、……、Danger_imp),用 TRUE/FALSE 表示哪些值被插补。设置 var_imp=FALSE 则不再添加这些变量。

对于小型到中型数据集(观测值数小于 1000),k 近邻插补是一个很不错的选择。但是,由于它计算的是每个具有缺失值的观测值与数据集中其他所有观测值的距离,因此它不能很好地解决大型数据集的问题。针对这一情况，18.7.3 节中介绍的方法非常有效。

18.7.3　missForest 插补

对于大型数据集，可使用随机森林法（第 17 章）插补缺失值。如果有 p 个变量 X_1、X_2、$\cdots$、X_p，则步骤如下。

(1) 使用均值替代每个连续型变量的缺失值。使用众数替代每个分类变量的缺失值。同时记录缺失值的位置。

(2) 返回变量 X_1 的缺失数据。创建在此变量上没有缺失值的观测值的训练集。使用此训练集生成随机森林模型（第 17 章），用该模型预测 X_1。对于缺失 X_1 值的观测值，使用此模型插补 X_1 值。

(3) 对 X_2 到 X_p 的所有变量，重复步骤(2)。

(4) 重复步骤(2)和步骤(3)，直到插补值的变化不超过指定的阈值。

实际上，执行这些操作比描述它们更容易。在 sleep 数据集中应用 missForest 包中的函数 missForest()，代码清单 18-3 提供了相应代码。

代码清单 18-3　sleep 数据集的 missForest 插补

```
> library(missForest)
> set.seed(1234)
> sleep_imp <- missForest(sleep)$ximp

  missForest iteration 1 in progress...done!
  missForest iteration 2 in progress...done!
  missForest iteration 3 in progress...done!
  missForest iteration 4 in progress...done!
  missForest iteration 5 in progress...done!
  missForest iteration 6 in progress...done!

> head(sleep_imp)
    BodyWgt BrainWgt       NonD  Dream Sleep    Span Gest Pred Exp Danger
1  6654.000   5712.0   3.391857 1.1825   3.3  38.600  645    3   5      3
2     1.000      6.6   6.300000 2.0000   8.3   4.500   42    3   1      3
3     3.385     44.5  10.758000 2.4300  12.5  14.000   60    1   1      1
4     0.920      5.7  11.572000 2.7020  16.5   7.843   25    5   2      3
5  2547.000   4603.0   2.100000 1.8000   3.9  69.000  624    3   5      4
6    10.550    179.5   9.100000 0.7000   9.8  27.000  180    4   4      4
```

代码里设置了随机数种子，这样输出结果可以重复。在此情况下，对数据集进行 6 次迭代之后，插补值趋于稳定。

与函数 kNN() 一样，函数 missForest() 也可用于同时为连续型和分类型的数据。随机森林法要求数据集为中型到大型的数据集（观测值数大于 500），以避免过度拟合问题。对于较小的数据集，k 近邻插补法更加有效。

如果假设检验是分析中的重点，那么使用插补方法是一个不错的选择，它可以将缺失值带来的不确定性考虑在内。多重插补就是这样一种方法。

18.8　多重插补

多重插补（multiple imputation，MI）是一种基于重复模拟的处理缺失值的方法。在面对复杂的缺失值问题时，MI 是最常选用的方法，它将从一个包含缺失值的数据集中生成一组完整的数据集（通常是 3 到 10 个）。每个模拟数据集中，缺失数据将用蒙特卡罗法来填补。此时，标准的统计方法便可应用到每个模拟的数据集上，通过组合输出结果给出估计的结果和置信区间，这里已经考虑了缺失值引起的不确定性。R 中可利用 Amelia、mice 和 mi 包来执行这些操作。

本节中，我们将重点学习 mice 包提供的方法，即利用链式方程（chained equation）进行多元插补。图 18-6 可以帮助理解 mice 包的操作过程。

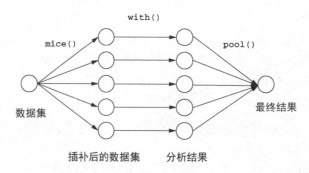

图 18-6　通过 mice 包应用多重插补的步骤

函数 mice()首先从一个包含缺失数据的数据集开始，然后返回一个包含多个（默认为 5 个）完整数据集的对象。每个完整数据集都是通过对原始数据集中的缺失数据进行插补而生成的。由于插补有随机的成分，因此每个完整数据集都略有不同。然后，函数 with()可依次对每个完整数据集应用统计模型（如线性模型或广义线性模型）。最后，函数 pool()将这些单独的分析结果整合为一组结果。最终模型的标准误和 p 值都将准确地反映出由于缺失值和多重插补而产生的不确定性。

函数 mice()如何插补缺失值？

缺失值的插补通过 Gibbs 抽样完成。每个包含缺失值的变量都默认可通过数据集中的其他变量预测得来，于是这些预测方程便可用来预测缺失数据的有效值。该过程不断迭代，直到所有的缺失值收敛为止。对于每个变量，用户可以选择预测模型的形式（称为基本插补法）和待选入的变量。

缺省情况下，预测的均值用来替换连续型变量中的缺失数据，而 Logistic 回归或多元 Logistic 回归则分别用来替换二值目标变量（两水平因子）或多值变量（多于两水平的因子）。其他基本插补法包括贝叶斯线性回归、判别分析(discriminant function analysis)、两水平正态插补和从观测值中随机抽样。用户也可以选择自己独有的方法。

基于 mice 包的分析通常符合以下数据结构：

```
library(mice)
imp <- mice(data, m)
fit <- with(imp, analysis)
pooled <- pool(fit)
summary(pooled)
```

其中，

- □ data 是一个包含缺失值的矩阵或数据框。
- □ imp 是一个包含 m 个插补数据集的列表对象，同时还含有完成插补过程的信息。默认 m 为 5。
- □ analysis 是一个表达式对象，用来设定应用于 m 个插补数据集的统计分析方法。方法 包括做线性回归模型的 lm() 函数、做广义线性模型的 glm() 函数和做广义可加模型的 gam()。表达式在函数的括号中，~ 的左边是因变量，右边是自变量（用符号+分隔开）。
- □ fit 是一个包含 m 个单独统计分析结果的列表对象。
- □ pooled 是一个包含这 m 个统计分析平均结果的列表对象。

现将多重插补法应用到 sleep 数据集上。我们重复 18.6 节的分析过程，不过此处将利用所 有的 62 种动物。设定随机种子值为 1234，这样你的结果将和我的分析结果一样：

```
> library(mice)
> data(sleep, package="VIM")
> imp <- mice(sleep, seed=1234)

 [...output deleted to save space...]

> fit <- with(imp, lm(Dream ~ Span + Gest))
> pooled <- pool(fit)
> summary(pooled)
        term estimate std.error statistic   df  p.value
1 (Intercept)  2.59669   0.24861    10.445 52.0 2.29e-14
2        Span -0.00399   0.01169    -0.342 55.6 7.34e-01
3        Gest -0.00432   0.00146    -2.961 55.2 4.52e-03
```

此处，我们可以看到 Span 的回归系数不显著（$p \cong 0.07$），Gest 的系数在 $p<0.01$ 的水平下 很显著。若将这些结果与完整观测值分析法（18.6 节）所得的结果对比，我们会发现两者的结论 相同。当控制寿命不变时，妊娠期与做梦时长有一个（统计）显著的、负相关的关系。完整观测 值分析法基于 42 种有完整数据的动物，而此处的分析法基于整个数据集中 62 种动物的全部数据。

通过提取 imp 对象的子成分，我们可以观测到实际的插补值。如：

```
> imp$imp$Dream
    1   2   3   4   5
1  0.0 0.5 0.5 0.5 0.3
3  0.5 1.4 1.5 1.5 1.3
4  3.6 4.1 3.1 4.1 2.7
14 0.3 1.0 0.5 0.0 0.0
24 3.6 0.8 1.4 1.4 0.9
26 2.4 0.5 3.9 3.4 1.2
```

```
30 2.6 0.8 2.4 2.2 3.1
31 0.6 1.3 1.2 1.8 2.1
47 1.3 1.8 1.8 1.8 3.9
53 0.5 0.5 0.6 0.5 0.3
55 2.6 3.6 2.4 1.8 0.5
62 1.5 3.4 3.9 3.4 2.2
```

展示了在 Dream 变量上有缺失值的 12 种动物的 5 次插补值。检查该矩阵可以帮助我们判断插补值是否合理。若睡眠时长出现了负值，插补将会停止（否则结果将会很糟糕）。

利用函数 complete() 可以观察 *m* 个插补数据集中的任意一个。格式为：

```
complete(imp, action=#)
```

其中#指定 *m* 个完整数据集中的一个来展示，比如：

```
> dataset3 <- complete(imp, action=3)
> dataset3
     BodyWgt BrainWgt NonD Dream Sleep  Span   Gest Pred Exp Danger
1   6654.000  5712.00  3.2   0.5   3.3  38.6  645.0    3   5      3
2      1.000     6.60  6.3   2.0   8.3   4.5   42.0    3   1      3
3      3.385    44.50 11.0   1.5  12.5  14.0   60.0    1   1      1
4      0.920     5.70 13.2   3.1  16.5   7.0   25.0    5   2      3
5   2547.000  4603.00  2.1   1.8   3.9  69.0  624.0    3   5      4
6     10.550   179.50  9.1   0.7   9.8  27.0  180.0    4   4      4
[...此处省略数据输入...]
```

展示了多重插补过程中创建的第 3 个（共 5 个）完整数据集。

由于篇幅限制，此处我们只是简略介绍了 mice 包提供的多重插补法。mi 和 Amelia 包也提供了一些有用的方法。

18.9　处理缺失数据的其他方法

R 还支持其他一些处理缺失值的方法。虽然它们不如之前介绍的方法应用广泛，但表 18-2 列出的包在一些专业领域非常有用。

表 18-2　处理缺失数据的专业方法

R 包	描　述
norm	对多元正态分布数据中缺失值的最大似然估计
cat	对含缺失值的分类变量数据集进行分析
longitudinalData	工具函数，包括对时间序列缺失值进行插补的一系列函数
kmi	处理生存分析缺失值的 Kaplan-Meier 多重插补
mix	针对混合了分类变量和连续型变量的数据的多重插补
pan	多元面板数据或聚类数据的多重插补

有关 R 提供的所有插补方法，请参阅 CRAN 任务视图中的"缺失数据"。

18.10 小结

□ 统计方法要求使用完整的数据集，但是现实世界中的大多数数据集都包含了缺失值。

□ 我们可以使用 VIM 和 mice 包中的函数探索数据集中缺失值的分布。

□ 行删除法是处理缺失值的最流行的方法，它也是很多统计程序默认使用的方法。但是如果删除了大量数据，可能会降低统计效力。

□ k 近邻插补和 missForest 插补是插补缺失值的很好的方法，前者适用于小型到中型数据集，后者适用于中型到大型数据集。

□ 多重插补通过模拟来说明缺失值对统计推理问题带来的不确定性。

□ 除非缺失数据量非常小，否则我们应避免使用简单插补法（比如均值替代法）和成对删除法。

18

Part 5

技能扩展

在最后一部分，我们讨论一些高级话题，帮助 R 程序员提升技能。第 19 章详细介绍了如何使用 ggplot2 包创建自定义图形，我们以此来结束对图形的讨论。我们将学习修改图形的标题、标签、坐标轴、颜色、字体、图例等。我们还将学习将几个图形合并成一个整体图形，以及将一个静态图形转化为交互式 Web 图形。

第 20 章从一个更高的水平回顾了 R 语言，其中讨论了 R 的面向对象编程特性、与环境的交互和高阶函数的编写。这一章也描述了编写高效代码和调试程序的技巧。尽管第 20 章比起其他章探讨了更多的技术，但也提供了很多关于编写更有用程序的实用建议。

第 21 章是关于报告撰写的。R 为创建炫酷的动态数据报告提供了简单易用的工具。在这一章，我们将学习如何创建网页、PDF 文档、字处理文档（包括 Microsoft Word 文档）等形式的报告。

在整本书中，我们都在使用包来完成工作。在第 22 章中，我们将学习如何编写自己的包。这可以帮助我们整理和记录我们的工作，创建更加复杂和完善的软件解决方案，以及向他人分享我们的创造成果。与他人分享含有有用函数的包也是一种回馈 R 社区的美妙方法（同时也能使我们名声远扬）。

学完第五部分，对于 R 的工作方式和它提供的创建复杂图形、软件和报告的工具，我们会有更深刻的理解。

第 19 章

高级绘图

19

本章重点
- ❑ 自定义 ggplot2 图形
- ❑ 添加标注
- ❑ 将多个图形合并为一个图
- ❑ 创建交互式图形

  R 提供了很多方法来创建图形。我们重点讨论 ggplot2 的使用，因为它的语法连贯，具有灵活性和全面性。第 4 章介绍了 ggplot2 包，包括 geom_函数、标尺、刻面和主题。在第 6 章中，我们创建了条形图、饼图、树形图、直方图、核密度图、箱线图和小提琴图，以及点图。第 8 章和第 9 章介绍了回归模型和 ANOVA 模型的图形。第 11 章讨论了散点图、散点图矩阵、气泡图、折线图、相关图和马赛克图。其他章则介绍了用来可视化各章主题的图形。

  本章将继续学习 ggplot2，重点学习自定义，即创建能准确满足定制需求的图形。图形可以帮助我们发现数据的规律和描述数据的趋势、关系、差异、组成和分布。自定义 ggplot2 图形的目的是为了提高我们探究数据或者与别人交流成果的能力，也是为了满足组织机构或出版商对美观的要求。

  在本章中，我们将探索使用 ggplot2 的标尺函数自定义坐标轴和颜色的方法。我们首先会使用函数 theme() 自定义图形的整体外观和感受，包括文本、图例、网格线和图形背景的显示，使用 geom_*函数添加标注，如参考线和标签。然后，我们将使用 patchwork 包将多个图合并为一个完整的图。最后，我们将学习如何使用 plotly 包将静态 ggplot2 图形转化为交互式 Web 图形，以便于我们更全面地探究数据。

  ggplot2 包提供了大量用于自定义图形元素的选项。仅函数 theme() 就有超过 90 个参数。这里，我们将重点学习最常用的函数和参数。如果你正在阅读的是本书的黑白版本，那么我鼓励你实际运行一下代码，这样就可以看到彩色的图形。我们使用了简单的数据集，以便你可以专注于代码本身。

  现在，我们已经安装了 ggplot2 和 dplyr 包。在继续学习之前，我们还需要安装其他包，包括用于数据的 ISLR 和 gapminder，以及用于改进图形的 ggrepel、showtext、patchwork 和

plotly。我们可以使用 install.packages(c("ISLR", "gapminder","scales","showtext", "ggrepel","patchwork","plotly")) 安装所有这些包。

19.1　修改标尺

ggplot2 中的标尺函数用于控制变量值到特定图形特征的映射。例如，函数 scale_x_continuous() 创建一个定量型变量的值到 x 轴位置的映射，函数 scale_color_discrete() 创建一个分类变量的值与一个颜色值的映射。在本节中，我们将使用标尺函数自定义图形的坐标轴和图形颜色。

19.1.1　自定义坐标轴

在 ggplot2 中，我们使用函数 scale_x_* 和 scale_y_* 控制图形的 x 轴和 y 轴，其中 * 指定标尺的类型。表 19-1 列出了最常用的函数。自定义坐标轴的主要目的是为了让数据更容易阅读，或让数据的趋势更加明显。

表 19-1　指定坐标轴标尺的函数

函　　数	描　　述
scale_x_continuous, scale_y_continuous	连续型数据的标尺
scale_x_binned, scale_y_binned	连续型分桶数据的标尺
scale_x_discrete, scale_y_discrete	离散型（分类型）数据的标尺
scale_x_log10, scale_y_log10	对数标尺（基为 10）上连续型数据的标尺
scale_x_date, scale_y_date	日期数据的标尺。此类函数还包括带 datetime 和 time 后缀的变量

1. 自定义连续型变量的坐标轴

在第一个示例中，我们将使用 mtcars 数据集，这是一个包含 32 种车型特征的数据集。mtcars 数据集由基础 R 提供。我们来绘制重量（wt）为 1000 磅的汽车的燃油效率（mpg）图：

```
library(ggplot2)
ggplot(data = mtcars, aes(x = wt, y = mpg)) +
  geom_point() +
  labs(title = "Fuel efficiency by car weight")
```

图 19-1 显示了该图形。图上默认标记了主刻度线，mpg 的切分为 10 到 35，分成 5 个间隔。次刻度线均匀分布在主刻度线之间，这里没有标记。

该图中最重的车的重量是多少？第三轻的车的 mpg 是多少？从这些坐标轴上读取数值需要花费一些时间，我们希望调整 x 轴和 y 轴以便更轻松地读取图中的数值。

因为 wt 和 mpg 是连续型变量，所以我们将使用函数 scale_x_continuous() 和 scale_y_continuous() 修改坐标轴。表 19-2 列出了这两个函数的常用选项。

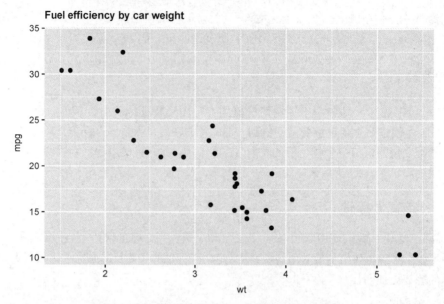

图 19-1 `mtcars` 数据集中 32 种车型的每加仑汽油行驶英里数与汽车重量（1000 磅）
的使用缺省设置绘制的 `ggplot2` 散点图

表 19-2 `scale_*_continuous` 函数的一些常用选项

参　　　　数	描　　　　述
`name`	标尺名称。与使用函数 `labs(x = , y = )` 等同
`breaks`	主刻度线位置的数字向量。除非被 `labels` 选项覆盖，否则将自动为主刻度线加标签。使用 `NULL` 可以取消主刻度线
`minor_breaks`	次刻度线位置的数字向量。默认不为刻度线加标签。使用 `NULL` 可以取消次刻度线
`n.breaks`	主刻度线的数量（整数）。这个数值只是一个建议值，函数的最终输出可能会更改此数值以确保该刻度的标签更美观
`labels`	提供替代刻度标签的字符向量（必须与切分的长度一致）
`limits`	长度为 2 的数值型向量，其中包含标尺的最大值和最小值
`position`	坐标轴位置（ *y* 轴的左边/右边，*x* 轴的上边/下边）

我们来进行以下修改。对于重量，

❑ 添加轴标签 "Weight (1000 lbs)"；

❑ 标尺范围设为 1.5 到 5.5；

❑ 使用 10 个主刻度线；

❑ 不显示次刻度线。

对于每加仑汽油行驶英里数，

❑ 添加轴标签 "Miles per gallon"；

❑ 标尺范围设为 10 到 35；

❑ 将主刻度线设定在 10、15、20、25、30 和 35；

❑ 以 1 加仑为单位绘制次刻度线。

代码清单 19-1 提供了所需代码。

代码清单 19-1　包含自定义坐标轴的汽车重量与燃油效率图

```
library(ggplot2)
ggplot(mtcars, aes(x = wt, y = mpg)) +
  geom_point() +
  scale_x_continuous(name = "Weight (1000 lbs.)",      ❶
                     n.breaks = 10,                     ❶
                     minor_breaks = NULL,               ❶
                     limits = c(1.5, 5.5)) +            ❶
  scale_y_continuous(name = "Miles per gallon",        ❷
                     breaks = seq(10, 35, 5),           ❷
                     minor_breaks = seq(10, 35, 1),     ❷
                     limits = c(10, 35)) +              ❷
  labs(title = "Fuel efficiency by car weight")
```

❶ 修改 *x* 轴

❷ 修改 *y* 轴

图 19-2 展示了新的图形。我们可以看到最重的车几乎达到 5.5 吨，第三轻的车每加仑汽油行驶英里数为 34。值得注意的是，我们为 wt 设定了 10 个主刻度线，但图上只有 9 个。n.breaks 参数被视为一个建议，为了让标签更好看，此参数可能替换为一个接近的数字。后面我们将继续探讨这个图形。

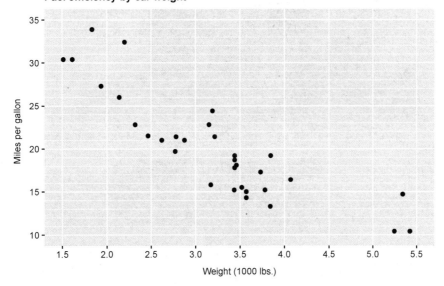

图 19-2　修改 *x* 轴和 *y* 轴后的汽车重量与每加仑汽油行驶英里数的 ggplot2 散点图。现在可以更轻松地读取每个点的数值

2. 自定义分类变量的坐标轴

前面的示例探讨了自定义连续型变量的坐标轴。在下一个示例中，我们将自定义分类变量的坐标轴。数据来源于 ISLR 包中的 wage 数据框。该数据框包含 2011 年收集的美国某地区 3000 名男性员工的工资和人口统计信息。让我们来绘制此数据样本中不同专业与受教育程度间的关系图。代码如下：

```
library(ISLR)
library(ggplot2)
ggplot(Wage, aes(major, fill = education)) +
  geom_bar(position = "fill") +
  labs(title = "Participant Education by Major")
```

所得图形如图 19-3 所示。

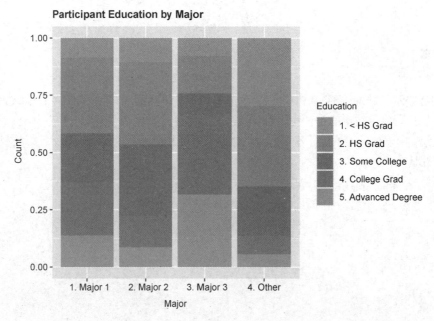

图 19-3   2011 年美国某地区 3000 名男性员工的专业与受教育程度关系图

请注意数据中专业与受教育程度的标签上的编号已被编码：

```
> head(Wage[c("major", "education")], 4)
          major           education
231655 1. Major 1    1. < HS Grad
86582  1. Major 1 4. College Grad
161300 1. Major 1 3. Some College
155159 3. Major 3 4. College Grad
```

我们可以通过以下几个操作改进图形：删除专业类别标签上的数字（它们不是有序类别）、在 y 轴上使用百分比格式、使用更好的标尺标签，以及按具有更高学位的百分比对专业类别进行重新排序。我们还可能要删除其中一个类别："Other"，因为这一分组的构成是未知的。

修改分类变量的标尺包括使用 scale_*_discrete() 函数。表 19-3 列出了常用的选项。我们可使用 limits 参数对离散值进行排序（或过滤某些离散值），以及使用 labels 参数更改它们的标签。

表 19-3　一些常用的 scale_*_discrete 选项

参　数	描　述
name	标尺的名称。与使用函数 labs(x = , y =)等同
breaks	刻度的字符向量
limits	定义标尺及其顺序的值的字符向量
labels	提供标签的字符向量（必须与 breaks 参数的长度一致）使用 labels=abbreviate 可以缩短长标签
position	坐标轴位置（y 轴的左边/右边，x 轴的上边/下边）

代码清单 19-2 列出了修改后的代码，所得图形如图 19-4 所示。

代码清单 19-2　具有自定义坐标轴的专业与受教育程度关系图

```
library(ISLR)
library(ggplot2)
library(scales)
ggplot(Wage, aes(major, fill=education)) +
  geom_bar(position="fill") +
  scale_x_discrete(name = "",                                      ❶
                   limits = c("3. Major 1", "1. Major 2", "2. Major 3"),  ❶
                   labels = c("Major 1", "Major 2", "Major 3")) +  ❶
  scale_y_continuous(name = "Percent",                             ❷
                     label = percent_format(accuracy=2),           ❷
                     n.breaks=10) +                                ❷
  labs(title="Participant Education by Major")
```

❶ 修改 x 轴

❷ 修改 y 轴

水平坐标轴代表分类变量，因此我们使用函数 scale_x_discrete()自定义。分别使用 limits 和 labels 对专业类别重排序和重新设定标签。"Other" 类别未在 limits 和 labels 参数中设置，因此在图中被过滤掉了。将 name 设为""可删除坐标轴标题。

垂直轴代表数值型变量，因此我们使用函数 scale_y_continuous()自定义。此函数用来修改坐标轴的标题和标签。scales 包中的函数 percent_format()将坐标轴标签格式设为百分比。参数 accuracy=2 指定输出的每个百分比的有效位数。

scales 包对于设置坐标轴格式非常有用。这些选项用于设置货币值、日期、百分比、逗号、科学计数法等的格式。ggh4x 和 ggprism 包为自定义坐标轴提供了其他功能，包括针对主要刻度和次要刻度的更多自定义功能。

在前面的示例中，在离散的颜色标尺上呈现了受教育程度，后面我们将考虑自定义颜色。

19

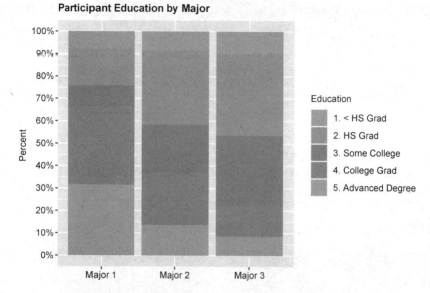

图 19-4 2011 年美国某地区 3000 名男性员工的专业与受教育程度关系图。该图对专业类
别进行了重排序和重新设定标签，省略了 "Other" 类别，也省略了 x 轴的标签，
并将 y 轴格式设为百分比

19.1.2 自定义颜色

　　ggplot2 包提供的函数可将分类变量和数值型变量映射到配色方案。表 19-4 描述了这些函
数，其中函数 scale_color_*() 用于点、线、边界和文本，函数 scale_fill_*() 用于带面积
的形状对象，比如长方形和椭圆形。

　　调色板的类型包括顺序型（sequential）、发散型 diverging）或分类型（qualitative）。顺序型
调色板用于将颜色映射到单调数值型（monotonic numeric）变量。发散型调色板用于具有一个有
意义的中点或零点的数值型变量。

　　发散型调色板可以看作是将各自一端合并到一起的两个顺序型调色板。例如，发散型调色板
通常用于代表相关系数的值（参见 11.3 节），分类型颜色标尺将分类变量的值映射到离散颜色。

表 19-4 设定颜色标尺的函数

函　　数	描　　述
scale_color_gradient() scale_fill_gradient()	连续型变量的渐变色标尺。设定低值和高值颜色。使用*_gradient2()版本设定低值、中值、高值的颜色。
scale_color_steps() scale_fill_steps()	连续型变量的分桶渐变色标尺。设定低值和高值颜色。使用*_steps2()版本设定低值、中值、高值的颜色。
scale_color_brewer() scale_fill_brewer()	ColorBrewer 的顺序型、发散型和分类型配色方案。主参数为 palette=。有关调色板清单，参阅?scale_color_brewer。

（续）

函　　数	描　　述
scale_color_grey() scale_fill_gray()	顺序型灰阶标尺。可选参数为 start（灰阶起始值）和 end（灰阶终止值）。默认值分别为 0.2 和 0.8。
scale_color_manual() scale_fill_manual()	为离散变量创建自己的颜色标尺，方法是在值参数中指定颜色向量。
scale_color_virdis_* scale_fill_virdis_*	virdisLite 包的 Viridis 颜色标尺。针对色盲患者设计的颜色标尺，可用黑白模式打印出来。离散标尺使用*_d、连续型标尺使用*_c、分桶标尺使用*_b。例如，scale_fill_viridis_d()可以为离散变量提供安全的颜色填充。此参数选项提供 4 个配色方案变量（"inferno"、"plasma"、"viridis"（默认）和"cividisz"）。

1. 连续型调色板

让我们来看看将连续型变量映射到调色板的例子。在图 19-1 中，绘制了燃油效率与汽车重量的关系图。通过映射发动机排量到点的颜色可以在图中添加第 3 个变量。由于发动机排量是一个数值型变量，因此我们添加了颜色梯度来表示它的值。代码清单 19-3 展示了几种可能的情况。

代码清单 19-3　连续型变量的颜色梯度

```
library(ggplot2)
p <- ggplot(mtcars, aes(x=wt, y=mpg, color=disp)) +
  geom_point(shape=19, size=3) +
  scale_x_continuous(name = "Weight (1000 lbs.)",
                     n.breaks = 10,
                     minor_breaks = NULL,
                     limits=c(1.5, 5.5)) +
  scale_y_continuous(name = "Miles per gallon",
                     breaks = seq(10, 35, 5),
                     minor_breaks = seq(10, 35, 1),
                     limits = c(10, 35))

p + ggtitle("A. Default color gradient")

p + scale_color_gradient(low="grey", high="black") +
  ggtitle("B. Greyscale gradient")

p + scale_color_gradient(low="red", high="blue") +
  ggtitle("C. Red-blue color gradient")

p + scale_color_steps(low="red", high="blue") +
  ggtitle("D. Red-blue binned color Gradient")

p + scale_color_steps2(low="red", mid="white", high="blue",
                                  midpoint=median(mtcars$disp)) +
  ggtitle("E. Red-white-blue binned gradient")

p + scale_color_viridis_c(direction = -1) +
  ggtitle("F. Viridis color gradient")
```

代码清单 19-3 创建的图如图 19-5 所示。函数 ggtitle() 等同于本书中其他地方使用的 labs(title=)。如果你阅读的是本书的黑白版本，请务必实际运行一下这段代码，以便观察颜色的变化。

19

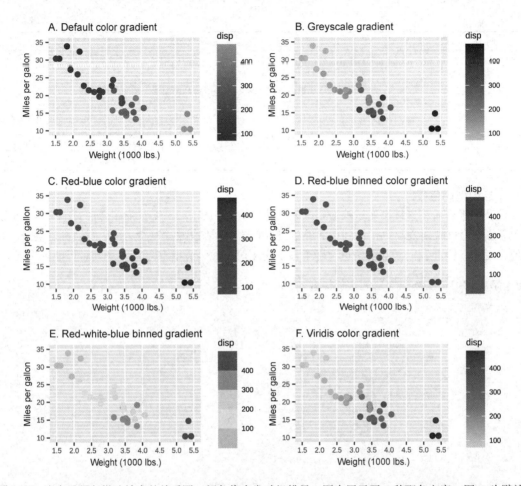

图 19-5　汽车重量与燃油效率的关系图。颜色代表发动机排量。图中展示了 6 种配色方案。图 A 为默认配色方案，图 B 为灰阶图，图 C 和图 D 的颜色都是从红到蓝，但是图 D 分成了 5 种离散颜色。图 E 的颜色从红到白（位于中间）再到蓝色。图 F 使用翠绿的配色方案。在每张图中，随着汽车重量的增加，每加仑汽油行驶英里数减少，发动机排量增大

　　图 19-5A 默认使用 ggplot2。图 19-5B 显示的是灰阶图。图 19-5C 和图 19-5D 使用从红色到蓝色的颜色梯度。分桶颜色梯度具有连续的渐变颜色，分成几种不同的颜色（通常是 5 种）。图 19-5E 显示的是发散的颜色梯度，从红色（低）到白色（中），再到蓝色（高）。最后，图 19-5F 显示的是翠绿色的配色方案。图 19-5F 中的选项 direction = -1 反转了颜色的渐变方向，使更深的颜色代表更大的发动机排量。

2. 分类型调色板

　　代码清单 19-4 展示了定性的配色方案。这里 education 是分类变量，映射到离散颜色。图形结果如图 19-6 所示。

代码清单 19-4　分类变量的配色方案

```
library(ISLR)
library(ggplot2)
p <- ggplot(Wage, aes(major, fill=education)) +
  geom_bar(position="fill") +
  scale_y_continuous("Percent", label=scales::percent_format(accuracy=2),
                     n.breaks=10) +
  scale_x_discrete("",
                   limits=c("3. Major 1", "1. Major 2", "2. Major 3"),
                   labels=c("Major 1", "Major 2", "Major 3"))

p + ggtitle("A. Default colors")

p + scale_fill_brewer(palette="Set2") +
    ggtitle("B. ColorBrewer Set2 palette")

p + scale_fill_viridis_d() +
  ggtitle("C. Viridis color scheme")

p + scale_fill_manual(values=c("gold4", "orange2", "deepskyblue3",
                               "brown2", "yellowgreen")) +
  ggtitle("D. Manual color selection")
```

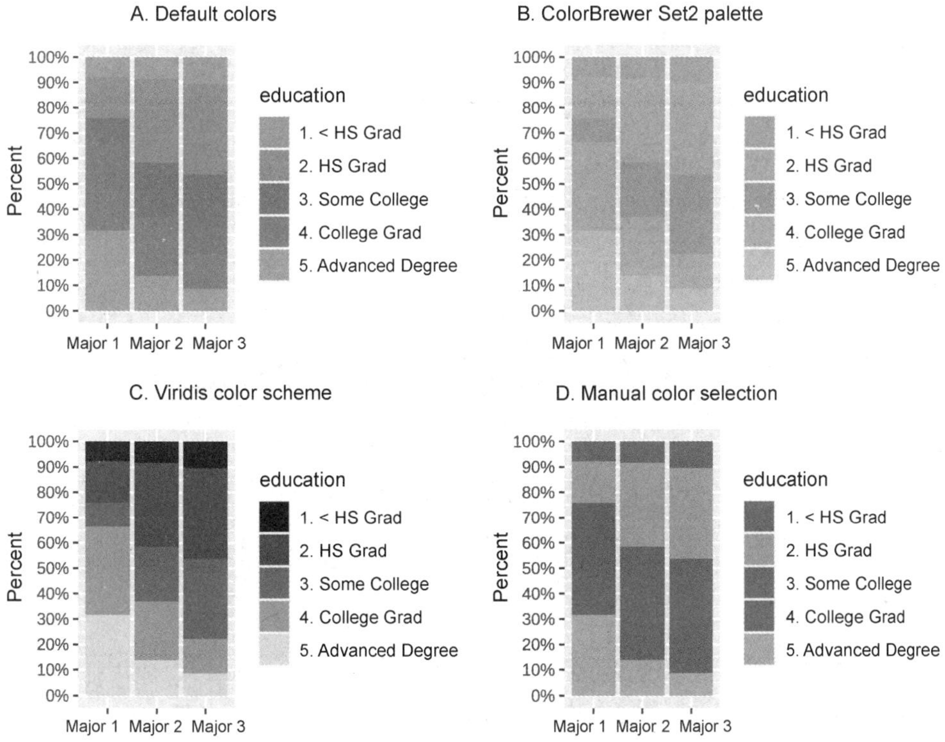

图 19-6　2011 年美国某地区 3000 名男性员工的专业与受教育程度关系图。该图显示了 4 种不同的配色方案：图 A 为默认配色方案，图 B 和图 C 是预置配色方案，图 D 的颜色由用户指定

图 19-6A 使用 ggplot2 的默认颜色。图 19-6B 使用 ColorBrewer 分类型调色板 Set2。其他的 ColorBrewer 分类型调色板包括 Accent、Dark2、Paired、Pastel1、Pastel2、Set1 和 Set3。图 19-6C 显示的是默认的 Viridis 离散方案。图 19-6D 显示的是手动方案,可我实在是没空自己挑颜色。

R 包提供了许多可用于 ggplot2 图形的调色板。Emil Hvitfeldt 在 GitHub 上创建了一个超全的调色板库(将近 600 个调色板)。选择你觉得有吸引力并最能帮助你有效沟通信息的配色方案,看看读者是否可以轻松地看出你想要突出显示的关系、差异、趋势、组成和异常值呢?

19.2 修改主题

函数 ggplot2 theme()可用于自定义图形的非数据部分。此函数的帮助(?theme)描述了用于修改图形的标题、标签、字体、背景、网格线和图例的参数。

例如,以下代码中

```
ggplot(mtcars, aes(x = wt, y = mpg)) +
  geom_point()+
  theme(axis.title = element_text(size = 14, color = "blue"))
```

函数 theme()以 14 点蓝色字体渲染 x 轴和 y 轴的标题。通常,函数提供 theme 参数的值(见表 19-5)。

表 19-5 主题元素

函　　数	描　　述
element_blank()	空白元素(用于删除文本、线条等)
element_rect()	设定矩形框的属性。参数包括 fill、color、size 和 Linetype 后面 3 个参数是指边界属性
element_line()	设定线条属性。参数包括 color、size、linetype、lineend("round"、"butt"、"square")和 arrow(使用函数 grid::arrow()创建)
element_text()	设定文本属性。参数包括 family(字体)、face("plain"、"italic"、"bold"、"bold.italic")、size(文本大小,以 pts 为单位)、hjust([0,1]范围内的水平调整)、vjust([0,1]范围内的竖直调整)、angle(以度为单位)和 color

首先,我们来看一看预置的主题,它们同时改变许多元素,以提供整体一致的外观和感觉。然后,我们将深入研究如何自定义单个主题元素。

19.2.1 预置主题

ggplot2 包中附带了 8 个预置主题,这些主题可通过函数 theme_*()应用到 ggplot2 图形。代码清单 19-5 和图 19-7 展示了其中 4 种最常用的主题。

代码清单 19-5　显示 ggplot2 中的 4 种预置主题

```
library(ggplot2)
p <- ggplot(data = mtcars, aes(x = wt, y = mpg)) +
  geom_point() +
  labs(x = "Weight (1000 lbs)",
       y = "Miles per gallon")

p + theme_grey() + labs(title = "theme_grey")
p + theme_bw() + labs(title = "theme_bw")
p + theme_minimal() + labs(title = "theme_minimal")
p + theme_classic() + labs(title = "theme_classic")
```

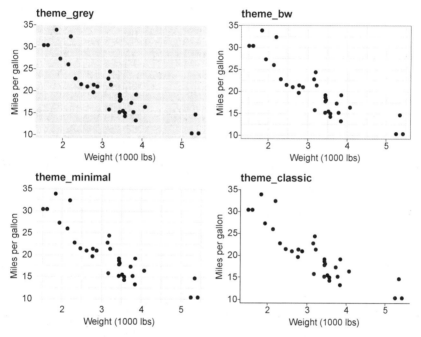

图 19-7　ggplot2 包中的 4 种预置主题。ggplot2 图形默认使用 theme_grey()

函数 theme_grey() 是默认主题，而 theme_void() 创建的是完全空白的主题。

其他主题由 ggthemes、hbrthemes、xaringanthemer、tgamtheme、cowplot、tvthemes 和 ggdark 包提供。所有主题都可以从 CRAN 获取。此外，一些组织机构给其员工提供了预置主题，以确保在报告和幻灯片中具有一致的外观。

除了预置主题，我们还可以修改单个主题元素。在后面的章节中，我们将使用主题参数自定义字体、图例和其他图形元素。

19.2.2   自定义字体

使用排版方便信息的传递，可以避免读者分心或困惑，这一点很重要。比如，为了让文字更加清晰，通常推荐使用 Google 的 Roboto 和 Lora 字体。R 基础安装中自带的字体处理功能有限，`showtext` 包则可以极大地扩展这些功能，我们可以用这个包在图上添加系统字体和 Google 字体。

添加步骤如下。

(1) 下载本地和/或 Google 字体。

(2) 将 `showtext` 设为图形输出的设备。

(3) 在函数 `ggplot2theme()` 中指定字体。

在考虑系统自带字体时，不同计算机字体的位置、数量和类型差异很大。若要使用本地字体而非 R 的默认字体，我们需要知道系统里字体文件的名称和位置。目前支持的字体格式包括 TrueType 字体（*.ttf, *.ttc）和 OpenType 字体（*.otf）。

函数 `font_paths()` 列出字体文件的位置，`font_files()` 则列出字体文件及其属性。代码清单 19-6 提供了一个查找本地系统上字体文件的简短函数。这里，该函数用于查找 Comic Sans MS 字体文件。由于查找结果与我们的系统有关（我用的是 Windows PC），因此查找结果可能各不一样。

代码清单 19-6   查找本地字体文件

```
> findfont <- function(x){
    suppressMessages(require(showtext))
    suppressMessages(require(dplyr))
    filter(font_files(), grepl(x, family, ignore.case=TRUE)) %>%
      select(path, file, family, face)
  }

> findfont("comic")

                path         file       family        face
1 C:/Windows/Fonts    comic.ttf Comic Sans MS     Regular
2 C:/Windows/Fonts  comicbd.ttf Comic Sans MS        Bold
3 C:/Windows/Fonts  comici.ttf Comic Sans MS      Italic
4 C:/Windows/Fonts  comicz.ttf Comic Sans MS Bold Italic
```

找到本地字体文件后，使用 `font_add()` 下载此文件。例如，在我的计算机上编写如下代码：

```
font_add("comic", regular = "comic.ttf",
         bold = "comicbd.ttf", italic="comici.ttf")
```

可以将 Comic Sans MS 字体下载到 R，并使用自定义的名称 "comic."。

要下载 Google 字体，则使用语句

```
font_add_google(name, family)
```

其中 *name* 为 Google 字体的名称，*family* 是自定义的名称，在后面的代码中我们将使用此名称来引用该字体。例如，代码

```
font_add_google("Schoolbell", "bell")
```

表示下载 Google 的 Schoolbell 字体，自定义名称为 bell。

下载字体后，语句 showtext_auto() 将 showtext 设为新图形的输出设备。

最后，使用函数 theme() 指定图形的哪个元素使用哪个字体。表 19-6 列出了与文本相关的 theme() 参数。我们可使用 element_text() 指定字体的系列、字形、大小、颜色和方向。

表 19-6 与文本相关的 theme() 参数

参数	描述
axis.title, axis.title.x, axis.title.y	坐标轴标题
axis.text, axis.text.x, axis.text.y	坐标轴上的刻度线标签
legend.text, legend.title	图例项标签和图例标题
plot.title, plot.subtitle, plot.caption	图标题、副标题和图的标注栏
strip.text, strip.text.x, strip.text.y	分图标签

代码清单 19-7 演示了自定义的 ggplot2 图形，字体为从我的计算机上下载的两种本地字体（Comic Sans MS 和 Caveat）和两种 Google 字体（Schoolbell 和 Gochi Hand）。图形结果如图 19-8 所示。

代码清单 19-7 自定义 ggplot2 图中的字体

```
library(ggplot2)
library(showtext)

font_add("comic", regular = "comic.ttf",                           ❶
        bold = "comicbd.ttf", italic="comici.ttf")                 ❶
font_add("caveat", regular = "caveat-regular.ttf",                 ❶
        bold = "caveat-bold.ttf")                                  ❶

font_add_google("Schoolbell", "bell")                              ❷
font_add_google("Gochi Hand", "gochi")                             ❷

showtext_auto()                                                    ❸

ggplot(data = mtcars, aes(x = wt, y = mpg)) +
  geom_point() +
  labs(title = "Fuel Efficiency by Car Weight",
       subtitle = "Motor Trend Magazine 1973",
       caption = "source: mtcars dataset",
       x = "Weight (1000 lbs)",
       y = "Miles per gallon") +

  theme(plot.title    = element_text(family = "bell", size=14),    ❹
        plot.subtitle = element_text(family = "gochi"),            ❹
        plot.caption  = element_text(family = "caveat", size=15),  ❹
        axis.title    = element_text(family = "comic"),            ❹
        axis.text     = element_text(family = "comic",             ❹
                                face="italic", size=8))            ❹
```

19

❶ 加载本地字体
❷ 加载 Google 字体
❸ 将 showtext 用作图形输出设备
❹ 设定图形字体

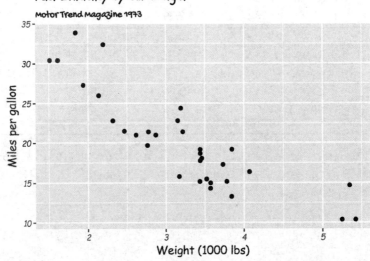

图 19-8　使用几种字体的图形（标题为 Schoolbell 字体，副标题为 Gochi Hand 字体，数据
　　　来源的文本为 Caveat 字体，坐标轴标题和文本为 Comic Sans MS 字体）

图 19-8 展示了仅用于演示的图形结果。在单个图中使用多种字体常常会分散读者的注意力，
无法有效地表现图形所要传达的信息。我们应该选择一种或两种最能突出显示信息的字体，并一
直使用它们。

19.2.3　自定义图例

当变量映射到颜色、填充、形状、线条类型或大小（基本上任何缩放都不包括位置缩放）时，
ggplot2 包就会创建图例。我们可以使用表 19-7 中的 theme() 参数来修改图例的外观。

表 19-7　与图例有关的 theme() 参数

参　　数	描　　述
legend.background, legend.key	图例和图例元素（符号）的背景。使用 element_rect() 设定
legend.title, legend.text	图例标题和文本的文本属性。使用 element_text() 设定值
legend.position	图例的位置。值为 "none"、"left"、"right"、"bottom"、"top"，或二元数值向量［每个数字在 0（左/下）到 1（右/上）之间］

（续）

参　　数	描　　述
legend.justification	如果 legend.postion 设为二元数值向量，那么 legend.justification 在图例中提供二元向量的锚定点。例如，如果 legend.position = c(1, 1) 且 legend.justification = c(1, 1)，则锚定点位于图例的右角。锚定点被放置在图形的右上角。
legend.direction	图例方向，方向可为 "horizontal" 或 "vertical"
legend.title.align, legend.text.align	图例标题和文本的对齐方式 [0（左）到 1（右）的数字]

最常用的参数是 legend.position。将此参数设为 top、right（默认）、bottom 或 left 可将图例放置在图形的任意一边。我们也可以使用二元数值向量（*x*, *y*），将图例放置在 *x* 轴和 *y* 轴上，*x* 轴坐标范围从 0（左）到 1（右），*y* 轴坐标范围从 0（下）到 1（上）。

现在，我们来创建 mtcars 数据集的散点图。将 Weight(1000 lbs)（wt）放置在 *x* 轴，Miles per gallon（mpg）放置在 *y* 轴，根据发动机气缸数量给点选择颜色。我们使用表 19-7 中的参数来自定义此图，具体步骤如下。

- ❑ 将图例放置在图的右上角。
- ❑ 添加图例的标题 "Cylinders"。
- ❑ 横向列出图例类别。
- ❑ 将图例背景设为浅灰色，并去除主要元素（带颜色的符号）周围的背景。
- ❑ 给图例添加白色边框。

代码清单 19-8 提供了相应的代码，图 19-9 显示了图形结果。

代码清单 19-8　自定义图例

```
library(ggplot2)
ggplot(mtcars, aes(wt, mpg, color = factor(cyl))) +
        geom_point(size=3) +
    scale_color_discrete(name="Cylinders") +
    labs(title = "Fuel Efficiency for 32 Automobiles",
        x = "Weight (1000 lbs)",
        y = "Miles per gallon") +
    theme(legend.position = c(.95, .95),
        legend.justification = c(1, 1),
        legend.background = element_rect(fill = "lightgrey",
                                         color = "white",
                                         size = 1),
        legend.key = element_blank(),
        legend.direction = "horizontal")
```

19

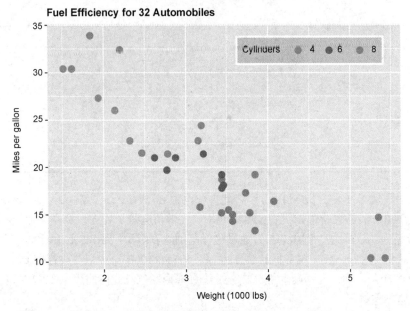

图 19-9 具有自定义图例的图形。图例的右上角放置在图的右上角，图例为横向输出，
背景为浅灰色，带白色实线边框和标题

图 19-9 同样只用于演示。如果将图例竖向放置在右上角（本例的默认设置），我们就更容易
将图例与图形联系起来。

19.2.4 自定义绘图区

表 19-8 中的 theme() 参数可用于自定义绘图区。最常见的修改是背景颜色和主网格线或次网
格线。代码清单 19-9 展示了自定义多面散点图的绘图区的多个属性。图 19-10 展示了图形结果。

表 19-8 与绘图区相关的 theme() 参数

参　　数	描　　述
plot.background	整个图形的背景。使用 element_rect() 设定
plot.margin	整个图形四周的边距。使用函数 units() 设定上、下、左、右边距的大小
panel.background	绘图区域的背景。使用 element_rect() 设定
strip.background	带状标签的背景
panel.grid, panel.grid.major, panel.grid.minor, panel.grid.major.x panel.grid.major.y panel.grid.minor.x panel.grid.minor.y	网格线、主网格线、次网格线，或者特定的主或次网格线，使用 element_line() 设定
axis.line, axis.line.x, axis.line.y, axis.line.x.top, axis.line.x.bottom, axis.line.y.left, axis.line.y.right	沿坐标轴的线条（axis.line）、每个面板的线条（axis.line.x、axis.line.y）、每个坐标轴各自的线条（axis.line.x.bottom 等），使用 element_line() 设定

代码清单 19-9　自定义绘图区

```
library(ggplot2)
mtcars$am <- factor(mtcars$am, labels = c("Automatic", "Manual"))
ggplot(data=mtcars, aes(x = disp, y = mpg)) +
  geom_point(aes(color=factor(cyl)), size=2) +                          ❶
  geom_smooth(method="lm", formula = y ~ x + I(x^2),                    ❷
              linetype="dotted", se=FALSE) +
  scale_color_discrete("Number of cylinders") +
  facet_wrap(~am, ncol=2) +                                            ❸
  labs(title = "Mileage, transmission type, and number of cylinders",
       x = "Engine displacement (cu. in.)",
       y = "Miles per gallon") +
  theme_bw() +                                                         ❹
  theme(strip.background = element_rect(fill = "white"),               ❺
        panel.grid.major = element_line(color="lightgrey"),
        panel.grid.minor = element_line(color="lightgrey",
                                        linetype="dashed"),
        axis.ticks = element_blank(),
        legend.position = "top",
        legend.key = element_blank()))
```

❶ 分组的散点图

❷ 拟合线

❸ 多幅图

❹ 设置黑白主题

❺ 修改主题

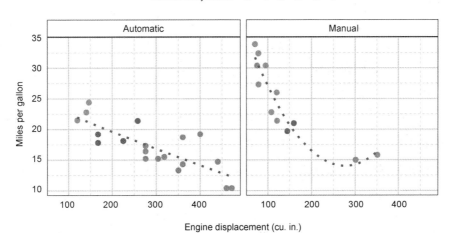

图 19-10　带拟合线的多幅散点图。最终的主题是在一个修改后的黑白主题的基础上做了调整

代码清单 19-9 创建的图 19-10 中，x 轴表示发动机排量（disp），y 轴表示每加仑汽油行驶英里数（mpg）。气缸数（cyl）和变速箱类型（am）最初被编码为数字，但已转化为因子用于绘图，其中，将 cyl 转化为因子可以确保每个气缸数对应 一种颜色，am 显示为了图形式，可以提供比 0 和 1 更好的标签。

创建的散点图中的点是大号的点，且点的颜色表示按气缸数❶。然后，添加了一条最佳拟合的二次曲线❷。二次拟合线可以是一条带一个弯曲的线（见 8.2.3 节）。图中还添加了每个变速箱类型对应的子图❸。

若要修改主题，则首先调用函数 theme_bw()❹，然后通过函数 theme() 来修改主题❺。带状区域背景颜色设为白色。主网格线设为浅灰实心线，次网格线设为浅灰虚线，并去除坐标轴上的刻度线。最后，将图例放置在图上方，图例符号背景为空白。

19.3　添加标注

标注用于在图中添加一些补充信息，使读者更容易辨识图中的关系、分布和异常观测值。最常用的标注是参考线和文本标签。表 19-9 列出了添加这些标注的函数。

表 19-9　用于添加标注的函数

函　　数	描　　述
geom_text, geom_label	geom_text()向图形添加文本。geom_label()与之类似，不过会在文本四周画一个矩形
geom_text_repel, geom_label_repel	ggrepel 包中的函数，与 geom_text()和 geom_label()类似，但是避免了文本重叠。
geom_hline, geom_vline, geom_abline	添加水平、垂直和对角的参考线
geom_rect	在图形中添加矩形，用于突出显示图形的区域

19.3.1　给数据点添加标签

在图 19-1 中，我们绘制了汽车重量（wt）和每加仑汽油行驶英里数（mpg）之间的关系图。尽管如此，如果没有参考原始数据集，读者无法确定哪些车型是由哪些点表示的。代码清单 19-10 对数据点添加了相关的车型信息。图 19-11 展示了图形结果。

代码清单 19-10　添加了点标签的散点图

```
library(ggplot2)
ggplot(data = mtcars, aes(x = wt, y = mpg)) +
  geom_point(color = "steelblue") +
  geom_text(label = row.names(mtcars)) +
  labs(title = "Fuel efficiency by car weight",
       x = "Weight (1000 lbs)",
       y = "Miles per gallon")
```

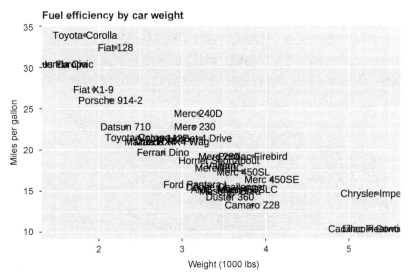

图 19-11 汽车重量和每加仑汽油行驶英里数的散点图。用车型名称标记了每个点

由于文本重叠，因此这张图很难阅读。ggrepel 包可以解决这个问题，即通过重新放置文本框来避免重叠。我们使用这个包来添加数据点的标签，从而重新创建图形。此外，我们将添加参考线和标签以便显示每加仑汽油行驶英里数的中位数。代码清单 19-11 提供了所需代码，图 19-12 展示了图形结果。

代码清单 19-11 用 ggrepel 实现的带有数据点标签的散点图

```
library(ggplot2)
library(ggrepel)
ggplot(data = mtcars, aes(x= wt, y = mpg)) +
  geom_point(color = "steelblue") +
  geom_hline(yintercept = median(mtcars$mpg),         ❶
             linetype = "dashed",                     ❶
             color = "steelblue") +                   ❶
  geom_label(x = 5.2, y = 20.5,                        ❷
             label = "median MPG",                     ❷
             color = "white",                          ❷
             fill = "steelblue",                       ❷
             size = 3) +                               ❷
  geom_text_repel(label = row.names(mtcars), size = 3) +   ❸
  labs(title = "Fuel efficiency by car weight",
       x = "Weight (1000 lbs)",
       y = "Miles per gallon")
```

❶ 参考线

❷ 参考线标签

❸ 点标签

参考线提示了哪些车型在每加仑汽油行驶英里数的中位数的以上和以下❶。此线条是使用 `geom_label` 添加标签的❷。需要一些实验才能确定参考线标签的合适位置（x, y）。最后，使用函数 `geom_text_repel()` 添加了点标签❸。标签的大小也从默认的 4 减小到 3。现在，这个图更容易阅读和解释了。

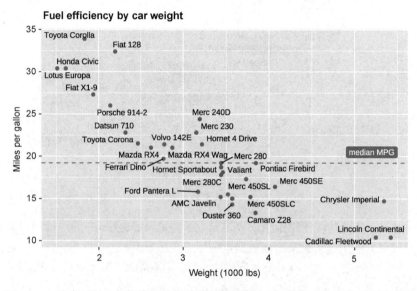

图 19-12　汽车重量和每加仑汽油行驶英里数的散点图。数据点使用车型名称进行
标记。使用 ggrepel 包重新放置标签以避免文本重叠。此外，添加了
一条参考线及其标签

19.3.2　给条形添加标签

在条形图中添加标签可以明确分类变量的分布或者堆积条形图的组成。给每个条形添加百分比标签分两步。首先，计算每个条形的百分比，然后，直接用这些百分比创建条形图，并通过函数 `geom_text()` 添加标签。代码清单 19-12 展示了此过程。图 19-13 展示了图形结果。

代码清单 19-12　为条形图添加百分比标签

```
library(ggplot2)
library(dplyr)
library(ISLR)

plotdata <- Wage %>%                                              ❶
  group_by(major) %>%                                             ❶
  summarize(n = n()) %>%                                          ❶
  mutate(pct = n / sum(n),                                        ❶
         lbls = scales::percent(pct),                            ❶
         major = factor(major, labels = c("Major 1", "Major 2",  ❶
                                          "Major 3", "Other")))   ❶
```

```
plotdata

## # A tibble: 4 x 4
##   major         n    pct lbl
##   <fct>      <int>  <dbl> <chr>
## 1 1. Major 1  2480 0.827  82.7%
## 2 2. Major 2   293 0.0977 9.8%
## 3 3. Major 3   190 0.0633 6.3%
## 4 4. Other      37 0.0123 1.2%

ggplot(data=plotdata, aes(x=major, y=pct)) +
  geom_bar(stat = "identity", fill="steelblue") +         ❷
  geom_text(aes(label = lbls),                             ❸
            vjust = -0.5,                                  ❸
            size = 3) +                                    ❸
  labs(title = "Participants by Major",
       x = "",
       y="Percent") +
  theme_minimal()
```

❶ 计算百分比
❷ 添加条形
❸ 添加条形标签

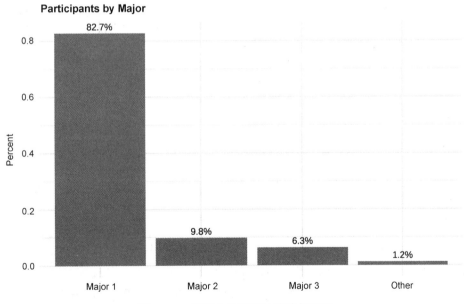

图 19-13　带百分比标签的简单条形图

　　首先，计算每个专业类别的百分比❶，使用 scales 包中的函数 percent() 创建带格式的标签（lbls）。然后，使用这些汇总数据创建了一个条形图❷。函数 geom_bar() 中的选项

stat="identity"告诉 ggplot2 使用提供的 *y* 值（条形高度），而不是计算这些值。最后，使用函数 geom_text()输出条形的标签 ❸。参数 vjust=-0.5 将文本提高至略高于条形的位置。

我们还可以为堆积条形图添加百分比标签。在代码清单 19 13 中，我们为图 19-4 中的填充条形图添加了百分比标签。图 19-14 展示了最终的图形。

代码清单 19-13　在堆积（填充）条形图中添加百分比标签

```
library(ggplot2)
library(dplyr)
library(ISLR)

plotdata <- Wage %>%                                                ❶
  group_by(major, education) %>%                                    ❶
  summarize(n = n()) %>%                                            ❶
  mutate(pct = n/sum(n),                                            ❶
         lbl = scales::percent(pct))                                ❶

ggplot(plotdata, aes(x=major, y=pct, fill=education)) +
  geom_bar(stat = "identity",
           position="fill",
           color="lightgrey") +
  scale_y_continuous("Percent",                                     ❷
                     label=scales::percent_format(accuracy=2),      ❷
                     n.breaks=10) +                                 ❷
  scale_x_discrete("",                                              ❷
                   limits=c("3. Major 1", "1. Major 2", "2. Major 3"),   ❷
                   labels=c("Major 1", " Major 2", "Major 3")) +    ❷
  geom_text(aes(label = lbl),                                       ❸
            size=3,                                                 ❸
            position = position_stack(vjust = 0.5)) +               ❸
  labs(title="Participant Education by Major",
       fill = "Education") +
  theme_minimal() +                                                 ❹
  theme(panel.grid.major.x=element_blank())                         ❹
```

❶ 计算百分比

❷ 自定义 *y* 轴和 *x* 轴

❸ 添加百分比标签

❹ 自定义主题

这段代码与前面的代码类似。首先，计算了每个专业的受教育程度的百分比❶，并且使用这些百分比绘制了条形图。然后，根据代码清单 19-2 对 *x* 轴和 *y* 轴进行了自定义❷。接下来，使用函数 geom_text()添加百分比标签❸。函数 position_stack()可以确保每个堆积段的百分比标签都放在合适的位置。最后，指定图和填充标题，选择了不带 *x* 轴网格线（不需要 *x* 轴网格线）的最简单的主题❹。

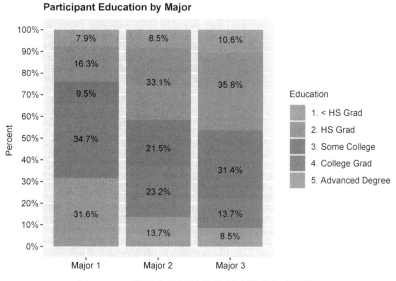

图 19-14 带百分比标签的堆积（填充）条形图

19.4 图形的组合

将几个相关的 `ggplot2` 图形组合成一个整体的图形通常有利于强调关系和差异。在文本中创建多个图时我会使用此方法（例如图 19-7）。patchwork 包为组合图形提供了简单而强大的语言。若要使用此方法，请将每个 `ggplot2` 图形保存为一个对象。然后使用竖线（｜）运算符横向组合图形,使用正斜杠（ / ）运算符纵向组合图形。我们可以使用圆括号（）创建图形的子组。图 19-15 展示了各种图形组合方式。

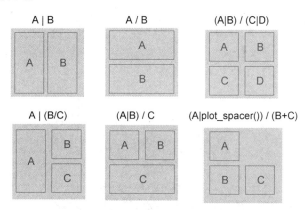

图 19-15 `patchwork` 包为组合图形提供了一组简单的算术符号

我们在 `mtcars` 数据集中创建几个与 `mpg` 有关的图形，并将这些图形组合成一个图形。代码清单 19-14 提供了代码，图 19-16 展示了图形结果。

代码清单 19-14 使用 patchwork 包组合图形

```
library(ggplot2)
library(patchwork)

p1 <- ggplot(mtcars, aes(disp, mpg)) +             ❶
  geom_point() +                                   ❶
  labs(x="Engine displacement",                    ❶
       y="Miles per gallon")                       ❶

p2 <- ggplot(mtcars, aes(factor(cyl), mpg)) +      ❶
  geom_boxplot() +                                 ❶
  labs(x="Number of cylinders",                    ❶
       y="Miles per gallon")                       ❶

p3 <- ggplot(mtcars, aes(mpg)) +                   ❶
  geom_histogram(bins=8, fill="darkgrey", color="white") +   ❶
  labs(x = "Miles per gallon",                     ❶
       y = "Frequency")                            ❶

(p1 | p2) / p3 +                                   ❷
  plot_annotation(title = 'Fuel Efficiency Data') &  ❷
  theme_minimal() +                                ❷
  theme(axis.title = element_text(size=8),         ❷
        axis.text = element_text(size=8))          ❷
```

❶ 创建了 3 个图
❷ 3 个图合并为一个图

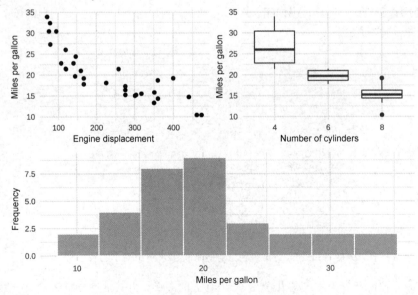

图 19-16 使用 patchwork 包将 3 个 ggplot2 图形组合成一个图形

代码清单 19-14 创建了 3 个独立的图，分别保存为 p1、p2 和 p3❶。代码 (p1| p2)/p3 表示前两个图应放在第 1 行，第 3 个图占据整个第 2 行❷。

生成的新图形也是 ggplot2 图形，我们可以进行编辑。函数 plot_annotation() 为组合后的图形添加标题（而不是为其中一个子图添加标题）。最后，代码还修改了主题。请注意要使用与符号（&）添加主题元素。如果使用的是加符号（+），那么更改只应用到最后一个子图（p3）。&符号表示主题函数应用到每个子图（p1、p2 和 p3）。

19.5 绘制交互式图形

除了个别图，本书中创建的图到目前为止都是静态图形。创建交互式图形有几个原因。首先，交互式图形关注有趣的结果，并且提供更多的信息来理解数据的模式、趋势和异常观测值。其次，它们通常比静态图形更吸引人。

R 中的一些包可以用来创建交互式可视化图形，包括 leaflet、rbokeh、rCharts、highlighter 和 plotly 包。本节中，我们将重点学习 plotly 包。

Plotly 开源图形库可用于创建高端的交互式可视化图形，其中一个重要优势是它能够将一个静态的 ggplot2 图形转换为一个交互式的 Web 图形。

使用 plotly 包创建交互式图形包括两个简单的步骤。首先，将 ggplot2 图形保存为对象。然后，将此对象传递给函数 ggplotly()。

在代码清单 19-15 中，使用 ggplot2 创建了每加仑汽油行驶英里数与发动机排量的散点图。首先，代码为数据点添加了颜色以表示发动机气缸的数量。然后将此图形传递给 plotly 包中的函数 ggplotly()，生成一个基于 Web 的交互式可视化图形。图 19-17 展示了一个屏幕截图。

代码清单 19-15 将 ggplot2 图形转化为交互式 plotly 图形

```
library(ggplot2)
library(plotly)
mtcars$cyl <- factor(mtcars$cyl)
mtcars$name <- row.names(mtcars)

p <- ggplot(mtcars, aes(x = disp, y= mpg, color = cyl)) +
  geom_point()
ggplotly(p)
```

19

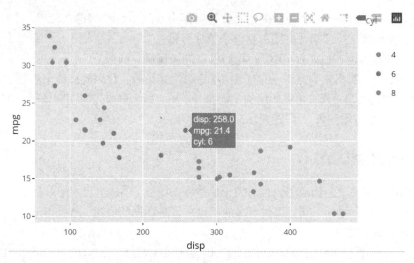

图 19-17 使用 `plotly` 包将静态 `ggplot2` 图形创建为交互式 Web 图形的屏幕截图

当我们在此图形上移动鼠标时,图形右上方会出现一个工具栏,可以使用此工具栏缩放图形、平移图形、选择区域、下载图形,以及进行其他操作(见图 19-18)。另外,将鼠标光标移到图形区域时,会弹出工具提示。默认情况下,工具提示会显示用来创建图形的变量值(本例中为 `disp`、`mpg` 和 `cyl` 的值)。单击图例中的符号还可以切换数据。此功能可以让我们更轻松地关注不同的数据子集。

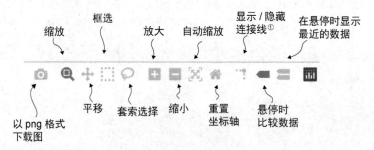

图 19-18 `plotly` 图形的工具栏。了解这些工具的最简单方法就是逐一试用这些工具

自定义工具提示有两种简单的方法。我们可以在 `ggplot` 内嵌的 `aes()` 函数中添加 `label1 = var1`、`label2 = var2` 等,以便在工具提示中添加其他变量。例如,

```
p <- ggplot(mtcars, aes(x = disp, y= mpg, color = cyl,
                        label1 = gear, label2 = am))) +
  geom_point()
ggplotly(p)
```

将创建包含 `disp`、`mpg`、`cyl`、`gear` 和 `am` 等变量的工具提示。

① 这个工具图标在最新版的 Plotly 开源图形库中取消了。——译者注

　　我们还可以在 `aes()` 函数中使用帮助文档里没有提到的 `text` 参数,用任意文本字符串创建工具提示。代码清单 19-16 提供了一个示例,图 19-19 展示了图形结果的屏幕截图。

代码清单 19-16　自定义 `plotly` 工具提示

```
library(ggplot2)
library(plotly)
mtcars$cyl <- factor(mtcars$cyl)
mtcars$name <- row.names(mtcars)

p <- ggplot(mtcars,
            aes(x = disp, y=mpg, color=cyl,
                text = paste(name, "\n",
                             "mpg:", mpg, "\n",
                             "disp:", disp, "\n",
                             "cyl:", cyl, "\n",
                             "gear:", gear))) +
  geom_point()
ggplotly(p, tooltip=c("text"))
```

　　`text` 方法可以很好地控制工具提示。我们甚至可以在文本字符串中包含 HTML 标记,以便进一步自定义文本输出。

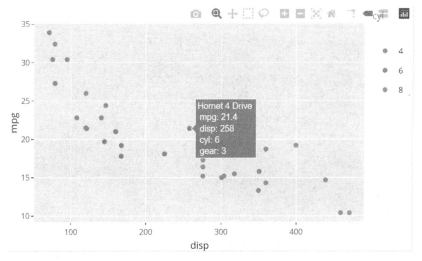

图 19-19　交互式 `plotly` 图形的屏幕截图,包含在 `ggplot2` 代码中创建的自定义
　　　　　工具提示

　　本章介绍了多种自定义 `ggplot2` 图形的方法。请记住自定义的目的是增强我们对数据的理解,提升洞察力,并更好地与他人沟通。如果添加到图形中的事物与我们的目的相违背,它们就只是装饰(也称为图表垃圾)。我们要尽量避免图表垃圾。

19.6　小结

❑ ggplot2 的标尺函数将变量值映射到图形的视觉属性。它们对于自定义坐标轴和调色板非常有用。

❑ ggplot2 的函数 theme() 控制图形的非数据元素。对于自定义字体、图例、网格线和图形背景很有用。

❑ ggplot2 的函数 geom_* 对于标注图形很有用，它可以添加有用的信息，比如参考线和标签。

❑ 使用 patchwork 包可将两个或两个以上的图形组合成一个图形。

❑ 使用 plotly 包可几乎将任何静态 ggplot2 图形转化为交互式 Web 图形。

高级编程 20

本章重点
- 深入挖掘 R 语言
- 利用 R 的面向对象特性来创建泛型函数
- 调整代码使之高效运行
- 查找和纠正编程错误

前面的章节介绍了对应用开发来说很重要的主题，包括数据结构（2.2 节）、控制流（5.3 节）和用户自定义函数（5.4 节）。本章将回顾 R 作为编程语言的这些方面，只不过内容更加高级和详细。学完本章，我们会对 R 语言的工作原理有一个更清晰的认识，这有助于我们创建自己的函数，并最终拥有自己创建的包。

在学习创建函数之前，我们首先回顾一下对象、数据类型和控制流的概念，包括范围和环境的作用。然后，本章将介绍面向对象的 R 编程方法并探讨泛型函数的创建。最后，我们将回顾如何编写高效生成代码和调试代码的应用程序。掌握这些主题将有助于我们理解其他人的应用程序代码，并帮助我们创建新的应用。在第 22 章里，通过从头到尾创建一个有实际用途的包，我们将有机会将这些技能付诸实践。

20.1　R 语言回顾

R 是一种面向对象的、函数式的数组编程语言，其中的对象是专门的数据结构，存储在 RAM（内存）中，通过名称或符号访问。对象的名称由大小写字母、数字 0~9、句点和下划线组成。名称是区分大小写的，而且不能以数字开头；句点被视为没有特殊含义的简单字符。

不像 C 和 C++语言，在 R 语言中不能直接得到内存的位置。可以被存储和命名的数据、函数和其他任何东西都是对象。另外，名称和符号本身是可以被操纵的对象。所有的对象在程序执行时都存储在 RAM 中，这对大规模数据分析有显著的影响。

每一个对象都有**属性**，即描述对象特性的元信息。属性能通过函数 attributes() 罗列出来并能通过函数 attr() 进行设置。一个关键的属性是对象的**类**。R 函数使用关于对象类的信息来确定如何处理对象。可以使用函数 class() 来读取和设置对象的类。在本章及第 21 章中，我们会给出相关的例子。

20.1.1   数据类型

有两种最基本的数据类型：**原子向量**（atomic vector）和**泛型向量**（generic vector）。原子向量是包含单个数据类型的数组。泛型向量也称为列表，是原子向量的集合。列表是递归的，因为它们还可以包含其他列表。本节会详细讨论这两种类型。

与许多语言不同，在 R 中不必声明对象的数据类型或为其分配空间。数据的类型由对象的内容隐式地决定，并且空间的增大或缩小自动取决于对象包含的成分类型和数目。

1. 原子向量

原子向量是包含单个数据类型（逻辑类型、实数、复数、字符串或原始类型）的数组。例如，下面的每个都是一维原子向量：

```
passed <- c(TRUE, TRUE, FALSE, TRUE)
ages <- c(15, 18, 25, 14, 19)
cmplxNums <- c(1+2i, 0+1i, 39+3i, 12+2i)
names <- c("Bob", "Ted", "Carol", "Alice")
```

"raw"类型的向量包含原始字节，我们在这里不作讨论。

许多 R 的数据类型是带有特定属性的原子向量。例如，R 没有标量数据。标量是具有单一成分的原子向量，所以 k<- 2 是 k <- c(2)的简写。

矩阵是一个具有维度属性（dim）的原子向量，包含两个元素（行数和列数）。例如，以一维的数字向量 x 开始：

```
> x <- c(1,2,3,4,5,6,7,8)
> class(x)
[1] "numeric"
> print(x)
{1] 1 2 3 4 5 6 7 8
```

然后，加上一个 dim 属性：

```
> attr(x, "dim") <- c(2,4)
```

对象 x 现在变成了类型为 matrix 的 2×3 阶矩阵：

```
> print(x)
     [,1] [,2] [,3] [,4]
[1,]    1    3    5    7
[2,]    2    4    6    8

> class(x)
[1] "matrix" "array"
> attributes(x)
$dim
[1] 2 2
```

行名和列名可以通过加上一个 dimnames 属性得到：

```
> attr(x, "dimnames") <- list(c("A1", "A2"),
                              c("B1", "B2", "B3", "B4"))
> print(x)
```

```
   B1 B2 B3 B4
A1  1  3  5  7
A2  2  4  6  8
```

最后，矩阵可以通过去除 `dim` 属性来得到一维的向量：

```
> attr(x, "dim") <- NULL
> class(x)
[1] "numeric"
> print(x)
[1] 1 2 3 4 5 6 7 8
```

数组是有一个具有 `dim` 属性的原子向量，其中包含 3 个或更多元素。同样，我们可以用 `dim` 属性来设置维度，还可以为标签赋予 `dimnames` 属性。与一维向量一样，矩阵和数组可以是逻辑类型、实数、复数、字符串或原始类型，但是不能把不同的类型放到一个矩阵或数组中。

`attr()` 函数允许我们创建任意属性并将其与对象相关联。属性存储关于对象的额外信息，函数能够用属性确定其处理方式。

有很多特定的函数可以用来设置属性，包括 `dim()`、`dimnames()`、`names()`、`row.names()`、`class()` 和 `tsp()`。最后一个函数用来创建时间序列对象。这些特殊的函数对设置的取值范围有一定的限制。除非创建自定义属性，使用这些特殊函数在大部分情况下都是个好主意。它们的限制和产生的错误信息使得编码时出现错误的可能性变少，并使错误更明显。

2. 泛型向量或列表

列表是原子向量和/或其他列表的集合。数据框是一种特殊的列表，集合中每个原子向量都有相同的长度。在安装 R 时自带 `iris` 数据框，这个数据框描述了 150 种植物的 4 种物理测度及其种类（setosa、versicolor 或 virginica）：

```
> head(iris)
  Sepal.Length Sepal.Width Petal.Length Petal.Width Species
1          5.1         3.5          1.4         0.2  setosa
2          4.9         3.0          1.4         0.2  setosa
3          4.7         3.2          1.3         0.2  setosa
4          4.6         3.1          1.5         0.2  setosa
5          5.0         3.6          1.4         0.2  setosa
6          5.4         3.9          1.7         0.4  setosa
```

这个数据框实际上是包含 5 个原子向量的列表。它有一个 `names` 属性（变量名的字符串向量），一个 `row.names` 属性（识别单种植物的数字向量）和一个带有 `"data.frame"` 值的 `class` 属性。每个向量代表数据框中的一列（变量）。通过函数 `unclass()` 打印数据框可以很容易地看到上述这些组成部分，并且可以用 `attributes()` 函数得到数据集的属性：

```
unclass(iris)
attributes(iris)
```

为了节省空间，输出值在这里省略了。

理解列表是很重要的，因为 R 的函数通常返回列表作为值。让我们看一个使用了第 16 章中聚类分析技巧的例子。聚类分析使用一系列方法识别观测值的天然分组。

20

我们可以使用 K 均值聚类分析（16.4.1 节）来对 iris 数据框进行聚类分析。假定数据中存在 3 个聚类簇，观察些观测值（行）是如何被分组的。我们可以忽略 species 变量，仅仅使用每个植物的物理性状来聚类。所需的代码是．

```
set.seed(1234)
fit <- kmeans(iris[1:4], 3)
```

对象 fit 中包含的信息是什么？kmeans() 函数的帮助页面表明该函数返回一个包含 7 种成分的列表。str() 函数展示了对象的结构，unclass() 函数用来直接检查对象的内容。length() 函数展示对象包含多少成分，names() 函数提供了这些成分的名字。我们可以使用 attributes() 函数来检查对象的属性。下面，我们探讨 kmeans() 返回的对象内容：

```
> names(fit)
[1] "cluster"      "centers"      "totss"        "withinss"
[5] "tot.withinss" "betweenss"    "size"         "iter"
[9] "ifault"

> unclass(fit)
$cluster
  [1] 1 1 1 1 1 1 1 1 1 1 1 1 1 1 1 1 1 1 1 1 1 1 1 1 1 1 1 1
 [29] 1 1 1 1 1 1 1 1 1 1 1 1 1 1 1 1 1 1 1 1 1 1 2 2 3 2 2 2
 [57] 2 2 2 2 2 2 2 2 2 2 2 2 2 2 2 2 2 2 2 2 2 3 2 2 2 2 2 2
 [85] 2 2 2 2 2 2 2 2 2 2 2 2 2 2 3 2 3 3 3 3 3 2 3 3 3 3 3 3
[113] 3 2 3 3 3 3 3 2 3 2 3 3 2 2 3 3 3 3 3 2 3 3 3 3 3 3 3 2
[141] 3 3 2 3 3 3 2 3 3 2

$centers
  Sepal.Length Sepal.Width Petal.Length Petal.Width
1        5.006       3.428        1.462       0.246
2        5.902       2.748        4.394       1.434
3        6.850       3.074        5.742       2.071

$totss
[1] 681.4

$withinss
[1] 15.15 39.82 23.88

$tot.withinss
[1] 78.85

$betweenss
[1] 602.5

$size
[1] 50 62 38

$iter
[1] 2

$ifault
[1] 0
```

执行 sapply(fit, class) 返回对象中每个成分所属的类：

```
> sapply(fit, class)
    cluster       centers        totss      withinss  tot.withinss
  "integer"      "matrix"    "numeric"    "numeric"     "numeric"
   betweenss         size          iter       ifault
   "numeric"    "integer"    "integer"    "integer"
```

在这个例子中，cluster 是包含集群成员的整数向量，centers 是包含聚类中心的矩阵（各个聚类簇中每个变量的均值）。size 是一个整数向量，其中包含了 3 个聚类簇中每个聚类簇的植物的数量。要了解其他成分，参见 help(kmeans) 的 Value 部分。

3. 索引

学会理解列表中的信息是一个重要的 R 编程技巧。任何数据对象中的成分都可以通过索引来提取。在深入列表之前，让我们先看看如何提取原子向量中的元素。

提取元素可以使用 *object[index]*，其中 *object* 是向量，*index* 是一个整数向量。如果原子向量中的元素已经被命名，*index* 也可以是由这些名称组成的字符串向量。需要注意的是，R 中的索引从 1 开始，而不像其他语言一样从 0 开始。

下面的例子使用了这种方法来分析没有命名元素的原子向量：

```
> x <- c(20, 30, 40)
> x[3]
[1] 40
> x[c(2,3)]
[1] 30 40
```

对于有命名元素的原子向量，可以使用：

```
> x <- c(A=20, B=30, C=40)
> x[c(2,3)]
 B  C
30 40
> x[c("B", "C")]
 B  C
30 40
```

对列表来说，可以使用 *object[index]* 来提取成分（原子向量或其他列表），其中 *index* 是一个整数向量。如果数据成分已被命名，则可以使用名称所属的字符串向量。

我们继续探讨 K 均值示例，代码

```
>fit[c(2, 7)]
$centers
  Sepal.Length Sepal.Width Petal.Length Petal.Width
1     5.006000    3.428000     1.462000    0.246000
2     5.901613    2.748387     4.393548    1.433871
3     6.850000    3.073684     5.742105    2.071053

$size
[1] 50 62 38
```

返回的是双成分列表（聚类簇的 K 均值和聚类簇的大小）。每个成分包含一个矩阵。

20

值得注意的是，如果使用单括号来提取列表的子集，总是返回一个列表。
例如，

```
> fit[2]
$centers
  Sepal.Length Sepal.Width Petal.Length Petal.Width
1     5.006000    3.428000     1.462000    0.246000
2     5.901613    2.748387     4.393548    1.433871
3     6.850000    3.073684     5.742105    2.071053
```

只是返回成分对象的列表，而不是矩阵。若要提取成分的内容，需要使用 *object*[[*index*]]。
例如，

```
> fit[[2]]
  Sepal.Length Sepal.Width Petal.Length Petal.Width
1        5.006       3.428        1.462       0.246
2        5.902       2.748        4.394       1.434
3        6.850       3.074        5.742       2.071
```

返回的是一个矩阵。这种区别可能很重要，它取决于你对结果的处理方式。如果想把得到的结果传递给一个要求输入为矩阵的函数，则应该使用双括号。

如果想获取单个命名成分的内容，可以使用 $ 符号。在这种情况下，*object*[["*name*"]] 和 *object*$*name* 是等价的：

```
> fit$centers
  Sepal.Length Sepal.Width Petal.Length Petal.Width
1        5.006       3.428        1.462       0.246
2        5.902       2.748        4.394       1.434
3        6.850       3.074        5.742       2.071
```

这也解释了为什么 $ 符号也可以在数据框中进行操作。以 iris 的数据框为例，这个数据框是列表的一种特殊情况，在这里每个变量被看作一个成分。例如，iris$Sepal.Length 等同于 iris[["Sepal.Length"]]，返回 150 个元素向量的萼片长度。

我们可以组合这些符号以获得成分内的元素。例如：

```
> fit[[2]][1, ]
Sepal.Length  Sepal.Width Petal.Length  Petal.Width
       5.006        3.428        1.462        0.246
```

提取了 fit（均值矩阵）的 2 个成分并且返回第 1 行（第 1 个聚类簇中 4 个变量的均值）。最后一个方括号中逗号后面的空格表示将返回所有 4 列。

通过提取函数返回的成分和列表的元素，我们可以获得结果并且继续深入。比如，我们可以用代码清单 20-1 画出聚类质心的线图。

代码清单 20-1   画出 K 均值聚类质心

```
> set.seed(1234)
> fit <- kmeans(iris[1:4], 3)                                ❶
> means <- fit$center                                        ❶
> means <- as.data.frame(means)                              ❶
> means$cluster <- row.names(means)                          ❶
```

```
> library(tidyr)                                              ❷
> plotdata <- gather(means,                                   ❷
                     key="variable",                          ❷
                     value="value",                           ❷
                     -cluster)                                ❷
> names(plotdata) <- c("Cluster", "Measurement", "Centimeters")  ❷
> head(plotdata)

  Cluster  Measurement Centimeters
1       1  Sepal.Length      5.006
2       2  Sepal.Length      5.902
3       3  Sepal.Length      6.850
4       1  Sepal.Width       3.428
5       2  Sepal.Width       2.748
6       3  Sepal.Width       3.074

library(ggplot2)                                             ❸
ggplot(data=plotdata,                                        ❸
       aes(x=Measurement, y=Centimeters, group=Cluster)) +   ❸
       geom_point(size=3, aes(shape=Cluster, color=Cluster)) + ❸
       geom_line(size=1, aes(color=Cluster)) +               ❸
       labs(title="Mean Profiles for Iris Clusters") +       ❸
       theme_minimal()                                       ❸
```

❶ 获取聚类均值

❷ 重塑数据为长表格式

❸ 绘制线图

首先，聚类质心的矩阵被提取出来（行是类，列是变量的均值），并转化为数据框。添加类别编号作为另一个变量❶。然后，数据框通过 tidyr 包被重塑成了长表格式（见 5.5.2 节）❷。最后，数据通过 ggplot2 包绘图❸。图形结果如图 20-1 所示。

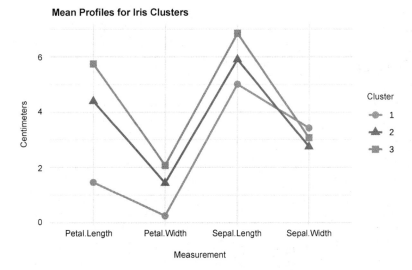

图 20-1　利用 K 均值聚类对 Iris 数据框提取 3 类时的聚类质心（均值）曲线

出现这种类型的图形是可能的，因为所有的变量作图使用相同的测量单位（厘米）。如果聚类分析涉及不同尺度的变量，我们需要在绘图前标准化数据，并标记 y 轴为标准化得分。详情参见 16.1 节。

在可以展示数据结构和分析结果之后，让我们来看看结构控制。

20.1.2   控制结构

当 R 解释器运行代码时，它按顺序逐行读取。如果一行不是一个完整的语句，它会读取附加行，直到可以构造一个完全的语句。例如，如果我们想计算 3+2+5 的和，可以运行代码：

```
> 3 + 2 + 5
[1] 10
```

也可以运行下列代码：

```
> 3 + 2 +
  5
[1] 10
```

第一行末尾的+号表示语句不是完整的。但是

```
> 3 + 2
[1] 5
> + 5
[1] 5
```

显然不能运行，因为3+2被视为一个完整的语句。

有时我们不需要按顺序处理代码。我们想有条件的或是重复地执行一个或多个语句很多次。这一部分描述了 3 个控制流函数，这几个函数在编写函数中十分有用：`for()`、`if()`和`ifelse()`。

1. `for` 循环

`for()`函数允许重复执行语句。语法是：

```
for(var in seq){
    statements
}
```

其中 *var* 是一个变量名，*seq* 是计算向量的表达式。如果仅有一个语句，那么花括号是可省略的：

```
> for(i in 1:5) print(1:i)
[1] 1
[1] 1 2
[1] 1 2 3
[1] 1 2 3 4
[1] 1 2 3 4 5

> for(i in 5:1)print(1:i)
[1] 1 2 3 4 5
[1] 1 2 3 4
[1] 1 2 3
[1] 1 2
[1] 1
```

值得注意的是，*var* 直到函数退出才退出。退出时，i 为1。

在前面的示例中，参数 *seq* 是一个数字向量。它还可以是一个字符向量，例如，

```
> vars <- c("mpg", "disp", "hp", "wt")
> for(i in vars) hist(mtcars[[i]])
```

将创建4个直方图。

2. if()和else

if()函数允许我们有条件地执行语句。if()结构的语法是：

```
if(condition){
    statements
} else {
    statements
}
```

运行的条件是一元逻辑向量（TRUE 或 FALSE）并且不能有缺失值（NA）。else 部分是可选的。如果仅有一个语句，花括号也可以省略。

下面的代码片段是一个例子：

```
if(interactive()){
    plot(x, y)
} else {
    png("myplot.png")
    plot(x, y)
    dev.off()
}
```

如果代码是在交互式命令行中运行的，那么函数 interactive()返回 TRUE，同时输出一个曲线图。否则，曲线图被存在磁盘里。

3. ifelse()

ifelse()是函数 if()的向量化版本。向量化允许一个函数来处理没有明确循环的对象。

ifelse()的格式是：

```
ifelse(test, yes, no)
```

其中 *test* 是已强制为逻辑模式的对象，*yes* 返回 *test* 元素为真时的值，*no* 返回 *test* 元素为假时的值。

比如我们有一个 *p* 值向量，是从包含6个统计检验的统计分析中提取出来的，我们想要标记 $p<0.05$ 水平下的显著性检验。我们可以使用下面的代码：

```
> pvalues <- c(.0867, .0018, .0054, .1572, .0183, .5386)
> results <- ifelse(pvalues <.05, "Significant", "Not Significant")
> results

[1] "Not Significant" "Significant"     "Significant"
[4] "Not Significant" "Significant"     "Not Significant"
```

ifelse()函数通过 pvalues 向量循环并返回一个包括"Significant"或"Not Significant"

的字符串向量。返回的结果依赖于相应的 pvalues 的值是否大于 0.05。

同样的结果也可以使用显式循环完成：

```
pvalues <- c(.0867, .0018, .0054, .1572, .0183, .5386)
results <- vector(mode="character", length=length(pvalues))
for(i in 1:length(pvalues)){
  if (pvalues[i] < .05) results[i] <- "Significant"
  else results[i] <- "Not Significant"
}
```

可以看出，向量化的版本更快且更有效。

还有一些其他的控制结构，包括 while()、repeat()和 switch()，但是这里介绍的是最常用的。学习了数据类型和控制结构，我们就可以讨论创建函数了。

20.1.3　创建函数

在 R 中处处是函数。算术运算符+、-、/和*实际上也是函数。例如，2 + 2 等价于 "+"(2, 2)。本节将主要描述函数语法。函数的作用域（scope）在 R 中称为环境，将在 20.2 节介绍。

1. 函数语法

函数的语法格式是：

```
functionname <- function(parameters){
                      statements
                      return(value)
}
```

如果函数中有多个参数，那么参数之间用逗号隔开。

参数可以通过关键字和/或位置来传递。另外，参数可以有默认值。请看下面的函数：

```
f <- function(x, y, z=1){
    result <- x + (2*y) + (3*z)
    return(result)
}

> f(2,3,4)
[1] 20
> f(2,3)
[1] 11
> f(x=2, y=3)
[1] 11
> f(z=4, y=2, 3)
[1] 19
```

在第 1 个例子中，参数是通过位置（x=2，y=3，z=4）传递的。在第 2 个例子中，参数也是通过位置传递的，并且 z 默认为 1。在第 3 个例子中，参数是通过关键字传递的，z 也默认为 1。在最后一个例子中，y 和 z 是通过关键字传递的，并且 x 被假定为未明确指定的（这里 x=3）第一个参数。这也说明了通过关键字传递的参数可以以任何顺序出现。

参数是可选的，但即使没有值被传递也必须使用圆括号。函数 return()返回函数产生的对象。它也是可选的；如果缺失，函数中最后一条语句的结果也会被返回。

我们可以使用函数 args() 来查看参数的名称和默认值：

```
> args(f)
  function (x, y, z = 1)
  NULL
```

函数 args() 用于交互式查看。如果我们需要以编程方式获取参数名称和默认值，可以使用函数 formals()。它返回含有必要信息的列表。

参数采用值传递方式，而非引用传递。请看下面这个函数语句：

```
result <- lm(height ~ weight, data=women)
```

women 数据集不是直接访问的。需要形成一个副本然后传递给函数。如果 women 数据集很大的话，内存可能被迅速用完。这可能成为处理大数据问题时的难题，我们需要使用特殊的技术（见附录 F）。

2. 对象的作用域

R 中对象的作用域（如何解析名称以产生内容）是一个复杂的话题。在典型情况下，有如下几点。

- 在函数之外创建的对象是全局的（可在任意函数内访问）。在函数之内创建的对象是局部的（仅仅适用于函数内部）。
- 局部对象在函数执行后被丢弃。只有那些通过函数 return()（或使用操作符，如使用<<-进行赋值）传回的对象在函数执行之后可以继续访问。
- 全局对象在函数之内可被访问（可读）但是不会改变（除非使用<<-操作符）。
- 对象可以通过参数传递到函数中，但是不会被函数改变。传递的是对象的副本而不是对象本身。

这里有一个简单的例子：

```
> x <- 2
> y <- 3
> z <- 4
> f <- function(w){
      z <- 2
      x <- w*y*z
      return(x)
  }
> f(x)
[1] 12
> x
[1] 2
> y
[1] 3
> z
[1] 4
```

在这个例子中，x 的一个副本被传递到函数 f() 中，但是初始的 x 不变。y 的值通过环境得到。因为 z 是在环境中声明的，所以尽管在函数中设置了 z 的值，并使用了这一新值，但这不会改变 z 在环境中的值。

为了更好地理解范围的规则，我们需要讨论环境。

20.2 使用环境

在 R 中，**环境**包括框架和外壳。**框架**是符号 – 值（对象名称及其内容）的集合，**外壳**是指向封闭环境的一个指针。封闭环境也称为父环境。R 允许人们在语言内部操作环境，以便达到对范围的细微控制以及函数和数据的分离。

在互动对话中，当我们第一次看到 R 的提示符时，我们处于全局环境。我们可以通过 new.env() 函数创建一个新的环境并通过 assign() 函数在环境中创建任务。对象的值可以通过 get() 函数从环境中得到。环境是允许我们控制对象作用域的数据结构（我们也可以将它们视为存储对象的地方）。这里有一个例子：

```
> x <- 5
> myenv <- new.env()
> assign("x", "Homer", env=myenv)
> ls()
[1] "myenv" "x"
> ls(myenv)
[1] "x"
> x
[1] 5
> get("x", env=myenv)
[1] "Homer"
```

在全局环境中存在一个称为 x 的对象，其值为 5。在 myenv 环境中也存在一个称为 x 的对象，其值为"Homer"。我们使用分开的环境可以防止这两个对象被混淆。

除了使用函数 assign() 和 get()，我们还可以使用$符号。例如，

```
> myenv <- new.env()
> myenv$x <- "Homer"
> myenv$x
[1] "Homer"
```

产生同样的结果。

函数 parent.env() 展示了父环境。继续这个例子，myenv 的父环境就是全局环境：

```
> parent.env(myenv)
<environment: R_GlobalEnv>
```

全局环境的父环境是空环境。我们可以使用 help(environment) 查看详情。

因为函数是对象，所以它们也有环境。这在探讨函数闭包（function closure，使用创建该函数时即存在的状态值进行封装的函数）时非常重要。请看由另一个函数创建的函数：

```
trim <- function(p){
    trimit <- function(x){
      n <- length(x)
```

```
        lo <- floor(n*p) + 1
        hi <- n + 1 - lo
        x <- sort.int(x, partial = unique(c(lo, hi)))[lo:hi]
    }
    trimit
}
```

trim(p)函数返回一个函数，该函数从向量中修剪掉高低值的p%：

```
> x <- 1:10
> trim10pct <- trim(.1)
> y <- trim10pct(x)
> y
[1] 2 3 4 5 6 7 8 9
> trim20pct <- trim(.2)
> y <- trim20pct(x)
> y
 [1] 3 4 5 6 7 8
```

这是可行的，因为p值是在函数trimit()的环境中并被保存在函数中：

```
> ls(environment(trim10pct))
[1] "p"       "trimit"
> get("p", env=environment(trim10pct))
[1] 0.1
```

我们从这里得出的经验是，在R中函数一旦被创建，里面的对象就存在于环境中。这一事实可以解释下面的做法：

```
> makeFunction <- function(k){
    f <- function(x){
      print(x + k)
    }
  }

> g <- makeFunction(10)
> g(4)
[1] 14
> k <- 2
> g(5)
[1] 15
```

无论在全局环境中k的值是什么，函数g()都使用k=10，因为当此函数被创建时，k被赋值为10。同样地，我们可以从下面看到这一点：

```
> ls(environment(g))
[1] "f" "k"
> environment(g)$k
[1] 10
```

一般情况下，对象的值是从本地环境中获得的。如果未在局部环境中找到对象，R会在父环境中搜索，然后是父环境的父环境，直到对象被发现。如果R搜索到空环境仍未搜索到对象，它会抛出一个错误。我们把它称为**词法域**（lexical scoping）。

20

20.3　非标准计算

　　R 有一个关于何时计算和如何计算表达式的默认方法。请看下面的示例，我们创建一个名为 mystats 的函数：

```
mystats <- function(data, x){
    x <- data[[x]]
    c(n=length(x), mean=mean(x), sd=sd(x))
    }
```

接下来，调用该函数，而不为传递给 x 的值加引号：

```
> mystats(mtcars, mpg)

 Error in (function(x, i, exact) if (is.matrix(i)) as.matrix(x)[[i]] else
    .subset2(x,  : object 'mpg' not found
```

　　R 是贪婪的。一旦我们将表达式（名称或函数）用作函数的参数，R 就会计算此表达式。代码显示错误是因为 R 尝试查找名称 mpg，但未在工作区（此处为全局环境）找到此名称。

　　如果我们为传递给 x 的值加上引号，则函数运行成功。字符串只是按原样传递给 x（无须查找）：

```
> mystats(mtcars, "mpg")
        n      mean        sd
32.000000 20.090625  6.026948
```

这是 R 的默认行为，我们称之为**标准计算**（standard evaluation，SE）。

　　但是，如果我们真的想要使用第一种方式调用函数怎么办呢？此时，我们可以像下面这样修改函数：

```
mystats <- function(data, x){
    x <- as.character(substitute(x))
    x <- data[[x]]
    c(n=length(x), mean=mean(x), sd=sd(x))
    }
```

函数 substitute()传递对象名称，而没有计算它。然后通过 as.character()将此名称转化为字符串。现在

```
> mystats(mtcars, mpg)
        n      mean        sd
32.000000 20.090625  6.026948
```

和

```
> mystats(mtcars, "mpg")
        n      mean        sd
32.000000 20.090625  6.026948
```

都能运行了。这种方法被称为**非标准计算**（non-standard evaluation, NSE）。函数 library()使用的是 NSE，这就是 library(ggplot2)和 library("ggplot2")都能运行的原因。

　　我们为什么使用 NSE 而不是 SE？主要是因为易用性。以下两个语句是等价的：

```
df <- mtcars[mtcars$mpg < 20 & mtcars$carb==4,
             c("disp", "hp", "drat", "wt")]

df <- subset(mtcars, mpg < 20 & carb == 4, disp:wt)
```

第 1 个语句使用的是 SE，第 2 个语句使用的是 NSE。第 2 个语句更容易输入，也可能更容易阅读。但是为了让用户更容易理解，程序员在创建函数时必须更加努力。

基础 R 中有一些函数可以控制何时计算和以何种方式计算表达式。tidyverse 包，如 dplyr、tidyr 和 ggplot2，使用的是它们自己的 NSE 版本，它们被称为**整洁计算**（tidy evaluation）。如果要在自己的函数中包含 tidyverse 中的函数，则必须使用 rlang 包自动提供的工具。

具体来说，我们可以使用 enquo() 和 !! 来决定是否添加引号。例如，

```
myscatterplot <- function(data, x, y){
  require(ggplot2)
  x <- enquo(x)
  y <- enquo(y)
  ggplot(data, aes(!!x, !!y)) + geom_point() + geom_smooth()
}

  myscatterplot(mtcars, wt, mpg)
```

运行得很好。你可以试试。

对于多个参数，使用 enquos() 和 !! 来决定是否为传递给 ... 的值添加引号。这 3 个点是传递给函数的一个或多个参数（名称或表达式）的占位符：

```
mycorr <- function(data, ..., digits=2){
  require(dplyr)
  vars <- enquos(...)
  data %>% select(!!!vars) %>% cor() %>% round(digits)
}

mycorr(mtcars, mpg, wt, disp, hp)
```

rlang 的最新版本提供了快捷方式。前面的函数也可以写为：

```
myscatterplot <- function(data, x, y){
  require(ggplot2)
  ggplot(data, aes({{x}}, {{y}})) + geom_point() + geom_smooth()
}

mycorr <- function(data, ..., digits=2){
  require(dplyr)
  data %>% select(...) %>% cor() %>% round(digits)
}
```

这两对花括号和 3 个点去除了显式使用 enquo() 和 enquos() 的需要，但是在版本低于 0.4.0 的 rlang 中不能使用。

R 可以使程序员很好地控制计算代码的时间和方式。但是，"权利越大，责任越大"。R 的功能越强大，程序员需要付出的努力就越大。NSE 是一个非常复杂的主题，本节只涉及在编写自己的函数时经常遇到的元素。

20.4　面向对象编程

R 是一个基于使用泛型函数的面向对象的编程语言。每个对象有一个类属性，这个类属性决定当对象的副本传递到类似于 print()、plot() 和 summary() 这些泛型函数时运行什么代码。

R 有一些面向对象编程的模型，包括 S3、S4、RC 和 R6。S3 模型相对更老、更简单、结构更少。S4 模型更新颖但更复杂。这两种模型都是基础 R 中的模型。S3 方法容易使用，且在 R 中有最多的应用。本节我们将主要集中讨论 S3 模型。本节最后将简单探讨 S3 模型的局限性和 S4 模型如何试图解决这些问题。RC 模型和 R6 模型较少使用，这里不作论述。

20.4.1　泛型函数

R 使用对象的类来确定当一个泛型函数被调用时采取什么样的行动。考虑下面的代码：

```
summary(women)
fit <- lm(weight ~ height, data=women)
summary(fit)
```

在第 1 个例子中，summary() 函数对 women 数据框中的每个变量都进行了描述性统计。在第 2 个例子中，summary() 函数对该数据框的线性回归模型进行了描述。这是如何发生的呢？

让我们来看看 summary() 函数的代码：

```
> summary
function (object, ...) UseMethod("summary")
```

现在，让我们看看 women 数据框和 fit 对象的类：

```
> class(women)
[1] "data.frame"
> class(fit)
[1] "lm"
```

如果函数 summary.data.frame(women) 存在，summary(women) 函数执行 summary.data.frame(women)，否则执行 summary.default(women)。同样，如果 summary.lm(fit) 存在，summary(fit) 函数执行 summary.lm(fit)，否则执行 summary.default(fit)。UseMethod() 函数将对象分派给一个泛型函数，前提是该泛型函数具有一个与对象的类相匹配的扩展。

为了列出所有可获得的 S3 泛型函数，我们可以使用 methods() 函数：

```
> methods(summary)
 [1] summary.aov            summary.aovlist
 [3] summary.aspell*        summary.connection
 [5] summary.data.frame     summary.Date
 [7] summary.default        summary.ecdf*
             ... 此处省略部分输出 ...
[31] summary.table          summary.tukeysmooth*
[33] summary.wmc*
    加星号的函数为不可见的函数
```

返回的函数个数取决于计算机上安装的包。在我的计算机上，独立的 summary() 函数已经在 33 个类中进行了定义。

我们可以使用前面例子中用到的函数，通过输入名称时去掉括号（summary.data.frame、summary.lm 和 summary.default）来查看这些函数的代码。不可见的函数（在方法列表中加星号的函数）不能通过这种方式查看。在这些情况下，可以使用函数 getAnywhere() 来查看代码。要看到 summary.ecdf() 的代码，输入 getAnywhere(summary.ecdf) 就可以了。查看现有的代码是为创建自己的函数获取灵感的一种不错的方式。

我们或许已经看到了诸如 numeric、matrix、data.frame、array、lm、glm 和 table 的类，但是对象的类可以是任意的字符串。另外，泛型函数不一定是 print()、plot() 和 summary()。任意的函数都可以是泛型的。代码清单 20-2 定义了名为 mymethod() 的泛型函数。

代码清单 20-2　一个任意的泛型函数的例子

```
> mymethod <- function(x, ...) UseMethod("mymethod")      ❶
> mymethod.a <- function(x) print("Using A")              ❶
> mymethod.b <- function(x) print("Using B")              ❶
> mymethod.default <- function(x) print("Using Default")  ❶

> x <- 1:5
> y <- 6:10
> z <- 10:15
> class(x) <- "a"                                         ❷
> class(y) <- "b"                                         ❷

> mymethod(x)                                             ❸
[1] "Using A"                                             ❸
> mymethod(y)                                             ❸
[1] "Using B"                                             ❸
> mymethod(z)                                             ❸
[1] "Using Default"                                       ❸

> class(z) <- c("a", "b")                                 ❹
> mymethod(z)                                             ❹
[1] "Using A"                                             ❹

> class(z) <- c("c", "a", "b")                            ❺
> mymethod(z)                                             ❺
[1] "Using A"                                             ❺
```

❶ 定义泛型函数

❷ 给对象分配类

❸ 把泛型函数应用到对象中

❹ 把泛型函数应用到包含两个类的对象中

❺ 泛型函数没有为"c"类设置默认值

在这个例子中，mymethod() 泛型函数被定义为类 a 和类 b 的对象。default() 函数也被定义了❶。代码随后定义了对象 x、y 和 z，而且为对象 x 和 y 分别分配了类❷。接着，mymethod()

函数被应用到每个对象中, 相应的函数得到调用❸。默认的方法用于对象 z, 因为该对象有 integer 类且没有已经被定义的 mymethod.integer() 函数。

一个对象可以被分配到一个以上的类 (例如, building、residential 和 commercial)。在这种情况下 R 如何决定使用哪个泛型函数呢? 当对象 z 被分配到两类时❹, 第一类用来决定哪个泛型函数被调用。在最后一个例子中❺, 没有 mymethod.c() 函数, 因此下一个类 (a) 被使用。R 从左到右搜索类的列表, 寻找第一个可用的泛型函数。

20.4.2   S3 模型的局限性

S3 对象模型的主要局限性是, 任意的类能被分配到任意的对象上。它没有完整性检验。在下面的例子中, women 数据框被分配到类 lm, 这是无意义的并会导致错误:

```
> class(women) <- "lm"
> summary(women)
Error in if (p == 0) { : argument is of length zero
```

S4 面向对象编程的模型更加正式、严格, 旨在克服由 S3 方法的结构化程度较低引起的困难。在 S4 方法中, 类被定义为具有包含特定类型信息 (也就是输入的变量) 的槽的抽象对象。在强制执行的规则内, 对象和方法的构造被正式定义。不过使用 S4 模型编程更加复杂且互动更少。如果想学习更多关于 S4 面向对象编程模型的信息, 可以参考 Chistophe Genolini 的 "A (Not So) Short Introduction to S4"。

20.5   编写高效的代码

在程序员中间流传着一句话:"优秀的程序员是花一个小时来调试代码而使得它的运算速度提高一秒的人。"R 是一种鲜活的语言, 大多数用户不用担心写不出高效的代码。加快代码运行速度最简单的方法就是加强我们的硬件 (内存、处理器速度等)。作为一般规则, 让代码易于理解、易于维护比提升它的速度更重要。但是当我们使用大型数据集或处理高度重复的任务时, 速度就成了一个问题。

几种编码技术可以使我们的程序更高效。

❑ 程序只读取需要的数据。
❑ 尽可能使用向量化替代循环。
❑ 创建大小正确的对象, 而不是反复调整。
❑ 使用并行来处理重复、独立的任务。

让我们依次看看每个技术。

20.5.1   高效的数据输入

输入数据时只读取我们需要的数据, 向输入函数提供尽可能多的信息。此外, 尽可能选择优化后的函数。

假设我们要从一个包含大量变量和行的逗号分隔文本文件中访问 3 个数值型变量（age、height、weight）、两个字符型变量（race、sex）和一个日期型变量（dob）。函数 read.csv（在基础 R 中）、fread（data.table 包）和 read_csv（readr 包）将完成以上所有任务，但是当处理大型文件时，后两个函数的速度要快得多。

另外，我们可以通过只选择需要的变量并指定它们的类型（这样函数不需要花时间去猜了）来提高代码运行速度。例如，代码

```
library(readr)
mydata <- read_csv(mytextfile,
                   col_types=cols_only(age="i", height="d", weight="d",
                                       race="c", sex="c", dob="D"))
```

比只运行以下代码时的速度快：

```
mydata <- read_csv(mytextfile)
```

这里 i=integer、d=double、c=character、D=Date。有关其他变量的类型，请参阅?read_csv。

20.5.2 向量化

在有可能的情况下尽量使用向量化，而不是循环。这里的向量化意味着使用 R 中的函数，这些函数旨在以高度优化的方法处理向量。初始安装时自带的函数包括 ifelse()、colsums()、colMeans()、rowSums() 和 rowMeans()。matrixStats 包提供了很多进行其他计算的优化函数，包括计数、求和、乘积、集中趋势和分散性、分位数、求秩和分桶相关的统计量。dplyr 和 data.table 等包也提供了高度优化的函数。

我们考虑一个 1 000 000 行 10 列的矩阵。我们使用循环并且再次使用 colSums() 函数来计算列的和。首先，创建矩阵：

```
set.seed(1234)
mymatrix <- matrix(rnorm(10000000), ncol=10)
```

然后，创建一个 accum() 函数来使用 for 循环获得列的和：

```
accum <- function(x){
    sums <- numeric(ncol(x))
    for (i in 1:ncol(x)){
        for(j in 1:nrow(x)){
            sums[i] <- sums[i] + x[j,i]
        }
    }
}
```

system.time() 函数可以用于确定 CPU 的数量和运行该函数所需的真实时间：

```
> system.time(accum(mymatrix))
   user  system elapsed
  25.67    0.01   25.75
```

使用 colSums() 函数进行加和计算，再获取花费的时间：

```
> system.time(colSums(mymatrix))
    user  system elapsed
   0.02    0.00    0.02
```

在我的计算机上，向量化函数运行速度是循环函数的 1200 倍。不同的计算机可能会有所不同。

20.5.3 准确调整对象的大小

一个对象可以一开始分配一段较小的空间，然后不断追加新的元素从而使其所占空间不断增大；也可以一开始就分配为最终的大小，然后填充新的元素值。两者相比，后者的执行效率更高。比方说，向量 x 含有 100 000 个数值，我们想获得向量 y，数值是这些值的平方：

```
> set.seed(1234)
> k <- 100000
> x <- rnorm(k)
```

一个方法如下：

```
> y <- 0
> system.time(for (i in 1:length(x)) y[i] <- x[i]^2)
   user  system elapsed
  10.03    0.00   10.03
```

y 开始是一个单元素向量，逐渐增长到含有 100 000 个元素的向量，其中的值是 x 的平方。在我的计算机上，这个过程需要大约 10 秒。

如果先初始化 y 为含有 100 000 个元素的向量：

```
> y <- numeric(length=k)
> system.time(for (i in 1:k) y[i] <- x[i]^2)
   user  system elapsed
   0.23    0.00    0.24
```

同样的计算耗费的时间不足一秒钟。这样就可以避免 R 不断调整对象而耗费相当长的时间。

如果我们使用向量化：

```
> y <- numeric(length=k)
> system.time(y <- x^2)
   user  system elapsed
      0       0       0
```

这个过程会更快。需要注意的是，求幂、加法、乘法等操作也是向量化函数。

20.5.4 并行化

并行化（parallelization）包括将一个任务分块，在双核或多核同时运行组块，并把结果合在一起。这些内核可能是在同一台计算机上，也可能是在一个集群中不同的机器上。需要重复独立执行数字密集型函数的任务很可能从并行化中受益。这包括许多蒙特卡罗方法（Monte Carlo method），如自助法。

R 中的许多包支持并行化，参见 Dirk Eddelbuettel 的 "CRAN Task View: High-Performance and Parallel Computing with R"。在本节中，我们可以使用 `foreach` 和 `doParallel` 包在单机上

并行化运行。forcach 包支持 foreach 循环构建（遍历集合中的元素）同时便于并行执行循环。doParallel 包为 foreach 包提供了一个平行的后端。

在主成分分析和因子分析中，关键的一步就是从数据中提取合适的成分或因子个数（参见14.2.1 节）。一种方法是重复地执行相关矩阵的特征值分析，该矩阵来自具有与初始数据相同的行和列的随机数据。具体的分析呈现在代码清单 20-3 中。在此代码清单中，我们将并行和非并行版本进行了比较。为了执行代码，我们需要安装 foreach 和 doParallel 包。

代码清单 20-3　使用 foreach 和 doParallel 包进行并行化操作

```
> library(foreach)                                          ❶
> library(doParallel)                                       ❶
> registerDoParallel(cores=detectCores())                   ❶

> eig <- function(n, p){                                    ❷
            x <- matrix(rnorm(100000), ncol=100)            ❷
            r <- cor(x)                                     ❷
            eigen(r)$values                                 ❷
  }                                                         ❷

> n <- 1000000
> p <- 100
> k <- 500


> system.time(                                              ❸
    x <- foreach(i=1:k, .combine=rbind) %do% eig(n, p)      ❸
  )                                                         ❸

   user   system elapsed
  10.97    0.14   11.11
> system.time(                                              ❹
     x <- foreach(i=1:k, .combine=rbind) %dopar% eig(n, p)  ❹
  )                                                         ❹

  user  system elapsed
  0.22   0.05    4.24
```

❶ 加载包并登记内核数量

❷ 定义函数

❸ 正常执行

❹ 并行执行

首先，加载包并登记内核数量（我的计算机是 4 核）❶。其次，定义特征分析函数❷。在这里分析 100 000×100 的随机数据矩阵。使用 foreach 和 %do% 执行 eig() 函数 500 次❸。%do% 操作符按顺序运行函数，.combine=rbind 选项将结果作为行附加到对象 x 中。最后，函数使用 %dopar% 操作符进行并行运算❹。在这种情况下，并行执行的速度大约是顺序执行速度的2.5 倍。

在这个例子中，`eig()` 函数的每一次迭代都是数字密集型的，不需要访问其他迭代，而且没有涉及磁盘 I/O。这种情况从并行化程序中受益最大。并行化的缺点是它会降低代码的可移植性，也不能保证其他人都和你有一样的硬件配置。

本节描述的 4 种高效方法能帮助我们解决每天的编码问题，但是在处理真正的大型数据集（例如，在 TB 级范围内的数据集）时，它们很难帮上忙。当处理大型数据集时，附录 F 中描述的方法可供使用。

查找瓶颈

"为什么我的代码运行这么久？" R 提供了确定最耗时函数分析方案的工具。我们首先把要分析的代码放在 `Rprof()` 和 `RProf(NULL)` 之间，然后执行 `summaryRprof()` 函数获得执行每个函数的时间汇总。具体细节可参见 `?Rprof` 和 `?summaryRprof`。

RStudio 也可以分析代码的性能。从 RStudio Profile 菜单中选择 Start Profiling，运行代码，运行结束后单击红色的 Stop Profiling 按钮。结果会显示在一张表和一张图形中。

当某个程序无法执行或给出无意义的结果时，提高效率是没有用的。因此，下面我们将介绍发现编程错误的方法。

20.6　调试

调试（debugging）是寻找一个程序中错误或缺陷并减少其数量的过程。程序在第一次运行时不出错是美好的，独角兽生活在我家附近也是美好的。除了最简单的程序，所有的程序都会出现错误。确定这些错误的原因并进行修复是一个耗时的过程。在本节中，我们将看到常见的错误来源和帮助我们发现错误的工具。

20.6.1　常见的错误来源

下面是几种在 R 中函数失效的常见原因。

❑ 对象名称拼写错误，或是对象不存在。
❑ 在函数调用中一个或多个参数的设定错误。这种情况包括参数名称拼写错误、忽略了必要的参数、参数值类型错误（比如需要列表时，输入的为向量）、参数值输入顺序错误（在省略了参数名称时）。
❑ 对象的内容不是用户期望的结果。尤其是当把 `NULL` 或者含有 `NaN` 或 `NA` 值的对象传递给不能处理它们的函数时，错误经常发生。

第 3 个原因比我们想象中更常见，原因在于 R 处理错误和警告的方法过于简洁。

请看下面的例子。针对在初始安装时自带的 `mtcars` 数据集，我们想提供一个变量 am（变速箱类型）并带有详细的标题和标签。接下来，我们想比较使用自动变速箱和手动变速箱汽车的每加仑汽油行驶英里数：

```
> mtcars$Transmission <- factor(mtcars$a,
                                levels=c(1,2),
                                labels=c("Automatic", "Manual"))
> aov(mpg ~ Transmission, data=mtcars)
Error in `contrasts<-`(`*tmp*`, value = contr.funs[1 + isOF[nn]]) :
  contrasts can be applied only to factors with 2 or more levels
```

哎呀！（真得很尴尬，但这确实是我说的话。）发生了什么？

我们没有看到"Object xxx not found"的错误，因此可能并没有拼错函数、数据框或变量名。让我们看看传递给 aov() 函数的数据：

```
> head(mtcars[c("mpg", "Transmission")])
                  mpg Transmission
Mazda RX4        21.0    Automatic
Mazda RX4 Wag    21.0    Automatic
Datsun 710       22.8    Automatic
Hornet 4 Drive   21.4         <NA>
Hornet Sportabout 18.7       <NA>
Valiant          18.1         <NA>

> table(mtcars$Transmission)

Automatic    Manual
       13         0
```

没有手动变速箱汽车的数据。返回来看原始数据集，变量 am 被编码为 0=自动，1=手动（而不是 1=自动，2=手动）。

factor() 函数很愉快地按照我们的要求去做了，没有提出警告或错误。它把所有的手动变速箱汽车转化为自动变速箱汽车，而把自动变速箱汽车设为缺失。最后只有一组可用，方差分析因此失败。确认函数的每个输入包含预期的数据可以为我们节省数小时令人沮丧的检查时间。

20.6.2 调试工具

尽管检查对象名、函数参数和函数输入可以找到很多错误来源，但有时我们还必须深入研究函数以及调用函数的函数的内部运作机制。在这些情况下，R 自带的内部调试器将会发生作用。表 20-1 中是一些有用的调试函数。

表 20-1 内置调试函数

函　　数	作　　用
debug()	标记要调试的函数
undebug()	取消标记要调试的函数
browser()	允许单步执行函数。调试时，输入 n 或按 Enter 键执行当前语句并移动到下一行。输入 c 继续执行到函数的末尾，而无须单步执行。输入 where 显示调用的栈，输入 Q 暂停执行并立即跳到顶层。其他的 R 命令，如 ls()、print() 和赋值语句也可以在调试器提示符后提交
trace()	修改函数以允许暂时插入调试代码
untrace()	取消追踪并删除临时代码
traceback()	输出导致最后未捕获错误的函数调用栈

20

debug() 函数标记一个函数进行调试。当执行此函数时,browser() 函数被调用并允许我们一次运行一行代码。undebug() 函数会关闭调试功能,让函数正常执行。我们可以使用 trace() 函数临时在函数中插入调试代码。当调试那些由 CRAN 提供的且不能直接编辑的基础函数时,这是相当有用的。

如果一个函数调用了其他函数,则很难确定错误发生在哪儿。在这种情况下,出现错误后立即执行 traceback() 函数将会列出导致错误的调用函数栈。最后一个调用的就是产生错误的函数。

我们来看一个例子。mad() 函数计算一个数值向量的中位数绝对偏差。我们可以使用 debug() 函数来探索该函数的工作原理。调试会话显示在代码清单 20-4 中。

代码清单 20-4　一个调试会话示例

```
> args(mad)                                                    ❶
function (x, center = median(x), constant = 1.4826,
    na.rm = FALSE, low = FALSE, high = FALSE)
NULL

> debug(mad)                                                   ❷
> mad(1:10)

debugging in: mad(x)
debug: {
    if (na.rm)
        x <- x[!is.na(x)]
    n <- length(x)
    constant * if ((low || high) && n%%2 == 0) {
        if (low && high)
            stop("'low' and 'high' cannot be both TRUE")
        n2 <- n%/%2 + as.integer(high)
        sort(abs(x - center), partial = n2)[n2]
    }
    else median(abs(x - center))
}

Browse[2]> ls()                                               ❸
[1] "center"   "constant" "high"       "low"        "na.rm"      "x"

Browse[2]> center
[1] 5.5

Browse[2]> constant
[1] 1.4826

Browse[2]> na.rm
[1] FALSE

Browse[2]> x
 [1]  1  2  3  4  5  6  7  8  9 10

Browse[2]> n                                                  ❹
```

```
debug: if (na.rm) x <- x[!is.na(x)]

Browse[2]> n
debug: n <- length(x)

Browse[2]> n
debug: constant * if ((low || high) && n%%2 == 0) {
    if (low && high)
        stop("'low' and 'high' cannot be both TRUE")
    n2 <- n%/%2 + as.integer(high)
    sort(abs(x - center), partial = n2)[n2]
} else median(abs(x - center))

Browse[2]> print(n)
[1] 10

Browse[2]> where
where 1: mad(x)

Browse[2]> c                                              ❺
exiting from: mad(x)
[1] 3.7065

> undebug(mad)
```

❶ 查看形式参数
❷ 设置要调试的函数
❸ 列出对象
❹ 通过代码单步运行
❺ 恢复连续执行

　　首先，arg()函数用来展示参数名称和mad()函数的默认值❶。接着使用debug(mad)设置调试标志❷。现在，无论什么时候调用mad()函数，都执行broswer()函数，并允许一次执行一行代码。

　　当mad()函数被调用时，会话进入browser()模式。列出函数的代码但是不执行。除此之外，提示符更改为Browse[n]>，其中n表示**浏览层级**（browser level），该数值随每次递归调用而递增。

　　在browser()模式中，可以执行其他R命令。例如，ls()函数列出了在函数执行过程中存在于某一调试点的对象❸。输入一个对象的名字将展示它的内容。如果一个对象是用n、c或Q命名的，我们必须使用print(n)、print(c)或print(Q)来查看它的内容。我们可以通过输入赋值语句改变对象的值。

　　通过输入字母n或按Return或Enter键，我们可以单步执行函数，即一次执行一个语句❹。where语句表明正在执行的函数调用在栈中的位置。对于单个函数，这种方法用处不大，但是对于调用其他函数的函数，这种方法可能会很有用。

　　输入c移出单步运行模式并执行当前函数剩余的部分❺。输入Q退出函数，并回到R提示符。

当代码中存在循环，并且我们想看看值如何改变时，使用 debug() 函数是很有用的。我们也可以直接把 browser() 函数嵌入代码来定位问题。假设我们有一个变量 X，它的值永远不是负的。添加代码：

```
if (X < 0) browser()
```

让我们在出现问题时探索函数当前的状态。当函数被充分调试时，可以删掉无用的代码。（此处，我最初想写的是"彻底调试"，但这几乎永远不会发生，所以我改成"充分调试"来反映程序员的现实。）

20.6.3　支持调试的会话选项

如果有调用函数的函数，两个会话选项可以在调试过程中帮上忙。通常情况下，当 R 遇到错误信息时，它会输出错误信息并退出函数。设置 options(error=traceback) 之后，一旦错误发生就会输出调用的栈（导致出错的函数调用序列）。这能帮助我们看出哪个函数产生了错误。

设置 options(error=recover) 也会在出现错误时输出调用的栈。除此之外，它还会提示我们选择列表中的一个函数，然后在相应的环境中调用 browser() 函数。输入 c 会返回列表，输入 0 则退出到 R 提示符。

使用 recover() 模式可以让我们探索从函数调用的序列中选择的任何函数的任意对象的内容。通过有选择地查看对象的内容，我们经常可以确定问题的来源。要返回至 R 的默认状态，可以设置 options(error=NULL)。代码清单 20-5 给出了一个简单的例子。

代码清单 20-5　使用 recover() 函数的调试会话示例

```
f <- function(x, y){          ❶
    z <- x + y                ❶
    g(z)                      ❶
}                             ❶
g <- function(x){             ❶
    z <- round(x)             ❶
    h(z)                      ❶
}                             ❶
h <- function(x){             ❶
    set.seed(1234)            ❶
    z <- rnorm(x)             ❶
    print(z)                  ❶
}                             ❶
> options(error=recover)
> f(2,3)
[1] -1.207  0.277  1.084 -2.346  0.429
> f(2, -3)                    ❷
Error in rnorm(x) : invalid arguments

Enter a frame number, or 0 to exit

1: f(2, -3)
2: #3: g(z)
```

```
3: #3: h(z)
4: #3: rnorm(x)

Selection: 4                              ❸
Called from: rnorm(x)

Browse[1]> ls()
[1] "mean" "n"     "sd"

Browse[1]> mean
[1] 0

Browse[1]> print(n)
[1] -1

Browse[1]> c

Enter a frame number, or 0 to exit
1: f(2, -3)
2: #3: g(z)
3: #3: h(z)
4: #3: rnorm(x)

Selection: 3                              ❹
Called from: h(z)

Browse[1]> ls()
[1] "x"

Browse[1]> x
[1] -1
Browse[1]> c

Enter a frame number, or 0 to exit

1: f(2, -3)
2: #3: g(z)
3: #3: h(z)
4: #3: rnorm(x)

Selection: 2                              ❺
Called from: g(z)

Browse[1]> ls()
[1] "x" "z"

Browse[1]> x
[1] -1

Browse[1]> z
[1] -1

Browse[1]> c
```

20

```
Enter a frame number, or 0 to exit

1: f(2, -3)
2: #3: g(z)
3: #3: h(z)
4: #3: rnorm(x)

Selection: 1                                    ❻
Called from: f(2, -3)

Browse[1]> ls()
[1] "x" "y" "z"

Browse[1]> x
[1] 2

Browse[1]> y
[1] -3

Browse[1]> z
[1] -1

Browse[1]> print(f)
function(x, y){
    z <- x + y
    g(z)
}
Browse[1]> c

Enter a frame number, or 0 to exit

1: f(2, -3)
2: #3: g(z)
3: #3: h(z)
4: #3: rnorm(x)

Selection: 0

> options(error=NULL)
```

❶ 创建函数
❷ 输入导致错误的值
❸ 检查 rnorm() 函数
❹ 检查 h(z) 函数
❺ 检查 g(z) 函数
❻ 检查 f(2, -3) 函数

上面的代码首先创建了一系列函数。函数 f() 调用函数 g()，函数 g() 调用函数 h()。执行 f(2,3) 运行良好，但是运行 f(2,-3) 时便出现了错误。因为设置了 options(error=recover)，交互式会话立即转入 recover 模式。列出了函数调用的栈，我们可以选择在 browser() 模式下要检查的函数。

输入 4 会转到 rnorm() 函数中，这里 ls() 函数列出了对象；我们可以看到 n= -1，这在 rnorm() 函数中是不允许的。这明显是问题所在，但是要查看 n 为什么变成-1，我们需要向上移动栈。

输入 c 返回菜单，输入 3 则转到 h(z) 函数，这里 x= -1。输入 c 和 2 转到 g(z) 函数中。这里 x 和 z 都是-1。最后，向上移动到 f(2, -3) 函数表明 z 为-1，因为 x=2 且 y=-3。

注意，可以使用 print() 函数来查看函数的代码。当我们调试不是自己编写的程序时，这是很有用的。正常情况下我们可以输入函数名来查看代码。在本例中，f 是 browser 模式下的一个保留字，意味着"完成当前循环或函数的执行"；使用函数 print() 可以显式转义这种特殊的含义。

最后，输入 c 返回到菜单，输入 0 返回到 R 提示符。此外，在任何时候输入 Q 都可以返回到 R 提示符。要了解更多一般模式和恢复模式下的调试方法，可以参考文章 "An Introduction to the Interactive Debugging Tools in R" 以了解更多一般模式和恢复模式下的调试方法。

20.6.4 使用 RStudio 的可视化调试器

除了到目前为止所描述的工具之外，我们也可以使用 RStudio 提供的与前面所介绍的方法类似的可视化调试工具。

首先，我们对基础 R 中的 mad() 函数进行调试。

```
> debug(mad)
> mad(1:10)
```

RStudio 的界面有所更新（见图 20-2）。

图 20-2　在 RStudio 中对 mad() 函数进行可视化调试

左上方的面板显示了当前的函数。第 3 行左侧的箭头表明当前的行。右上方的面板显示函数环境中的对象和当前行中函数的值。当执行函数的每一行代码时，这些值会有所变化。右下方的面板显示调用栈。因为只有一个函数，所以栈比较无趣。最后，左下方的面板显示浏览器模式下的控制台。这个控制台是我们要花费最多时间的地方。

我们可以在控制台窗口中的浏览器提示符下输入前两节中的每个命令。我们也可以单击此面板顶部的执行代码图标（见图 20-2）。图标从左往右，分别执行以下操作。

❑ 执行下一行代码。

❑ 逐步执行当前调用的函数。

❑ 执行当前函数或循环中的剩余部分。

❑ 继续执行，直到下一个断点（本书未涉及）。

❑ 退出调试模式。

通过这种方式，我们可以一步一步地调试函数，观察执行每一行代码后会发生什么。

接下来，让我们调试代码清单 20-5 中的代码。

```
f <- function(x, y){
    z <- x + y
    g(z)
}
g <- function(x){
    z <- round(x)
    h(z)
}
h <- function(x){
    set.seed(1234)
    z <- rnorm(x)
    print(z)
}
> options(error=recover)
> f(2,-3)
```

运行后，界面变为如图 20-3 所示。

左上方面板中显示的函数是报错的函数。因为此函数调用了其他函数，所以现在调用栈看起来有趣了。通过单击函数的调用栈窗口（右下方面板），我们可以查看每个函数的代码、函数调用的顺序以及它们传递的值。当回溯列表中的一个函数突出显示时，右上方面板的环境窗口中将显示此函数的对象的值。通过这种方式，我们可以观察到在错误发生之前，在调用函数和传递值时发生了什么问题。

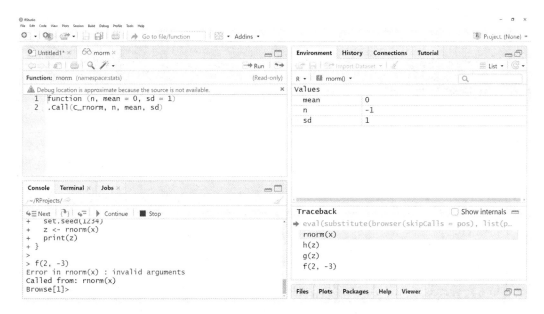

图 20-3 在 RStudio 中直观查看调用栈。函数 f(2,-3) 调用了 g(z),g(z) 调用了 h(z),h(z) 调用了 rnorm(x),而 rnorm(x) 是出错的地方。在 Traceback 面板中单击相应的行可以查看每个函数及相应的计算结果

20.7 小结

- R 具有非常丰富的数据类型，包括原子向量和泛型向量。学会如何从这些数据类型中提取信息是实现高效 R 编程的一项关键技能。
- 每个 R 对象都隶属于一个类，并有可选的属性。
- 控制结构，如 for() 和 if()/else() 允许我们有条件地和非顺序地执行代码。
- 环境为查找对象名称及其内容提供了一种机制，并能够很好地控制名称和函数的范围。
- R 提供了一些面向对象编程的模型。到目前为止最常用的是 S3 模型。
- 非标准计算允许编程人员自定义表达式的计算方式和计算时间。
- 加快代码运行速度的两种方式是向量化和并行化。对代码进行分析有助于我们找到速度的瓶颈。
- R 有各种调试工具。RStudio 为这些工具提供了图形界面。这个界面可以使逻辑错误和编码错误的查找工作变得更简单（但做起来不容易！）

20

创建动态报告

本章重点
- 在网上发布结果
- 把 R 的结果合并到 Microsoft Word 或 Open Document 报告中
- 创建内容随数据改变的动态报告
- 用 R、Markdown 和 LaTeX 创建出版水平的文档
- 避免常见的 R Markdown 错误

在前面的章节中，我们已经获取并清洗了数据，描述其性质，对数据间关系进行建模，还对结果进行了可视化。下一个步骤是：

A. 放松，或许还可以去一趟迪士尼乐园；

B. 与其他人交流成果。

如果你选择 A，请带上我。如果你选择 B，欢迎来到现实世界。

最后一项统计分析工作或者绘图工作的完成并不意味着研究过程的结束。我们总要与他人交流研究结果，这意味着把分析成果整合到某种报告里面。

有 3 种常见的创建报告情景。

第 1 种：创建一个包含代码和结果的报告，用于记录 6 个月前做过的事情。如果要重做之前的事情，从单个完整的文档做起比从多个相关的文档做起要更加容易。

第 2 种：为老师、主管、客户、政府代表、网络用户或者杂志编辑创建一份报告。我们要注重清晰性和吸引力，而且这份报告可能只需要创建一次。

第 3 种：为日常需求创建一份特定类型的报告。这可能是关于产品或者资源使用量的每月报告，可能是关于金融的每周分析，也可能是需要每小时更新一次的网络流量报告。在每一种情况中，数据会有所变化，但是分析过程和报告结构保持不变。

把 R 的输出合并到报告中的一种方法是：进行分析，将每一个图表复制并粘贴到一个字处理文档中，接着重新整理结果格式。这个方法一般来说非常耗时、低效，让人心烦意乱。尽管 R 创建的图片很现代，但它的文本输出非常复古——由等宽字体组成并用空格实现列对齐的表格。如果数据有所变化的话，我们不得不重复整个过程。

考虑到这些限制，我们可能觉得 R 不是很合适。不要担心。（好吧，可以有一点点担心，毕竟这是重要的生存机制。）通过使用一种称为 R Markdown 的标记语言，我们可以优雅地把 R 代码和结果嵌入报告。此外，数据也可以和报告联系起来，使报告可以随着数据改变。这些动态报告可以用以下格式保存：

- ❑ 网页；
- ❑ Microsoft Word 文档；
- ❑ Open Document 格式文档；
- ❑ Beamer、HTML5 和 PowerPoint 幻灯片；
- ❑ 出版水平的 PDF 或者 PostScript 文档。

举个例子，假设我们在使用回归分析来研究一份女性样本中体重和身高的关系。R Markdown 允许我们提取 lm() 函数的等宽输出：

```
> lm(weight ~ height, data=women)

Call:
lm(formula = weight ~ height, data = women)

Residuals:
    Min      1Q  Median      3Q     Max
-1.7333 -1.1333 -0.3833  0.7417  3.1167

Coefficients:
             Estimate Std. Error t value Pr(>|t|)
(Intercept) -87.51667    5.93694  -14.74 1.71e-09 ***
height        3.45000    0.09114   37.85 1.09e-14 ***
---
Signif. codes:  0 '***' 0.001 '**' 0.01 '*' 0.05 '.' 0.1 ' ' 1
Residual standard error: 1.525 on 13 degrees of freedom
Multiple R-squared:  0.991,     Adjusted R-squared:  0.9903
F-statistic:  1433 on 1 and 13 DF,  p-value: 1.091e-14
```

然后，把这些输出转换成类似图 21-1 的网页。我们会在本章中学到如何实现这一效果。

动态文档与可重复性研究

在学术界，正在兴起一场支持可重复性研究的强大运动。可重复性研究的目标是，通过在报告科学成果的出版物中附上所需的数据和软件代码，更方便地复现论文所涉及的科学成果。这使得读者能够自行验证结果，而且有可能在自己的文章里更加直接地利用其成果。本章所描述的技术，包括在文档中嵌入数据和 R 源代码，都对可重复性研究有直接的帮助。

Regression report

RobK

7/8/2021

Heights and weights

Linear regression was used to model the relationship between weights and height in a sample of 15 women. The equation **weight = -87.517 + 3.45 * height** accounted for 0.99% of the variance in weights. The ANOVA table is given below.

term	estimate	std.error	statistic	p.value
(Intercept)	-87.52	5.937	-14.7	0
height	3.45	0.091	37.9	0

The regression is plotted in the following figure.

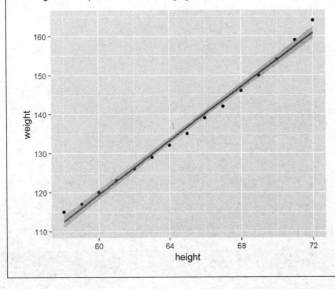

图 21-1   保存为网页的回归分析报告

21.1   用模板生成报告

本章介绍用模板的方式来生成报告。报告从一个模板文件开始创建。这份模板包括了报告文字、格式化语法和 R 代码块。

处理模板文件，运行 R 代码，应用格式化语法，生成一个报告。如何在报告中加上 R 的输出由不同选项来控制。图 21-2 展示了一个使用 R Markdown 模板生成网页的简单例子。

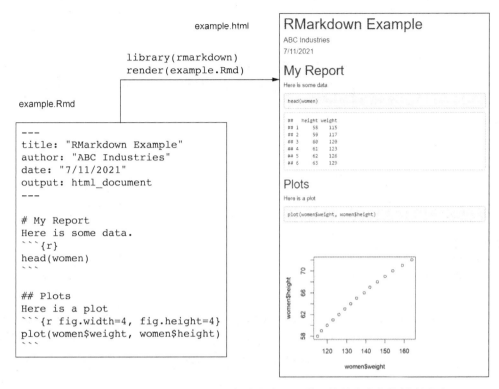

图 21-2　从包含 Markdown 语法、报告文字和 R 代码块的文本文件创建网页

模板文件（example.Rmd）是一个纯文本文档，包含以下 4 个部分。

- **元数据**：元数据（称为 YAML 头信息）是用一对分割线包围起来的部分，其中包含文档的基本信息以及输出格式。
- **报告文字**：所有解释性的语句和文字。在本例中，报告文字是"My Report""Here is some data""Plots"和"Here is a plot"。
- **格式化语法**（formatting syntax）：控制报告格式化方式的标签。在这个文件中，Markdown 标签被用于对输出进行格式化。Markdown 是一种简单的标记式语言，它可以把纯文本转化为有合法结构的 HTML 或者 XHTML。第一行的#并不是指注释。#产生一级标题，##产生二级标题，以此类推。
- **R 代码块**：要运行的 R 语句。在 R Markdown 文档中，R 代码块被```{r}和```所包围。第 1 个代码块把数据集的前 6 行显示出来，第 2 个代码块创建了一个散点图。在这个例子中，代码和运行的结果都被输出到了报告中，不过对于每个代码块的输出，我们都可以分别用不同的选项来控制。

将模板文件传递到 rmarkdown 包的 render() 函数中，然后创建出一个网页文件 example.html。此网页包含了报告文字和 R 结果。

本章的例子基于描述性统计量、回归分析和方差分析问题等。它们都不代表完整的数据分析流程。本章的目标是学习如何把 R 的结果合并到各种不同类型的报告中。

根据我们起步的模板文件和用来处理模板文件的函数，可以创建出不同的报告格式（HTML 网页文件、Microsoft Word 文档、OpenOffice Writer 文档、PDF 文档、文章、幻灯片和图书）。它们被称为动态报告，动态之处在于改变数据和重新处理模板文件时会生成一份新的报告。

21.2　用 R 和 R Markdown 创建报告

在本节中，我们会在 R 代码中使用 rmarkdown 包根据 Markdown 语法来创建文档。在处理文档的时候，运行 R 代码，格式化输出，然后把输出嵌入到最后生成的文档当中。我们可以用这个方式来生成各种格式的报告，步骤如下。

(1) 安装 rmarkdown 包（install.packages("rmarkdown")）。这个步骤会把一些其他的包也安装进来，包括 knitr 包。如果使用的是最新版 RStudio，我们可以跳过这一步，因为已经安装了必要的包了。

(2) 安装 Pandoc。这是一个免费的应用，可以在 Windows、macOS 和 Linux 上使用。它可以将文件从一种标记格式转化为另一种标记格式。同样，RStudio 用户可以跳过此步骤。

(3) 如果想生成 PDF 文档，需要安装一套 LaTeX 编译器。它能够把 LaTeX 文件转换成高质量排版的 PDF 文档。Windows 用户安装 MiKTeX，macOS 用户安装 MacTeX，Linux 用户安装 TeX Live。我推荐一个轻量级的跨平台安装软件 TinyTeX。要进行此安装，运行

```
install.packages("tinytex")
tinytex::install_tinytex()
```

(4) 虽然不是必需的，但是安装 broom 包（install.packages("broom")）是一个好主意。此包中的函数 tidy() 可以将超过 135 个 R 统计函数中的结果导出到报告中的数据框中。通过 methods(tidy) 可以查看此函数输出的对象的完整列表。

(5) 安装 kableExtra（(install.packages("kableExtra")）。knitr 包中的 kable 函数可以将矩阵或者数据框转化为包含在报告中的 LaTeX 或者 HTML 表格。kableExtra 包包含对表格输出样式进行设定的函数。

软件都安装好之后，就可以进行下一步了。

为了用 Markdown 语法把 R 的输出（值、表格、图形）合并到一个文档中，我们需要首先创建一个包含以下内容的文本文档：

  ❑ YAML 头信息；
  ❑ 报告文字；
  ❑ Markdown 语法；
  ❑ R 代码块（用分隔符包围起来的 R 代码）。

通常，这种文本文件使用扩展名.Rmd。

代码清单 21-1 中展示了一个示例文件（名为 women.Rmd）。为了生成一个 HTML 文档，对此文件运行以下语句：

```
library(rmarkdown)
render("women.Rmd")
```

或者单击 Knit 按钮。图形结果如图 21-1 所示。

代码清单 21-1　women.Rmd：有嵌入 R 代码的 Markdown 模板

```
---                                                              ❶
title: "Regression Report"                                      ❶
author: "RobK"                                                  ❶
date: "7/8/2021"                                                ❶
output: html_document                                           ❶
---                                                              ❶

# Heights and weights                                           ❷

```{r echo = FALSE}                                             ❸
options(digits=3)                                               ❸
n    <- nrow(women)                                             ❸
fit  <- lm(weight ~ height, data=women)                         ❸
sfit <- summary(fit)                                            ❸
b    <- coefficients(fit)                                       ❸
```                                                             ❸

Linear regression was used to model the relationship between
weights and height in a sample of `r n` women. The equation     ❹
**weight = `r b[1]` +  `r b[2]` * height**                      ❹
accounted for `r round(sfit$r.squared,2)`% of the variance      ❹
in weights. The ANOVA table is given below.

```{r echo=FALSE}                                               ❺
library(broom)                                                  ❺
library(knitr)                                                  ❺
library(kableExtra)                                             ❺

results <- tidy(fit)                                            ❺
tbl <- kable(results)                                           ❺
kable_styling(tbl, "striped", full_width=FALSE, position="left")❺
```                                                             ❺

The regression is plotted in the following figure.

```{r fig.width=5, fig.height=4}
library(ggplot2)
ggplot(data=women, aes(x=height, y=weight)) +
     geom_point() + geom_smooth(method="lm", formula=y~x)
```
```

❶ YAML 头信息

❷ 第 2 级标题

❸ R 代码块

❹ 行内 R 代码

21

❺ 设定结果表的格式

报告的开头是一个 YAML 头信息❶，用来显示标题、作者、日期和输出格式，其中，日期为硬编码。如果要动态插入当前日期，需要将“7/8/2021”替换为“`r Sys.Date()`”（包含两个引号）。在 YAML 头信息中，只有输出字段是必需的。表 21-1 列出了最常见的输出选项。完整的输出列表可从 RStudio 获取。

表 21-1　R Markdown 文档输出选项

输出选项	描　　述
html_document	HTML 文档
pdf_document	PDF 文档
word_document	Microsoft Word 文档
odt_document	Open Document Text 文档
rtf_document	Rich Text 文档

接下来是第一级标题❷。此标题表示“Heights and Weights”应该用更大的粗体字体输出。表 21-2 给出了其他一些 Markdown 语法的例子。

表 21-2　Markdown 代码和输出结果

Markdown 语法	HTML 输出结果
# Heading 1	<h1>Heading 1</h1>
## Heading 2	<h2>Heading 2</h2>
...	...
###### Heading 6	<h6>Heading 6</h6>
文字之间一行或多行的空白行	把文字分割成段落
行尾两个或多个空格	添加一个换行符
I mean it	I mean it
I really mean it	I really mean it
* item 1	<ul>
* item 2	<li> item 1 </li>
	<li> item 2 </li>
	</ul>
1. item 1	<ol>
2. item 2	<li> item 1 </li>
	<li> item 2 </li>
	</ol>
[图灵社区](https://www.ituring.com.cn)	<a href=" https://www.ituring.com.cn">图灵社区</a>
![My text](path to image)	<img src="path to image", alt="My text">
\newpage	分页符——开始一个新的页面（此标记是可供 rmarkdown 包识别的一个 LaTeX 命令）

接下来是 R 代码块❸。Markdown 文档中的 R 代码用```{r options}和``` 分隔。处理文件的时候，会运行 R 代码并且插入结果。选项 echo=FALSE 省略了输出中的代码。表 21-3 列出了代码块的选项。

表 21-3　代码块选项

选　　项	描　　述
echo	是否在输出中包含 R 源代码（TRUE 或 FALSE）
results	是否输出原生结果（asis 或 hide）
warning	是否在输出中包含警告（TRUE 或 FALSE）
message	是否在输出中包含参考的信息（TRUE 或 FALSE）
error	是否在输出中包含错误信息（TRUE 或 FALSE）
cache	保存结果，并且只在代码发生更改时才重新运行代码块
fig.width	图片宽度（英寸）
fig.height	图片高度（英寸）

简单的 R 输出（数字或者字符串）也可以直接放置在报告文字中。行内 R 代码允许我们自定义每一句的文本。行内代码放置在`r 和` 标签之间。在以上关于回归的例子中，样本量、预测公式和 R 平方值都被嵌入第一段中❹。

下一个 R 代码块创建了一个格式美观的方差分析表❺。broom 包中的函数 tidy()将回归结果导出为 tibble 数据框。knitr 包中的 kable()函数将此数据框转化为 HTML 代码，kableExtra 包中的 kable_styling()函数设定了表格的宽度和表格的对齐方式，并添加了彩色条纹。有关其他格式选项，请参阅 help(kable_ styling)。

函数 kable()和 kable_styling()很简单，容易使用。R 的一些包可以创建更复杂的表格和提供大量样式选项，这些包包括 xtable、expss、gt、huxtable、flextable、pixiedust 和 stargazer。每个包都有其优缺点，请使用最符合自己的需求的包。

这份 R Markdown 文件的最后部分输出了 ggplot2 图形。图形大小被设为宽 5 英寸，高 4 英寸。默认大小为 7 英寸×5 英寸。

使用 RStudio 创建和处理 R Markdown 文档

通过 RStudio 可以相当方便地使用 Markdown 文档来呈现报告。

如果从 GUI 菜单中选择 "File > New File > R Markdown"，我们会见到如下页图所示的对话框。

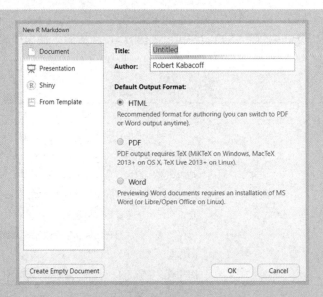

在 RStudio 中创建新 R Markdown 文档的对话框

　　选择我们想生成的报告格式，RStudio 会创建一个骨架文件。用我们的文字和代码进行编辑，然后从 Knit 下拉菜单中选择渲染选项。这样就完成了。

从 R Markdown 文档创建 HTML、PDF 或 Microsoft Word 报告的下拉菜单

　　Markdown 语法有利于快速创建简单的文档。要了解更多关于 Markdown 的内容，请选择 HELP → Markdown Quick Reference，或者访问 Pandoc Markdown 的参考页面。

如果想创建复杂的文档，比如说出版水平的文章和图书，我们可能需要使用 LaTeX 作为标记语言。在 21.3 节，我们会使用 LaTeX 和 knitr 包来创建高质量排版的文档。

21.3　用 R 和 LaTeX 创建报告

LaTeX 是一个高质量的文档排版准备系统，在 Windows、macOS 和 Linux 平台上都可以免费使用。LaTeX 让我们能够创建漂亮、复杂、有多部分结构的文档；只改变几行代码，就可以把一个种类的文档（比如文章）转换成为另一种类的文档（比如报告）。它是一个极其强大的软件，因此它的学习曲线非常陡峭。

如果对 LaTeX 不熟悉，在继续学习之前，可以先阅读一下 Tobias Oetiker 等人撰写的文档"The Not So Short Introduction to LaTeX 2e"，或者印度 TeX 用户组的指南 "LaTeX Tutorials: A Primer"。这门编程语言绝对值得学习，不过用户需要一些时间和耐性来掌握它。一旦我们熟悉了 LaTeX，创建动态报告就是一个很简单的过程。

knitr 包允许我们使用类似于前面创建网页的技术，在 LaTeX 文档中内嵌 R 代码。如果安装了 rmarkdown 或者在使用 RStudio，就已经拥有了 knitr。如果没有，请现在安装它（install.packages("knitr")）。此外，我们需要一个 LaTeX 编译器，请参阅 21.2 节了解如何安装。

本节中，我们会创建一份报告，这份报告使用 multcomp 包里的数据，描述病人对各种药物的反应。如果在第 9 章没有安装该包，请先运行 install.packages("multcomp")再继续下面的学习。

为了使用 R 和 LaTeX 创建一份报告，需要首先新建一个文本文件（文件扩展名一般为.Rnw）。这个文本文件包含报告文字、LaTeX 标记代码和 R 代码块。代码清单 21-2 给出了一个例子。每个 R 代码块以分隔符<<options>>=开始，以分隔符@结束。表 21-3 列出了代码块的选项。行内 R 代码可用\Sexpr{R code}来包含。执行 R 代码时，作为 R 代码运行结果的数字或字符串会在 R 代码所在的地方插入到报告文本中。

然后我们使用 knit2pdf()函数处理此文件：

```
library(knitr)
knit2pdf("drugs.Rnw")
```

我们也可以在 RStudio 中点击 Compile PDF 按钮来处理。在这一步中，R 代码块会经过处理，并且根据选项，替换为 LaTeX 格式的 R 代码和输出。默认情况下，knit("drugs.Rnw")输入文件 drugs.Rnw，输出文件 drugs.tex。然后 LaTeX 编译器会处理.tex 文件，创建一个 PDF 文档。图 21-3 展示了所得的 PDF 文档。

代码清单 21-2　drugs.Rnw：含有嵌入 R 代码的 LaTeX 模板

```
\documentclass[11pt]{article}
\title{Sample Report}
\author{Robert I. Kabacoff, Ph.D.}
\usepackage{float}
\usepackage[top=.5in, bottom=.5in, left=1in, right=1in]{geometry}
```

```
\begin{document}
\maketitle
<<echo=FALSE, results='hide', message=FALSE>>=
library(multcomp)
library(dplyr)
library(xtable)
library(ggplot2)
df <- cholesterol
@

\section{Results}

Cholesterol reduction was assessed in a study
that randomized \Sexpr{nrow(df)} patients
to one of \Sexpr{length(unique(df$trt))} treatments.
Summary statistics are provided in
Table \ref{table:descriptives}.

<<echo=FALSE, results='asis'>>=
descTable <- df %>%
  group_by(trt) %>%
  summarize(N = n(),
            Mean = mean(response, na.rm=TRUE),
            SD = sd(response, na.rm=TRUE)) %>%
  rename(Treatment = trt)
print(xtable(descTable, caption = "Descriptive statistics
for each treatment group", label = "table:descriptives"),
caption.placement = "top", include.rownames = FALSE)
@

The analysis of variance is provided in Table \ref{table:anova}.

<<echo=FALSE, results='asis'>>=
fit <- aov(response ~ trt, data=df)
print(xtable(fit, caption = "Analysis of variance",
            label = "table:anova"), caption.placement = "top")
@

\noindent and group distributions are plotted in Figure \ref{figure:tukey}.

\begin{figure}[H]\label{figure:tukey}
\begin{center}

<<echo=FALSE, fig.width=4, fig.height=3>>=
  ggplot(df, aes(x=trt, y=response )) +
    geom_boxplot() +
    labs(y = "Response", x="Treatment") +
    theme_bw()
@

\caption{Distribution of response times by treatment.}
\end{center}
\end{figure}
\end{document}
```

Sample report

Robert I. Kabacoff, Ph.D.

July11,2021

1 Results

Cholesterol reduction was assessed in a study that randomized 50 patients to one of 5 treatments. Summary statistics are provided in Table 1.

Table 1: Descriptive statistics for each treatment group

Treatment	N	Mean	SD
1tim	10	5.78	2.88
2time	10	9.22	3.48
4times	10	12.37	2.92
drugD	10	15.36	3.45
drugE	10	20.95	3.35

The analysis of variance is provided in Table 2.

Table 2: Analysis of variance

	Df	Sum Sq	Mean Sq	F value	Pr(> F)
trt	4	1351.37	337.84	32.43	0.0000
Residuals	45	468.75	10.42		

and group distributions are plotted in Figure 1.

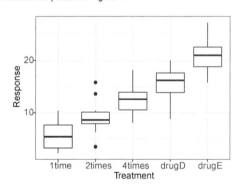

Figure 1: Distribution of response times by treatment.

1

图 21-3　使用 `knit2pdf()` 函数处理文本文件 drugs.Rnw，生成排版格式的 PDF 文档（drugs.pdf）

创建参数化报告

我们可以在运行时将参数传递给报告，这样无须更改 R Markdown 模板就可以自定义输出。参数是在 YAML 头信息的 `params` 区定义的。我们可以使用 $ 符号来访问代码正文中的参数值。

以代码清单 21-3 中的参数化报告为例。这份 R Markdown 文档从 Yahoo Finance 下载了 4 个大型科技股的股票价格，然后使用 `ggplot2` 绘图（见图 21-4）。

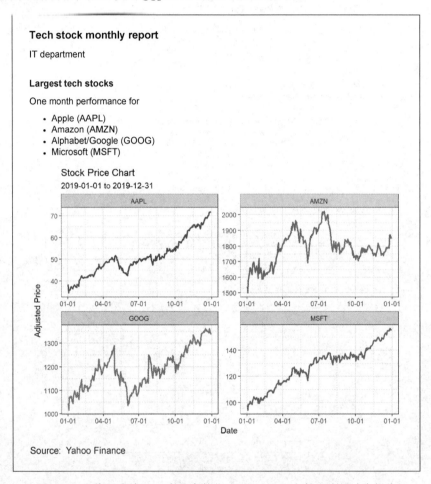

图 21-4　由代码清单 21-3 中的参数化 R Markdown 文件生成的动态报告

默认情况下，代码报告的是文件生成前的 30 天内的股票表现。报告使用 `tidyquant` 包获取股票价格，因此在创建文档之前请先安装此包（`install.packages("tidyquant")`）。

代码清单 21-3　带参数的 R Markdown 报告（techstocks.Rmd）

```
---
title: "Tech Stock Monthly Report"
author: "IT Department"
output: html_document
params:                               ❶
  enddate: !r Sys.Date()              ❶
  startdate: !r Sys.Date() - 30       ❶
```

```
---
## Largest tech stocks

One month performance for

- Apple (AAPL)
- Amazon (AMZN)
- Alphabet/Google (GOOG)
- Microsoft (MSFT)

```{r, echo=FALSE, message=FALSE}

library(tidyquant)
library(ggplot2)

tickers = c("AAPL", "MSFT", "AMZN", "GOOG")

prices <- tq_get(tickers,                        ❷
                 from = params$startdate,        ❷
                 to = params$enddate,            ❷
                 get = "stock.prices")           ❷

ggplot(prices, aes(x=date, y=adjusted, color=symbol)) +
  geom_line(size=1) + facet_wrap(~symbol, scale="free") +
  theme_bw() +
  theme(legend.position="none") +
  scale_x_date(date_labels="%m-%d") +
  scale_color_brewer(palette="Set1") +
  labs(title="Stock Price Chart",
       subtitle = paste(params$startdate, "to", params$enddate),
       x = "Date",
       y="Adjusted Price")
```
Source: [Yahoo Finance]
```

❶ 定义参数值

❷ 使用参数值获取股价

在 YAML 头信息中定义了参数 enddate 和 startdate ❶。我们可以对这两个参数值进行硬编码，也可以使用!r 包含计算所需值的 R 代码。这里的 enddate 设为当前日期，startdate 设为 30 天以前的日期。

运行代码时，tidyquant 包中的函数 tq_get() 下载由 params$startdate 和 params$enddate 定义的日期范围内的每日股票价格（符号、日期、开放、高值、低值、收盘、成交量、调整）❷。之后使用 ggplot2 绘制这些值的图。

通过向 render 函数提供参数值列表，我们可以在运行时覆盖这些参数值。例如，

```
render("techstocks.Rmd", params=list(startdate="2021-01-01",
                                      enddate="2019-01-31"))
```

可以绘制 2019 年 1 月的每日股票表现。我们也可以运行 `render("techstocks.Rmd", params=
"ask")`（或者在 RStudio 中单击 Knit → Knit with parameters...），此时提示输入 `startdate` 和
`enddate` 的值，我们提供的值将覆盖默认值。在报告中包含参数值可以提升报告的交互性。

21.4　避免常见的 R Markdown 错误

R Markdown 是在 R 中创建吸引力强的动态报告的一个强大工具。但是，我们需要避免一些
简单、常见的错误（表 21-4）。

表 21-4　纠正常见的 R Markdown 错误

规　则	正　确	错　误

YAML 头信息中的缩进。仅缩进子文本域	```
	--- 	
	title: "Tech Stock
	Monthly Report"
	author: "IT Department"
	output: html_document
	params:
	  enddate: 2019-01-31
	  startdate: 2019-01-01
	--- 	
	``
		``
		--- 	
		title: "Tech Stock
		Monthly Report"
		author: "IT Department"
		output: html_document
		params:
		enddate: 2019-01-31
		startdate: 2019-01-01
		--- 	
		``

在标题标记后面加一个空格	`# This is a level one heading.`	`#This is a level one heading.`
列表前后有空行，星号后面应有空格	``` Here is a list * item one * item two ```	``` Here is a list *item one *item two ```

R 代码块可以有标签，但标签名必须唯一	```` ```{r anova1}
	R code
	``` ````
	
	```` ```{r anova2}
	R code
	``` ````
		```` ```{r anova}
		R code
		``` ````
		
		```` ```{r anova}
		R code
		``` ````

R 代码块中不能安装包	在 R Markdown 文档外安装 ggplot2，然后使用
	```` ```{r} library(ggplot2)
	``` ````
		```` ```{r}
		install.packages(ggplot2)
		library(ggplot2)
		``` ````

渲染 R Markdown 文档时出现的错误比简单的 R 代码中的错误更难调试。如果我们可以确保
每个 R 代码块都能运行，并且小心地避免表 21-4 列出的错误，那么事情应该会更加顺利。

在继续学习之前还有一个话题要提及。它是一个关于运行效率的问题，而不是一个实际的错
误。假设我们创建了一个 R Markdown 文档，里面有介绍性文本和需要进行费时分析的 R 代码块。
如果我们编辑文本并重新执行 reknit 命令来生成文档，那么即使结果没有改变，我们最终也要
重新运行 R 代码。

为了避免这个问题，我们可以缓存 R 代码块的结果。通过添加 R 代码块的选项 `cache=TRUE`
可以将结果保存到一个文件夹，将来只在 R 代码本身发生更改时才会重新运行代码。如果代码没

有更改，则插入保存的结果。请注意，这里的缓存不能获取底层数据的更改，只获取代码本身。如果我们更改了数据但没有更改数据文件名，那么不会重新运行代码。在这种情况下，我们可以添加代码块选项 `cache.extra = file.mtime(mydatafile)`，其中 *mydatafile* 是数据集的路径。这样，如果数据文件的时间戳发生变化，就会重新运行代码块。

21.5 深入探讨

本章中我们学习了多种把 R 结果合并到报告中的方法。这些报告是动态的，因为改变数据和重新处理代码会生成一个经过更新的报告。此外，通过传递参数可以修改报告。我们学习了创建网页、排版文档、Open Document 格式报告和 Microsoft Word 文档的方法。

本章所描述的模板方法有很多优点。通过将统计分析所需的代码直接嵌入报告模板，我们可以准确地看到结果是如何计算出来的。6 个月之后，我们就可以轻易地得知完成了什么。我们也可以改变统计分析或者添加新数据，用最少的付出立刻重新生成新的报告。此外，我们无须复制并粘贴结果、重新排版结果。单凭这一点就值得我们学习 R。

本章的模板是静态的，因为它们的结构是固定的。尽管这里没有讲到，但是我们也可以用这些方法创造出一系列专业报告系统。比如说，R 代码块的输出可以依赖于提交的数据。如果提交数值型变量，可以生成一个散点图矩阵；如果提交分类变量，可以生成一幅马赛克图。与其类似，解释性的文字也可以根据分析的结果来生成。用 R 的 `if/then` 结构和文本编辑函数如 `grep` 和 `substr`，极大地提高了自定义的可能性。从根本上说，我们可以创建模板并保存在一个临时位置，通过代码对其进行编辑。我们可以使用这个方法创建一个复杂的专业系统。

21.6 小结

❑ R Markdown 可用于创建包含文本、代码和输出的充满吸引力的报告。

❑ 报告可以输出为 html、Word、Open Document、rtf 和 pdf 等格式。

❑ R Markdown 文档可以参数化，允许我们在运行时将参数传递给代码，以便创建动态性更强的报告。

❑ LaTeX 标记语言可用于生成复杂的高度自定义的报告，该语言的学习曲线可能会很陡峭。

❑ R Markdown（和 LaTeX）模板方法可以促进可重复性研究的发展，能够支持文档的创建，并加强研究结果的传递和交流。

21

第 22 章

创建包

22

本章重点
- 为包创建函数
- 添加包文档
- 创建包并分发包给他人

在之前的章节中，我们是使用别人所写的函数来完成大部分任务的。那些函数来自 R 标准安装中的包或者可以从 CRAN 下载的包。

安装新的包可以拓展 R 的功能。比如，安装 mice 包提供了处理缺失值的新方法。安装 ggplot2 包提供了可视化数据的方法。R 中很多强大的功能都来自开发者贡献的包。

技术上，包只不过是一套函数、文档和数据的合集，以一种标准的格式保存。包让我们能以一种定义良好的完整文档化方式来组织我们的函数，而且便于我们将程序分享给他人。

下面是几条我们可能想创建包的理由。
- 让一套常用函数及其使用说明文档更加容易取用。
- 创造一系列能够分发给学生的例子和数据集。
- 创造一个能解决重要分析问题（比如对缺失值的插值）的程序（一套相关函数）。
- 通过将研究数据、分析代码和文档整理为可移动的标准化格式，提升研究的可重现性。

创造一个有用的包也是自我介绍和回馈 R 社区的好办法。包可以直接分享，或者通过 CRAN、GitHub 等在线软件库分享。

本章中，我们将从头到尾开发一个包。学完本章，我们将能够创建自己的 R 包（并获得完成如此功绩的成就感，以及对此炫耀的权利）。

我们将要开发的包名为 edatools。它提供描述数据框内容的函数。这些函数都很简单，因此我们可以关注创建包的过程，而无须为代码细节而烦恼。在 22.1 节中，我们将试用 edatools 包。接着，在 22.2 节中，我们将从头开始创建自己的包副本。

22.1 edatools 包

探索性数据分析（exploratory data analysis，EDA）是一种通过统计汇总和可视化来描述数据特征，从而理解数据的方法。edatools 包是称为 qacBase 的综合 EDA 包的一个小子集。

edatools 包包含用来描述和可视化数据框内容的函数。该包还包含一个称为 happiness 的数据框，该数据框包含 460 个人对生活满意度调查的回答。该调查给出了每个人对"我大部分时间都很幸福"这句话的赞同度的评分，同时考虑了人口统计变量，比如收入、教育、性别和子女数量等。评分为 6 分制，从"非常不同意"到"非常同意"。数据是虚构的，用户可以使用包含多种类型变量，且每个变量的缺失数据级别各不相同的数据框做试验。

我们可以运行以下代码安装 edatools 包：

```
if(!require(remotes)) install.packages("remotes")
remotes::install_github("rkabacoff/edatools")
```

这个操作会从 GitHub 下载包，并安装在默认的 R 资源库中。

edatools 包中有一个主函数叫 contents()，它收集关于数据框的信息，函数 print() 和 plot() 则显示结果。代码清单 22-1 演示了这些函数，图 22-1 展示了图形结果。

代码清单 22-1 使用 edatools 包描述数据框

```
> library(edatools)
> help(contents)
> df_info <- contents(happiness)
> df_info

Data frame: happiness
460 observations and 11 variables
size: 0.1 Mb
  pos   varname       type n_unique n_miss pct_miss
    1       ID* character      460      0    0.000
    2      Date       Date       12      0    0.000
    3       Sex     factor        2      0    0.000
    4      Race     factor        8     92    0.200
    5       Age    integer       73     46    0.100
    6 Education     factor       13     23    0.050
    7    Income    numeric      415     46    0.100
    8        IQ    numeric       45    322    0.700
    9       Zip  character       10      0    0.000
   10  Children    integer       11      0    0.000
   11     Happy    ordered        6     18    0.039

> plot(df_info)
```

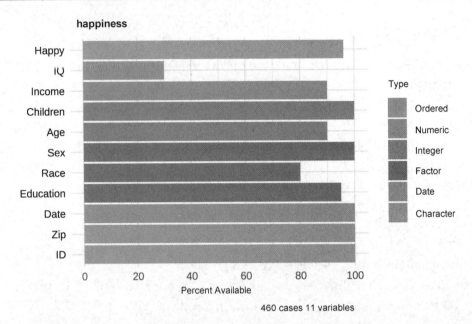

图 22-1　描述 happiness 数据框内容的图。图中含 11 个变量，其中变量 IQ 含 70%的
　　　　缺失数据，变量 Race 含 20%的缺失数据。该数据框包括 6 种不同类型的数据
　　　　（有序因子、数值型、整数型等）

　　输出结果中列出了变量和观测值的数目，以及数据框的大小（以兆字节为单位），还显示了
数据框中每个变量的位置、名称、类型、唯一值数量、缺失值的数量和百分比。可以用作唯一标
识符的变量（该变量的值在每一行都不重复）加了星号。该图按类型对变量进行颜色编码和排列，
条的长度代表可用于分析的观测值的百分比。

　　从上面的表和图中可以看到：数据框有 11 个变量和 460 个观测值；数据框在内存中所占的
大小为 0.1Mb；ID 为唯一标识符，数据中有 10 个邮政编码，70%的 IQ 数据缺失了。正如预期
的那样，幸福指数评分（happy）是一个有 6 个级别的有序因子。此外，我们还能看到什么呢？

　　在 22.2 节中，我们将描述构建 R 包的一般步骤。在后面的内容中，我们将按顺序执行步骤，
从头开始构建 edatools 包。

22.2　创建包

　　创建 R 包曾经是一项艰巨的任务，只有训练有素的 R 专业人员才能完成（包括神秘的符号）。
随着用户友好型的开发工具的出现，这个过程变得更加简单了。但是，它仍然是一个细致、多步
骤的过程。其步骤描述如下。

　　(1) 安装开发工具。

　　(2) 创建包项目。

（3）添加函数。

（4）添加函数文档。

（5）添加一般帮助文件（可选）。

（6）添加样本数据到包（可选）。

（7）添加简介文档（可选）。

（8）编辑 DESCRIPTION 文件。

（9）生成并安装包。

步骤(5)至步骤(7)是可选的，但是它们对于开发练习来说是个不错的选择。后面的章节将带领我们依次完成每个步骤。

22.2.1　安装开发工具

在本章中，我们假设在构建包时使用的是 RStudio。此外，我们还要安装一些支持的包。首先，使用 `install.packages(c("devtools", "usethis","roxygen2"),depend=TRUE)` 安装 `devtools`、`usethis` 和 `roxygen2` 包。`devtools` 和 `usethis` 这两个包包含简化包的开发并实现自动化的函数，`roxygen2` 包可以简化包文档的创建过程。

其余要安装的包是针对特定情况的。

❑ 包文档通常采用 html 格式。如果我们想创建 pdf 格式的文档（例如，手册和/或小插图），则需要安装高质量的排版系统 LaTeX。有几种软件发行版可供使用。我推荐使用 TinyTeX，这是一个轻量级的跨平台版本。我们可以使用以下代码来安装它：

```
install.packages("tinytex")
tinytex::install_tinytex()
```

❑ `pkgdown` 包可以帮助我们创建包的网站。这是 22.3.4 节中描述的可选步骤。

❑ 如果我们使用的是 Windows 平台，并且要构建包含 C、C++或 Fortran 代码的 R 包，那么我们需要安装 `Rtools.ex`。该包的下载页面中提供了安装说明。macOS 和 Linux 用户已经具备所需工具。虽然我在 22.4 节中简要描述了外部编译代码的使用，但我们不会在本书中用到它。

22.2.2　创建包项目

安装了必要的工具之后，下一步是创建包项目。运行以下代码

```
library(usethis)
create_package("edatools")
```

将创建具有图 22-2 中所示的文件夹结构的 RStudio 项目。此时，我们就自动置身于该项目中了，且当前的工作目录为 `edatools` 文件夹。

函数代码将放在 R 文件夹里。其他重要的文件为 DESCRIPTION 和 NAMESPACE 文件。我们将在后面讨论它们。.gitignore、.Rbuildignore 和 edatools.Rproj 是支持文件，用于自定义包创建

22

过程的各个方面。我们也可以将它们保留原样。

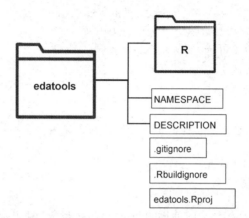

图 22-2 函数 `create_project()` 创建的 `edatools` 项目文件夹的内容

22.2.3 添加函数

edatools 包中有 3 个函数：`contents()`、`print.contents()` 和 `plot.contents()`。第一个函数是收集有关数据框的信息的主函数，另外两个函数是 S3 面向对象泛型函数（参阅 20.4.1 节），用于输出结果并绘制图形。

函数代码文件放置在 22.2.2 节中创建的 R 文件夹中。将每个函数放在单独的文本文件（扩展名为.R）里是一个不错的主意。虽然这不是必须的，但是这可以使组织工作更简单。此外，函数的名称和文件的名称无须匹配，但是，使两者的名称匹配是一个很好的编码练习。每个文件都有一个标题，由一组以字符#'开头的注释组成。R 编译器会忽略这些注释，但是我们将使用 roxygen2 包将这些注释转换为包文档。我们将在 22.2.4 节中讨论标题里的注释。

代码清单 22-2、代码清单 22-3 和代码清单 22-4 提供了相应的函数文件。

1. 收集数据框信息

contents.R 文本文件中的函数 `contents()` 描述了一个数据框并将结果保存到列表中。函数调用为 `contents(data)`，其中 data 为工作环境中数据框的名称。

代码清单 22-2　contents.R 文件的内容

```
#' @title Description of a data frame
#' @description
#' \code{contents} provides describes the contents
#' of a data frame.
#'
#' @param data a data frame.
#'
#' @importFrom utils object.size
#'
```

```
#' @return a list with 4 components:
#' \describe{
#' \item{dfname}{name of data frame}
#' \item{nrow}{number of rows}
#' \item{ncol}{number of columns}
#' \item{size}{size of the data frame in bytes}
#' \item{varinfo}{data frame of overall dataset characteristics}
#' }
#'
#' @details
#' For each variable in a data frame, \code{contents} describes
#' the position, type, number of unique values, number of missing
#' values, and percent of missing values.
#'
#' @seealso \link{print.contents}, \link{plot.contents}
#'
#' @export
#'
#' @examples
#' df_info <- contents(happiness)
#' df_info
#' plot(df_info)

contents <- function(data){

  if(!(is.data.frame(data))){                               ❶
    stop("You need to input a data frame")                  ❶
  }

  dataname <- deparse(substitute(data))                     ❷

  size <- object.size(data)                                 ❸

  varnames <- colnames(data)                                ❹
  colnames <- c("pos", "variable", "type", "n_unique",      ❹
                "n_miss", "pct_miss")
  pos = seq_along(data)                                     ❹
  varname <- colnames(data)                                 ❹
  type = sapply(data, function(x)class(x)[1])               ❹
  n_unique = sapply(data, function(x)length(unique(x)))     ❹
  n_miss = sapply(data, function(x)sum(is.na(x)))           ❹
  pct_miss = n_miss/nrow(data)                              ❹
  varinfo <- data.frame(                                    ❹
    pos, varname, type, n_unique, n_miss, pct_miss          ❹
  )                                                         ❹

  results <- list(dfname=dataname, size=size,               ❺
                  nrow=nrow(data), ncol=ncol(data),         ❺
                  varinfo=varinfo)                          ❺
  class(results) <- c("contents", "list")                   ❺
  return(results)                                           ❺
}                                                           ❺
```

❶ 检查输入

❷ 保存数据框名称

❸ 获取数据框大小

❹ 收集变量信息

❺ 返回结果

首先，调用该函数后，函数检查输入是否为数据框。如果不是，则生成一个错误❶。接下来，将数据框的名称记录为文本❷，大小记录为字节❸。记录每个变量的位置、名称、类型、唯一值数目和缺失值的数量和百分比，并将这些数据保存到名为 varinfo 的数据框中❹。最后，将结果打包并返回为一个列表❺。该列表包含 5 个构成要素，如表 22-1 所示。此外，列表的类型设为 c("contents","list")。这是创建用于处理结果的泛型函数的关键步骤。

表 22-1　函数 contents() 返回的列表对象

要　素	描　述
dfname	数据框的名称
size	数据框的大小
nrow	行数
ncol	列数
varinfo	包含变量信息的数据框（位置、名称、类型、唯一值数目、缺失值数目和百分比）

尽管此列表提供了所有需要的信息，但我们一般不会直接访问这些构成要素，而是创建泛型函数 print() 和 plot()，以更加具体和有意义的方法来展示这些信息。下面我们将讨论这些泛型函数。

2. print() 函数和 plot() 函数

各个领域的绝大多数分析函数都附带了泛型函数 print() 和 summary()。print() 函数提供对象的基本或原始信息，summary() 函数提供更详尽或处理（汇总）过的信息。如果图形在给定的上下文中有意义，通常会包含 plot() 函数。在这个包中我们只需要函数 print() 和 plot()。

根据 20.4.1 节中的描述，如果对象具有类属性 "foo"，那么 print(x) 在 print.foo() 函数存在时运行 print.foo(x)，在 print.foo() 函数不存在时运行 print.default(x)。plot() 函数也是如此。因为 contents() 函数返回一个类为 "contents" 的对象，所以我们需要定义函数 print.contents() 和 plot.contents()。代码清单 22-3 提供了 print.contents() 函数。

代码清单 22-3　print.R 文件的内容

```
#' @title Description of a data frame
#'
#' @description
#' \code{print.contents} prints a concise description of a data frame.
#'
#' @param x an object of class \code{contents}.
#' @param digits number of significant digits to use for percentages.
#' @param ... additional arguments passed to the print function.
```

```
#'
#' @return NULL
#' @method print contents
#' @export
#'
#' @examples
#' df_info <- contents(happiness)
#' print(df_info, digits=4)

print.contents <- function(x, digits=2, ...){

  if (!inherits(x, "contents"))                              ❶
    stop("Object must be of class 'contents'")               ❶

  cat("Data frame:", x$dfname, "\n")                         ❷
  cat(x$nrow, "observations and", x$ncol, "variables\n")
  x$varinfo$varname <- ifelse(x$varinfo$n_unique == x$nrow,  ❸
                              paste0(x$varinfo$varname, "*"), ❸
                              x$varinfo$varname)
  cat("size:",  format(x$size, units="Mb"), "\n")            ❹
  print(x$varinfo, digits=digits, row.names=FALSE, ...)      ❺
}
```

❶ 检查输入

❷ 输出标题

❸ 确定唯一标识符

❹ 输出数据框大小

❺ 输出变量信息

首先，函数检查输入是否含类"contents"❶。接下来，输出标题部分，其中包含数据框的名称和数据框中的变量以及观测值的数目❷。如果一个列中唯一值的数目等于观测值的数目，那么该列就可以用来唯一标识各个观测值。该变量在列出时名称后面带星号（*）❸。然后，输出以兆字节为单位的数据框大小❹。最后，输出变量信息表❺。

最后的函数 plot() 将函数 contents() 返回的结果可视化。这是通过水平 ggplot2 条形图实现的。代码清单 22-4 显示了相应代码。

代码清单 22-4　plot.R 文件的内容

```
#' @title Visualize a data frame
#'
#' @description
#' \code{plot.contents} visualizes the variables in a data frame.
#'
#' @details
#' For each variable, the plot displays
#' \itemize{
#'   \item{type (\code{numeric},
#'                \code{integer},
#'                \code{factor},
```

22

```
#'              \code{ordered factor},
#'              \code{logical}, or \code{date})}
#'   \item{percent of available (and missing) cases}
#' }
#' Variables are sorted by type and the total number of variables
#' and cases are printed in the caption.
#'
#' @param x an object of class \code{contents}.
#' @param ... additional arguments (not currently used).
#'
#' @import ggplot2
#' @importFrom stats reorder
#' @method plot contents
#' @export
#' @return a \code{ggplot2} graph
#' @seealso See \link{contents}.
#' @examples
#' df_info <- contents(happiness)
#' plot(df_info)

plot.contents <- function(x, ...){
  if (!inherits(x, "contents"))                              ❶
    stop("Object must be of class 'contents'")               ❶

  classes <- x$varinfo$type                                  ❷

  pct_n <-  100 *(1 - x$varinfo$pct_miss)                    ❷

  df <- data.frame(var = x$varinfo$varname,                  ❷
                   classes = classes,                        ❷
                   pct_n = pct_n,                            ❷
                   classes_n = as.numeric(as.factor(classes)))  ❷

  ggplot(df,                                                 ❸
         aes(x=reorder(var, classes_n),
             y=pct_n,
             fill=classes)) +
    geom_bar(stat="identity") +
    labs(x="", y="Percent Available",
         title=x$dfname,
         caption=paste(x$nrow, "cases",
                       x$ncol, "variables"),
         fill="Type") +
    guides(fill = guide_legend(reverse=TRUE)) +              ❹
    scale_y_continuous(breaks=seq(0, 100, 20)) +
    coord_flip() +                                           ❺
    theme_minimal()
}
```

❶ 检查输入

❷ 生成要绘图的数据

❸ 绘制条形图

❹ 反转图例顺序
❺ 翻转 *x* 轴和 *y* 轴

首先，我们再次检查传递到函数中的对象所属的类❶。然后，将变量名、类和非缺失数据的百分比组成一个数据框。将每个变量的类作为一个数字附加到数据框，在绘制图形时使用该数字按类型排列变量❷。数据绘制为条形图❸。颠倒图例的顺序，让颜色的排列与条形垂直❹。最后，翻转 *x* 轴和 *y* 轴，得到一个水平条形图❺。如果有很多变量或者变量名很长，那么水平条形图可以避免标签重叠。

22.2.4 添加函数文档

每个 R 包都遵循相同的文档编写准则。包里每一个函数都必须使用 LaTeX 来以同样的风格撰写文档。每个函数都被分别放置在不同的.R 文件里，函数对应的文档（用 LaTeX 写成）则被放置在一个.Rd 文件中。.R 和.Rd 文件都是文本文件。

这种方式有两个限制。第一，文档和它所描述的函数是分开放置的。如果我们改变了函数代码，就必须搜索出对应的文档并且进行改写。第二，用户必须学习 LaTeX。如果你认为 R 的学习曲线比较平滑，等到使用 LaTeX 的时候再说吧。

roxygen2 包能够极大地简化文档的创建过程。我们在每一个.R 文件的头部放置一段注释作为对应的函数文档。这些注释以符号#'开头，使用一组简单的标记（被称为 roclet）。表 22-2 列出了常用的标记。R 编译器将这些行视为注释并忽略它们。但是，当 Roxygen2 处理文件的时候，以#'开始的行会被用来自动地生成 LaTeX 文档（.Rd 文件）。

表 22-2 roxygen2 包使用的标记

标 记	描 述
@title	函数名
@description	一行的函数描述
@details	多行的函数描述（第一行之后要有缩进）
@parm	函数参数
@export	让使用该包的用户可以访问该函数
@import	导入一个包中的所有函数，以便在自己的包的函数中使用
@importFrom	选择性地从包中导入函数，以便在自己的包的函数中使用
@return	函数返回的值
@author	作者和联系地址
@examples	使用函数的例子
@note	使用函数的注意事项
@references	函数所使用的方法的参考文档
@seealso	相关函数的链接

除了表 22-2 中的标记，还有一些标记元素在创建文档时很有用。

❑ \code{*text*}用代码字体输出文本。

❑ \link{*function*}生成另 个 R 函数的超链按。

❑ \href{*URL*}{*text*}添加一个超链接。

❑ \item{*text*}用于生成逐项列表。

代码清单 22-5 重现了代码清单 22-2 中函数 contents() 的 roxygen2 注释。首先，设定了函数的标题和描述❶。接下来，对参数进行了描述❷。标记可以以任何顺序显示。

代码清单 22-5   函数 contents()的 roxygen2 注释

```
#' @title Description of a data frame                              ❶
#'                                                                 ❶
#' @description                                                    ❶
#' \code{contents} provides describes the contents                ❶
#' of a data frame.                                                ❶
#'
#' @param data a data frame.                                       ❷
#'
#' @importFrom utils object.size                                   ❸
#'
#' @return a list with 4 components:                               ❹
#' \describe{                                                      ❹
#' \item{dfname}{name of data frame}                               ❹
#' \item{nrow}{number of rows}                                     ❹
#' \item{ncol}{number of columns}                                  ❹
#' \item{size}{size of the data frame in bytes}                    ❹
#' \item{varinfo}{data frame of overall dataset characteristics}   ❹
#' }
#'
#' @details
#' For each variable in a data frame, \code{contents} describes
#' the position, type, number of unique values, number of missing
#' values, and percent of missing values.
#'
#' @seealso \link{print.contents}, \link{plot.contents}
#'
#' @export                                                         ❺
#'
#' @examples
#' df_info <- contents(happiness)
#' df_info
#' plot(df_info)
```

❶ 标题和描述

❷ 参数

❸ 输入函数

❹ 返回值

❺ 导出函数

@importFrom 标记表明函数使用 utils 包中的 object.size() 函数❸。当我们想要获取给定包中的部分函数时，可以使用@importFrom。使用@import 函数可获取包中的所有函数。例如，plot.contents()函数使用@import ggplot2 标记可获取所有 ggplot2 包中的函数。

@return 标记表示函数返回的是什么（本例中为列表）❹。它显示在标题 Value 下面的帮助中。使用@details 标记可提供函数的更多信息。@seealso 标记提供我们感兴趣的其他函数的超链接。@export 标记让用户可访问该函数❺。如果忽略此标记，则函数仍然可供包中的其他函数调用，但是无法从命令行直接调用。对于不应被用户直接调用的函数，我们可以忽略@export 标记。

@examples 标记可以让我们包括一个或多个演示函数的示例。请注意，这些示例是可以正常运行的。否则，请用\dontrun{}标记代码把示例代码围起来。例如，如果不存在称为 prettyflowers 的数据框，则使用以下代码：

```
@examples
\dontrun{
contents(prettyflowers)
}
```

因为代码被\dontrun{}括起来了，所以不会出现错误。当示例需要很长时间运行时，通常使用\dontrun{}标记。

22.2.5　添加一般帮助文件（可选）

通过在每个函数中添加 roxygen2 注释，帮助文件会在文档创建步骤中生成（参阅 22.2.9 节）。下载并安装包之后，输入?contents 或者 help(contents)将打开函数的帮助文件。但是，如果我们输入包的名称则无法获取帮助文件。换言之，help (edatools)无法运行。

用户如何知道包中的哪些函数可用呢？一种方法是输入 help(package="edatools")，但是我们可以将另一个文件添加到文档，使这种方法更简单。比如，将文件 edatools.R（见代码清单 22-6）添加到 R 文件夹。

代码清单 22-6　edatools.R 文件的内容

```
#' @title Functions for exploring the contents of a data frame.
#'
#' @details
#' edatools provides tools for exploring the variables in
#' a data frame.
#'
#' @docType package
#' @name edatools-package
#' @aliases edatools
NULL
...NULL 后要有一行没有内容的空行...
```

请注意此文件的最后一行必须为空。创建包后，调用 help(edatools)将生成包的描述以及函数索引的可单击链接。

22.2.6　添加样本数据到包（可选）

创建包时，添加一个或多个可用于演示函数的数据集是一个好主意。对于 odatoolo 包而言，我们将添加 happiness 数据框。它包含 6 种类型的变量，每个变量的缺失数据量各不相同。

要添加数据框到包中，我们首先要将数据框放在内存。

以下代码将 happiness 数据框加载到全局环境中：

```
load(url("happiness.rdata"))
```

接下来，运行

```
library(usethis)
use_data(happiness)
```

将创建名为 data 的文件夹（如果此文件夹不存在），并且将 happiness 数据框放在此文件夹里，保存并命名为 happiness.rda 压缩文件。

我们还需要创建一个记录此数据框的.R 文件。代码清单 22-7 提供了相应的代码。

代码清单 22-7　happiness.R 文件的内容

```
#' @title Happiness Dataset
#'
#' @description
#' A data frame containing a happiness survey and demographic data.
#' This data are fictitious.
#'
#' @source
#' The data were randomly generated using functions from the
#' wakefield
#' package.
#'
#' @format A data frame with 460 rows and 11 variables:
#' \describe{
#'   \item{\code{ID}}{character. A unique identifier.}
#'   \item{\code{Date}}{date. Date of the interview.}
#'   \item{\code{Sex}}{factor. Sex coded as \code{Male} or \code{Female}.}
#'   \item{\code{Race}}{factor. Race coded as an 8-level factor.}
#'   \item{\code{Age}}{integer. Age in years.}
#'   \item{\code{Education}}{factor. Education coded as a 13-level factor.}
#'   \item{\code{Income}}{double. Annual income in US dollars.}
#'   \item{\code{IQ}}{double. Adult intelligence quotient. This
#'   variable has a large amount of missing data.}
#'   \item{\code{Zip}}{character. USPS Zip code.}
#'   \item{\code{Children}}{integer. Number of children.}
#'   \item{\code{Happy}}{factor. Agreement with the statement
#'   "I am happy most of the time", coded as \code{Strongly Disagree} ,
#'   \code{Disagree}, \code{Neutral}, \code{Agree}, or
#'   \code{Strongly Agree}.}
#' }
"happiness"
```

请注意代码清单 22-7 中的代码完全由注释组成。要将此注释与函数代码文件一起放置在 R 文件夹中。

22.2.7   添加简介文档（可选）

如果在包中包含介绍此包的功能和使用方法的简短文章，那么人们更有可能使用我们的包。要创建简介，请运行

```
library(usethis)
use_vignette("edatools", "Introduction to edatools")
```

此代码将创建名为 vignettes 的文件夹（如果此文件夹不存在），并在文件夹中放置名为 edatools.Rmd 的 R Markdown 模板文件。同时，还将打开此模板文件，以便在 RStudio 中进行编辑。21.2 节描述了如何编辑 R Markdown 文档。代码清单 22-8 显示了完整的简介。

代码清单 22-8   edatools 的简介

```
---
title: "Introduction to edatools"
output: rmarkdown::html_vignette
vignette: >
  %\VignetteIndexEntry{Introduction to edatools}
  %\VignetteEngine{knitr::rmarkdown}
  %\VignetteEncoding{UTF-8}
---

```{r, include = FALSE}
knitr::opts_chunk$set(
  collapse = TRUE,
  comment = "#>"
)
```

The `edatools` package is a demonstration project for learning how to
build an R package. It comes from chapter 22 of [R in Action (3rd
    ed.)](ituring.cn/book/3179).

The package has one main function for describing a data frame, and two generic functions.

```{r example}
library(edatools)
df_info <- contents(happiness)
print(df_info, digits=3)
plot(df_info)
```
```

安装此包之后，用户可使用 vignette("edatools")来访问简介。

22.2.8   编辑 DESCRIPTION 文件

每个包都有一个 DESCRIPTION 文件，该文件包含包标题、版本、作者、许可证和包依赖等

元数据。在 22.2.2 节中调用 create_package("edatools")时就会自动创建该文件。usethis
包中的其他函数将向 DESCRIPTION 文件添加其他信息。

　　首先，要指明运行我们自己的包所需的是哪些包。edatools 包的运行依赖于 ggplot2 包。
执行下面的代码

```
library(usethis)
use_package("ggplot2")
```

将此需求添加到 DESCRIPTION 文件。如果有多个需要添加的包，则可以多次运行此命令。我们
无须指定任何基础 R 包。安装 edtools 时，如果缺少应该有的包，这些包也会被安装。

　　接下来，指明发布包的许可证。常见的许可证类型包括 MIT、GPL-2 和 GPL-3。我们将使用
MIT 许可证，只要我们保留了版权通知，该许可证允许我们对此 AS IS 软件进行任何操作。在控
制台中输入

```
use_mit_license("your name here")
```

会把许可证放到正在创建的包中。

　　最后，手动编辑 DESCRIPTION 文件。既然这是一个简单的文本文件，我们可以在 RStudio
或者任何文本编辑器中进行编辑。代码清单 22-9 给出了最终版本的 DESCRIPTION 文件。

代码清单 22-9　DESCRIPTION 文件的内容

```
Package: edatools
Title: Functions for Exploratory Data Analysis
Version: 0.0.0.9000
Authors@R:
    person(given = "Robert",
           family = "Kabacoff",
           role = c("aut", "cre"),
           email = "rkabacoff@wesleyan.edu")
Description: This package contains functions for
    exploratory data analysis. It is a demonstration
    package for the book R in Action (3rd ed.).
License: MIT + file LICENSE
Encoding: UTF-8
LazyData: true
Roxygen: list(markdown = TRUE)
RoxygenNote: 7.1.1
Depends:
    R (>= 2.10)
Imports:
    ggplot2
Suggests:
    rmarkdown,
    knitr
VignetteBuilder: knitr
```

　　我们需要编辑的字段只有 Title、Version、Authors@R 和 Description。标题应是单行
的句子。版本号由我们自己设定，通常的格式为 *major.minor.patch.dev*。

在 `Authors@R:` 部分中，指明每个贡献者及其角色。这里我输入了我的名字并指明我是作者（`"auth"`）和包维护人（`"cre"`）。当然，创建你自己的包时，不要使用我的名字（除非这个包真的很好）。

`Description:` 部分可以跨越多行，但是首行后面必须有缩进。`LazyData: true` 语句表明包中的数据集（在本例中是 happiness）应该在包加载后立即可用。如果设为 `false`，用户必须使用 `data(happiness)` 来访问此数据集。

22.2.9　生成并安装包

终于到了生成包的时候。（真的，我保证。）此时，我们的包应该具有图 22-3 中描述的结构。斜体显示的文件夹和文件是可选的。（请注意文件 plot.R 和 print.R 只有在 `edatools` 包包含专门的输出函数和绘图函数时才是必需的。）

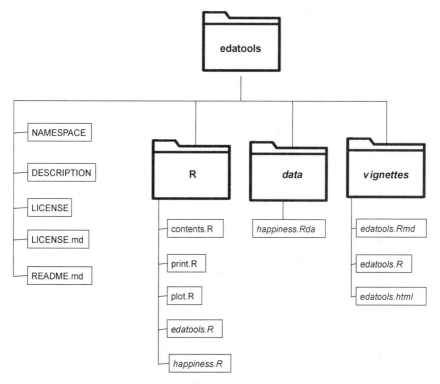

图 22-3　在生成包之前的 `edatools` 包的文件和文件夹结构。以斜体形式显示的
　　　　文件夹和文件是可选的

RStudio 中有一个 Build 选项卡用于生成包（见图 22-4）。单击 More 下拉菜单，选择 Configure Build Tools。此时将打开图 22-5 中的对话框。确保勾选了对话框中的两个选项。然后单击 Configure 按钮以打开 Roxygen Options 对话框。确保勾选了前 6 个选项（见图 22-6）。

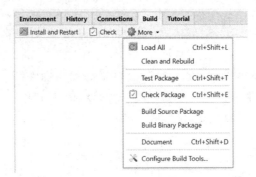

图 22-4　RStudio 的 Build 选项卡。使用此选项卡上的选项创建包文档、生成并安装已创建的包

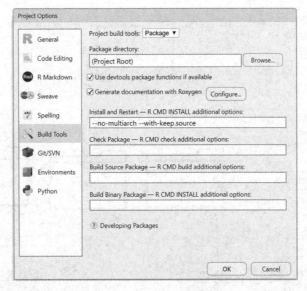

图 22-5　Project Options 对话框。确保勾选了两个复选框

图 22-6　Roxygen Options 对话框。确保勾选了前 6 个选项

现在有两个简单的步骤。第一步，生成文档，方法是选择 More >Document（或者按 Ctrl+Shift+D）。此操作将.R 文件的 `roxygen2` 注释转换为 LaTeX 帮助文件（.Rd 文件）。.Rd 文件放在被称为 man（manual 的缩写）的文件夹里。此文档命令还会向 DESCRIPTION 文件和 NAMESPACE 文件添加信息。

代码清单 22-10 给出了所得到的 NAMESPACE 文件，该文件控制函数的可见性。是不是所有函数都能被包的用户直接获取？是否一些函数可供其他函数在内部使用？在当前的示例中，用户可使用所有函数。该文件还可以使来自贡献包的函数用于我们自己的包。在本例中，我们可以调用函数 `object.size()`、`reorder()` 和所有 ggplot2 包的函数。

代码清单 22-10　NAMESPACE 文件的内容

```
# Generated by roxygen2: do not edit by hand

S3method(plot,contents)
S3method(print,contents)
export(contents)
import(ggplot2)
importFrom(stats,reorder)
importFrom(utils,object.size)
```

第二步，单击 Install and Restart 按钮。这个操作会生成 edatools 包，同时将此包安装到本地 R 包存储库，并加载到会话中。此时，包的文件结构如图 22-7 所示。恭喜！我们的包终于可以使用了。

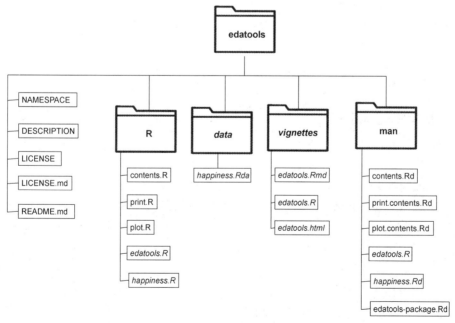

图 22-7　运行文档、安装并重启包后的包结构。可选的文件和文件夹仍然是用斜体字显示

22

我的简介在哪里？

如果我们在包中添加了简介，并且按照本节的说明进行操作，那么我们看不到简介。这是为什么呢？？这是因为单击 Install and Restart 按钮时默认不生成简介。由于简介的生成是一个非常耗时的过程，因此开发人员应该不会希望在每次重新生成包时都这么做。当我们生成源代码包时（参阅 22.2.9 节），将生成简介，并添加到包中。若要在我们的系统中查看简介，请从源代码包中安装包（在 Packages 选项卡中点击 Install 按钮，然后在对话框中的 Install From 下拉框中选择 Package Archive File(.zip;.tar.gz)），或者运行以下代码：

```
library(devtools)
build_vignettes()
install(build_vignettes=TRUE)
```

在继续学习之前，请先检查包是否有潜在的问题。单击 Build 选项卡上面的 Check 按钮，对包进行全面的一致性检查。在将包分享给他人时进行这些检查是个好主意。如果发现任何错误，更正它们后，可以重新生成文档（如果文档有变动），重新生成包。

22.3　分发包

创建了有实际用途的包后，我们可能想与他人共享包或分发包给他人。有几种常见的分发 R 包的方法，包括：

- ❑ 分发源代码或二进制包文件；
- ❑ 将包提交到 CRAN；
- ❑ 在 GitHub 上托管包；
- ❑ 创建包网站。

在本节中，我们将依次学习每种方法。

22.3.1　分发包的源文件

我们可以将包打包为一个压缩文件，该文件可通过电子邮件或云服务发送给他人。在 Build 选项卡上，单击 More > Build Source Package。此时将在项目的父目录下创建一个包的源文件。在本例中，edatools_0.0.0.90000.tar.gz 将出现在 edatools 文件夹的上一级。名称中的版本号来自 DESCRIPTION 文件。这种格式的包可以发送给其他人或提交到 CRAN。

收件人可在 Packages 选项卡中选择 Install，然后选择 Install from Package Archive File 来安装包。他们也可以使用以下代码进行安装：

```
install.packages(choose.files(), repos = NULL, type="source")
```

此时将打开一个对话框，允许他们选择源包。

如果安装了 LaTeX 分发版（参阅 22.2.1 节），我们也可以为包创建一个 PDF 手册。在控制台中运行

```
library(devtools)
build_manual()
```

将在父目录下创建一个 PDF 手册。

22.3.2 提交到 CRAN

分发贡献的包主要是由 R 综合档案网络（Comprehensive R Archive Network，CRAN）提供服务的。今天早上的提交数量是 17 788，但这个数字已经完全过时了。要将包提交到 CRAN，请遵循以下 4 个步骤。

(1) 阅读 CRAN 资源库策略。

(2) 确保包通过了所有检查，无任何错误或者警告（Build 选项卡 > Check），否则，CRAN 会拒绝接收此包。

(3) 创建包的源文件（参阅 22.3.1 节）。

(4) 提交包。我们会收到一封由 CRAN 系统自动发送的需要我们接受的确认邮件。

但是请勿将刚创建的 edatools 包上传到 CRAN。现在我们已经有工具创建自己的包了。

22.3.3 托管到 GitHub

许多包开发人员即使已经将包发布到 CRAN，也还是会将包托管到 GitHub。GitHub 是一个流行的 Git 资源库托管服务平台，具有许多附加功能。将包托管到 GitHub 上有以下几个很好的理由。

❑ 你的包可能还没有准备好迎接黄金时段（也就是说，没有完全开发好）。

❑ 你希望他人跟你一起开发包，或者给你一些反馈和建议。

❑ 你想要在 CRAN 上托管生产版本，在 GitHub 上托管当前的开发版本。

❑ 你想在开发过程中使用 Git 的版本控制功能。（这样做很好，但并不是必须这么做。）

对个人和单位来说，在 GitHub 上托管包都是免费的。

要在 GitHub 上托管包，首先将 REAME.md 文件添加到包。在控制台中输入：

```
library(usethis)
use_readme_md()
```

此时将在编辑器中放置一个名为 README.md 的文本文件。该文件使用简单的标记语言，如 R Markdown。在 RStudio 中，可以转至 Help > Markdown Quick Reference 了解细节。代码清单 22-11 显示了 edatools 包的 README.md 文件。

代码清单 22-11　README.md 文件的内容

```
# edatools

This is a demonstration package for the book [R in Action (3rd ed.)]
(ituring.cn/book/3179).
It contains functions for exploratory data analysis.

## Installation
```

22

You can install this package with the following code:

```r
if(!require(remotes)){
    install.packages("remotes")
}
remotes::install_github("rkabacoff/edatools")
```

Example

This is a basic example which shows you how to describe a data frame:

```r
library(edatools)
df_info<- contents(happiness)
df_info
plot(df_info)
```

我们保存此文件，然后就可以在 GitHub 上托管包了。

要托管包，需执行以下步骤。

(1) 注册一个帐户并登录。

(2) 单击 New，新建一个存储库。在下一个页面中将资源库命名为和包一样的名称（见图 22-8）。
保留默认选项，单击 Create Repository。

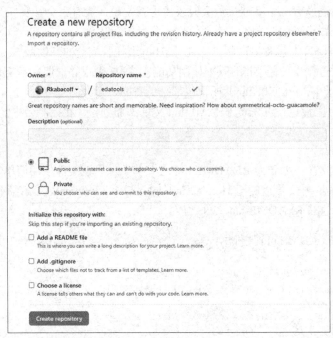

图 22-8　GitHub 的新建资源库页面。输入包的名称，然后单击 Create Repository

(3) 在下一页面,选择 uploading an existing file。这个选项可能不太容易看到(见图 22-9)。请注意,这个操作是假设我们想要直接上传包文件。如果我们在使用 Git 版本控制功能,那么过程会不一样。

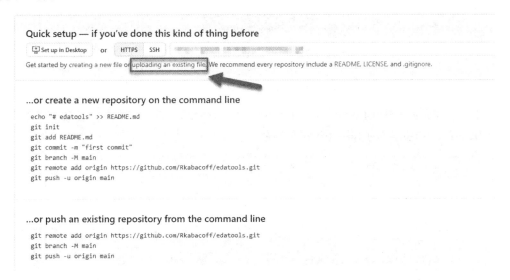

图 22-9　GitHub 快速设置或新建资源库页面。选择 uploading an existing file

(4) 在下一页面,上传包文件夹的内容(包里的文件和文件夹,而不是包文件夹本身)。单击页面底部的 Commit Changes 按钮。不要忘了这最后一步,否则将不显示文件。

(5) 将 URL 发给所有人。

22.3.4　创建包网站

拥有一个专门的网站是推广和支持你的包的一个很好的途径。我们可以使用 pkgdown 包来创建这样的网站。在这个包项目的控制台中输入

```
library(pkgdown)
build_site()
```

此操作将在项目中添加名为 docs 的文件夹,它包含网站所需的 HTML、级联样式表(CSS)和 JavaScript 文件。只需将这些文件放置在 Web 服务器上,你的包网站便可被用户访问。

GitHub Pages 为你的项目提供了免费的网站。你只需将 docs 文件夹上传到 GitHub 包资源库(参阅 22.3.3 节)。转至资源库的设置页面,单击 GitHub Pages 链接。在 Source 部分,请依次选择 main、/docs 和 Save(见图 22-10)。

22

图 22-10   GitHub Pages 的设置页面

请注意主页的文字来自 REAME.md 文件的内容。Get started 选项卡中有 `edatools` 的简介链接，且 Reference 选项卡描述并演示了每个函数。

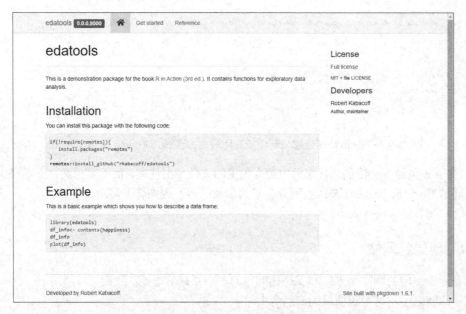

图 22-11   在 GitHub Pages 上托管的 `edatools` 网站

在生成网站之前，通过编辑 docs 文件夹里的_pkgdown.yml 文件可以轻松地自定义我们的网站。

22.4   深入探讨

本章中，创建 edtools 包所用到的所有代码都是 R 代码。实际上，大部分包所包含的代码都是完全用 R 写成的。不过我们也可以在 R 中调用编译后的 C、C++、Fortran 和 Java 代码。引入外来代码的典型情况是希望以此来提升运行速度，或者作者想在 R 代码中使用现有的外部软件库。

有很多种方法可以引入编译后的外部代码。有用的基本 R 函数包含 .C()、.Fortran()、.External() 和 .Call() 等。还有一些包的创造是为了简化流程，比如 inline（C、C++、Fortran）、Rcpp（C++）和 rJava（Java）。

对于组织我们经常使用的函数、开发完整的应用以及与他人共享成果来说，创建 R 包是一个不错的方法。在这个注重可重复性研究的时代，它还可以为大型项目打包所有数据和代码。在本章中，我们从头到尾创建了一个完整的 R 包。虽然包一开始看起来很复杂，但一旦我们掌握了步骤，它们就很容易创建。现在开始工作吧！记住，要从中找到乐趣。

22.5　小结

- R 包是一组以标准化格式保存的函数、文档和数据。
- R 包可以用来简化对常用函数的访问，解决复杂的分析问题，与他人共享代码和数据，以及回馈 R 社区。
- 开发包是一个多步骤过程。devtools、usethis 和 roxygen2 等包可以简化此过程。
- 开发包的步骤包括创建包项目、添加函数和函数文档、生成并安装包，以及将包分发给他人。
- 通过分发包的源文件或二进制文件、将包提交到 CRAN 和（或）在 GitHub 上托管包，可以将包分发给他人。
- 我们可以使用 pkgdown 包和 GitHub 页面轻松创建支持包的网站。这个网站也可以成为我们的数据科学产品的一部分。

22

图形用户界面

你是不是一拿到书就翻到这里来了？默认情况下，R 会提供一个简单的命令行界面（Command Line Interface，CLI）。用户在命令行提示符（默认是>）后面输入命令，每次会执行一个命令。对于很多数据分析师而言，命令行界面是 R 的不足之一。

现在已经有了不少 R 的图形界面，包括跟 R 交互的代码编辑器（例如 RStudio）、特定包或函数的 GUI（例如 BiplotGUI），以及用户可以通过菜单和对话框完成数据分析的完整 GUI（例如 R Commander）。

有些代码编辑器可用于编辑和执行 R 代码，功能包括语法高亮显示、命令补全、对象浏览、项目管理和在线帮助。这些代码编辑器包括：RStudio Desktop、R Tools for Visual Studio、带 StatET 插件的 Eclipse、Architect、ESS (Emacs Speaks Statistics)、带 Rbox 插件的 Atom Editor 以及带 NppToR 插件的 Notepad++（只支持 Windows）。对于 R 程序员来说，RStudio 是迄今为止最流行的集成开发环境（IDE），但是有其他选择也不错。

我们再介绍一些功能全面的 R GUI。跟 SAS 和 IBM SPSS 的 GUI 相比，这些 GUI 的功能没有那么丰富，也没有那么成熟，但是它们发展很快。R 的全功能 GUI 包括 JGR/Deducer、R AnalyticFlow、jamovi、JASP、Rattle（用于数据挖掘）、R Commander、RkWard 以及 Radiant。

在统计学入门课程中，我最喜欢的 R GUI 是 R Commander（见图 A-1）。

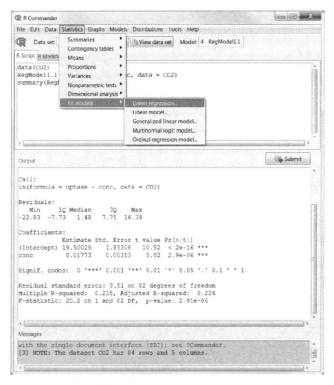

图 A-1　R Commander GUI

　　最后要介绍的是一些用于给 R 函数（包括用户自定义的函数）创建 GUI 的应用。这类应用有 R GUI Generator（RGG）和 CRAN 上的 fgui 和 twiddler 包。目前，功能最全面的应用是 Shiny，可以帮助我们轻松创建能够与 R 函数互动的 Web 应用和仪表板。

附录 B

自定义启动环境

程序员最喜欢做的一件事情就是根据自己的工作习惯自定义启动环境。通过自定义启动环境可以设置 R 选项，设置工作目录，加载常用的包，加载用户自定义的函数，设置默认的 CRAN 下载网站，以及执行其他各种常见任务。

我们可以通过站点初始化文件（Rprofile.site）或目录初始化文件（.Rprofile）自定义 R 的环境。R 在启动时会执行几个文本文件中的代码。

在启动时，R 会获取 R_HOME/etc 目录中的 Rprofile.site 文件，其中 R_HOME 是一个环境变量。然后 R 会在当前目录中寻找.Rprofile 文件。如果 R 没有在当前目录中找到这个文件，它就会到用户的主目录中去寻找。我们可以通过 Sys.getenv("R_HOME")、Sys.getenv("HOME") 和 getwd() 来分别指定 R_HOME、HOME 和当前工作目录的位置。

我们可以在这些文件中放入两个特殊函数。每个 R 会话开始时都会执行.First()函数，会话结束时都会执行.Last()函数。代码清单 B-1 中是一个 Rprofile.site 文件的示例。

代码清单 B-1　Rprofile.site 文件示例

```
options(digits=4)                                                    ❶
options(show.signif.stars=FALSE)                                     ❶
options(scipen=999)                                                  ❶
options

options(prompt="> ")                                                ❷
options(continue=" ")                                               ❷

options(repos = c(CRAN = "https://mirrors.tsinghua.edu.cn/CRAN/"))   ❸

.libPaths("C:/my_R_library")                                        ❹

.env <- new.env()                                                    ❺
.env$h <- utils::head                                                ❺
.env$t <- utils::tail                                                ❺
.env$s <- base::summary                                              ❺
.env$ht <- function(x){                                              ❺
  base::rbind(utils::head(x), utils::tail(x))                        ❺
}                                                                     ❺
.env$phelp <- function(pckg){                                        ❺
  utils::help(package = deparse(substitute(pckg)))                   ❺
```

```
}                                                                    ❺
attach(.env)                                                         ❺

.First <- function(){                                                ❻
  v <- R.Version()                                                   ❻
  msg1 <- paste0(v$version.string, ' -- ', ' "', v$nickname, '"')    ❻
  msg2 <- paste0("Platform: ", v$platform)                           ❻
  cat("\f")                                                          ❻
  cat(msg1, "\n", msg2, "\n\n", sep="")                              ❻
                                                                     ❻
  if(interactive()){                                                 ❻
    suppressMessages(require(tidyverse))                             ❻
  }                                                                  ❻
                                                                     ❻
}                                                                    ❻

.Last <- function(){                                                 ❼
  cat("\nGoodbye at ", date(), "\n")                                 ❼
}                                                                    ❼
```

❶ 设置常用选项

❷ 设置 R 交互提示符

❸ 设置默认的 CRAN 镜像

❹ 设置本地库的路径

❺ 创建快捷方式

❻ 启动函数

❼ 会话结束函数

我们看看.Rprofile 文件完成了哪些任务。

❑ 自定义了输出项。将有效数字设为 4 位（默认为 7 位），系数汇总表上不输出星号，以及不使用科学计数法。

❑ 第一行的提示符设为">"，后面的行的提示符设为空格（而不是"+"）。

❑ install.packages()命令的默认 CRAN 镜像站点设置为 mirrors.tsinghua.edu.cn/CRAN。

❑ 为已安装的包定义了个人目录。通过设置.libPaths 值可以在 R 目录树的外部创建包的本地库。这对于在升级时保留包很有用。

❑ 为函数 tail()、head()和 summary()定义了单字母快捷方式。定义了新函数 ht()和 phelp()。函数 ht()将输出的开头和结尾连起来，函数 phelp()列出包中的函数以及帮助信息链接。

❑ 函数.First()的作用如下。

　　a. 用自定义的简短的欢迎消息替换标准的欢迎消息。

　　　在我的电脑上，新的欢迎消息很简单：

　　　R version 4.1.0 (2021-05-18)—"Camp Pontanezen"

　　　Platform: x86_64-w64-mingw32/x64 (64-bit)

b. 在交互式会话中加载 tidyverse 包，并屏蔽 tidyverse 的启动消息。

☐ .Last() 函数可以输出自定义的再见消息。它也可以很好地执行任何清理操作，包括保存命令历史记录、保存程序输出，以及保存数据文件等。

注意   如果在.Rprofile 文件而不是脚本中定义函数或加载包，那么函数和包的可移植性比较差。此时代码的正确运行需要依靠启动文件，在缺少此文件的计算机上运行代码将不会成功。

在第 2 章中，我们介绍了各种将数据导入 R 的方法。但有时候我们可能要做相反的事情——把 R 中的数据导出去——以实现数据的保存或者在外部应用程序中使用。在本附录中，我们会学到如何将 R 对象输出到符号分隔的文本文件、Excel 电子表格或者其他统计学应用（例如 SPSS、SAS 和 Stata）。

C.1 符号分隔文本文件

可以用 write.table() 函数将 R 对象输出到符号分隔的文本文件中。格式为：

```
write.table(x, outfile, sep=delimiter, quote=TRUE, na="NA")
```

其中 x 是要输出的对象，outfile 是目标文件。例如，这条语句：

```
write.table(mydata, "mydata.txt", sep=",")
```

会将 mydata 数据集保存到当前工作目录下逗号分隔的 mydata.txt 的文件中。用路径（例如 c:/myprojects/mydata.txt）可以将输出文件保存到任何地方。用 sep="\t" 替换 sep=","，数据就会保存到制表符分隔的文件中。默认情况下，字符串是放在引号（""）中的，缺失值用 NA 表示。

C.2 Excel 电子表格

xlsx 包中的 write.xlsx() 函数可以将 R 数据框保存到 Excel 2007 工作簿中。格式为：

```
library(xlsx)
write.xlsx(x, outfile, col.Names=TRUE, row.names=TRUE,
           sheetName="Sheet 1", append=FALSE)
```

例如，这条语句：

```
library(xlsx)
write.xlsx(mydata, "mydata.xlsx")
```

会将 mydata 数据框导出到当前工作目录下的 Excel 工作簿 mydata.xlsx 中（默认是 Sheet 1）。默认情况下，数据集中的变量名称会被用作电子表格的列标题，行名称会放在电子表格的第一列。如果 mydata.xlsx 文件已经存在，那么它将被覆盖。

xlsx 包是一个操作 Excel 工作簿的强大工具，有关详情请参见该包的文档。

C.3　统计类应用程序

foreign 包中的 write.foreign() 函数可以将数据框导出到外部统计类应用程序中。此操作会创建两个文件：一个是包含数据的任意格式的文本文件，另一个是指导统计类应用程序导入数据的代码文件。格式如下：

```
write.foreign(dataframe, datafile, codefile, package=package)
```

例如，下面这段代码：

```
library(foreign)
write.foreign(mydata, "mydata.txt", "mycode.sps", package="SPSS")
```

会将 mydata 数据框导出到当前工作目录的纯文本文件 mydata.txt 中，同时还会生成用于读取该文本文件的 SPSS 程序 mycode.sps。package 参数的其他值有 "SAS" 和 "Stata"。

R 中的矩阵运算

D

本书介绍的很多函数都是操作矩阵的。对矩阵的操作已经深深地扎根于 R 语言中。表 D-1 中介绍了对解决线性代数问题非常重要的运算符和函数。在表 D-1 中，A 和 B 是矩阵，x 和 b 是向量，k 是标量。

表 D-1　用于矩阵代数的 R 函数和运算符

运算符或函数	描　　述
+ - * / ^	分别是逐个元素的加、减、乘、除和幂运算
A %*% B	矩阵乘法
A %o% B	外积：AB'
cbind(A, B, ...)	横向合并矩阵或向量，返回一个矩阵
chol(A)	A 的 Choleski 分解。若 R <- chol(A)，那么 chol(A) 包含上三角因子，即 R'R=A
colMeans(A)	返回 A 的列均值组成的向量
crossprod(A)	返回 A'A
crossprod(A,B)	返回 A'B
colSums(A)	返回 A 的列总和组成的向量
diag(A)	返回主对角线元素组成的向量
diag(x)	用主对角线上的 x 元素创建对角矩阵
diag(k)	如果 k 是标量，就创建 k 阶单位矩阵
eigen(A)	A 的特征值和特征向量。若 y <- eigen(A)，那么： • y$val 是 A 的特征值 • y$vec 是 A 的特征向量
ginv(A)	A 的 Moore-Penrose 广义逆（需要 MASS 包）
qr(A)	A 的 QR 分解。若 y <- qr(A)，那么： • y$qr 的上三角是分解结果，下三角是分解的信息 • y$rank 是 A 的秩 • y$qraux 是 Q 的附加信息向量 • y$pivot 是所使用的主元素选择策略
rbind(A, B, ...)	纵向合并矩阵或向量，返回一个矩阵
rowMeans(A)	返回 A 的行均值组成的向量
rowSums(A)	返回 A 的行总和组成的向量
solve(A)	A 的逆，其中 A 是方阵

（续）

运算符或函数	描　　述
solve(A, b)	求解方程 b = Ax 中的向量 x
svd(A)	A 的奇异值分解。若 y <- svd(A)，那么： • y$d 是 A 的奇异值组成的向量 • y$u 是矩阵且每一列都是 A 的左奇异向量 • y$v 是矩阵且每一列都是 A 的右奇异向量
t(A)	A 的转置

一些由用户贡献的包对于矩阵代数特别有用。matlab 包中的包装器函数和变量尽可能模拟 MATLAB 的函数调用。这些函数可帮助我们将 MATLAB 应用程序和代码移植到 R。

Matrix 包中的函数使得 R 可以处理高密度矩阵或稀疏矩阵。通过这些函数可以高效地访问 BLAS（Basic Linear Algebra Subroutines，基本线性代数子程序）、Lapack（密集矩阵）、TAUCS（稀疏矩阵）和 UMFPACK（稀疏矩阵）。

此外，matrixStats 包提供了操作矩阵中行和列的方法，包括计数、求和、乘积、居中趋势（central tendency）、离散度等的计算函数。这里的每一个方法都在运算速度和内存使用效率上进行了优化。

本书中用到的包

E

R 正是因为有着大量开发人员的无私贡献才变得无所不能、强大异常。表 E-1 中列出了本书中介绍过的用户贡献的包，以及它们出现在哪些章节。有些包的作者太多，无法在这里全部列出。此外，许多包已由作者进行了改进。有关详情请参见包文档。

表 E-1 本书中用到的包

包	作 者	描 述	章 节
AER	Christian Kleiber 和 Achim Zeileis	由 Christian Kleiber 和 Achim Zeileis 撰写的 *Applied Econometrics with R* 一书中的函数、数据集、示例、演示和简介	13
boot	最初的 S 版由 Angelo Canty 开发，R 版由 Brian Ripley 开发	提供 bootstrap 相关函数	12
bootstrap	统计计算库中最初的 S 版由 Rob Tibshirani 开发，R 版由 Friedrich Leisch 开发	由 B. Efron 和 R. Tibshirani 撰写的 *An Introduction to the Bootstrap* 一书中的软件（bootstrap、交叉验证法、jackknife）和数据	8
broom	David Robinson、Alex Hayes 和 Simon Couch	汇总已整理的 tibble 中的统计对象的主要信息	21
car	John Fox、Sanford Weisberg 和 Brad Price	*Companion to Applied Regression* 一书中的函数	8, 9, 11
carData	John Fox、Sanford Weisberg 和 Brad Price	*Companion to Applied Regression* 一书附带的数据集	7
cluster	Martin Maechler、Peter Rous seeuw（最初的 Fortran 版）、Anja Struyf（最初的 S 版）和 Mia Hubert（最初的 S 版）	聚类分析的方法	16
clusterability	Zachariah Neville、Naomi Brownstein、Maya Ackerman 和 Andreas Adolfsson	对数据集的聚类趋势进行检验	16
coin	Torsten Hothorn、Kurt Hornik、Mark A. van de Wiel 和 Achim Zeileis	置换检验框架中的条件推断程序	12
colorhcplot	Damiano Fantini	生成带颜色高亮组的聚类图	16
corrgram	Kevin Wright	绘制相关图	11
DALEX	Przemyslaw Biecek、Szymon Maksymiuk 和 Hubert Baniecki	用于模型的探索和解释的包	17
devtools	Hadley Wickham、Jim Hester 和 Winston Chang	使开发 R 包更简单的工具	22

（续）

包	作　者	描　述	章　节
directlabels	Toby Dylan Hocking	多色绘图中用于简化标签操作的包	15
doParallel	Michelle Wallig、Microsoft 公司和 Steve Weston	parallel 包的 foreach 并行适配器	20
dplyr	Hadley Wickham、Romain François、Lionel Henry 和 Kirill Muller	一种数据操作的语法	3, 5, 6, 7, 9, 16, 19, 21
e1071	David Meyer、Evgenia Dimitriadou、Kurt Hornik、Andreas Weingessel 和 Friedrich Leisch	来自维也纳技术大学概率理论组统计部的函数集	17
effects	John Fox 和 Jangman Hong	线性模型、广义线性模型、多项式 logit 模型以及比例优势 logit 模型的效果显示	8, 9
factoextra	Alboukadel Kassambara	提取并可视化多元数据分析的结果	16
flexclust	Friedrich Leish 和 Evgenia Dimnitriadou	灵活的聚类算法	16
foreach	Michelle Wallig、Microsoft 公司和 Steve Weston	为 R 提供 foreach 循环结构	20
forecast	Rob J. Hyndman 和其他开发者	时间序列模型和线性模型的预测函数	15
gapminder	Jennifer Bryan	Gapminder 网站上提供的数据摘录	19
Ggally	Barret Schloerke 和其他开发者	扩展 ggplot2 包的功能	11
ggdendro	Andrie de Vries 和 Brian D. Ripley	使用 ggplot2 包创建聚类图和树状图	16
ggm	Giovanni M. Marchetti、Mathias Drton 和 Kayvan Sadeghi	通过最大似然法进行边际化处理、条件循环和拟合的工具	7
ggplot2	Hadley Wickam 和其他开发者	用于图形语法的实现	4, 6, 9, 10, 11, 12, 15, 16, 18, 19, 20, 21
ggrepel	Kamil Slowikowski	使用 ggplot2 包自动放置非重叠文本标签	19
gmodels	Gregory R. Warnes，包括 Ben Bolker、Thomas Lumley 和 Randall C. Johnson 贡献的 R 源代码和/或文档，其中 Randall C. Johnson 的贡献属 SAIC-Frederick 公司版权所有（2005）	各种用于模型拟合的 R 编程工具	7
haven	Hadley Wickham 和 Evan Miller	导入和导出 SPSS、Stata 和 SAS 文件	2
Hmisc	Frank E. Harrell, Jr.	各种用于数据分析、高级绘图、实用操作的函数	7
ISLR	Gareth James、Daniela Witten、Trevor Hastie 和 Rob Tibshirani	*Introduction to Statistical Learning with Applications in R* 中的数据	19
kableExtra	Hao Zhu	创建复杂的 HTML 和 LaTeX 表格	21
knitr	Yihui Xie	在 R 中用于生成动态报告的通用包	21
leaps	Thomas Lumley，用到了 Alan Miller 的 Fortran 代码	回归子集选择，包括穷举搜索	8

（续）

包	作　者	描　述	章　书
lmPerm	Bob Wheeler	线性模型的置换检验	12
MASS	最初 S 语言的版本由 Venables 和 Ripley 开发，由 Brian Ripley 在 Kurt Hornik 和 Albrecht Gebhardt 的工作基础之上将其移植到 R	Venables 和 Ripley 撰写的 *Modern Applied Statistics with S* 第 4 版的配套函数和数据集	7, 9, 12, 13, 14, 附录 D
mice	Stef van Buuren 和 Karin Groothuis-Oudshoorn	用链式方程进行多元插补	18
mosaicData	Randall Pruim、Daniel Kaplan 和 Nicholas Horton	项目 MOSAIC 的数据集	4
multcomp	Torsten Hothorn、Frank Bretz、Peter Westfall、Richard M. Heiberger 和 Andre Schuetzenmeister	参数模型中的常见线性假设的同时检验和置信区间计算，包括线性、广义线性、线性混合效应和生存模型	9, 12, 21
MultiRNG	Hakan Demirtas、Rawan Allozi 和 Ran Gao	可生成服从 11 种多元分布的伪随机数	5
mvoutlier	Moritz Gschwandtner 和 Peter Filzmoser	基于稳健方法的多元异常值检测	9
naniar	Nicholas Tierney、Di Cook、Miles McBain 和 Colin Fay	针对缺失数据输出其数据结构、汇总信息及可视化结果	18
NbClust	Malika Charrad、Nadia Ghazzali、Veronique Boiteau 和 Azam Niknafs	使用判定准则确定聚类簇数目	16
partykit	Torsten Hothorn、Heidi Seibold 和 Achim Zeileis	用于递归划分（recursive partitioning）的工具箱	17
pastecs	Frederic Ibanez, Philippe Grosjean 和 Michele Etienne	用于时空生态序列分析的包	7
patchwork	Thomas Lin Pedersen	生成由多幅图组成的图	19
pkgdown	Hadley Wickham 和 Jay Hesselberth	为包创建漂亮的 HTML 文档和网站	22
plotly	Carson Sievert 和其他开发者	通过 plotly.js 创建交互式 Web 图形	19
psych	William Revelle	该包中的代码可用于心理学研究、心理测评及个性研究	7, 14
pwr	Stephane Champely	功效分析的基本函数	10
qcc	Luca Scrucca	用于质量控制分析的图表集	13
randomForest	最初的 Fortran 版本由 Leo Breiman 和 Adele Cutler 开发；Andy Liaw 和 Matthew Wiener 将其移植到 R	Breiman 和 Cutler 的用于分类和回归的随机森林算法	17
rattle	Graham Williams、Mark Vere Culp、Ed Cox、Anthony Nolan、Denis White、Daniele Medri、Akbar Waljee（OOB AUC for Random Forest）和 Brian Ripley（print.summary.nnet 的最初作者）	在 R 中用于数据挖掘的图形用户界面	16, 17
readr	Hadley Wickham 和 Jim Hester	灵活地导入矩形文本数据	2
readxl	Hadley Wickham 和 Jennifer Bryan	导入 Excel 文件	2
rgl	Daniel Adler 和 Duncan Murdoch	3D 可视化设备系统（OpenGL）	11
rmarkdown	JJ Allaire、谢益辉和其他开发者	将 R Markdown 文档转换为各种文档	21
robustbase	Martin Maechler 和其他开发者	使用稳健方法分析数据的工具	13
rpart	Terry Therneau、Beth Atkinson 和 Brian Ripley（最初移植到 R 的作者）	递归划分和回归树	17

（续）

包	作　者	描　述	章　节
rrcov	Valentin Todorov	位置和散点的稳健估计（robust location and scatter estimation），以及带高失效点（high breakdown point）的稳健多元分析	9
scales	Hadley Wickham 和 Dana Seidel	用于数据可视化的标尺函数	6, 19
scatterplot3d	Uwe Ligges	绘制三维点云图	11
showtext	Yixuan Qiu 和其他开发者	在 R 图形中使用各种类型字体	19
sqldf	G. Grothendieck	使用 SQL 操作 R 数据框	3
tidyquant	Matt Dancho 和 Davis Vaughan	用于量化金融分析的数据清洗工具	21
tidyr	Hadley Wickham	整理混乱数据的工具，包括旋转、嵌套和取消嵌套数据等功能	5, 16, 20
treemapify	David Wilkins	为绘制树形图提供 ggplot2 geom_* 函数	6
tseries	Adrian Trapletti 和 Kurt Hornik	时序分析和计算金融	15
usethis	Hadley Wickham 和 Jennifer Bryan	自动化包和项目设置任务	22
vcd	David Meyer、Achim Zeileis 和 Kurt Hornik	用于类别型数据可视化的函数	1, 6, 7, 11, 12
VIM	Matthias Templ、Andreas Alfons 和 Alexander Kowarik	缺失值插补及其可视化	18
xtable	David B. Dahl 和其他开发者	将表格导出到 LaTeX 或 HTML	21
xts	Jeffrey A. Ryan 和 Joshua M. Ulrich	统一处理不同的基于时间的数据类	15

附录 F

处理大型数据集

R 将所有的对象存储在虚拟内存中。对于大部分人而言，这种设计可以带来很好的交互体验，但如果要处理大型数据集，这就会影响程序的运行速度，带来和内存相关的错误。

内存限制主要取决于 R 的版本（32 位还是 64 位）和所使用的操作系统版本。出现以 cannot allocate vector of size 开头的错误信息通常是因为无法获得足够的连续内存空间，出现以 cannot allocate vector of length 开头的错误信息则表示超过了内存地址的限制。在处理大型数据集时，应该尽可能地用 64 位版。详见 help(Memory)。

在处理大型数据集时，要考虑 3 个问题：(1)高效的程序设计，以加快程序执行速度；(2)将数据保存到外部以避免内存问题；(3)用专门的统计例程高效地分析海量数据。我们会首先考虑这 3 个问题，然后转向处理大数据的更加全面（复杂）的解决方法。

F.1 高效的程序设计

下面是在处理大型数据集时有助于提升性能的程序设计建议。

- ❑ 尽可能地做向量化计算。用 R 内建的函数来处理向量、矩阵和列表（例如 ifelse、colMeans 和 rowSums），而且要尽量避免使用循环（for 和 while）。
- ❑ 用矩阵，而不是数据框（矩阵更轻量级）。
- ❑ 在导入符号分隔的文本文件时，使用优化后的函数，比如 data.table 包中的 fread() 函数，或者 vroom 包中的 vroom()函数。它们的运行速度比基础 R 的 read.table() 函数快得多。
- ❑ 正确地初始化对象的大小，而不是通过附加值增大较小的对象。
- ❑ 并行化处理重复、独立和数值密集型函数的任务。
- ❑ 在完整的数据集上运行程序之前，先用数据的子集测试程序，以便优化代码并消除 bug。
- ❑ 删除临时对象和不再需要的对象。调用 rm(list=ls()) 会从内存中删除所有的对象，得到一个干净的环境。要删除特定的对象，可以用 rm(object)。删除较大对象之后，调用 gc() 会启动垃圾回收，以保证从内存中清除这些对象。
- ❑ Jeromy Anglim 在博客文章 "Memory Management in R: A Few Tips and Tricks"中介绍了 .ls.objects() 函数，它可以使工作区中的所有对象按大小（MB）排列。这个函数

可以帮我们找到并处理消耗内存的大户。

❑ 测试程序中每个函数所消耗的时间。用 `Rprof()` 和 `summaryRprof()` 函数就可以完成这个测试。`system.time()` 函数也能用得上。`protr` 和 `proftools` 包提供用于分析此测试结果的函数。

❑ 使用编译的外部例行程序来加速程序运行。我们可以使用 `Rcpp` 包将 R 对象转换成 C++ 函数；如果需要更加优化的子程序，还可以转换回来。

20.5 节提供了高效的数据输入、向量化、正确初始化对象大小和并行化的例子。

在处理大型数据集时，提高代码性能只能走到这一步。在遇到内存限制或者代码运行缓慢的问题时，可以考虑升级硬件。我们还可以将数据保存到外部存储器中，并使用专门的分析方法。

F.2　在内存之外存储数据

一些包可以将数据存储在 R 的主内存之外。存储的策略是将数据存储在外部数据库中，或是硬盘上的二进制文件中，然后再根据需要访问其中的某个部分。表 F-1 中列出了一些有用的包。

表 F-1　用于访问大型数据集的 R 包

包	描　　述
bigmemory	支持大型矩阵的创建、存储、访问和操作。矩阵可以分配在共享内存和内存映射文件中
disk.frame	用于处理超过内存大小的数据集的数据处理框架，该数据处理框架是基于硬盘的
ff	提供了一种数据结构，可以将数据保存到硬盘上，但用起来像是在内存中
filehash	实现了一个简单的 key-value 数据库，用字符串的键值关联到硬盘上存储的数据值
ncdf、ncdf4	提供了 Unidate Netcdf 数据文件的接口
RODBC、RMySQL、ROracle、RPostgreSQL、RSQLite	这些包每一个都可用于访问相应的外部关系型数据库管理系统

上面介绍的这些包都可用于解决 R 在保存数据时的内存限制问题。不过，要想在可接受的时间内完成大型数据集分析还需要专门的方法。下面会介绍其中最有用的一些方法。

F.3　用于大型数据集的分析包

R 提供了如下几个用于分析大型数据集的包。

❑ `biglm` 和 `speedglm` 包能以高效使用内存的方式实现大型数据集的线性模型拟合和广义线性模型拟合。

❑ 一些包提供了用来处理 `bigmemory` 包生成的大型矩阵的分析函数。`biganalytics` 包提供了 K 均值聚类、列统计和一个 `biglm` 的封装。`bigrf` 包可用于拟合随机森林分类模型和随机森林回归模型。`bigtabulate` 包提供了 `table()`、`split()` 和 `tapply()` 函数；`bigalgebra` 包提供了高级的线性代数函数。

- biglars 包跟 ff 包配合使用，为在内存中无法存储的大型数据集提供了最小角回归（least-angle regression）、lasso 和逐步回归分析。
- data.table 包提供了 data.frame 的增强版，它能更快地汇总数据，更快地关联两个有序且重叠的数据区间，还能更快地根据分组引用策略（无须拷贝操作）进行列的添加、修改和删除。我们可以使用带有大型数据集的 data.table 结构（例如，内存 100GB），它与任意以数据框作为输入的 R 函数都兼容。

这些包能容纳用于特殊目的的大型数据集，并且相对容易使用。处理和分析 TB 级数据的更全面的解决方案，将在下面进行介绍。

F.4 处理超大规模数据集的综合解决方案

当我在写本书的第一版时，在这一节中我所能说的最多的是"好吧，我们正在努力"。从那时起，结合了**高性能计算**（high-performance computing, HPC）和 R 语言的项目出现了爆炸式增长。本节提供了一些使用 R 语言处理 TB 级数据集的更为流行的方法。每种方法都需要熟悉 HPC 和其他软件平台的使用方法，比如 Hadoop（一种免费的基于 Java 的软件框架，用于在分布式计算环境中处理大型数据集）。

表 F-2 描述了使用 R 语言处理大型数据集的开源方法，其中最流行的方法是 RHadoop 和 sparklyr。

表 F-2 针对大型数据集的 R 开源平台

方　　法	描　　述
RHadoop	在 R 环境中使用 Hadoop 管理和分析数据的软件。由 5 个相互联系的包组成：rhbase、ravro、rhdfs、plyrmr 和 rmr2
RHIPE	R 和 Hadoop 的集成编程环境。允许用户在 R 中运行 Hadoop MapReduce 作业的 R 包
Hadoop Streaming	Hadoop streaming 是一种实用工具，它可以使用任何语言将 Map/Reduce 作业创建并运行为映射函数（mapper）和/或归约函数（reducer）。Hadoop Streaming 包支持在 R 中编写这些脚本
RHIVE	一种 R 的扩展功能，通过 HIVE 查询促进分布式计算。RHIVE 支持在 R 中轻松使用 HIVE SQL，以及在 HIVE 中轻松使用 R 对象和 R 函数
pbdR	pbdR 包（用于在 R 中编程处理大数据的包）可方便地通过接口调用一些可扩展且高性能的库包（如 MPI、ZeroMQ、ScaLAPACK、netCDF4 和 PAPI），在 R 中进行数据并行运算。pbdR 软件在大规模计算集群上还支持单线程多数据（SPMD）模型
sparklyr	为 Apache Spark 提供 R 接口的包。支持连接到本地和远程的 Apache Spark 集群，提供兼容 dplyr 的后端和 Spark 机器学习算法的接口

云服务提供现成的、可扩展的基础设施，具有巨大的内存和存储资源。对 R 用户而言，最流行的云服务由 Amazon、Microsoft 和 Google 提供。虽然 Oracle 不是一个云解决方案，但从本质上说，Oracle 也为 R 用户提供大数据运算服务（见表 F-3）。

表 F-3　大数据项目的商业平台

解决方案	描　述
Amazon Web Services (AWS)	有几种方法可以在 R 中使用 AWS。R 包 paws（R 中用于 Amazon Web 服务的包）在 R 中提供一套完整的 AWS 服务。aws.ec2 包是用于 AWS EC2 REST API 的简单的客户端包。Louis Aslett 维护的 Amazon Machine Images 让将 RStudio 服务器部署到 Amazon EC2 服务中变得相对容易
Microsoft Azure	数据科学虚拟机（Data Science Virtual Machines）是 Azure 云平台上为数据科学构建的 VM 镜像，包括 Microsoft R Open、Microsoft Machine Learning Server、RStudio Desktop 和 RStudio Server。可参阅 AzureR，这是用于在 R 中使用 Azure 的一系列包
Google 云服务	bigrquery 包提供针对 Google 的 BigQuery API 的接口函数。googleComputeEngineR 包提供针对 Google 云计算引擎 API 的 R 接口函数，该包可最大程度地简化 R（包括 RStudio 和 Shiny）的云资源部署工作
适用于 Hadoop 的 Oracle R 高级分析	这是一个 R 包集合，提供到 HIVE 表格、Hadoop 架构、Oracle 数据库表格和本地 R 环境的接口。它还包括了大量的预测分析技术

　　除了表 F-3 中的资源，还可以看看 cloudyr 项目。它是一个旨在让 R 的云计算更容易的项目，包括广泛的包，以便融合 R 和云服务的优势。

　　不论用哪种语言，处理 GB 级到 TB 级范围内的数据集都是一种挑战。这些方法都带有一个显著的学习曲线。*Big Data Analytics with R and Hadoop*（Prajapati，2013）一书是使用 R 和 Hadoop 的有用资源。对于 Spark 而言，*Mastering Spark with R* 和 *Using Spark from R for Performance with Arbitrary Code* 很有帮助。还可以参阅 "CRAN Task View: High-Performance and Parallel Computing with R"。这是一个正在迅速变化和发展的领域，我们一定要经常查看 CRAN 的任务视图（Task View）。

附录 G
更新 R

作为消费者，我们理所当然地认为可以通过一个检查更新按钮升级软件。在第 1 章中，我们知道 update.packages() 函数可以下载和安装最新版的第三方包。遗憾的是，升级 R 本身可能非常复杂。

如果要将 R 从版本 5.1.0 升级到 6.1.1，必须得动动脑子。（在我写这本书时，最新的版本是 4.1.1，但我希望这本书能够跟上未来若干年的发展。）这里讲述两个方法：使用 installr 包自动安装，以及所有平台都可以使用的手动方法。

G.1 自动安装（仅适用于 Windows）

如果你是 Windows 用户，可以使用 installr 包来更新 R。首先安装该包并加载：

```
install.packages("installr")
library(installr)
```

这一操作为 RGui 增加了一个更新菜单（见图 G-1）。

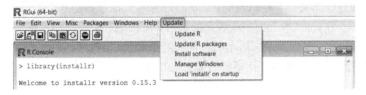

图 G-1　通过 installr 包为 Windows RGui 增加更新菜单

该菜单允许我们安装 R 的新版本，更新现有的包，以及安装其他有用的软件产品（如 RStudio）。目前，installr 包仅适用于 Windows 平台。对于 macOS 用户或者不希望使用 installr 的 Windows 用户，更新 R 通常是一个手动过程。

G.2 手动安装（适用于 Windows 和 macOS）

从 CRAN 下载和安装最新版的 R 是相对简单的。麻烦的地方是要重新设置各种自定义选项（包括之前安装的第三方包）。在我当前所使用的 R 中，我安装了 500 多个用户贡献的包。我真心不想在下次升级 R 的时候把这些包的名字一个个写下来，然后手动重新安装。

　　在网络上有很多关于如何高效优雅地更新 R 的讨论。下面介绍的方法既不优雅，也不高效，但我发现它在 Wlndows 和 macOS 上都可以很好地使用。

　　在这里，我们用 installed.packages() 函数在 R 目录树之外保存包清单，然后根据这个清单用 install.packages() 函数将最新版的第三方包下载和安装到新版 R 中。操作步骤如下。

　　(1) 如果有自定义的 Rprofile.site 文件（见附录 B），将其保存到 R 目录树之外。

　　(2) 启动当前版本的 R，然后执行下面的命令：

```
oldip <- installed.packages()[,1]
save(oldip, file="path/installedPackages.Rdata")
```

其中 path 是 R 目录树之外的目录。

　　(3) 下载并安装新版的 R。

　　(4) 如果在步骤(1)保存了自定义的 Rprofile.site 文件，现在把它复制到新的 R 中。

　　(5) 启动新版本的 R，然后执行下面的命令：

```
load("path/installedPackages.Rdata")
newip <- installed.packages()[,1]
for(i in setdiff(oldip, newip)){
   install.packages(i)
}
```

其中 path 是步骤(2)中设定的位置。

　　(6) 删除旧版本（可选）。

　　这种方法只能安装 CRAN 上的包，不会安装从其他地方获取的包。我们需要自行寻找和下载这些包。

　　步骤(6)可以选择将老版本的 R 删除。在 Windows 系统上可以同时安装多个版本的 R。如果需要的话，可以通过开始菜单 > 控制面板 > 卸载程序来卸载旧版本的 R。在 macOS 系统上，新版的 R 会覆盖老版本。在 macOS 上要删除剩余的东西，可以用 Finder 打开目录/Library/Frameworks/R.frameworks/versions/，删除其中旧版本的文件夹。

　　显然，手动更新现有版本的 R 比想象的要复杂得多。我希望能有一天，这个附录只需要一句话——"选择检查更新选项"——就可以更新 R。

G.3　更新 R（适用于 Linux）

　　在 Linux 平台上更新 R 的过程完全不同于 Windows 和 macOS。此外，对于不同的 Linux 发行版（Debian、Red Hat、SUSE 或 Ubuntu），更新过程也有所不同。

后记：探索 R 的世界

在这本书里，我们已经介绍了 R 的方方面面，主要内容包括 R 开发环境、数据管理、传统的统计模型和统计图形。我们还探讨了一些较高阶的内容，例如重抽样统计、缺失值插补和交互式图形。R 最强大的地方（也有可能是最让人头疼的地方）就是，其中永远都有学不完的东西。

R 是一个庞大、稳健而且在不断进化的统计平台和编程语言。面对这么多的新包、频繁的更新以及新的发展方向，我们如何才能屹立潮头？幸运的是，很多网站都支持 R 语言这个活跃的社区，提供与 R 语言相关的平台、软件包的更新、新技术，以及丰富的教程。下面列出一些我最喜欢的网站：

❑ The R Project for Statistical Computing

这是 R 的官方网站，也是进入 R 世界的第一站。网站上有丰富的文档，包括"An Introduction to R""The R Language Definition""Writing R Extensions""R Data Import/Export""R Installation and Administration"以及"The R FAQ"。

❑ *The R Journal*

这是一个免费期刊，其文章均经过了评审，内容包括 R 项目本身以及有关各种包的文章。

❑ R Bloggers

这是一个博客聚合网站，其中内容来自与 R 有关的博客，每天都会有新的文章。这是我每天必去的网站。

❑ CRANberries

这个网站聚合了关于新包和包更新的消息，提供了每个包在 CRAN 上的链接。

❑ *Journal of Statistical Software*

这也是一份免费期刊，文章都是经过评审的，包括原创文章、书评和关于统计计算的代码片段，其中大部分文章是关于 R 的。

❑ CRAN Task Views

通过任务视图，我们可以看到 R 在各种学术和研究领域的应用情况。每个任务视图都包括了一个领域中可用的包和方法。现在[1]总共有 41 个任务视图（详见下一页中的表）。

---

[1] 指截至本书英文版撰写时。——译者注

CRAN 任务视图	
Bayesian Inference	Model Deployment with R
Chemometrics and Computational Physics	Multivariate Statistics
Clinical Trial Design, Monitoring, and Analysis	Natural Language Processing
Cluster Analysis and Finite Mixture Models	Numerical Mathematics
Databases with R	Official Statistics and Survey Methodology
Differential Equations	Optimization and Mathematical Programming
Probability Distributions	Analysis of Pharmacokinetic Data
Econometrics	Phylogenetics, Especially Comparative Methods
Analysis of Ecological and Environmental Data	Psychometric Models and Methods
Design of Experiments (DoE) and Analysis of Experimental Data	Reproducible Research
Extreme Value Analysis	Robust Statistical Methods
Empirical Finance	Statistics for the Social Sciences
Functional Data Analysis	Spatial
Statistical Genetics	Handling and Analyzing Spatio-Temporal Data
Graphics and Graphic Devices and Visualization	Survival Analysis
High-Performance and Parallel Computing with R	Teaching Statistics
Hydrological Data and Modeling	Time Series Analysis
Machine Learning and Statistical Learning	Processing and Analysis of Tracking Data
Medical Image Analysis	Web Technologies and Services
Meta-Analysis	gRaphical Models in R
Missing Data	

❑ B Book of R

这个网站包含与 R 相关的免费电子书的存档列表。

❑ R mailing list

这个电子邮件列表是询问有关 R 的问题的最佳地方。我们可以在邮件列表的存档中搜索所需内容。但在发布问题之前，请先阅读常见问题解答（FAQ）。

❑ Cross Validated

对统计学和数据科学感兴趣者的问答网站。这是个提出关于 R 的问题以及查看其他人问题的好地方。如果你被 R 的问题难住了，就来这里寻求帮助吧。

❑ Quick-R

这是我的网站，其中包括 80 多篇关于 R 的简要教程。不多说了，我得低调点。

❑ Data Visualization with R

这是我的 R 绘图网站。内容同上所述。

R 社区是一个乐于助人、生机勃勃、激情四射的社区。欢迎来到这个奇妙世界！